社会用水健康循环理论与方法

李冬　张杰　著

中国建筑工业出版社

图书在版编目（CIP）数据

社会用水健康循环理论与方法/李冬，张杰著. —北京：中国
建筑工业出版社，2016.10
ISBN 978-7-112-19907-5

Ⅰ.①社⋯　Ⅱ.①李⋯②张⋯　Ⅲ.①城市用水-水循环-研究
Ⅳ.①TU991.31

中国版本图书馆 CIP 数据核字（2016）第 228388 号

　　本书是继《水健康循环原理与应用》（2005 年出版）和《水健康循环导论》（2009 年出版）
两本著作之后，继续系统深入地探讨循环型城市水系统模式的力作。
　　本书以水系统社会循环为主线，明确了节制社会用水循环流量、城市水资源流、物质流、
能源流的再生再利用与再循环，工业点源污染防治、农业面源污染控制以及流域水资源的统筹
管理等环节的关键问题，从技术、经济、管理、城市建设、规划和流域统筹管理等多角度系统
地提出城市水系统健康循环和流域水环境恢复的解决途径。
　　本书可作为给排水科学与工程、环境工程、市政工程、循环经济等学科教学参考书，也可
作为相关专业工程技术人员和政府决策、管理人员的参考用书。

责任编辑：王美玲
责任设计：王国羽
责任校对：李欣慰　姜小莲

社会用水健康循环理论与方法
李冬　张杰　著
*
中国建筑工业出版社出版、发行（北京海淀三里河路 9 号）
各地新华书店、建筑书店经销
北京科地亚盟排版公司制版
北京君升印刷有限公司印刷
*
开本：787×1092 毫米　1/16　印张：17¼　字数：420 千字
2017 年 1 月第一版　　2017 年 1 月第一次印刷
定价：49.00 元
ISBN 978-7-112-19907-5
（29144）

前　　言

人类作为地球生态系统的一员，自诞生之日起便与自然环境和谐相处，至今已经历了数百万年。然而近两百多年间，地球人口骤增，科技高速发展，二元论自然观的横空出世……使得人类自认为是自然的主人，更以改造自然为己任，已然走向了掠夺自然资源、牺牲永续生存环境的自我发展之路。

随着近几十年来我国科技的飞速发展，大城市人口的高度密集，城市化进程的迅猛，无度开采、粗犷利用水资源、肆意排放污水等，导致自然水环境已不堪重负。水质污染、水资源短缺的水危机在七大流域都有不同程度的表现。面对社会发展与水环境之间日益尖锐的矛盾，早在2000年，笔者所在团队就提出了"水环境恢复和城市水系统健康循环"的理念，明确了城市污水是宝贵的淡水资源，是城市的第二水源；污水处理厂污泥和有机垃圾是宝贵的有机肥源，是农田生态系统健康发展的所在。在此基础上，开展了系统和深入地调研并完成了典型流域和城市用水健康循环的战略规划实践。

2013年，张杰院士承担了中国工程院《城市水系统健康循环和流域水环境恢复战略》重点咨询项目的研究工作，力邀任南琪、王浩等院士进行综合性、前瞻性和战略性的思考，经大量调研工作后凝练形成了五个课题报告。笔者作为项目秘书和综合课题《城镇水资源再生循环战略与流域水环境恢复总体方略研究》的负责人，深入调查、分析了国内外城市污水再生利用、污泥处理与处置、城市雨洪管理、清洁生产和生态工业、流域管理等方面的发展历程，凝练和升华了我团队多年的研究成果，同时吸收、融入了其他课题可用调研资料，完成了综合课题技术报告，在此基础上，形成了拙著《社会用水健康循环理论与方法》。

全书分12章：第1章重新定义了水循环、水环境和水资源的概念，提出了地球上自然水文循环和社会水循环和谐统一的观点，构建了社会用水健康循环的理论框架；第2章指明了社会节制用水的理论与方法；第3章至第7章分别研究城市水资源流、物质流、能源流的再生再利用与再循环的规律和工程技术；第8章阐述了工业企业清洁生产和建立我国生态工业体系是社会可持续发展的必然要求；第9章明确了远超工业和生活污染总量的农业面源污染的治理方向；第10章在总结前9章的基础上，提出了建立循环型社会和循环型城市的雏形和设想；第11章设计了流域水环境与水资源、水量与水质综合管理模式；第12章系统总结了研究成果并提出建议。

在此书成稿之际，向投入热情和付出辛勤劳动的我的研究团队致谢！向提供珍贵调研资料的所有参加本咨询项目的专家和学者们致谢！向任南琪、王浩、曲久辉等院士的宝贵指导和严谨的治学风范致敬！

鉴于笔者资历和学术水平所限，书中难免谬误，诚恳期望读者给予批评指止。但愿本书对致力于水环境恢复研究的同行们有所帮助，对从事水环境工程技术的一线工程师们有所帮助！

目　　录

第1章 概 论

1.1 地球水环境

1.1.1 地球水储量

从卫星上看，地球是一颗蔚蓝色的大水球，其表面的洼地是一片汪洋大海，占地球表面的71%。全球水的总储量为13.84亿km³（与外空的水量交换可忽略不计，这个总量是恒定的），其中海水占96.54%，陆地咸水占0.93%，陆地淡水仅占2.53%，而且大部分的淡水以永久性冰或雪的形式封存于南极洲和格陵兰岛，或成为埋藏很深的地下水。能被人类所利用的水资源主要是湖泊、河流和埋藏较浅的地下水。这些可用水资源约为20×10^4km³，不足淡水总量的0.6%，仅为地球水资源的0.014%左右，而且只能在其中取用那些年年可更新的部分。详见表1-1。

全球水储量及分布 表1-1

序号	水量分布	体积 ×10³km³	占总水量 比例（%）	占咸水量 比例（%）	占淡水量 比例（%）
1	海水	1338000	96.538	99.04	—
2	含盐地下水	12870	0.929	0.953	—
3	咸水湖	85	0.006	0.006	—
4	咸水合计	1350955	97.473	100	—
5	南极、格陵兰岛等高山冰川及积雪	24064.1	1.736	—	68.698
6	地下淡水	10530	0.7597	—	30.060
7	永冻区冻结水	300	00.0216	—	0.856
8	淡水湖	91	0.0065	—	0.260
9	土壤水	16.5	0.0012	—	0.047
10	大气水汽	12.9	0.0009	—	0.037
11	沼泽水	11.5	0.0008	—	0.033
12	河川水	2.12	0.0002	—	0.006
13	生物体水	1.12	0.0001	—	0.003
14	淡水合计	35029.2	2.527	—	100
15	总计	1385984.6	100	—	—

全球河川多年平均径流量约为46800km³，径流深为314mm，这些径流大部分流入海洋。各大陆之间河川径流分布极不均匀，大洋洲中某些岛屿径流量非常丰富，大大超过全球径流的平均值。例如新西兰、新几内亚、塔斯马尼亚等年径流深大于1500mm，是世界平均值的5倍，南美洲年径流深达661mm，相当于全世界平均值的2倍。而澳大利亚全国

有 2/3 的陆地面积为无水、无永久性河流的荒漠、半荒漠地区，年平均径流深只有 45mm。南极洲降雨量小，径流深为 165mm，没有永久性河流，以冰川形式贮存了全球 68.7％的淡水量。世界各大洲的径流深分布情况如图 1-1 所示。

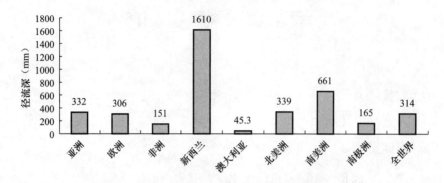

图 1-1 世界各大洲的平均径流深

全球主要大陆地区平均每年水文循环（包括降水、蒸发和径流量）平衡估算如图 1-2 所示。所有径流中，半数以上发生在亚洲和南美洲，很大一部分发生在亚马孙河中，它每年的径流量高达 6000km³。全球径流量的多少曾经引起了各国科学家的广泛关注，在过去 200 多年间许多科学家致力于世界径流量的估算。不同来源的数据稍有差距，根据《全球环境展望 3》、《国际人口行动计划》和《简明不列颠百科全书》等资料显示的数据，全球径流量分别为 $4.7 \times 10^4 km^3/a$、$4.1 \times 10^4 km^3/a$ 和 $3.7 \sim 4.1 \times 10^4 km^3/a$。

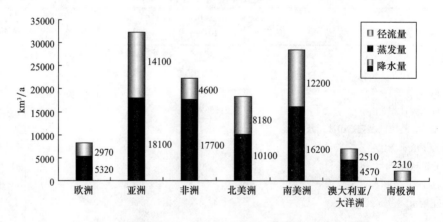

图 1-2 世界各地区的降水、蒸发和径流量（km³/a）

注：径流包括流入地下水、内陆盆地的水流和北极的冰流

1. 亚洲水储量

亚洲的淡水储量丰富，达 $350 \times 10^4 km^3$，其中 98％以上储存在地下 600m 内的地下水中（大于 600m 深度为盐溶液），1.5％在极地冰川、山地冰川与大湖泊里，见表 1-2。

<table>
<tr><td colspan="3">亚洲（包括岛屿）淡水储量（UNESCO，1985）　　　　　　　表 1-2</td></tr>
<tr><td>项目</td><td>储量（km³）</td><td>占大陆水资源量（％）</td></tr>
<tr><td>地下水</td><td>3400000</td><td>98.42</td></tr>
<tr><td>极地圈冰川、高山冰川</td><td>24900</td><td>0.72</td></tr>
</table>

项目	储量（km³）	占大陆水资源量（%）
湖泊	27800	0.80
流域储水	1350	0.04
河网储水	560	0.02
总计	3450000	100

虽然亚太地区的径流量占全球的 36%，但该地区的人均淡水获取量是最低的。1999年该地区 30 个国家的可更新水资源大约为 3690m³/（人·a）。中国、印度和印度尼西亚是亚太地区水资源最丰富的国家，占地区水资源总量的一半以上。但是从人均水资源量角度看，又都成为水资源最为紧缺的国家。此外，包括孟加拉、印度、巴基斯坦和朝鲜在内的一些国家也已经面临着水紧张和水污染的危机。

随着人口增长和水消耗量的增加，这种形势将会越来越严峻。根据联合国和世界银行的有关资料，亚太地区的农业用水量所占比例十分高，为 86%，工业用水和生活用水仅分别占 8% 和 6%，用水结构是造成水紧张的重要原因。

2. 非洲水储量

非洲大陆的淡水储量大约是 $239 \times 10^4 km^3$，其中有 99.9% 的水是以埋藏的形式存在，0.03% 的水存在于每年可以更新的河网中，有 $3 \times 10^4 km^3$ 的淡水储存于面积大于 $500km^2$ 的湖泊中。

非洲河流可利用的每年更新水量为 432km³，河水每年可更新 23.4 次，即平均 16 天更新一次。

非洲的可更新水资源平均为 4050m³/（人·a），明显低于世界平均值 7000m³/（人·a），仅为南美洲平均值 23000m³/（人·a）的 1/4。地表水和地下水的分布是不平衡的。水资源的空间分布与人口密度不一致，导致许多地方（尤其是城镇中心）水资源紧张，或是依赖于外界水源。例如，刚果民主共和国是最湿润的国家，平均每年可更新的水资源达到 935km³。与之相比，非洲最干旱的国家毛里塔尼亚平均每年只有 0.4km³。

地下水是非洲主要的水源，特别是在地表水有限的较为干旱的地区。主要水源位于撒哈拉北部、努比亚（Nubia）、萨赫勒（Sahel）和乍得湖流域。地下水被用于生活和农业。但是十分依赖地下水的地区也面临着水短缺的威胁，因为地下水的抽取速度要大于补充的速度。1990 年，约有 28 个国家、3.35 亿人用水紧张或水匮乏，人均水资源量少于 1700m³/（人·a）甚至少于 1000m³/（人·a）。预测到 2025 年，将有 52 个国家、27.8 亿~32.9 亿人加入缺少的行列。

3. 北美洲水储量

北美洲淡水资源的储量高达 $435.68 \times 10^4 km^3$，见表 1-3。其中地下水储量为 $190 \times 10^4 km^3$，占全大陆水量的 43.6%；北极冰川和山岳冰川的储水量为 $243 \times 10^4 km^3$，占全大陆水量的 55.8%；湖泊水为 25600km³，占 0.5%；水库水为 950km³，河流水为 250km³，可见淡水量绝大部分集中在地下和冰川中。

北美洲淡水储量（UNESCO，1985） 表 1-3

类型	容积（km³）	占全洲水量（%）
地下水	1900000	43.6
冰川水	2430000	55.8

类型	容积（km³）	占全洲水量（%）
湖泊水	25600	0.5
水库水	950	
河流水	250	
全洲	4356800	

北美洲淡水湖面积广大，居世界各大洲首位，淡水湖面积达 $40 \times 10^4 km^2$，面积在 $1000 km^2$ 以上的湖泊有 22 个，主要分布于大陆北部。全洲较大的淡水湖主要有 8 个，见表 1-4。苏必利尔湖、休伦湖、密执安湖、伊利湖、安大略湖称为北美洲的五大湖，是世界上最大的淡水湖群。其中苏必利尔湖是世界上最大的淡水湖，面积 $82260 km^2$，最大深度为 406m，高出海面 183m，蓄水量为 $12258 km^3$，占五大湖总蓄水量的 53.8%。

北美洲八大淡水湖（UNESCO，1985） 表 1-4

湖名	面积（km²）	湖面平均海拔（m）	最大深度（m）	蓄水量（km³）
苏必利尔湖	82414	180	405	1.2×10^4
休伦湖	5.96×10^4	177	229	3540
密歇根湖	57757	177	281	4875
大熊湖	31153	186	446	2236
大奴湖	2.86×10^4	156	614	2088
伊利湖	2.57×10^4	174	64	455
温尼伯湖	24514	217	28	371
安大略湖	19554	86	244	1688

4. 南美洲水储量

在世界各大洲的水资源径流量排名中，南美洲在亚洲之后居第二位。年平均径流深为 661mm，居各洲之首。单位面积土地占有的水量为 $65.4 \times 10^4 m^3/km^2$，也名列各洲之首。其中，世界径流量最大的河流——亚马孙河流域就坐落于南美洲。亚马孙河流域大部分地区年降水量在 1500mm 以上，径流深 1000mm，而且有安第斯山冰雪融水的补给，水源充足。主流水量大，河口年平均流量为 $22 \times 10^4 m^3/s$，每年汇入大西洋的水量达 $6000 km^3$，占世界河流每年注入大洋总水量的 14%。亚马孙河流量之大，使距河口 320km 的大西洋水面上都能看见亚马孙河的黄浊水流。

南美洲的淡水储量约为 $300 km^3$。其中永久性的水资源集中在地面以下至 2000m 之间，占 99.965%，而 0.033% 存在于湖泊，尚有不足 0.002% 的水存在于冰川之中。南美洲的地下水储存量虽然丰富，但是目前利用的只有很小一部分。据不完全统计，每年能利用的地下水资源只有 $15 \sim 17 km^3$。南美洲大陆水量平衡见表 1-5。

南美洲大陆水量平衡（UNESCO，1985） 表 1-5

地区	降水量		年河川径流量总量		蒸发量	
	降水深（mm）	降水量（km³）	径流深（mm）	径流量（km³）	蒸发深（mm）	蒸发量（km³）
大西洋流域	1710	25900	685	10370	934	14150
太平洋流域	1509	1870	1076	1330	355	440
全　洲	1597	28420	1761	11700	850	15120

5. 欧洲水资源

欧洲的淡水资源总储量为 $140 \times 10^4 km^3$。在这些淡水资源中，地壳内部的地下淡水占99%，山地和北极群岛的冰川水占0.7%，大湖泊的水占0.1%。此外，还有一部分储存在水库。欧洲的水库约有3000多座，以小型为多，大型水库有25座，储水量达 $422km^3$。

在欧洲主要河流的水资源中，其中5条河流，即伯朝拉河、北德维纳河、莱茵河、多瑙河和伏尔加河的多年平均流量占欧洲径流总量的25%。伏尔加河河口年最大流量为 $67000m^3/s$，最小流量为 $1400m^3/s$，年平均流量为 $8000m^3/s$，平均每年有 $255km^3$ 的水量流入里海，占流入里海总流量的78%。多瑙河河口年平均流量为 $6430m^3/s$，平均每年有 $203km^3$ 的水量注入黑海。欧洲主要河流径流量情况见表1-6。

欧洲主要河流流域水量平衡（UNESCO，1985）　　　　　表1-6

河流	降水量		河川径流量		蒸发量	
	降水深（mm）	降水量（km³）	径流深（mm）	径流量（km³）	蒸发深（mm）	蒸发量（km³）
伯朝拉河	720	300～400	422	129	310	99.8
北德维纳河	725	300	303	110	410	146
奥得河	726	81.3	148	18.3	555	62.2
易北河	800	118	195	28.9	560	82.9
莱茵河	1100	246	453	101	580	130
泰晤士河	764	11.7	207	3.17	500	7.65
塞纳河	890	70	248	19.5	570	44.8
多瑙河	863	705	262	214	597	488
第聂伯河	660	333	106	53.4	546	275
顿河	575	243	68.5	28.9	477	201
伏尔加河	657	894	187	254	470	639
乌拉尔河	407	96.4	48.1	11.4	340	80.6
杜罗河	830	78.8	368	35	495	47
埃布罗河	800	69.4	314	27.3	555	48.2
波河	1200	90	664	49.8	650	48.8

6. 大洋洲水资源

大洋洲的淡水资源总量为 $2390km^3$，即 $267000m^3/km^2$。在大洋洲中，大陆上永久性的淡水量少，淡水湖泊少，大部分湖泊为咸水湖。

澳大利亚大陆河流每年可更新的水资源总量为 $301km^3$，即 $40000m^3/km^2$。澳大利亚大陆的地表水资源分布极不均匀，东部和北部沿岸水源较充足，这部分地区的面积占澳大利亚陆地面积的25%。但水资源却占总量的85%，达 $256km^3$，平均径流深为135mm，澳大利亚是水资源缺乏的国家。

7. 南极洲水储量

南极大陆是地球上最冷的大陆。沿海地区受海洋气候调节，年平均气温为 $-17℃$，冬季最低气温可低于 $-40℃$，夏季最高气温达 $9℃$，沿大陆冰盖向内陆地区气温为 $-40℃$～ $-70℃$。整个南极大陆的蒸发量可视为零。因为各区域中蒸发量有正值，也有负值，正负值几乎相抵消。

南极洲的冰川体积为 $2700 \times 10^4 km^3$，即地球上淡水资源总量的90%以永久冰川的形式存在于南极。

南极径流量（包括冰流量、冰雪融水量）全洲总计为 2310km³/a，见表 1-7。分布于大西洋流域为 570km³/a，印度洋流域为 765km³/a，太平洋流域为 975km³/a。

南极洲水量平衡（J. F. 洛夫林等，1987）　　　　　　　　　　　　　表 1-7

大洋流域	降水量		径流量	
	mm	km³	mm	km³
大西洋流域	166	660	144	570
印度洋流域	173	860	154	765
太平洋流域	190	960	193	975
全洲	177	2480	165	2310

世界上不同国家之间，降水量和径流量的分布差距同样悬殊：有些地方一年中基本上没有降水，如南美洲智利北部的阿塔卡马沙漠，它的常年降雨量接近于零，从 1845 年至 1936 年的 91 年从未降雨，该区的阿里卡城实测年降雨量为 0.7mm；在 1903 年 10 月至 1918 年 1 月期间没有任何降雨，而另一些地区则降雨频频，如夏威夷群岛中考爱岛的韦阿利尔；从 1920 年到 1958 年平均年降雨量为 12244mm，每年有 300 多天下雨。实际降雨天数最多的是智利南部的费利克斯湾，每年平均降雨 325 天，其中 1961 年降雨 348 天，占全年天数 95%；降雨量最大的是印度东北部的乞拉朋齐，年平均降雨量 10818mm，其中 1861 年降雨量为 20447mm，1860 年 8 月 1 日到 1861 年 7 月 30 日降雨量为 26491mm。

世界上水资源丰富的国家有加拿大、巴西、印度尼西亚、美国等。其中，加拿大每人占有 130080m³，是世界平均数的 12 倍；巴西每人占有 42200m³，是世界平均值的 3.9 倍；印度尼西亚每人 19000m³，是世界平均值的 1.8 倍；美国每人 13500m³，是世界平均值的 1.3 倍；而我国径流每人占有量只有世界平均值的 1/4，见表 1-8。每平方公里耕地平均水量最高的是日本（11.64m³/km²），是世界每平方公里耕地平均值的 4.3 倍；其次是印度尼西亚（8.52m³/km²），是世界平均值的 3.9 倍；第三是巴西（7.85m³/km²），是世界平均值的 2.9 倍；第四是加拿大（6.57m³/km²），是世界平均值的 2.4 倍；中国每平方公里耕地平均水量为 1.8m³/km²，只有世界平均值的 66%。

部分国家年径流总量、人均和耕地占有水量　　　　　　　　　　　表 1-8

国家	年径流总量 10⁸m³	年径流深 mm	人口 10⁸ 人	人均水量 m³	耕地面积 10⁵ 平方公里 (2014)	单位耕地水量 10⁶m³/km² (2014)
巴西	51912	600	2.0 (2013 年)	42200	6.61	7.85
俄罗斯	47120	211	1.44 (2013 年)	17860	12.37	3.81
加拿大	31220	313	0.35 (2013 年)	130080	4.75	6.57
美国	29702	317	3.15 (2013 年)	13500	16.69	1.78
印度尼西亚	28113	1476	2.37 (2013 年)	19000	3.3	8.52
中国	27114	285	13.68 (2014 年)	2744	15.04	1.80
印度	17800	514	12.1 (2011 年)	2625	15.35	1.16
日本	5470	1470	1.26 (2013 年)	4716	0.47	11.64
全世界	468180	314	77 (2014 年)	10800	172.99	2.71

从世界范围来看，人均水资源量随着人口的增加仍旧在不断下降，根据联合国资料，世界上大部分地区，尤其是发展中国家地区面临着严重的水短缺局面。在 21 世纪，如果人口增长的趋势还没有得到有效遏制的话，人类社会面临的水危机将更加严峻。

1.1.2 水的自然循环与社会循环

在太阳辐射能和地心引力作用下，地球上的水在水圈、大气圈、岩石圈、生物圈内进行着往复不断的循环运动。这种周而复始的水循环运动称之为水的自然水文循环，如图 1-3 所示。参加自然水文循环的水量为 $57.7 \times 10^4 km^3/a$，为全球水总储量的 0.0416%，陆地降水量与蒸发量之差（或海洋蒸发量与降水量之差）形成了陆地地表与地下径流，其值为 $4.7 \times 10^4 km^3/a$，为全球水总储量的 0.0034%。水文循环是地球上最重要的物质循环，将地球的大气圈、水圈、岩石圈和生物圈紧密地联系在一起。水文循环实现了海陆上空的水汽交换，海洋通过蒸发源源不断地向大陆输送水汽，影响着陆地上一系列的物理、化学和生物过程。大陆通过径流归还大海损失的水量，并源源不断地向海洋输送大量的泥沙、有机物和各种藻类，从而影响着海水的性质、海洋沉积和海洋生态；水文循环改变了地球表面太阳辐射的纬度分布，在全球尺度下进行着高低纬度间、海空间热量的再分配，影响着全球气候变迁和生物种类；水是一种良好的溶剂，具有良好的搬运能力，水文循环负载着众多物质的不断迁移和聚集，深度影响着地球表层结构的形成、演化和发展；水文循环是地球水系统中各种水体不断更新的动力，水文循环强弱的时空变化制约着一个地区生态环境平衡，影响着生物种群的分布。在自然水文循环运动中，地球上各种水体处于连续的更新状态，从而维系着全球水的动平衡，产生了丰富的水资源和万千的气象变化。全球年自然水文循环水量平衡关系见表 1-9。

全球年水文循环量平衡表
表 1-9

分区	面积 ($\times 10^6 km^2$)	水量（$\times 10^3 km^3/a$）			水深（mm）		
		降水	径流	蒸发	降水	径流	蒸发
海洋	361	458	−47	505	1270	−130	1399
陆地	149	119	47	72	800	315	483
其中：外流区	119	110	47	63	920	395	529
内流区	30	9	—	9	300	—	300
全球	510	577		577	1131	—	1131

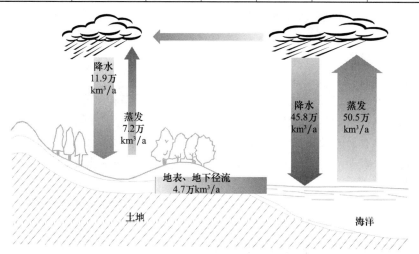

图 1-3 全球年水循环水量的平衡

在自然水文循环的径流中，人类为了生活和生产，从河川或地下水体中取水，经净化供生产生活之用，使用后的污水（废水）经处理又排回到自然水体，就形成了人类水事活动的水循环，笔者称之为社会水循环。自然水文循环与社会水循环一起组成了地球上统一的复合水循环系统，如图1-4所示。显然社会水循环依附于自然水文循环，是自然水文循环的一个分支，两者间有着密切的水力与生态联系。随着人类社会经济和水事活动的高度发达，社会水循环对自然水文循环产生了越来越强烈的影响。

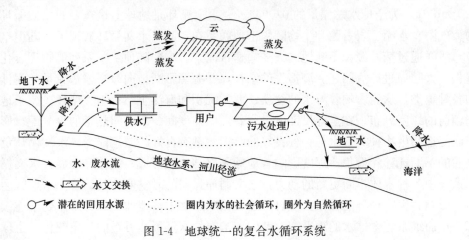

图1-4 地球统一的复合水循环系统

百年来人类大肆进行水事活动，在产生巨大的能源和生产效益的同时，这把"双刃剑"带来的灾难也日益凸现。

咸海是世界上最大的内陆咸水湖，是阿姆河和锡尔河的归宿，20世纪50年代，由于在两河上游修建水库，开挖河渠，扩大灌溉面积，使两河入海量由 $54.8 \times 10^8 \text{m}^3$ 逐年减少，到1974年阿姆河入海量减少了37.5%，锡尔河几乎没有长年入海径流，致使水位下降7m，海面面积缩小了 $1.5 \times 10^4 \text{km}^2$，鱼产量由1965年的 48×10^4 公担，减少到1978年的 4×10^4 公担。

埃及阿斯旺灌溉水系统的形成，引起土壤盐碱化面积以惊人的速度增长；非洲血吸虫和疟疾则成为埃及长期的灾难；东地中海的海洋生物也因缺少尼罗河泥沙中的营养成分，浮游生物减少了1/3，致使埃及的渔业遭受巨大损失。

1.1.3 水资源

"水资源"一词在各学科之间，在历史上存在着两种相关的概念。一种是来源《不列颠百科全书》中的条目定义："自然界一切形态（液态、固态和气态）的水"，另一种是联合国教科文组织（UNESCO）及世界气象组织（WMO）认为"水资源应当是可供利用或有可能被利用，并有足够数量和可用质量，可供地区长期采用的水体"。从实际意义上讲，称得上人类社会水资源的应该是具有足够数量和良好水质的淡水水体，通过自然水文循环可以年年不断更新之水。

由于各种水体的体量、形态和储存条件的不同，更新的周期和速度截然不同。表1-10是各类水体的更新周期。从表1-10可以明确河川径流的更新期为16天，是天然良好的水资源；地表浅层地下径流（潜水与承压水）可与河川有良好的水力交换，参加水文循环，所以也是重要的水资源；湖泊水的更新期为17年，也是人类可用的水资源。但是深层地下水虽占地下水量的绝大部分，由于参加水文循环微弱、更新年代长远（更新期1400年），不应该视为水资源。

各类水体体积及更新周期   表 1-10

水体	体积（$10^3\,km^3$）	更新周期	水体	体积（$10^3\,km^3$）	更新周期
海洋	1338000	2500 年	沼泽	11.5	5 年
深层地下水	10420	1400 年	河川水	2.12	16 天
极地冰川及雪盖	24064	9700 年	土壤水	16.5	1 年
高山冰川	—	1600 年	大气水	12.9	8 天
永冻层中冰	300	10000 年	生物水	1.12	几小时
湖泊	91	17 年			

降水、径流是各种水体唯一的补给来源。大陆径流仅为 $4.7 \times 10^4\,km^3/a$，是地球水总储量的 0.0034%，不但极为有限，而且分布很不均匀，有相当部分大陆径流分布在不宜人类居住的地方。大陆径流并非人类社会的独有资源，需要与水生态环境共享才能获得人类社会的可持续发展，所以地球上的淡水资源非常匮乏，是稀缺的天然资源。

1.1.4 水环境

水环境除了河川湖泊水域的水量、水质之外，还应包括水中及岸边的生态系统。水中的鱼虾，水面上的野鸭，两岸的花草树木，蛙虫飞鸟等多生态系统都是水环境的构成部分。更广泛地说当地居民的水文化，如泳水、风帆、龙船也都囊括在水环境的定义之内，所以水环境的实质是水生态环境。

水循环是水环境的基础，蒸发、降水、径流都是水环境的要素，流域是水循环的地理单元，所以水环境更多的是指流域水环境。水环境孕育了地球万物和人类文明。从埃及的尼罗河到古巴比伦的两河流域，从印度的恒河到中国的黄河，这些地球上最早的文明起源每一个都与水息息相关。即便是近代，许多著名的国际大都市也都是依水靠海而建的。

1.2 我国水环境现状

目前世界上许多国家和地区已经不同程度地出现了水危机。水资源紧缺成为当今世界许多国家经济发展的制约因素。联合国环境署 2002 年 5 月 22 日发布的《全球环境展望》指出："目前全球一半的河流水量大幅度减少或被严重污染，世界上 80 个国家，占全球4%以上人口严重缺水。如果这一趋势得不到遏制，今后 30 年内，全球 55%以上的人口将面临水荒。"2012 年 6 月，在联合国可持续发展大会上通过了《我们希望的未来》报告，在政治上重申了可持续发展的重要性，将水问题纳入可持续发展，并指出水是可持续发展的核心，强调水和环境卫生对可持续发展的极端重要意义。可见，水环境恢复与水资源可持续利用在整个人类可持续发展战略中的地位不可替代。

1.2.1 水资源短缺

我国平均降水量 660mm，年均降水总量 $63360 \times 10^8\,m^3$，年河川径流总量 $27114 \times 10^8\,m^3$，地下水径流量约为 $8836 \times 10^8\,m^3$，扣除地表、地下径流重复计算的部分，2013 年

全国可更新的地表地下多年平均水资源总量约为 $27958 \times 10^8 \mathrm{m}^3$。在世界主要国家中，仅次于巴西、俄罗斯、加拿大、美国和印度尼西亚，居世界第六位。2013 年，人均水资源 $2100 \mathrm{m}^3$，仅为世界人均水量的 1/4，列世界第 121 位。按照国际公认的标准，人均水资源低于 $3000 \mathrm{m}^3$ 为轻度缺水，低于 $2000 \mathrm{m}^3$ 为中度缺水，低于 $1000 \mathrm{m}^3$ 为严重缺水，低于 $500 \mathrm{m}^3$ 为极度缺水。所以我国是一个缺水国家。我国人均水资源占有量低于 $1000 \mathrm{m}^3$ 的省份有 11 个，主要集中在北方地区，其中北京、天津、河北、宁夏四省人均水资源占有量不足 $200 \mathrm{m}^3$，如图 1-5 所示。

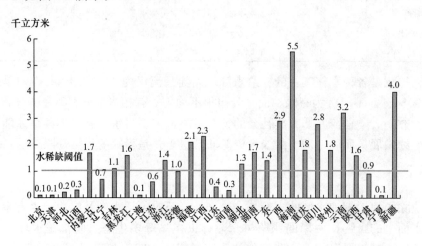

图 1-5　2011 年我国主要省份人均水资源占有量（资料来源于国家统计局）

　　除了人均水资源量偏低外，我国水资源的时空分布也很不均衡。由于季风气候的影响，各地降水主要发生在夏季。由于降水季节过分集中，大部分地区每年汛期连续 4 个月的降水量占全年的 $60\% \sim 80\%$，不但容易形成春旱夏涝，而且水资源量中大约有 2/3 左右是洪水径流量，形成江河的汛期洪水和非汛期的枯水。而降水量的年际剧烈变化更造成了江河的特大洪水和严重枯水，甚至引发连续洪水年和连续枯水年。

　　我国的年降水量分布从东南沿海逐渐向西北内陆地区递减。水资源的空间分布和我国土地资源的分布不相匹配。黄河、淮河、海河三流域的土地面积占全国的 13.4%，耕地占 39%，人口占 35%，GDP 占 32%，而水资源量仅占 7.7%，人均水资源量约 $500 \mathrm{m}^3$，耕地每平方公里水资源少于 $0.6 \times 10^6 \mathrm{m}^3$，是我国水资源最为紧张的地区。水资源开发量已接近或超越了极限，泉水枯竭，黄河断流。表 1-11 为黄河断流数据。20 世纪 90 年代黄河断流日趋严重。1998 年 1 月，中国科学院和中国工程院 163 位院士面对黄河的年年断流联名签署向社会发出一份呼吁书《行动起来，拯救黄河》。1998 年 7 月 18 日，水利专家在 98 国际海洋年"爱我蓝色国土"海洋宣传日上提出："如果不采取措施，到 2020 年黄河就将全年断流"。同年，《保护母亲河》被列为全国政协 1 号提案。黄河水量少，且水情、雨情、工情、枢纽蓄水情况、电力计划、各省区多年各月用水规律等都很复杂，必须有一个有效的分水方案，才能通过人为的理性调整，使水资源得到优化配置。1999 年 2 月 5 日，黄河水利委员会筹建"黄河水量调度管理局"，开始了分水调度方案的制定。1999 年 2 月 28 日，黄河水利委员会向引黄的 6 个省区、4 个水利枢纽发出了第一份水量调度实施意见，3 月 1 日向三门峡水库发出了第一份调度指令，3 月 2 日召开了第一次水量调度工作会。黄河水量控制目标由此分解到各个水库的下泄指标、省际断面的流量指标、数百个引水口的引水指标，从而对两岸的农田灌溉、群众的生活生产用水开始按计划进行统一管理，使之有序化。至此结束了黄河断流的现象。

黄河断流记录　　　　　　表 1-11

时间	断流天数 (d)	断流河长 (km)	时间	断流天数 (d)	断流河长 (km)
70 年代	9	—	1997 年	226	720
80 年代	11	—	1998 年	142	449
1991 年	82	178	1999 年	42	278
1992 年	61	337	2000 年	0	0
1993 年	75	299	2001 年	0	0
1994 年	121	337	2002 年	0	0
1995 年	122	683	2003 年	0	0
1996 年	136	604	2004 年	0	0

按 1956～1979 年同期资料统计，我国分区年降水、年水资源量统计如表 1-12，与多年平均值基本一致。

中国分区年降水、年河川径流、年地下水、年水资源总量统计
（按 1956～1979 年同期资料统计）　　　　　表 1-12

分区	计算面积	年降水		年河川径流		年地下水 ($\times 10^8 m^3$)	年水资源总量 ($\times 10^8 m^3$)
		总量 ($\times 10^8 m^3$)	深 (mm)	总量 ($\times 10^8 m^3$)	深 (mm)		
黑龙江流域片（中国境内部分）	903418	4476	496	1166	129	431	1352
辽河流域片	345027	1901	551	487	141	194	577
海滦河流域片	318161	1781	560	288	91	265	421
黄河流域片	794712	3691	464	661	83	406	744
淮河流域片	329211	2830	860	741	225	393	961
长江流域片	1808500	19360	1071	9513	526	2464	9613
珠江流域片	580641	8967	1544	4685	807	1115	4708
浙闽台诸河片	239803	4216	1758	2557	1066	613	2592
西南诸河片	851406	9346	1098	5853	688	1544	5853
内陆诸河片	3321713	5113	154	1064	32	820	1200
额尔齐斯河	52730	208	395	100	190	43	103
总计	9545322	61889	648	27115	284	8288	28124

对比中华人民共和国水利部《2014 年中国水资源公报》的数据，见表 1-13，各水资源区水资源总量还有变动的。

2014 年各水资源一级区水资源量　　　　　表 1-13

水资源一级区	降水量 (mm)	地表水资源量 ($10^8 m^3$)	地下水资源量 ($10^8 m^3$)	地下水与地表水资源不重复量 ($10^8 m^3$)	水资源总量 ($10^8 m^3$)
全国	622.3	26263.9	7745.0	1003.0	27266.9

水资源 一级区	降水量 （mm）	地表水资源量 （$10^8 m^3$）	地下水资源量 （$10^8 m^3$）	地下水与地表水资源 不重复量（$10^8 m^3$）	水资源总量 （$10^8 m^3$）
北方6区	316.9	3810.8	2302.5	847.7	4658.5
南方4区	1205.3	22453.1	5442.5	155.3	22608.4
松花江区	511.9	1405.5	486.3	207.9	1613.5
辽河区	425.5	167.0	161.8	72.7	239.7
海河区	427.4	98.0	184.5	118.3	216.2
黄河区	487.4	539.0	378.4	114.7	653.7
淮河区	784.0	510.1	355.9	237.9	748.0
长江区	1100.6	10020.3	2542.1	130.0	10150.3
其中：太湖流域	1288.3	204.0	46.4	24.9	228.9
东南诸河区	1779.1	2212.4	520.9	9.8	2222.2
珠江区	1567.1	4770.9	1092.6	15.5	4786.4
西南诸河区	1036.8	5449.5	1286.9	0.0	5449.5
西北诸河区	155.8	1091.1	735.6	96.3	1187.4

我国水资源总量约 $28000 \times 10^8 m^3/a$，时空分布极不均匀。如不考虑从西南调水，扣除生态用水量之后，全国易开采的水资源量仅为 （8000～9500）$\times 10^8 m^3/a$。

新中国成立以来至20世纪90年代，我国用水总量迅速增长，从1949年的 $1000 \times 10^8 m^3/a$ 增加到1997年的 $5566 \times 10^8 m^3/a$，之后一直趋于稳定。到2010年全国总用水量为 $6022 \times 10^8 m^3/a$，其中农业用水占61%，为 $3673 \times 10^8 m^3/a$；城市用水占10.5%，为 $635 \times 10^8 m^3/a$。2013年总用水量 $6170 \times 10^8 m^3$，比上年增长0.6%。其中，生活用水增长2.7%，工业用水增长1.4%，农业用水下降0.1%，生态补水增长1.6%。万元国内生产总值用水量 $121 m^3$，比上年下降6.5%。万元工业增加值用水量 $68 m^3$，比上年下降5.7%。人均用水量 $453 m^3$，与上年基本持平。

在用水总量中地下水占19.1%，地表水占80.9%，全国历年用水量变化情况如图1-6所示，可见，我国自然水资源的开采已超可开采总量的60%。

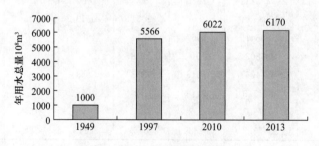

图1-6　全国历年用水总量变化

新中国成立后，我国地下水资源开发利用迅速增加。20世纪50年代只有零星开采，70年代增加到每年 $570 \times 10^8 m^3$，80年代增加到每年 $750 \times 10^8 m^3$，到2009年达到 $1098 \times 10^8 m^3$，占全国总供水量的18%，目前约有400个城市以地下水为饮用水源。特别是华北平原地区，众多城市利用地下水的比例占2/3。据《2008年水务基础数据主要统计指标》显示，2008年北京市供水总量 $35.1 \times 10^8 m^3$，其中自然水供水 $29.1 \times 10^8 m^3$，再生水供水

$6.0 \times 10^8 \, \text{m}^3$。在自然水供水 $29.1 \times 10^8 \, \text{m}^3$ 中，地表水供水仅占 $6.2 \times 10^8 \, \text{m}^3$，而地下水供水高达 $22.9 \times 10^8 \, \text{m}^3$，北京历年降水与地下水开采如图 1-7 所示。由于城市对地下水的依赖程度过高，产生了由于地下水的过量开采而引发的地下水位下降。截至 2009 年底，北京市地下水资源储存量总亏损量为 $98.51 \times 10^8 \, \text{m}^3$，与 1999 年相比，地下水水位除局部上升外，平原区大部分地区水位持续下降。在昌平以北的南口地区，地下水位下降大于 20m，潮白河冲洪积扇的中上游，地下水位降大于 20m，有的甚至超过 30m，平谷城区东北的地下水位下降也达到 20m 以上，永定河冲洪积扇的中上部地下水位下降相对小些，也有 $10 \sim 15 \text{m}$。超采数十年，地下水水位已由 1999 年的平均 12m 左右，下降到 2010 年的平均 24m 左右，北京已处于一个 2650km^2 的地下水大漏斗上，赫然列入地面下沉城市之一。2014 年 12 月 27 日上午，历经 50 年论证、12 年艰辛建设，"江水北送"终于变为了现实。在北京团城湖明渠，随着闸门徐徐开启，来自南方长江流域的清亮江水倾泻而出，沿一段长 885m 的明渠，奔腾涌向颐和园团城湖。历经 15 天、1000 多公里行程，汉江水从鄂豫交界的丹江口水库北上，抵达南水北调中线工程终端北京，并通过自来水管网进入首都的千家万户。南水进京后，在满足生活使用的前提下，初步计划在自然渗透的基础上，采取人工回灌方式涵养地下水。需要回补地下水时，九级泵站中的李家史山闸将开闸放水，经小中河输水至东水西调汇合口，沿东水西调反向输水至东牤牛河，经牤牛河、怀河，最终入潮白河牛栏山橡胶坝上游水源地，全长 15km，在河道内通过下渗回补地下。位于顺义区的牤牛河地下水回灌工程已经基本完工。

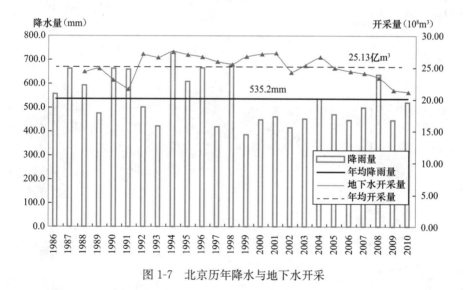

图 1-7　北京历年降水与地下水开采

华北平原深层地下水已经形成了跨京、津、鲁、冀的区域地下水下降漏斗，有近 $7 \times 10^4 \text{km}^2$ 的地下水水位低于海平面。整个河北省已形成 20 多个漏斗区，总面积达 $4 \times 10^4 \text{km}^2$。河北衡水深层地下水降落漏斗面积达 8815km^2。河北唐山赵各庄漏斗中心的最大水位深度 333.2m，是水位降落最深的漏斗。

此外，长期气候干旱与大规模地下水开发，在黄淮海平原、长江三角洲、汾渭盆地、河西走廊等地区，都形成了跨省区的特大型地下水降落漏斗群，诱发了严重的地面沉降、地裂缝、岩溶塌陷、海水入侵等地质灾害与环境地质问题。

据统计，2004 年全国地下水降落漏斗 180 多个，总面积约为 $19\times10^4\,km^2$。区域地下水水位下降引起地面沉降，大面积湿地萎缩或消失，地面植被破坏，生态环境退化，同时加剧了地下水污染。2009 年共监测全国地下水降落漏斗 240 个，其中浅层地下水降落漏斗 115 个，深层地下水降落漏斗 125 个。部分城市地下水水位累计下降达 30～50m，局部地区累计水位下降超过 100m。

今后随着城市和城镇化快速发展，水短缺的危机还会进一步加剧。据预测到 2050 年，全国需水量达（7000～8000）$\times10^8\,m^3/a$，将接近易开采水资源量的极限。

1.2.2　水质污染

20 世纪末，全国城镇污水产生量近 $400\times10^8\,m^3/a$，处理率约不到 10%。21 世纪以来，随着城市化的发展进程我国城镇污水排放量与城镇用水量呈比例增加。到 2012 年的城镇污水排放量达 $500\times10^8\,m^3/a$。与此同时污水处理能力由 1991 年的 $317\times10^4\,m^3/d$ 增加到 2012 年的 $1.17\times10^8\,m^3/d$，全国污水处理量由 1991 年的 $47\times10^8\,m^3/a$ 增加到 2012 年的 $428\times10^8\,m^3/a$，处理率达 85%。近 20 年全国城市污水产量和处理量增长见表 1-14，近年全国城市和县镇污水产量和处理量增长见表 1-15。

我国城市污水排放与处理情况统计　　　　　　　　　　表 1-14

年份	排放量 $10^8\,m^3$	处理量 $10^8\,m^3$	再生利用量 $10^8\,m^3$	处理率（%）	回用率（%）
1991	300	44	—	15.0	—
1992	305	50	—	16.4	—
1993	315	60	—	19.0	—
1994	350	49	—	14.0	—
1995	352	70	—	19.9	—
1996	350	79	—	22.6	—
1997	351	90	—	25.6	—
1998	350	100	—	28.6	—
1999	325	110	—	33.8	—
2000	323	110	—	34.1	—
2001	315	115	—	36.5	—
2002	330	125	—	37.9	—
2003	346	140	—	40.5	—
2004	360	158	—	43.9	—
2005	360	186	19.5	51.7	5.4
2006	363	203	9.6	55.9	2.6
2007	361	227	15.9	62.9	4.4
2008	365	256	33.6	70.1	9.2
2009	371	273	24.0	73.6	6.5
2010	379	312	33.7	82.3	8.9
2011	404	338	26.8	83.7	6.6
2012	417	364	32.1	87.3	7.7

年份	污水排放量 ($10^4 m^3$)	污水处理量 ($10^4 m^3$)	再生水利用量 ($10^4 m^3$)	污水处理率（%）	再生利用率（%）
2005	4069123	1935115	202839	48	5
2006	4171565	2106344	99536	50	2
2007	4211138	2410370	162610	57	4
2008	4271722	2756775	341558	65	8
2009	4369236	2793457	245644	64	6
2010	4507161	3549997	349629	79	8
2011	4832203	3936021	305147	81	6
2012	5020403	4279869	353230	85	7

"八五"期间（1990～1995 年）在大连春柳河污水处理厂建立了我国第一座污水再生水厂，再生水规模为 $1 \times 10^4 m^3/d$，经过艰难的历程到 2012 年全国污水再生水利用量达 $353230 \times 10^4 m^3/a$（核 $995 \times 10^4 m^3/d$），污水再生利用率 7%。在中央和地方政府的重视下，全国城镇污水处理能力有了飞跃性的增长，但是全国江河湖泊，沿海海域的水质污染状况仍不容乐观。

1. 江河水质污染

从 1993 年到 2002 年的十年间，我国江河水质总体趋势是 I～III 类水体所占比例不断下降，劣 V 类水体居高不下，河川水质污染还未得到遏制。2002 年七大水系 741 个重点断面中：I～III 类水体占 29.1%，IV 类水体占 15%；V 类及劣 V 类水体占 55%。几乎 70% 的河段不能做集中水源。近十年以来，由于城市污水处理率逐年迅速提高，2012 年城市污水处理率已达 85%，部分河川水质有了较大的改善。黑臭劣 V 类水体比例有大幅度下降，但 IV 类和 V 类水体的比例居高不下。据《中国环境状况公报》数据，2013 年全国地表水总体为轻度污染，部分城市河段污染较重。主要污染指标为化学需氧量、高锰酸盐指数和五日生化需氧量。水污染负荷进一步削减和水环境改善徘徊不前，其原因是水污染和水环境的综合治理工作还远远没有深入开展。

（1）虽然城镇污水处理率达到了 85% 的水平，但是再生回用率很低，据住房和城乡建设部的统计数据显示，2012 年的再生水回用率仅为 7%，距国务院近期颁布的"十二五"规划和工作方案预计到 2015 年提高到 15% 的目标，还远远没有达到。城镇未处理的原污水和污水处理厂的尾水仍然对水系有相当的污染负荷贡献，提高城镇污水再生回用率是进一步削减城镇点源污染的重点；

（2）污水处理厂污泥和人居厨余垃圾都没有规范化处理、处置，没有回归到农田生态系统中去，其污染负荷比城市污水和工业废水之和还高；

（3）城镇初雨和合流水道截流干管的溢流污水的水质和城市污水水质相差无几，仍在污染着受纳水体；

（4）广泛的农田面污染，即化肥、农药随雨水径流带来的河湖和地下水的污染以及广阔乡村农家废弃物的污染全然无人问津；

（5）规模养殖业的畜禽粪尿，乡村农家肥没有回归到农田系统，成为区域强劲的集中污染负荷。

如上所述，江河湖泊大量的污染源并没有切断，城镇污水处理仅仅是水环境综合治理的开始，水环境恢复工作仍然任重而道远！

2. 湖泊富营养化

据 1986～1989 年中国第一次开展的大规模湖泊富营养化调查结果显示，全国 26 个主要湖泊、水库中 92％的水体 TP 超过 0.02mg/L，TN 全部高于 0.2mg/L。2000 年对我国 18 个主要湖泊的调查表明，其中 14 个已进入富营养化状态。2003 年，全国 75％的湖泊出现了不同程度的富营养化，尤以巢湖、滇池、太湖为重；近岸海域Ⅳ类、劣Ⅴ类海水水质占 30％，超标的污染物质主要是磷和氮，赤潮发生次数和面积也都明显增加。据 2004 年度《长江水资源公报》，在淀山湖、太湖、西湖、巢湖、甘棠湖、鄱阳湖、邛海、滇池、泸沽湖、程海 10 个湖泊中，有 1 个湖泊处于贫营养状态，3 个湖泊处于中营养状态，滇池、巢湖、甘棠湖、太湖、淀山湖、西湖 6 个湖泊处于富营养状态。2005 年以来，太湖夏季出现了严重蓝藻面积大幅南扩和东扩现象，基本覆盖了整个太湖。2007 年 5 月，太湖富营养化再次加重，蓝藻又开始爆发，湖水像被绿漆染过一样，随风飘散的腥臭味令人作呕，并引起了无锡市城区的大批市民家中自来水水质恶化，变成了浊黄色，并伴有难闻的气味，无法正常饮用。

2013 年，我国湖泊水质为优良、轻度污染、中度污染和重度污染的国控重点湖泊（水库）比例分别为 60.7％、26.2％、1.6％和 11.5％。与上年相比，各级别水质的湖泊（水库）比例无明显变化。我国主要湖泊氮、磷污染较重，富营养化问题突出。湖泊营养状态评价指标参数选用总磷、总无机氮、高锰酸盐指数、叶绿素 a 和透明度 5 项。在滇池、草海、太湖、巢湖、洞庭湖、达赉湖、洪泽湖、兴凯湖、南四湖、博斯腾湖、洱海和镜泊湖这 12 个大型淡水湖泊中，除了兴凯湖水质达到Ⅱ类水质标准，洞庭湖和镜泊湖水质达到Ⅳ类水质标准外，其他湖泊均为Ⅴ类或劣Ⅴ类。

3. 近海海域赤潮

由于受陆源污染的影响，我国近海海域水质也受到较重的污染。四大海域中黄海、南海水质尚好，渤海、东海水质很差。2013 年，全国近岸海域水质：一、二类海水比例为 66.4％，比上年下降 3 个百分点；三、四类海水比例为 15％，比上年上升 3 个百分点；劣四类海水比例为 18.6％，与上年持平。主要污染指标为无机氮和活性磷酸盐。

近海海域水质污染也导致近年来我国近海赤潮发生次数呈明显增加的趋势。据统计，1990 年到 1999 年间，我国近海累计发生赤潮 200 余次，平均每年 20 起。2000～2003 年，我国近海发生赤潮 303 次，赤潮爆发频率急剧上升。其中 2002 年赤潮发生次数为 79 次，2003 年更跃升为 119 次。赤潮爆发面积也大幅增长，近年来每年赤潮面积累计均超过 10000km²。2000 年 5 月中旬浙江台州列岛海域爆发世界罕见的特大型赤潮，赤潮面积超过了 5800km²。2013 年近海赤潮仍发生了 81 次。1989～2013 年我国近海赤潮发生频次情况如图 1-8 所示。

4. 水污染导致的损失

我国江河、湖泊和海域普遍受到污染，污染态势至今仍未得到遏制。水污染加剧了水资源短缺，直接威胁着饮用水安全和人们健康，影响工农业和渔业生产，给我国的社会经济发展造成了重大的经济损失。

1992 年中国社会科学院、1993 年国家环境保护局计算的黄河流域水污染损失分别占流域 GNP 的 1.8％和 2.1％。刘玉林等人根据调查统计结果得出，1997 年黄河流域水污染

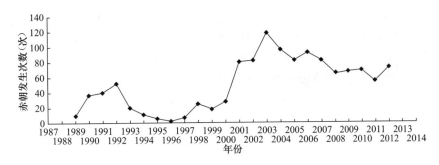

图 1-8　1989～2013 年我国近海海域赤潮发生频次

危害损失值约占流域 GNP 的 2.4%。

王红瑞等人仅以水环境的容量价值损失代替由于地表水污染而引起的环境资源功能价值的损失，采用水环境质量的恢复费用法计算，得出 1981～2000 年间北京市由于水资源紧缺造成的环境生态价值损失累积达到 85.69×10^8 元，其中仅 1998～2000 年这三年的污染损失就达到 40×10^8 元。

就全国范围内的水污染损失也有不同部门开展了研究，得出各自的水污染损失数据。根据中国工程院可持续发展水资源战略研究综合报告及各专题报告，目前中国每年水污染造成的经济损失约为全年 GNP 的 1.5%～3%。

中国社会科学院在公开发表的一份关于《90 年代中期中国环境污染经济损失估算》报告中，计算出我国环境污染年损失达到 1875×10^8 元。

这些数据给了我们鲜明的警示，如果我国从现在开始仍然不能够采取切实有效的措施遏制水污染，其带来的损失还将继续增长。并且不仅在一定程度上抵消了我国的经济增长，并且可能造成无法逆转的环境后果。

1.3　水危机的根源

造成水环境污染其实是各方面复杂因素的耦合作用，既有经济的、社会的因素，又有科技的、文化的因素。要想在错综复杂的因素中找出根本性原因，就必须依靠系统科学的思想以及生态系统理论和环境科学等相关知识的综合运用。总体说来，水环境退化的出现，其中固然有自然因素的作用，但是主要的驱动力还是人类活动造成的直接和间接的影响。

1.3.1　人口过度增长

世界人口的过度增长是全球水污染与水短缺的终极原因。水资源短缺、环境污染、污水量增长等情况都与世界人口的快速增长有关。目前越来越多的人口不但造成了人均资源数量的下降，也增加了污染物的排放、资源与能源的消耗，最终引发了严重的资源与环境危机。

如图 1-9 所示，在人类漫长的历史时期里，大部分时间其人口数量相当少。自人类诞生以来直到公元 1850 年前后人口才达到 10×10^8 人，这个过程经历了数百万年（大约为当前人类历史 99.9% 的历程）。而第二个 10×10^8 人口增长的时间仅用了 80 多年，约在

1930 年地球人口就达到 20×10^8 人。仅仅是在 45 年之后，1975 年地球人口又增加到 40×10^8 人。而 24 年后的 1999 年，地球人口已经超过 60×10^8 人。又 13 年后的 2012 年世界人口已经达到 70×10^8 人。其中发达国家 14×10^8 人，发展中国家 56×10^8 人。目前人口正在以每年 7700×10^4 人的速度增长，绝大多数人口增长位于发展中国家和地区。联合国人口司预计到 2050 年世界人口将达到 93×10^8 人。其中发展中国家人口高达 81×10^8 人，占世界人口的 87%。

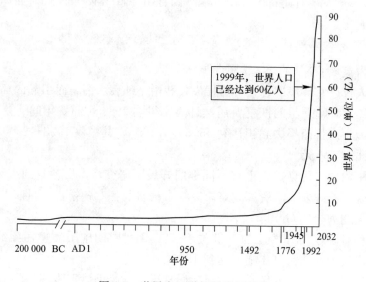

图 1-9　世界人口增长及发展趋势

人口过度增长注定是人类生存发展的灾难性危机。控制人口增长，使人口总量不超出地球生态系统的承载能力，必然是解决环境问题的重要措施。因为人口的增长意味着物质需求的增长，也标示着农业生产、工商业以及城市的发展，这些生产行业的发展以及居住区的扩大无疑将带来更多的污染。这些增长无论是哪一方面都离不开对水的需求，由此会对水环境造成更大的压力。生产粮食、修盖房屋、纺织制衣、交通工具，维持居住区良好的水环境都需要消耗大量的水资源。地球极为有限的宝贵淡水资源，已经越来越难以满足世界人口飞速增长的需求了。

我国人口基数大，即使是人口出生率得到有效控制，人口增长总量仍将保持较高的水平。新中国成立后我国人口增长情况如图 1-10 所示。我国在数千年历史中，每增加 2 亿人口的时间间隔越来越短，如图 1-11 所示。

人口膨胀对资源、环境的压力和影响，已经成为制约环境与经济协调发展的主要因素，人口膨胀是水危机的终极原因。

1.3.2　错误的自然观

我国古人很早就思考了人与自然的关系，如老子在《道德经》中明确指出："人法地，地法天，天法道，道法自然。"人是自然的产物，中华民族的自然观是"民胞物与、天人合一"，视人是自然生态中的一员。而在近代历史上自然界往往被视为征服的对象。培根倡导的"驾驭自然，做自然的主人"曾被绝大多数人视为整个人类的行动指南。在现代科

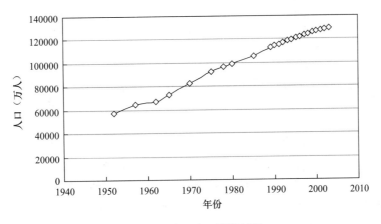

图 1-10　我国人口增长情况

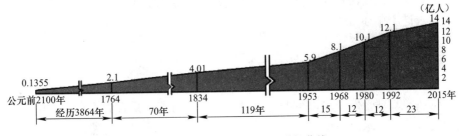

图 1-11　数千年间我国人口增长曲线

学的鼓舞下，狂妄地认为人定胜天。这种将人与自然割裂，忽视人是地球生态系统的有机组成的"二元论"自然观是水危机的思想根源。

人首先必须要适应自然，同时也必须明白两个原则：第一，自然力无论何时都远超于人力；第二，自然规律的变化总是决定人类的规律、人类社会的规律，人类社会的活动都必须服从于自然的规律。无限制的、疯狂的、贪婪的"杀鸡取卵"和"竭泽而渔"的过度滥用自然资源只会遭到自然的报复。但是，人是有能动作用的，有能力利用自然规律为人类社会服务，造福于人类。但绝不能反自然，所谓"人定胜天"只不过是一厢情愿的美好愿望。

1.3.3　粗犷的生产、生活方式

在二元论自然观的指导下，人们为谋求最大经济利益，无度取用、粗犷利用水资源，然后高污染排放，是水短缺、水污染、水危机的直接原因。

18世纪产业革命以后，尤其是半个多世纪以来，在"二元论"哲学思想指导下，亚当·斯密、大卫·李嘉图所提出的经济学理论，即"最大限度地开发自然资源，最大限度地创造社会财富、最大限度地获取利益"的思潮在世界各地大行其道，促进了人类社会对自然资源的过度开采和使用，物质利益成了人们的终极追求。城市以烟囱林立而自豪，工业污染成了繁荣的象征。人类社会这种无度消费、大量废弃的生产生活方式，使得本来人口剧增带来的压力更加突出。一旦我们对资源的开发超出资源本身的再生能力，排放的废弃物超出地球生态系统的自然净化能力，就催生了水危机。

第2章　社会用水健康循环的理论框架

我国是水资源贫乏的国家，多年高强度的水资源开发和直流式的用水方式，使得我国江河除源头外都受到不同程度的污染。一座座城镇排放大量污水和废弃物使城市的下游河段均为V类或劣V类水体。一座座大坝的建成，大面积草原的开垦，森林过度砍伐又引起一些区域（流域）水生态环境灾难性的变化。全国660多座城市已有400多座缺水……，水污染、水短缺、水危机已凸现在我们面前。

面对由于大量排放污水和抛弃废物、滥施农药与化肥造成的世界性水危机，我们提出了"社会用水健康循环"的理念。

2.1　社会用水健康循环的内涵

水是稀缺的基础自然资源，是生态环境的控制性因素，是人们生存、生活、生产不可替代的物质资源。地球上一切地质的、气象的、水文的、地理的自然现象都与水的循环密切相关。

我国水环境已被水事活动损害。然而，被社会水循环损害了的水环境是可以恢复的。这是基于水的自然大循环，水在全球陆、海、空所构成的大循环中会得到净化，循环往复地满足地球万物，森林、草原、盆地、湖泊、土壤和各种生命的用水之需，维系着全球的生态环境。水环境之所以可以恢复，还基于水的可再生性，水是良好的溶剂，也是物理化学、生物化学反应良好的介质，被污染了的水可以在流动中得以自净，还通过物理化学、生物化学和生物学的方法去除污染物质，从而使水得以人工净化和再生。所以社会循环污染了的水是可以净化的，污水通过处理和深度净化可以达到河流、湖泊各种水体保持自净能力的程度，从而上游都市的排水会成为下游城市的合格水源。在一个流域内人们可以多次重复地利用流域水资源。其实自古以来，人类社会就是重复多次地利用一条河上的流水，古诗"我住长江头，君住长江尾。日日思君不见君，共饮长江水！"就是最好的诠释。实现人类社会用水健康循环就可维系或恢复健康的水环境。

所谓社会用水健康循环，第一是指在社会水资源流的循环中，尊重水的自然运动规律，合理科学地使用水资源，不过量开采水资源，同时将使用过的废水经过再生净化，成为下游水资源的一部分，使得上游地区的用水循环不影响下游地区的水体功能，水的社会循环不破坏自然水文循环的客观规律，从而维系或恢复城市乃至流域的健康水循环，实现水资源的可持续利用；第二是指与社会水资源流相伴的物质流循环中，不切断、不损害植物营养素的自然循环，不产生营养素物质的流失，不积累于自然水系而损害水环境；第三是指社会水资源流相伴的能源流循环中能量的回收与利用。这样就可实现人类水事活动与自然水环境相统一，达到"人水和谐"的境界。

实践社会用水健康循环，可使水环境恢复，是指人类减轻或最大限度地减轻对自然水环境的破坏，对自然水文循环的干扰之后，水体靠自然的力量恢复近自然的状态，而不是靠人类的力量来干预"修复"自然水环境。实践于"恢复"还是致力于"修复"是人们自然观的体现。

2.2　社会用水健康循环模式下水事活动的特点

水是生命之源，然而 18 世纪产业革命以后，尤其是近半个世纪以来，人类社会无度消费、大量生产、大量废弃的用水方式，致使水资源短缺与水环境污染日趋严重，地球上有限的水资源逐渐成为人类生存发展的桎梏。

早在 1972 年，联合国第一次环境与发展大会就指出："石油危机之后，下一个危机就是水。"1977 年联合国大会进一步强调："水，不久将成为一个深刻的社会危机。"1997 年联合国再次敲响警钟："目前地区性的水危机可能预示着全球性水危机的到来。"进入 21世纪，全球性水危机已经初露端倪，水资源紧缺与水环境恶化已经成为当今世界许多国家经济发展的制约因素。如何应对日益严峻的水危机，实现社会经济可持续发展已经成为各个国家 21 世纪迫切需要解决的首要问题。

时至今日，国际社会为缓解水危机都付出了长远而巨大的努力。发达国家的城市污水二级处理率已经达到很高的水平，许多国家开始或已经普及污水深度处理与回用。虽然极大地控制了水媒疾病，提高了居民卫生水平，但水资源短缺与水环境恶化问题仍困扰着世界各国经济的发展。

我国从建国初期就开始进行水污染问题的研究，但是我国水环境恶化的总体趋势还远未得到有效遏制。城镇缺水、地表水污染加剧、地下水严重超采、湖泊富营养化、城市型洪涝灾害等问题，不断威胁着人们生活、生产与生态的安全。

反思现今人类社会用水和治污的模式，虽然已意识到社会用水循环对水环境的污染和破坏，但却采取了就污染而治污染，就水体而论水体的水环境保护模式。这种末端治理正是让我们花费了几十年时间，付出了巨大人力和财力而污染依旧的原因。社会用水健康循环主张人类水事活动的根本变革，在社会用水的全过程中预防对自然水域的污染。水事活动渗透在社会生活和生产活动过程中，社会用水健康循环也包含了人类生活和生产方式的变革，从粗犷直流模式变为有节制的循环模式。

往昔，50 年前，100 年前甚或更久远，工业和城市不发达，人类用水分散、取水总量少，不足以干扰自然水循环的过程。于是人们漠视水的珍贵，误认为水与阳光、空气一样是取之不尽、用之不竭的。但时至今日在高度工业化和后工业化的时代，用水量剧增，污水水质恶劣，人们仍然随意取用，肆意排放，超出了水自然循环所能承受的限度，就出现了污染、断流、湿地干涸等现象，使水的自然循环陷入了病态，产生了水危机。要解决人类社会的水危机，经济和社会的发展必须与水资源、水环境相协调，必须遵守水自然循环的规律。社会用水健康循环就是要规范人类社会的水事活动，使水的社会循环不到影响或损害水的自然循环，从而达到社会用水健康循环的战略目的：流域与城市的水环境恢复，水资源可持续利用，人类社会的可持续发展。

2.3 社会用水健康循环的方法

人类社会的水事活动，渗透于生活、生产各个方面，是社会存在和发展的基础。实现社会用水健康循环才能达成水资源的可持续利用。社会用水健康循环主要方法如下：

1. 节制社会用水循环的流量

人类社会无度取用自然水资源，是水危机的首要原因。在我国一座大坝干了一个流域，一座工厂污染了一条河流的事件，屡见不鲜。跨区域、跨流域调水更带来了长远的生态退化。节制对自然水的无度开采，节制社会用水的流量，同时减少社会污水的排放量，就减少了对自然水体的污染，减少了对自然生态系统的干扰，是人类社会用水健康循环的首要战略。

2. 城市水系统健康循环

城市是流域（区域）经济产出和资源、能源消耗的中心，有集中的供水系统和污水收集处理排放系统，是水资源集中取用和点源污染负荷的大户，是完整的社会用水循环的典型代表。城市水系统健康循环是实现社会用水健康循环的切入点和主战场。城市水系统健康循环包含了水资源流、物质流和能源流的再生、再利用和再循环。

3. 工业点源污染物源头分离与削减

工业企业的点源污染，浓度大、负荷高，进入污水处理系统后大幅度地增加了处理的技术难度，过度消耗能源，增加处理成本。如果在生产过程中，在企业车间和工厂内部进行源头分离，回收废弃的原料、辅料、中间产品，不但减轻了企业处理废水的难度，同时分离回收的物质可以重新回到生产中加以利用，降低企业生产成本。工业企业实施清洁生产，建立工业生态体系正是人类社会可持续发展和循环经济的要求，是对人类社会用水健康循环的有力支撑。

4. 农业面源污染控制

农业面源污染是农业生产过程中土壤化肥、农药的流失，农村畜牧养殖业废弃物、村落人畜粪便、厨余有机垃圾的污染。农业面污染分布于广阔的区域，污染源分散，污染分量虽小但总量极大。我国农业面污染总量已超过城市和工业污染量的总和，治理难度也远远大于工业污染的治理，是今后水环境污染治理的最重要方面。

5. 流域水资源与水环境综合管理

一条河往往流经多个省市，为解决流域水生态环境保护和流域内生活和生产用水的矛盾，区域间用水的纠纷，做到上、下游的用水公平，就要发挥现代人的智慧，综合管理流域的水资源和水环境。从流域长远的根本利益出发规划流域水环境保护和水资源可持续利用，为子孙后代留下碧水蓝天。

2.4 社会用水健康循环的基础

1. 可持续发展战略

20世纪中后期，世界范围内资源短缺与环境恶化问题日趋严重，人们对人与自然的问题进行了广泛而深刻的讨论，提出新的人与自然和谐的思想——"可持续发展"。

可持续发展理论作为社会发展理论的重要方面，起源于 20 世纪 50～60 年代。由于长期以来采取的"高投入、高消耗、高污染"发展模式，导致了自然资源的过度消耗和生态平衡的破坏，加剧了地区之间的贫富差距。20 世纪 30～60 年代，发达国家发生了令人震惊的"八大公害"事件。在 20 世纪 50 年代，福格特的《生存之路》和卡逊的《寂静的春天》等著作首先揭示了人类发展中的生存和环境问题，引起了人们广泛的关注和讨论。1972 年，联合国在瑞典斯德哥尔摩首次召开人类环境会议，通过了《人类环境宣言》，提出"人类只有一个地球"，郑重宣告"保护和改善人类环境已成为全人类的一项迫切任务"，唤起了世人环境意识的觉醒。是年，罗马俱乐部发表了著名的研究报告——《增长的极限》（The Limits of Growth），预测"如果让世界人口、工业化、污染、粮食生产和资源消耗方面以现在的趋势继续下去，这个行星上的增长极限有朝一日将在今后一百年中来临"，并提出"经济零增长"的控制方法。该报告引起了全球各界的巨大震动，之后引发了沸沸扬扬的关于发展和环境问题的讨论。

1983 年，联合国成立世界环境与发展委员会，以挪威首相布伦特兰（G. H. Brundtland）夫人为主席。委员会在 1987 年提交了题为《我们共同的未来》（Our Common Future）的研究报告。报告定义了"可持续发展"（Sustainable Development）——"既满足当代人需求，又不对后代人满足其需要的能力构成危害的发展"，同时提出和阐述了"可持续发展"战略。1992 年 6 月，联合国在巴西召开了环境与发展首脑会议，通过了《里约环境与发展宣言》、《21 世纪议程》等一系列划时代的、指导各国可持续发展的纲领性文件，正式确立了"可持续发展"是当代人类发展的主题。2002 年 8 月，约翰内斯堡可持续发展世界首脑会议再次深化了人类对可持续发展的认识，确定经济发展、社会进步与环境保护相互联系、相互促进，共同构成可持续发展的三大支柱。今天，它作为解决环境与发展问题的唯一出路而成为世界各国的共识。

实质上，可持续发展思想的提出是对人类社会原来所采取的不可持续的生产和消费模式的反思和检讨，是对人与自然、人与社会关系的重新定位。它是人类在几千年的发展过程中正反两方面的经验教训总结，是全人类先进思想的结晶，是人类永续生存和发展的根本之道。

可持续发展的思想在中国已经得到广泛接受并率先付之实践，1994 年制订了国家级的行动纲领——《中国 21 世纪议程——中国 21 世纪人口、环境与发展白皮书》。其中提出了中国可持续发展的总体战略和政策措施方案，对水资源与水环境问题提出了原则性的指导思想。

2012 年 6 月，联合国可持续发展大会上，又重申了国际行动计划，总结了过去可持续发展道路存在的种种问题，通过了《我们希望的未来》，在政治上重申了可持续发展的重要性，将水问题纳入可持续发展，并深刻地指出水是可持续发展的核心，强调水和环境卫生对可持续发展的极端重要意义。可见，水环境恢复与水资源可持续利用在整个人类可持续发展战略中的地位不可替代。

2. 循环经济

随着可持续发展战略的实施，越来越多的人意识到实现经济可持续发展的关键在于经济发展方式的转变。同时，地球所拥有的资源与环境承载力的有限性，客观上也要求我们转换经济增长方式，用新的模式发展经济。要求我们减少对自然资源的消耗，并对过度使用的生态环境进行补偿。

正是在这一背景下，产生了知识经济以及循环经济等多种经济理论。循环经济的思想萌芽可以追溯到环境保护思潮兴起的时代。20 世纪 60 年代中期，美国经济学家 E. 鲍尔丁发表的《宇宙飞船经济观》一文可以作为循环经济（Recycling Economy 或 Circular Economy）的早期代表。鲍尔丁把污染视为未得到合理利用的"剩余资源"，即"只有放错地方的资源，没有绝对无用的垃圾"。然而直到 20 世纪 90 年代，在实施可持续发展战略的过程中，越来越深刻地认识到，当代资源环境问题日益严重的根本原因在于，工业革命以来以高开采、低利用、高排放为特征的传统线性经济发展模式。

所谓循环经济，是对物质闭环流动型经济的简称，是以物质、能量梯次和闭路循环使用为特征的一种新的生产方式。循环经济涉及物质流动的全过程，它不仅包括生产过程也包括消费过程。它本质上是人类发展方式的变革，是一种生态经济，把清洁生产、资源综合利用、生态设计和可持续消费等融为一体，运用生态学规律来指导人类的经济活动。

循环经济的提出是经济发展理论和人与自然关系思索的重要突破，它克服了传统经济发展理论把经济和环境系统人为割裂的弊端。循环经济以"3R"原则（减量化原则（Reduce）、再使用原则（Reuse）与再循环原则（Recycle））作为最重要的行动原则。在技术层次上，循环经济从根本上改变了传统经济发展模式"资源——产品——污染排放"单向开放型流动的线性经济。它以"低开采、高利用、低排放、循环利用"模式代替"高开采、低利用、高排放"模式，真正实现了经济运行过程中"资源——产品——再利用资源"的反馈式流程。通过物质的不断循环利用来发展经济，使经济系统和谐地纳入自然生态系统的物质循环过程中，实现经济活动的生态化。

目前，循环经济已成为一股潮流和趋势，在发达国家得到广泛认可和实施。1972 年德国制定了《废物处理法》。1996 年德国提出《循环经济与废物管理法》，该法对废物处理的优先顺序是：避免产生——循环使用——最终处置。日本也提出建立循环经济的概念，2000 年通过和修改了多项环保法规，如《推进形成循环型社会基本法》、《特定家庭用机械再商品化法》、《促进资源有效利用法》等，在 2001 年 4 月之前相继付诸实施。美国自 1976 年制定了《固体废弃物处置法》，现已有半数以上的州制定了不同形式的再生循环法规。杜邦化学公司与丹麦卡伦堡生态工业区是在企业和生态工业园区层次上的典型成功范例。

这几年来，循环经济也得到中国政府的高度重视，并在不同层次上开展了初步的试点研究。目前中国已按循环经济理念，建立了广西贵港生态工业园等 10 个生态工业区。同时已在辽宁、福建等省市开展以循环经济为核心的生态省、生态市试点。并于 2003 年实施《中华人民共和国清洁生产促进法》，为发展循环经济提供了法律保障。2005 年，国务院下发了《关于加快发展循环经济的若干意见》，2008 年又颁布了《中华人民共和国循环经济促进法》，2012 年 3 月再次修订了《中华人民共和国清洁生产促进法》，2012 年 11 月，党的十八大从新的历史起点出发，做出"大力推进生态文明建设"的战略决策，从 10 个方面绘出生态文明建设的宏伟蓝图。十八大报告不仅在第一、第二、第三部分分别论述了生态文明建设的重大成就、重要地位、重要目标，而且在第八部分全面深刻论述了生态文明建设的各方面内容，从而完整描绘了今后相当长一个时期我国生态文明建设的宏伟蓝图。

建立循环型城市、循环型社会是人类永续生存和可持续发展的必然趋势，已被世界各国所共识。循环经济的实质是人类在生存、生活、生产过程中，把自己视为地球上生态系统中的一员，通过实现资源与能源的循环使用，变对物质资源的消费、消耗过程为物质的物理、化学和生物循环过程。而人类对水利用的健康循环正是一切物质循环利用之首，是创建循环经济，建立循环型社会所必需的基础。

社会用水健康循环的理念正是循环经济的"3R"原则在水资源利用上的具体体现，是可持续发展战略和循环经济的体现。社会用水健康循环是建立循环型社会和可持续发展的基础。从这一观点出发，社会用水健康循环是落实生态文明建设的核心组成部分。

根据健康循环的理念，社会用水必须从"无度开采→低效率利用→高污染排放"的直线型用水模式转变为"节制取水→高效利用→污水再生、再利用、再循环"的循环型用水模式，使流域内城市群间能够实现水资源的重复与循环利用，使水的社会循环和谐地纳入水的自然循环之中，共享健康水环境。

2.5 社会用水健康循环的理论框架

综上所述，构建社会用水健康循环理论框架的理论基础就是可持续发展战略和循环经济体系。

通过以下5个方面的研究和建设，实现社会水资源流，物质流、能量流的循环利用达到人类社会用水健康循环。实现水事活动与自然水环境相统一与社会的可持续发展。

（1）实现污水再生、再利用、再循环，建立社会水资源流的循环利用体系；

（2）实现污水污泥、有机垃圾、畜禽粪便等有机肥源归田，变革农田肥料结构，实现农田—人类食物生态体系的平衡，建立社会物质源流的循环利用体系；

（3）厉行工业企业污染物的源头分离与削减，建立工业生产体系的生态链和生态网；

（4）留给雨洪蓄存调节和排泄的空间，建立不受水害安全安心的城乡；

（5）以流域为地理单元，建立流域水资源、水环境综合管理体系。

第3章 节制社会用水循环流量

节制社会用水循环流量，简称"节制用水"。其与以往所提倡的"节约用水"是同一范畴的概念，但其内涵深度却有很大的区别。节制用水是从社会的可持续发展，水资源可持续利用，水环境健康的角度出发，在水资源的开发利用过程中，不仅仅要节约用水，更要在宏观上节制自然水的开采量，控制社会水循环的流量，减少对自然水循环的干扰。节制社会用水流量的主体是全社会和政府，政府代表全社会的意志，在流域水环境、水资源承载能力的框架下，统筹安排城市和城市群，工业和农业的发展。要求社会改变传统的"以需定供"的观念，转变为"以供定需"的理念。在保障流域生态用水和流域水生态健康的前提下，来决定社会经济发展规划。"以水定发展，以水定城市规模，以水定产业结构"。所以节制社会用水流量是人们水事活动的指导方针，属于人类自然观的范畴。

节约用水的主体是用水户，是在人们有了资源环境忧患意识后，从社会责任和自我经济利益角度出发，自觉地在用水过程中，避免水的浪费。当然也是节制社会用水流量的重要举措。

节制用水的意义巨大，可以减少社会对新鲜水的取用量，减少污水排放量，减少人类对水自然循环的干扰，有利于维持自然水文循环的健康；可以促进流域水资源水环境的统一管理，提高水的使用效率；达成流域内上下游间、代际间的用水公平；可以促进工业生产过程和工艺的革新，促进清洁生产，取得环境和经济双重效益；节制用水不仅是用水户的行为，更重要的是政府行为，可以提高全社会的节水意识，是创建水健康循环型城市的前提条件。

3.1 基于水环境水资源承载力的区域和城市规划

1996年联合国教科文组织国际水文计划工作组提出了水资源开发利用方式："可持续水资源管理"（Management of Sustainable Water Resources），明确了"支持现在到未来社会发展和福利，而又不破坏它们赖以生存的水文循环和生态系统完整性"的水资源可持续利用理念。

流域水环境水资源承载力是流域内水资源对人类社会经济活动支撑的最大值，更广泛地说是某一生态环境所能支持的某一物种的最大数量。它与流域内水循环过程中可更新的地表和地下水总量，维系生态系统生物群落生存和水环境健康质量的生态需水量以及保证不挤占生态环境用水的可开发水资源量密切相关。在一定流域的气象、水文、降雨径流环境中是可以量化的。

我国成百上千万人口的大都市，各种产业集群区的规划和建设往往不顾及水资源承载力，凭主观意志和愿望规划城市、城市群规模，制定产业规模和产业结构，一些城市工业布局单纯追求经济效益，过分强调工业体系的完整性，而忘记了水的因素，盲目快速发展。相当部分的缺水城市仍以高耗水的生产企业为主，超出了地区水资源的承受能力，以致造成某些区域生态破坏的严重后果。

中央和地方城乡规划主管部门、工业产业主管部门、流域水事管理部门都应该痛定思痛，转变观念，制定相应的法律、法规和行政管理办法，强化水资源承载力对社会经济发展规划的先导作用。

建立各地区各城市以用水总量控制与定额管理为核心的水资源管理体系，建立与水资源承载力相适应的经济结构体系，建立水资源优化配置和高效利用的工程技术体系，建立自觉节水的社会规范体系。从水资源可持续利用和生态环境保护层面上，调整产业结构，使之和水资源的分布相适应。以水资源承载力定城市人口规模，定工业产业规模和结构，定区域规划，只有这样才能促进地区（流域）社会经济的可持续发展。

3.2 节制用水的潜力

3.2.1 城市居民生活节水潜力

城市节水是政府、供水部门与用水户共同的社会责任。城市居民生活用水的节水潜力主要来自以下两个方面，一是城市管网漏失率的控制，二是城市居民千家万户的节水。2003 年我国城市平均漏失率为 20.5% 左右，有些地方甚至高达 30% 以上。据北京市政协委员 2012 年的调研结果显示，北京城市供水管网漏失率在 17% 左右，年漏水量超过 1 亿 m^3，而发达国家的最高水平是 6%～8%。

"没有不漏的管网"，此话本身并不错。但是在现今的技术条件下，管网漏失应有一个技术经济合理的指标。要求过高，会投入更大的财力，得不偿失。我国颁布的《城市供水管网漏水控制及评定标准》（CJJ 92—2002）规定城市供水企业管网基本漏损率不应大于12%，然而这个标准目前北京市都达不到，其他城市更是无法企及。

2012 年我国城市生活和工业用水总量为 660 亿 m^3/a，如将 20.5% 的平均漏失率降至12%，年节省城市供水量 56.1 亿 m^3，几乎相当于北京市 2.5 年的用水量（2000～2012 年平均用水量为 21 亿 m^3/a）。即使能将漏失率降低一个百分点，年节省水量为 6.6 亿 m^3/a，也相当于一个大中城市全年用水量，由此可见节水空间和潜力之巨大！

国外一些城市为降低供水管网的漏失率，加强了对管网渗漏的检查监测。美国洛杉矶市供水部门中有 1/10 的人员专门从事管道检漏工作，使漏失率降至 6%。东京上水道局建立了一支 700 人的"水道特别作业队"，主要任务是早期发现漏水并及时进行修复，从而将原来 15.5% 的漏失率降至 8%。维也纳通过防止供水管网漏失方面的切实努力，每天减少了 $64×10^4 m^3$ 的自来水损失，足以满足当地 40 万居民的用水。澳大利亚悉尼水务公司在与政府签订的营业合同中明确了漏失率的降低幅度。韩国建设交通部建立了一整套城市管网泄漏的防治措施，包括预防、诊断和行政措施。以色列研究了管道漏水的快速检测和堵漏的液压夹具技术，取得了良好效果。

由于水价低廉以及人们对于水资源稀缺和水的珍贵性缺乏认识，居民生活用水浪费严重，用水器具"跑、冒、滴、漏"现象十分普遍。据调查，北京市事业单位、宾馆、医院人均日用水量分别高达 378、1910、1350L/(d·人)，是合理用量的 10 余倍，其原因正是卫生器具的"跑、冒、滴、漏"现象十分普遍。可见，城市公共事业、社会居民的节水也不可忽视。据不完全统计，我国目前包括 4000 万套便器水箱在内的大量用水器具，竟有 25％的器具漏水，每年漏失水量达 4 亿 m³，相当于 1 座大中城市的用水量。随着社会经济发展，生活水平的提高，人均实际用水量会逐步上升，但通过节水措施，可减少大量无效用水量和低效用水量，实现城市生活用水量平稳下降的目标。

为了控制漏失率，我国各大城市也分别加强了供水巡查。南京市自来水公司特别抽调业务骨干组建了供水巡查队，仅 2003 年 1 月至 10 月，供水巡检人员共自报漏点 3597 处，然而事实上却有两倍于自报漏点的实际维修点，巡查队的任务相当艰巨。北京市自来水公司建立了一支供水巡查队，对供水管网进行巡查，但相对于规模不断扩大的北京城，实在是鞭长莫及，力不从心。

除了加强供水巡查外，我国政府也加大力度进行城市供水管网的改造。建设部、国家发展和改革委员会、财政部曾在 2003 年 9 月下发了《关于加快城市供水管网改造的意见》，要求全国 20 万以上人口的城市，在 2005 年以前应完成使用寿命超过 50 年的老化供水管网改造。此次供水管网改造涉及全国 400 多个中等以上城市，约需资金 300 多亿元。财政部也把此次城市供水管网改造列入 2003 年国债调整专项计划。据对 23 个省区的不完全统计，截至 2004 年底，这 23 个省区累计实施城市供水管网改造规模总计为 4408.8km，共完成投资 46.6 亿元，其中国债 14.2 亿元。然而，与 400 多座城市，300 多亿元资金相比，此次城市供水管网改造计划仍是任重道远。

3.2.2　工业节水潜力

我国工业企业的装备、能耗和水耗的水平，与工业发达国家相比仍有较大差距。见表 3-1，钢铁、化工、医药等行业的单位耗水量与国外发达国家相比，少则高 2 倍，多则高 10～20 倍。发达国家工业用水重复使用率的水平为 85％～90％，而我国现在平均水平为 80％。发达国家间接冷却水循环利用率为 90％以上，而我国现在的平均水平为 80％～85％。从产品单位耗水量、用水重复率和冷却水循环利用率等指标来看，我国工业节水的潜力非常大。在未来的 30～50 年内，靠推行清洁生产、发展少水无水新工艺，大幅度提高企业用水重复利用率、循环利用率，减少单位产品的耗水量，在不增加工业用水量的条件下，保持工业产值稳步增长的目标是完全可能实现的。

中国各行业单位产品耗水量与国外先进水平比较（m³/t）　　　　表 3-1

工业类型	中国	国际先进水平
炼钢耗水量	60～100	3～4
炼油耗水量	2～30	0.2～1.2
造纸	400～600	50～200
合成氨	500～1000	12
生产啤酒	20～60	<10

通过改革生产工艺，在生产过程中少用水或不用水，是工业节水措施中最根本最有效的途径。例如电力工业将水冷改为空冷，水冲灰改为干法储灰，节水可达 90％～95％；冶金行业的水冷却系统改为汽化冷却系统，节水量可达 70％以上；化工行业的水洗除尘改酸洗除尘等都会有十分明显的节水效果。

3.2.3 农业节水潜力

2012 年我国年总取水量约为 $6022 \times 10^8 \mathrm{m}^3$，其中农业用水占绝大部分，城市生活和工业用水量仅为 $660 \times 10^8 \mathrm{m}^3$。所以农业是用水大户，管制农业用水，提高农业用水效率是节制社会用水的重中之重。

目前，我国广大农田还是使用流水漫灌技术，水的利用效率很低，主要粮食作物平均用水效率是 $1.1 \mathrm{kg}/\mathrm{m}^3$，平均灌溉水利用系数仅为 0.45，而国际现代化农业灌溉水利用系数为 0.8。如果将灌溉水利用系数由 0.45 提高到 $0.6 \sim 0.7$，每年能节省的灌溉水量就是 600 亿～1000 亿 m^3，相当于我国年取水量的 1/6。

可见，如果能够加强农业用水管理，优化作物种植结构，建设节水灌溉设施，进一步因地制宜地推广小畦灌、喷灌、滴灌技术，减少无效蒸发和深层渗漏，发展节水农业技术，灌溉水利用系数和单位水量产出率都会有巨大的突破。

3.3 节制用水的途径

目前，虽然许多事实迫使人们对水危机有了一定的认识，但是社会上有许多人对于水资源仍存在一些错误的理解和观念，对于水环境的恶化没有足够的认识。因此，用教育与经济相结合的手段可以增进人们的节水意识，如制定适宜的水价水平，采用适宜的水价结构，如梯级水价、峰谷水价、分质供水水价、特种行业水价等，使用水户得到节水的经济利益。北京市从 2014 年 5 月 1 日起，对北京居民水价、非居民生活水价和特殊行业水价同时进行了调整：居民实施阶梯水价，3 挡水价分别为 5 元/m^3、7 元/m^3 和 9 元/m^3；非居民生活水价上调 2 元/m^3；同时，大幅度提高特殊行业用水价格至 160 元/m^3。除了水价的变化之外，还推行了免费接装、折扣等方式激励用水户更换节水卫生器具，鼓励改变用水消费的行为，按照"一水多用"和"用多少放多少"的原则来节约用水。

事实证明，在城市推广节水卫生器具，防止管道与闸阀等配件的"跑、冒、滴、漏"能收到可观的节水效果。仅就冲厕用水而言，北京市冲厕水箱容积 20 世纪 90 年代为 13L，后来改为 11L、9L，最近两年又改为 6L，北京市区人口按 800 万计，每人一天 3 次按动水箱按钮，那么由 9L 改为 6L 每天的节水量为 7.2 万 m^3，年节水量为 2.59 亿 m^3，相当于北京市市区每年生活用水量（10 亿 m^3）的 25.9%，市区总用水量（25.5 亿 m^3）的 10.1%。可见，千家万户节约的水量汇集起来就是个可观的数字。

3.3.1 加强宣传教育，提高民众意识

水是人类社会稀缺的不可替代的自然资源，是自然生态系统的基础。如果人类无节制地开发水资源，地球上最后一滴水将是人类自己的眼泪。所以任何单位和个人都有节约用水的义务。全社会应改变思维方式，建立可持续发展的自然观，以可持续发展的观念改变自己的用水行为方式。当前许多人对水资源的认识仍有误区。其一是认为水资源是无限的天然资源，可以随意开发，认为水和空气一样可供我们无限地享用，所以无节制地开发，大量浪费，然后随意排放污水。岂不知当达到水环境难以承受的阈值，生态系统就会遭受到不可逆转的损害，反过来就会危害人类自身。其二认为人定胜天，科学技术日新月异的

进步会克服一切困难。这是对科学的迷信，是急功近利者制造的借口。他们为一己私利，只为眼前利益糟蹋水环境，浪费水资源，会极大地危害整个社会。因此，加强节制用水的宣传工作，在全民中树立水危机的忧患意识，使人们认识到水是稀缺的宝贵资源，才能彻底挽救人类的水危机。

十八大提出了生态文明建设的方针，在政策决定之后，首要的是强化政府官员可持续发展、循环经济的意识，使其树立起与自然和谐共处的自然观，树立起正确的水资源观，强化节水意识。在各级政府决策中自觉地保护水环境，爱惜水资源，时时处处注重节制用水。更重要的还是教育群众，面向群众，把宣传节制用水工作放在基础。通过各种方式、手段，使广大群众逐步提高爱护水资源水环境的意识，养成珍惜水的习惯，把节水行为融入生活之中。通过组织各种活动提高青少年保护水环境和节水的意识，将水资源水环境的教育纳入中、小学课堂中，使他们从小就受到保护水环境，珍惜水的教育熏陶。

当前世界各国都注重通过学校和新闻媒体来教育青少年，宣传节水的重要性、必要性和迫切性。不少国家确立了自己的"水日"或"节水日"，号召全民全社会注重节制用水。日本东京建立了一整套宣传体系，包括电视、广播、报纸及专门编制的宣传手册。向全体居民宣传珍惜和节约用水是公民的义务。日本各地组织学生、居民参观供水厂，让人们了解他们天天使用的水来之不易，以提高人民的节水意识。

3.3.2 加强社会用水的管理

1. 需求侧管理

最近几年从西方引进了一种关于能源管理的新模式，把需求侧和供应侧两个方面放到同等的重要位置，进行优化、排列、组合，选出最佳配置，把节能工作贯彻到供应和消费全过程中来。选取最小费用的资源利用计划，使资源使用效率最高，最小花费地满足用户的需求，称之为需求侧管理（Demand Side Management，简称 DSM）。DSM 管理是一种资源，是需求侧的资源，一些国家执行之后，收到了明显的节能效果。美国 20 世纪 90 年代应用 DSM 管理模式，减少了 1/3 以上的电力需求。

长期以来我国各流域各地区不顾水资源短缺的现实，不受水环境水资源承载力的约束，盲目地进行产业布局，高速发展地方经济，无节制地增长用水需求的现象形势严峻。节制用水需求的增长，是水资源可持续利用的重要因素。所以要将能源的 DSM 管理模式应用到节制用水事业上来。改变传统的供水公司试图最大限度地满足社会用水量日益增长的供水模式，建立以水资源可取水量为基础的节制社会无限增长的用水需求。在满足社会必要的生活、生产合理需求的原则下，节制需求侧的用水方式，节制无效、低效用水量，提高单位水量的利用效益。以供水部门为主体，把供水部门和用水户综合为一个有机体，明确供水部门不仅仅是商品水的生产者、经营者，更重要的是社会节制用水的服务者、管理者。在政府指导和政策的扶持下，由供水部门提供行政、经济和技术措施，鼓励用水户采用有效的节水方式和节水技术，并从中获取经济效益。改变"以需定供"的需求方式，建立"以供定需"的新模式。指导群众尽可能地节约用水，最大限度地节省社会用水量。

2. 定额管理

长期以来我国城市供水管网漏失，用水户"跑、冒、滴、漏"等用水浪费现象普遍。工业企业生产工艺、设备落后，单位产品耗水量，万元产值用水量都是发达国家同类产品的几倍到十几倍。在这种状态下，急需制定一个用水户的规范用水定额，规范各种用水户的用水定额，给各行各业的用水户一个节制用水相对客观的标准。用水定额是生活和工业用水的有效利用水量，具有约束性的客观标准。为节水的行政管理和经济管理提供相对的依据，是深入开展节制用水管理的需要，也是广大用水户的迫切需求。制定用水定额是实行合理用水的基础。按用水定额核定用水单位计划用水量，超计划用水可采用累进加价的收费办法，使各用水单位之间、企业内部各车间之间、班组之间及个人之间在节约用水行为上，有客观的可比性，增强其节水竞争意识，进一步促进合理用水、节约用水。

但是用水定额的制定要符合实际，合情合理循序渐进。首先要达到国家和地区先进水平，然后逐步达到国际先进水平。定额制定低了，无法对用水户形成节水压力，不能激发节水的积极性，无法促进节水技术的发展；用水定额定高了，可望而不可即，无法激发节水能动性，反而形成逆反心理，达不到节水目的。因此，定额要有依据，使用水户通过努力可以达到先进的指标。

用水定额在一定时期和地方条件下具有相对稳定性，要在保障生活质量和产品质量的前提下节制用水，不必鞭打快牛，随意降低用水量标准。但用水定额随着生产工艺的进步，节水器具水平的发展，必定要追赶国际先进水平，也是动平衡逐步趋于合理的状态。

3.3.3 降低城市供水管网漏失率的方法与技术

城市、工业、农业节制用水，固然要靠官员和民众节水意识的提高，但仅仅如此还远远不够，必须把节水的积极性落实到节水技术和方法上来，才能得以实效。

没有不漏的供水管网，管网漏失水量是不可避免的。但也确实是可以有效控制的。每一个供水管网系统都可以找到经济合理的漏失率控制目标。表 3-2 是我国 2004 年不同城市供水管网漏失率状况，表 3-3 是欧洲各个国家平均漏失率统计，表 3-4 则是丹麦各城市供水管网漏失情况。欧洲各国城市供水管网漏失率平均为 10% 左右，单位管长漏水量为 $0.25\sim0.5m^3/(km\cdot h)$。我国城市供水管网漏失率平均水平为 20%～25%，更甚者达 50%，单位管长漏水量为 $2\sim3m^3/(km\cdot h)$。相比之下，我国各城市管网远远没有达到经济合理的漏失状况，降低管网漏失率和单位管长漏水量的空间还相当大。建设部 2003 年颁布的《城市供水管网漏损控制及评定标准》中明确要求各地供水企业供水管网漏失率不得大于 12%。为实现这一目标，缩小管网漏损管理领域与国际先进水平的差距，将是供水行业近十年、二十年或今后更长时期的重要使命，必须付出艰辛的努力。

2004 年我国不同城市供水管网漏损率状况 表 3-2

城市	北京	天津	上海	重庆	广州	太原	深圳	沈阳	大连	长春
漏损率 （10%）	15.94	14.35	18.67	7.58	11.44	16.92	7.96	20.05	18.00	31.20
漏损水量 （万 m^3）	11762.3	6622.4	44950.7	3120.0	14838.0	2401.0	4210.0	9077.3	6019.0	8152.0
管网长度 （km）	6308	5146	14191	2370	36668	674	2240	1773	3512	1292
单位管长漏损量 （$m^3/(km\cdot h)$）	2.129	1.469	4.130	1.502	0.405	4.066	2.145	5.845	1.957	7.203

城市	西安	南京	杭州	合肥	济南	南昌	郑州	成都	海口	贵阳
漏损率 (10%)	13.56	15.56	16.22	10.38	14.86	11.44	17.45	14.25	19.80	24.40
漏损水量 (万 m³)	3966.8	6721.7	6518.5	2396.9	3451.3	3091.98	3777.0	4976.0	1941.3	4229.6
管网长度 (km)	1105	1824	2155	942	814	1232	1138	1976	395	888
单位管长漏损量 (m³/(km·h))	4.098	4.207	3.453	2.904	4.840	2.865	3.789	2.874	5.611	5.437

城市	哈尔滨	拉萨	昆明	乌鲁木齐	银川	长沙	石家庄	呼和浩特	南宁	武汉
漏损率 (10%)	17.48	31.44	26.20	26.20	7.54	11.81	35.06	9.50	15.33	20.17
漏损水量 (万 m³)	4599.0	1968.0	6596.5	2541.6	385.0	7088.0	6130.0	758.0	4012.1	14477.2
管网长度 (km)	942	494	2710	650	448	913	797	447	998	3078
单位管长漏损量 (m³/(km·h))	5.573	4.578	2.779	4.463	0.981	8.862	8.780	1.936	4.589	5.369

欧洲国家平均漏损率统计（%）　　　　　　　　表 3-3

国家	英国	葡萄牙	瑞典	芬兰	意大利	西班牙	法国	荷兰	德国	瑞士	平均值
漏损率	18.7	15.3	14.6	12.0	10.5	9.6	9.5	6.3	4.9	4.9	10.6

丹麦城镇供水管网漏损状况　　　　　　　　表 3-4

供水系统 (城市)	年用水总量 (km³)	管网长度 (km)	漏损率 (%)	单位管长漏损量 (m³/(km·h))
Dragor	1009	115	12	0.17
Horsens	3880	310	8	0.12
Gentofte	6274	439	7	0.15
Hjorring	2388	174	7	0.09
Holbaek	2448	344	14	0.24
Kobenharn	50086	3300	7	0.37
Nakskow	1730	314	18	0.35
Odense	15885	953	6	0.14
Randers	4924	643	13	0.39
Vejle	4656	834	18	0.34
Aalborg	10499	901	9	0.24
Arhus	24530	3410	14	0.35

英国是城市现代化建设最早的国家之一，供水管线的埋设历史已有 200 多年，20 世纪 80 年代管网漏失十分严重，为此他们加强了漏失调查和管网更新改造，经过 20 年的努力，管网漏损率由原来的 29.5% 降到 18.7%，1972 年日本东京和大阪两市供水管网漏失率在 30% 左右，由于水道局不断完善漏失检测技术，在漏失控制方面进行了卓有成效的工作，经过 30 年的不懈努力，现在漏失率已控制在 8%。德国是世界上以严谨著称的国家，1999

年以进入输配系统的水量 56.6 亿 m³ 进行统计分析，全国实际平均漏失率为 6.96%，而柏林在全市设了 6 个供水管网维护站，负责全市供水管网的维护管理以及更换水表等工作，配备了有现代化检漏工具的车辆，管网的漏失率仅在 4% 左右。这些国家的经验可作为我们减少管网漏失率的借鉴。

1. 供水管网水量平衡分析

水量平衡分析是国际上通用的供水部门水量结算和水量漏损控制工作的基本依据。水量平衡分析表是通过计量和估算供水系统的水量输入、输出、使用量和"漏损"量来构建的。国际水协（IWA）将供水管网的漏损水量定义为"实际漏水量"与"系统表观损失水量"之和。平衡分析的步骤如下：

（1）确定供水系统供水总量；

（2）统计售水量（计量售水量＋未计量水量）；

（3）统计免费供水量＝计量免费供水量＋未计量免费供水量；

（4）计算有效供水量＝售水量＋免费售水量；

（5）计算系统漏损量＝供水总量－有效供水量；

（6）计算供水部门无收入水量＝供水总量－售水量；

（7）评估表观损失水量＝非法用水量(偷水)＋计量误差；

（8）计算管网实际漏水量＝供水系统漏损量－表观损失水量；

（9）验证管网漏失量，通过夜间流量分析、爆管频率/流速/持续时间的模型计算，对管网漏水量的各组成部分做出评估，并将各部分相加，对步骤（8）计算出的管网漏失量加以验证。

供水管网系统水量平衡分析表　　　　　　　　　　　　　　表 3-5

系统供水总量	系统有效供水量	售水量
		免费供水量
	系统漏损量	表观损失水量
		实际漏水量

以表 3-5 供水管网系统水量平衡分析为基础，制定减少管网漏失水量目标和计划。

2. 管网分区管理

为提高漏失管理水平和供水安全，实施管网分压和分区管理是一种有效措施。所谓"分区管理"，是对管网按照"区域计量"或"压力分区"的原则，划分为若干相对独立的子区域（DMA）。实施小区域的单独水量计算和小区管理。具体构建方法是，保留单独小区进水管和出水管，并设置流量计，关闭其他与该区有连通的阀门，构成相对独立计量小区。长期全天记录小区域的进水量、出水量、用水量，特别是夜间最小流量时管网流量，然后对流量数据进行分析，确定漏水量。若漏失量在允许范围（背景值）内，则说明该区漏水管理得当，可认为无漏失。若漏失量大于允许值，则表明该区出现漏水点，当监测区域内发生爆管时，会引起水量的急剧变化，有些时候会使区域内的局部压力明显降低，流量和压力急剧变化可以快速确定爆管发生的地点。集中力量及时进行检漏，快速修复。分区管理可以比较各区域漏失管理水平，以便对那些严重漏失区域加强管理。

3. 管网压力管理

管道漏点出流量与管道漏点出水压力是正相关，其关系式为指数函数：

$$\frac{q_1}{q_0}=\left(\frac{p_1}{p_0}\right)^{N_1}$$

式中 q_1——漏点在压力 p_1 下的漏失流量;

q_0——漏点在压力 p_0 下的漏失流量;

N_1——指数,在独立小区域,指数 N_1 据管材的不同在 0.5～2.0 变动;对于一个多种管材的庞大供水管网系统,N 接近于 1,即压力与漏失量成正比。

所以对管网按压力进行分区,实施压力控制,使供水管网压力在最小服务压力下工作,可以减少现有漏点的流量,减少新漏点出现的频率,从而可以减少管网的漏失率。同时还可以延长管段的工作寿命,降低管网的更新率。

经验证明管网压力有效控制是卓有成效的漏失管理方法。国际水协在某市一个干管长 63.7km 的独立小区进行了一个管网压力控制试验,结果表明漏失水量不但明显减少,而且管网能够在更优化的状况下运行。如图 3-1 所示,在一天 24 小时内管网压力相对降低而平稳,管网流量也相对减少,较压力控制之前又节能又节水。但压力控制要有度,不能影响对用水户的服务质量。

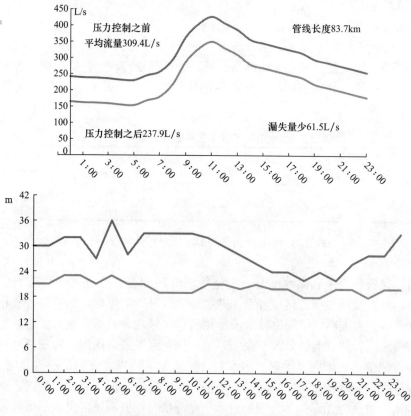

图 3-1　压力控制前后管网流量和压力随时间的变化

4. 最小夜间流量法

一天最小流量一般发生在凌晨 02:00～04:00,不同城市不同区域会略有变化。在发生夜间最小流量时段,管网漏失量在总流量中占的比例最大。管网漏失量为夜间最小流量减去区域内合理的夜间流量,合理夜间流量通过计量和估计获得。如果漏失量超过允许值，及时检漏，进行修复。允许漏失率或称不可避免漏失水量，也通过估算获得。按照 IWA 不可避免漏失水量的计算参数，从供水干管到用水户门表之间的连接管道不可避免漏水量为 $25L/(km \cdot d \cdot mH_2O)$。考虑我国实际情况，管材质量和施工水平，不可避免漏失水量可定为 $125L/(km \cdot d \cdot mH_2O)$。

5. 主动检漏

主动检漏已经成为控制管网漏失的一个重要而关键的环节。

建立具有一定技术水平的检漏队伍，引进先进的检漏仪器设备，使检漏工作制度化、专业化、规范化。即在具备完整准确的管线资料的基础上，建立以"检漏计划、检漏队伍、多种仪器综合使用"三位一体的策略，变被动为主动。建立合理的管网漏损检查周期，即检漏计划。如果检漏周期过长，漏损检测将被延迟，单位时间平均漏水量增加，随之经济损失也将增加；检漏周期过短，单位时间内的平均检测费用将会过大，管道检漏具体方法见表3-6。

主要检漏方法 表3-6

主要方法分类		特点与适用性
漏失检测技术	区域测漏法	适用于居民小区的漏损检测
	区域声音检测法	可以比较快速的确定漏水范围
	听音棒	适用于对漏点的准确定位
	漏水探测仪	检测精度高，主观误差小
漏点探测技术	相关仪	灵敏度高，在混乱嘈杂的环境中作业能力强
	探地雷达	准确度高，收集材料丰富
	金属管线定位	准确对地下金属管线进行定位
管线定位技术	非金属管线定位	能够对地下非金属管线进行比较准确的定位
人工智能辅助技术	神经网络技术	可减少差漏的盲目性

6. 管道更新

国际上一般认为如果管道材料质量、防护和施工正常，金属及混凝土管道寿命为100年左右；塑料管道一般为50年左右。欧洲国家管道的平均寿命为30～50年。第20届国际自来水协会报告《配水管网供水持续性和可靠性规划和设计》中建议配水管网合理更新率为1.5%，即管道寿命为66年。

在编制我国城市供水行业2010年规划过程中，相关人员统计了我国配水管网总长13.5万km，在役管道管龄70%均小于26年，超过50年的只有6.2%，应该说更新状况良好。但我国管网的技术质量欠佳，管网中质量较好的管材如球墨铸铁占16.5%，钢管占8.2%，PVC管占5.2%；而灰口铸铁管的比例在大多数城市中占比大于50%，个别城市高达90%以上，普通水泥管和镀锌铁管也较普遍。这些管材已不符合国家规范要求，加之管网配件质量差，接口技术落后，导致管网抗压，抗腐蚀能力低，爆管事件频繁发生，管网漏损逐年增加。这些问题不仅导致水量损失，而且造成管网水压下降、水浊度偏高、余氯消耗大，严重影响服务水压和供水水质。为此各城市应据实际情况，编制管网更新计划，及时进行管道更新。

7. 管网漏损评价指标

（1）技术指标

1）城市管网漏损率 R_a

$$R_a = \frac{(Q_a - Q_{ac})}{Q_a} \times 100\%$$

式中　R_a——管网漏损率（%）；

　　　Q_a——年供水量（m^3/a）；

　　　Q_{ac}——年有效供水量（m^3/a）。

2）单位管网长度漏损率

$$Q_h = \frac{(Q_a - Q_{ac})}{8.76 L_0}$$

式中　Q_h——单位管长漏水量（$l/km \cdot h$）；

　　　L_0——管网管道总长（km）。

3）单位面积漏损率

$$Q_s = \frac{(Q_a - Q_{ac})}{(\sum LD \times 365 \times 24)}$$

$$= \frac{(Q_a - Q_{ac})}{(8.76 \sum LD)}$$

式中　Q_s——管道单位面积漏损率（$l/h \, m^2$）；

　　　$\sum LD$——管网管道总面积（m^2）。

4）系统不可避免漏水量（年最小实际水损）

在一个供水管网的控制中，是否漏损降到零就是最优状态，达到"零漏损"的圆满目标，经管网自身固有技术特性的研究就会发现"零漏损"是不能实现的。不易发现的长时期小漏、维护过程的漏水和管网附属设置的滴漏时时刻刻都在发生。一个供水管网必然存在着不可避免的漏水量。另一方面从经济角度而言，也不是漏损越小越好。因为漏损较大时，只要用较小的检漏和修复费用就能减少较多的漏水量；而当漏损已经很低，较大的漏损点很少时，就要花费很多的人力和物力才能找到很少的小漏点，降低很少的漏水量，经济收效甚微，而投入很大，得不偿失。所以不可避免漏水量是客观存在的，是必须允许的，而且也作为一个重要的概念应用在管网漏损管理中。

不可避免漏损量，即某个管网系统技术上可达到的最小实际水损，包括三部分水量损失：背景漏水量、不可避免发生的爆管和明漏水损以及暗漏水损。

5）系统漏损指数

$$\text{系统漏损指数 ILI} = \frac{\text{当前年实际供水量 CARL}}{\text{不可避免的年实际水损量 UARL}}$$

6）实际漏损

$$\text{实际漏损} = \text{爆管水损} + \text{明漏水损} + \text{暗漏水损}$$

7）表观水损

$$\text{表观水损} = \text{非法接管水损} + \text{水表误差}$$

（2）财务指标

1）产销差率：供水总量与售水量之差与供水量的比值

$$G=\frac{(Q_a-Q_b)}{Q_a}\times100\%$$

式中 G——产销差率（%）；

Q_a——供水总量（m³）；

Q_b——售水总量（m³）。

2）无收入水量

无收入水量＝免费供水量＋表观水损＋实际水损

3.3.4 研发和推广节水器具

城市居民和公共事业用水都是通过给水器具来完成的，是供水系统中最直接与用户接触的部分。给水器具的性能影响了终端用水的效率，进而对于生活用水的节水水平至关重要。节水器具必须满足两个条件，其一是结构设计合理，既能满足使用功能，又可规避无效耗水量，提高终端用水效率；其二是产品质量耐用可靠，在较长时间内免修条件下，不会发生滴水和漏水现象。

据典型调查分析，在居民家庭生活用水中，厕所用水约占39%，淋浴用水占21%，洗衣用水占8%，饮用及日常用水占3.5%。厕所卫生器具耗水量最大，卫生器具的性能对于生活用水的节约有举足轻重的作用。据不完全统计，我国目前有便器水箱4000万套，每年因水箱漏水的水量损失近亿立方米。龙头、阀门也是用水户不可缺少的取水器具，目前多数用户安装使用的传统龙头，普遍存在着流量大，水花飞溅，有效用水率低的缺陷。而且使用不久就发生密封不严，阀杆漏水现象，增加了无效用水量。据测定，一个Dg15mm的水龙头在0.2Mpa出流压力下，滴漏漏水量为3.6L/h，线流漏水量为17L/h，大流漏水量为67L/h。滴漏就相当于一个人一天的生活用水量，线流相当于一个人4～5天的用水量，而大流漏水则相当于一个人半个月到20天的用水量，不可小视。

在满足人们合理需求的基础上，控制公共建筑和居民生活用水中的无效用水是城市节制用水的重要方面。在目前的节水器具中，节水便器主要包括节水型水箱（6～9L）、红外小便冲洗控制器等；节水淋浴器包括脚踏式淋浴器、电子反应淋浴器等；节水龙头有节水阀芯龙头等。通过给水器具的限量、限位、限流、限时，减压及提高操作精度等措施，可减少大量无效耗水量。节水便器水箱，平均可节水38%，节水淋浴器可节水33%，节水龙头可节水10%，节水潜力巨大。政府应号召制造商生产制造这些低耗水的给水器具：节水型厕所冲洗水箱、节水型淋浴喷头、节水型洗衣机、节水型水龙头，并且要达到一定的节水标准，那些节水实际效果好，满足使用功能、操作方便、结构简单、经济耐用的给水器具，一定会受到用水户欢迎。新建住宅、公寓、办公楼、公共建筑内安装的给水器具应达到一定的节水标准，这些在美国、以色列、意大利、日本等国都有明确规定。美国规定便器水箱每次冲水不大于5.7L。同时还应号召现有建筑将传统用水器具更换为节水器具，大力推广采用节水给水器具可大幅度降低无效用水消耗，提高用水效率。

3.3.5 强化工业企业清洁生产

我国工业企业用水效率普遍低下，浪费现象严重，与发达国家相比，万元产值耗水量、单位产品耗水量都高几倍到十几倍。其原因是工艺水平低下，设备陈旧落后，原料和水资源粗犷使用。为此各地区工业企业应改善工艺，执行清洁生产，发展无水少水工艺，发展循环经济和建立生态工业体系。

1. 提高工业企业循环冷却水的循环利用率

冷却水占工业用水量的40%～60%，将直流冷却变为循环水冷却，并合理提高循环水的比例，减少补充新鲜水用量，提高冷却水循环利用率，可节省大量工业用水。

2. 提高工业企业生产用水重复利用率

根据各车间、各工序生产用水的水质要求，可研究合理可行的方案，将一个车间、一个工序的排放水送给另一个车间或工序作为生产用水，提高工业企业用水的重复利用率。

3. 充分利用非传统水资源，提倡工业企业内部废水再生循环利用

提倡企业利用城市污水再生水、雨水等非传统水资源作为循环冷却用水的补充水源。能够利用再生水的企业、车间一定要利用再生水。最大限度地减少企业对自然水的取用量。企业排放水，可通过处理净化，生产再生水，重新用于企业生产工序，发展企业生产用水的再生再循环。

4. 在工厂之间建立生态体系

一个工厂的废物可作为另一个工厂的原料，组成生态工业园，建立生态体系。尽最大可能节省水资源等自然资源和能源。

3.3.6 推广城市绿地节水灌溉

现代城市大片草坪绿地，在美化城市，改善城市小气候及雨水渗透方面都获得很大益处。但在干旱季节浇洒草坪的自来水消耗也很可观，为此：

（1）应选择那些抗旱、抗涝能力强，适应当地气候条件的草种来绿化城市，建设草坪。能够和异地他乡引进的草种起到同样的水文和环境功能，但却可以省去大量浇洒用水和培植的人力和财力。

（2）在必要灌溉的时候，用喷灌、微喷灌、滴灌等技术代替原来的漫灌技术，可节水30%～50%。

（3）充分利用污水再生水进行园林绿化。再生水经灭菌之后不但可以满足绿化用水的水质要求，同时水中会有植物必需的营养物质和微量元素，利于植物生长。

3.3.7 利用经济杠杆促进节制用水的发展

水资源是全人类和地球生态系统共有的财富，人类开发水资源，应在水生态环境允许的范围内，并且要体现社会和世代的公平性。

1. 水的价值

水是一种有价值的稀缺自然资源，具有不可替代性。水的价值在于：（1）水资源具有使用价值，是人类生命、生活和生产所必需的资源，水能够保障人的生命和生活质量，促进经济发展和社会进步，水的使用价值不可替代；（2）水具有生态价值，是构成地球生态系统的重要因素，是欣欣向荣水环境的基础；（3）水具有商品价值，水的开发、供水系统建设和运营都需要实实在在地花费社会劳动才能完成。

水不是取之不尽，用之不竭的天然资源，而是稀缺的、宝贵的自然资源。人人都应珍

惜水的价值，节约用水，爱护水资源。

2. 完成售水价格与水价值的统一

售水价格（水价）不可背离水资源的价值。合理的水价应包括水的商品价格、水资源价格和水环境的价格。提高用水价格也是促进节水意识的有效途径。合理调整水价可对节水起到重大作用，尤其是在水价格背离价值的时候，往往起关键作用。

在我国长期的社会价值体系中，水不是一种商品，而是一种半福利品。供水公司不完全是企业也是社会福利事业。售水价格长期偏低，远远低于制水成本，更谈不上水资源的社会价值和水环境的生态价值。在这种福利价格下，水费在生产成本或家庭支出中所占比例非常之小。水在大部分企业的生产成本或家庭生活费用支出的影响度极低。这种水费价格与水的价值的严重偏差，背离了价值规律，失去了经济标杆的调节作用，助长了人们轻视水资源的价值、浪费水资源的潜在意识，无法调动用水户的节水积极性，造成水的无效使用。同时制约了供水公司的基金筹措，导致供水事业难以维系，影响供水事业正常发展。更为严重的是，如此下去，水资源难以可持续利用，将会断了子孙的"水路"。

因此我们应该而且必须完成水价与水价值的统一。

3. 售水价格的组成

价格是价值的反映，充分发挥水价格的经济标杆调节作用，才能实现水资源的优化配置，维系供水事业的正常发展和水资源的可持续利用。供水价格应包括以下几种费用：

（1）供水商品的价格

供水成本，即制水成本和企业利润。制水成本包括供水系统设施折旧和运营维护成本。制水成本和企业的合法利润之和就是供水成本，是供水商品的价格。

（2）水资源的社会价值—水资源费

水资源是全人类的共同财富，但也是稀缺资源。在人们享受清洁饮水权力的同时，取水单位应给予水资源保护和水资源可持续利用事业以补偿，应引入水资源费。

（3）污水处理再生费用

自来水是商品，废水也是商品，为了保护自来水的可持续使用，废水必须花费社会劳动进行再生处理到自然水体可接受的程度，同时也成为下游水源的一部分。它就应该有价值，这种价值体现在用水之中。如果把"用水"与"废水"的价值分别计算，割裂开来，废水处理就无人问津，用水的价值也就不完整了。其结果将遭到自然界的报复，导致水资源的不可持续。在自来水水价之中应该也必须包括污水收集、处理、再生与排放的费用，下水道设施的有偿使用和排污收费都应统一到水价之中。

4. 水价体制改革

自来水的价位应按商品经济规律定位，即包括给水工程和相应排水工程的投资成本、经营成本以及企业赢利，再加上水资源费和污水处理再生费用。水费收入用于供水与排水设施的运营，用于保障污水再生和社会用水的健康循环，保护天然水环境和水资源的可持续利用。

水价体制的改革应从社会效益、环境效益出发，兼顾供水公司的经济效益，提高水费，可实行如下收费制度：

（1）不同用水类别、不同行业取不同收费标准

提高水费标准，增加水费开支在家庭支出和企业生产成本中的比例。生活用水水费涉

及千家万户,所以要考虑到民众的心理承受能力,随着民众节水意识的提高,水价循序渐进到位。工业用水水价要充分体现水的价值,取高水费制。不同行业采用不同的水费标准,以水为主要生产原料大量用水的行业如洗浴、宾馆、餐饮采取更高水费制。

(2)高峰水价

实行高峰供水期间季节水价,在高峰供水期间,收取高峰供水差价。应在原水价的基础上增加一个百分数,以缓和高峰期供需矛盾。

(3)累进递增式水价

以用水定额和计划用水量为基数,在计划水量内取基本水价,超计划加价收费,超的越高加价越多。体现多用水,多交费,以利节制用水。

各流域各地区要结合本地水环境、水资源状况,经济发展水平,供水系统现状等,将上面所述体制融为一体,科学合理地制定本地区的水价体系。

第4章 城市污水的再生、再利用与再循环

城市是流域（区域）经济产出和资源、能源的消耗中心，有集中的供水系统和污水收集处理排放系统，是水资源集中取用和点源污染负荷的大户。城市用水是完整的社会用水循环的典型代表，因此研究城市水系统健康循环是实现社会用水健康循环的切入点和主战场。

现行的城市水系统采用的是"取水—用水—处理排放"直流式的用水形式，存在着如下弊端：

（1）采用"大量取水—粗犷利用—大量排放"的模式。为了满足城市用水的无度需求，不惜百里千里到上流甚至外流域调水，最后都成为污水，污染本流域的水环境。

（2）将生活、生产污水看作是废水、污秽之水，把水中的有机物、N、P及其他物质统统看作废物和污染物，经过污水处理厂末端处理，消除一定危害之后，将含有难降解污染物的尾水尽快排出市区之外，进入下游水体，以此完成了本市水污染防治的任务。然而，流域污染却未得到控制，反而越演越烈。

（3）传统城市水系统只注重满足单个城市用水和排水之需。城市居民在享受舒适便捷的现代卫生设备的同时，却污染了下游水体。在耗费大量资源与能源的同时却损害了水生态环境。

水是循环型的自然资源，是可以循环使用的资源。污水中混入的有机物和其他矿物质也是可回收再利用的宝贵资源。污水是宝贵的淡水资源，应突破现行污水处理系统"达标"排放就安全无事的想法，建立城市水资源流健康循环的理念：在城市用水的循环中，遵循水文循环的规律，在节制社会用水循环流量、控制源头污染的同时，将用过的污水进行处理、深度净化，达到再生水用户或水体自净的水质要求，回用于本城市各再生水用户或排放到下游水体作为下游水资源的一部分。

要建设包括污水处理、深度净化、管道运输系统在内的，以城市污水为源水的城市再生水供水系统，实现城市污水的再生、再利用和再循环，从而将城市污水变成城市稳定的第二水源。此举既可以减少城市污水排放量，最大限度地减少流域点源污染负荷，还可以开发第二水源，解决缺水地区水资源短缺问题，取得水资源和水环境的双重效益。再生水售水所得还可以补贴污水处理维护费用，减轻财政负担。2013年我国每天产生超过1.34亿 m^3 的城市污水，如果能对其中的20%～30%进行再生循环利用，就可以解决10～20年水资源不足的问题。在某些地区就可以推迟或者取消远距离跨流域调水工程计划，以免产生难以预料的生态后果和巨额建设、运行费用。城市污水的再生、再利用和再循环，对于少雨缺水地区是解决水资源缺乏的必由之路，在水资源丰富地区也是维系水环境健康的良策。

4.1 再生水用户与再生水水质

4.1.1 再生水用户

污水再生水除不宜饮用外，可以应用到社会用水的各个方面。

（1）景观用水。补充维持城市溪流生态流量，创造良好的水溪环境。补充公园、庭院水池、喷泉等景观用水，给沿溪流市区带来了风情景观，愉悦了人们的心情，深受居民欢迎。北京、石家庄等地已利用污水处理水维持运河和护城河基流。

（2）工业水。工业用水中冷却水占大部分，而且水质要求不高，正是再生水的广大市场。大连春柳河污水处理厂早在1992年建成投产了污水再生系统，每天生产再生水10000m^3，主要用于热电厂冷却用水，少部分用于工业生产用水，运行20多年来效果良好，效益可观。

（3）市政杂用水。道路、绿地浇洒用水，融雪用水，建筑小区冲厕所等市政杂用水消耗自来水量很大，可用再生水来代替，可节省大部分城市用水量。大连经济开发区应用污水再生水喷洒街道花园和林荫绿地，节省了大量自来水。

（4）农业用水。污水处理水用于农业灌溉不仅节省了水资源，同时也使回归自然水体的处理水又得到进一步净化。二级处理水经过适当稀释就可以达到农田农业灌溉标准。

（5）作为流域下游水资源。污水再生水达到自然水体自净要求，可排放到自净水体，回归自然水文循环，供下游城乡使用。自然水体不但是污水再生水的用户，而且是再生水再循环的归宿。

再生水用户的选择与落实是再生水供水系统运营的先决条件。

4.1.2 再生水水质

再生水的用户颇多，其水质要求应取决于用水对象。

（1）工业用水

污水再生水用于工业，大部分是冷却用水，所以各地工业用水的水质都按冷却用水的要求考虑。如个别用户用于工业原料、产品处理、锅炉等方面时，工业用户可自行进一步处理。

冷却用水希望水温低且稳定。冷却水管内要求不结垢，不腐蚀和不产生生物黏泥污染等。二级处理水再经适当净化，是不难达到这些要求的。

目前国内和国际上还没有一个国家有统一的污水再生水做工业冷却水的标准。现将一些城市的工业用水的水质和沈阳市25万m^3/d工业回用水设计水质标准列入表4-1供参考。

污水回用于工业冷却水的参考水质　　　　　　　　　　　　　表4-1

项目	沈阳污水再生水回用于工业区可研报告推荐标准	日本东京都工业水道运行水质	名古屋工业水道运行水质	大连春柳河再生水厂运行水质
浊度（度）	10	3.0～1.9	3.5～0.5	4.0
SS（mg/L）	—	1.2～6.8	—	3.6
BOD_5（mg/L）	10	10～2.1	—	5.4
COD（mg/L）	50（Cr）	12.8～9.1（Mn）	9.2～7.1（Mn）	39（Cr）
Cl^-（mg/L）	250	112～61	436～308	217
NH_4^+-N（mg/L）	10	16.8～10.8	—	18.77
总固体（mg/L）	—	389～351	1100～402	903
碱度（mg/L）	—	93～66	96～48	265
pH	5.8～8.6	6.8～6.7	6.5～6.7	7.4
一般细菌（个/mL）	100	200	—	—

项目	沈阳污水再生水回用于工业区可研报告推荐标准	日本东京都工业水道运行水质	名古屋工业水道运行水质	大连春柳河再生水厂运行水质
大肠菌值（个/mL）	0	0	0	—
总硬度（mg/L）	450	129～112	339～205	283

（2）市政用水

在城市自来水水源紧张的情况下，可用污水再生水替代自来水供街道与绿地、景观等市政杂用，其水质成分应考虑如下：

1）大肠菌

大肠菌是评价水的卫生安全性的主要指标。城市人工水池、水溪、喷泉等与人体接触机会较多，浇洒用水因为屋外的喷灌、龙头等设置也多有与儿童及工作人员接触的机会，大肠菌应不得检出为好。但是冲洗厕所用水主要由管路来供给，与人体接触机会较少，可以放宽。

2）余氯

余氯是表示氯化消毒效果的指标。日本平城的实验结果显示，回用水池中余氯在0.4mg/L之上存放2～3个月，大肠菌和一般细菌均未检出，也没有藻类的明显滋生。所以保持一定的余氯是抑制细菌，大肠菌滋生的有效措施。但浇洒树木、草坪时，余氯可能会对植物健康生长有影响，不宜过大。景观用水主要为鱼类栖息提供良好的条件，不需要有余氯存在，在卫生上应配合臭氧消毒。冲厕用水在水箱出口能保持有余氯即可。

3）外观

颜色、混浊和泡沫是影响再生水外观的因素。因为不同地域，不同年代，甚至不同性别的个人对水的不快感和美感都是不同的，所以很难用数字确定出统一标准。污水净化对阴离子表面活性剂的去除效率很高，在多数情况下再生水不致发泡，也不致产生不快感。

4）浊度

浊度是由活性污泥碎片和有机胶体颗粒形成的。对再生水的感官和使用中的管路、设备的堵塞与沾染有直接影响。所以污水处理水必然要经过砂滤净化后才能应用。景观用水对浊度要求更高。

5）BOD

正常运行的二级处理水的BOD值在20mg/L之下，再经深度净化BOD值可达5mg/L，作为市政用水在管路和设备上不会产生障碍。但景观用水如喷泉，人工水池，公园水面应达到地面水Ⅳ类水体标准。

6）臭气

水中臭气的测定方法尚未确立，而且人的感官觉察的是各种臭气的总和，很难定量计量，所以对臭气的测定标准为没有不快感即可。

7）pH

pH是在配管、阀门、水泵等设备上发生腐蚀结垢的主要因素。但是在城市污水处理水的pH范围内，经过多年调查，没有因为pH产生显著危害。我国和国外有关市政用再生水水质标准见表4-2。

市政杂用水水质标准一览表　　　　　　　　　　　　　表 4-2

项目	我国《生活杂用水水质标准》CJ 25.1—89					日本建设省回用水标准	美国回用水标准	大连春柳河再生水厂
	冲厕	道路清扫消防	城市绿化	车辆冲洗	建筑施工	用于亲水空间	允许身体局部接触的娱乐性池塘	
外观						无不快感	—	清澈透明
pH			6.0～9.0			5.8～8.6	6～9	7～8
色度（度）			30			10	—	—
臭			无不快感					
浊度（NTU）	5	10	10	5	20	5	2	3
溶解性总固体（mg/L）	1500	1500	1000	1000	—			
BOD₅（mg/L）	10	15	20	10	15	3	10	5
COD_Cr（mg/L）						30	—	50
氨氮（以 N 计）（mg/L）	10	10	20	10	20			
总硬度（以 CaCO₃ 计（mg/L））								280
氯化物（mg/L）			—					220
阴离子合成洗涤剂（mg/L）	1.0	1.0	1.0	0.5	1.0			
铁（mg/L）	0.3	—		0.3	—			0.1
锰（mg/L）	0.1	—		0.1	—			0.1
溶解氧（mg/L）			1.0					
总余氯（mg/L）	接触 30min 后 1.0，管网末端 0.2							
游离余氯（mg/L）			—					0.2
细菌总数（个/ml）			—					
总大肠菌群（个/L）			3			500		

（3）农业灌溉用水

农业灌溉用水是污水再生水的最大用户，我国污水灌溉事业已积累了几十年的经验。但沈抚灌渠，盘锦灌渠和各大城市郊区的污水浇灌菜田的多年运行经验归结为一点：污水不经认真处理，达不到农业灌溉用水的水质标准，污灌事业终归要失败。

污水处理水中影响土壤和水稻的组分有以下几个：

1）氮（N）。N 是基本的植物生长肥分，但是对于水稻适宜的 N 的含量幅度特别狭小，N 过剩有害于水稻生长。据日本东京都农业试验场的试验，TN 10mg/L 之上，产量明显减少。

2）磷、钾。污水处理水中的钾与一般河水中的浓度基本无区别，污水中的磷含量与施肥中的磷含量相比是很小的，因此无过剩可言。

3）有机物。污水二级处理对 BOD、COD 的去除率虽然很高，但还不能满足灌溉标准的要求，通常需要通过河水稀释来达到。

4）悬浮物（SS）。污水二级处理水 SS 通常在 20～30mg/L，对满足农业用水 100mg/

L 之下是绰绰有余的。

5）ABS。污水处理对直链的 ABS 的去除率很高，出水中浓度平均值为 0.4mg/L，一般均能满足要求。

6）氯离子。农业灌溉水氯离子在 500mg/L 之下基本无影响，污水处理水大多在 500mg/L 之下，只有个别沿海城市氯离子过高。

7）重金属。生活二级处理水中重金属的浓度不高，而且区域性的差别很小。表 4-3 为生活污水处理厂二级出水的重金属浓度。我国城市污水中工业废水占 30％～50％。工厂性质也大有不同，所以城市污水的重金属浓度不能一概而论。但是二级处理过程中，大都转移到污泥中去了，处理水中浓度不高。

从以上这些影响水稻生产的污水组分来看，氮是至关重要的。灌溉水中氮的容许浓度现时还不明确，但氮过剩会危害水稻的生长是切实存在的。日本土木研究所总结了实验田的实验结果提出如下建议：1）灌溉水的平均总氮浓度 5～8mg/L，施肥量比通常减半，对水稻产量不会有影响；2）氮的形态应以硝酸氮为主，NH_4^+-N 对水稻结实有不良影响。

旱田的灌溉水量比水田小得多，氮的流入量也自然少，而且土壤有良好的氧化条件，流入的氮也因较快氧化而流失，因此旱田用污水处理水灌溉，更没有问题。

综上，二级处理水在适宜的灌溉和施肥制度下就可满足灌溉用水的要求。

我国农业部环境保护研究所编制的污灌标准列于表 4-4。该标准中对于有机物、N、P 的标准值的控制都比较宽松，在今后的实践中还有待逐步完善。

二级处理水中的重金属物质浓度（分流制下水道生活污水）（mg/L） 表 4-3

时刻　　阳离子	NH_4^+	K	Na	Ca	Mg	Fe	Cu	Zn	Al	Cd	Ni
0 时	18.4	8.47	33.8	3.14	2.03	0.58	ND	0.18	ND	ND	ND
4 时	16.2	7.71	30.0	3.16	1.85	0.50	ND	0.15	ND	ND	ND
8 时	13.9	8.92	25.5	3.29	1.66	ND	0.01	0.08	ND	ND	ND
12 时	18.8	6.99	22.8	4.11	2.13	ND	0.01	0.08	ND	ND	ND
16 时	28.7	8.23	32.8	3.12	2.08	0.50	0.01	0.14	ND	ND	ND
20 时	22.6	8.16	33.0	3.12	1.92	ND	0.01	0.16	ND	ND	ND

我国农田灌溉用水水质基本控制项目标准值 GB 5084—2005　表 4-4（A）

序号	项目类别		水作	旱作	蔬菜
1	五日生化需氧量/(mg/L)	≤	60	100	40[a]，15[b]
2	化学需氧量/(mg/L)	≤	150	200	100[a]，60[b]
3	悬浮物/(mg/L)	≤	80	100	60[a]，15[b]
4	阴离子表面活性剂/(mg/L)	≤	5	8	5
5	水温/℃	≤		35	
6	pH			5.5～8.5	
7	含盐量/(mg/L)	≤		1000[c]（非盐碱土地区），2000[c]（盐碱土地区）	
8	氯化物/(mg/L)	≤		350	
9	硫化物/(mg/L)	≤		1	
10	总汞/(mg/L)	≤		0.001	
11	镉/(mg/L)	≤		0.01	

序号	项目类别		水作	旱作	蔬菜
12	总砷/(mg/L)	≤	0.05	0.10	0.05
13	铬（六价）/(mg/L)	≤		0.1	
14	铅/(mg/L)	≤		0.2	
15	粪大肠菌群（个/100mL）	≤	4000	4000	2000ᵃ，1000ᵇ
16	蛔虫卵数/（个/L）	≤	2		2ᵃ，1ᵇ

我国农田灌溉用水水质基本选择性控制项目标准值　　　　　　表 4-4（B）

序号	项目类别		水作	旱作	蔬菜
1	铜/(mg/L)	≤	0.5	1	
2	锌/(mg/L)	≤		2	
3	硒/(mg/L)	≤		0.02	
4	氟化物/(mg/L)	≤	2（一般地区），3（高氟区）		
5	氰化物/(mg/L)	≤		0.5	
6	石油类/(mg/L)	≤	5	10	1
7	挥发酚/(mg/L)	≤		1	
8	苯/(mg/L)	≤		2.5	
9	三氯乙醛/(mg/L)	≤	1	0.5	0.5
10	丙烯醛/(mg/L)	≤		0.5	
11	硼/(mg/L)	≤	1ᵃ（对硼敏感性作物），2ᵇ（对硼耐受性较强的作物），3ᶜ（对硼耐受性强的作物）		

注：a——加工、烹调及去皮蔬菜。
　　b——生食类蔬菜、瓜类和草本水果。
　　c——具有一定的水利灌排设施，能保证一定的排水和地下水径流条件的地区，或有一定淡水资源能满足冲洗土体中盐分的地区，农田灌溉水质全盐量指标可以适当放宽。

（4）排放到自然水体的再生水水质

再生水排放到自然水体要达到水体自净能力的要求，这和国家污水处理厂尾水排放标准不完全一致。水体自净能力取决于水体的流量、流速、水中生物等多方面水文、水生态要素，不同流域不同地区不同河段都是不同的。满足要求的再生水排入水体就将社会水循环和自然水文循环和谐地联结起来，并成为下游水资源的组成部分。

4.2　城市污水再生水供水系统

4.2.1　城市再生水供水系统组成

自 1992 年我国第一座污水再生水厂——大连春柳河再生水系统示范工程（$1×10^4 m^3/d$）建成投产以来，经过 20 年的艰难历程，至 2012 年全国各地再生水厂总规模为 $1000×10^4 m^3/d$，年利用再生水量 35.32 亿 m^3，全国污水再生水利用率达 7％，与发达国家相比仍太少，在今后几十年内，我国应大力发展污水再生再利用事业。每个城镇都要建设污水再生水厂和再生水供水系统，这是缓解水资源短缺和消除水污染的必由之路。

城市再生水供水系统由再生用水户/供水管网和再生水水厂组成。改城市污水处理厂为污水再生水厂，污水经处理、深度净化或超深度净化，达到再生水用户的要求，通过输水管和管网送到各种再生水用水户，建立城市再生水供水系统。用户产生的污水经排水管网送回再生水厂，达成再生利用的闭路循环。

城市再生水系统运行的前提是发掘和落实再生水用户。对于再生水用水大户如发电厂、工业区、近郊农场可用专用管线供应。待城市用水户发展扩大，遍及全市的状态下，将各管线、各供水区域连成网状，成为再生水管网，与自来水生活用水管网协同工作。城市再生水水质，以满足市区的大多数用户需要，大宗水量要求为准。小部分水质要求高的用户，可用一般再生水为原水进一步净化达到自身的要求。

4.2.2 污水再生全流程设计优化

污水再生净化过程是一个复杂的工程系统，它包括物理处理（一级处理）、生化处理（二级处理）和深度处理，有时还需要超深度处理。一级物理处理的作用是去除能够沉淀分离的固体杂质；二级生化处理是去除溶解性的、胶体的和悬浮的有机物；而深度处理一般是以去除二级处理水中的活性污泥碎片为主，进而去除残存的难降解有机物和氮、磷营养物。经深度处理净化后的再生水可以供工业生产用水、城市杂用水及绿化、河湖生态用水。只有在注入地下水层，以及直接与饮用水混合进入自来水系统等特殊场合下，才启用超深度处理。

污水深度处理与再生回用是最近 20 年才被水质工程专家关注的事情，于是在污水二级处理厂的基础上再来考虑深度处理的流程，习惯上把污水处理和深度处理分两个系统来研究。所以，无论从技术路线上还是工程经济上都不尽合理，导致现有的城市污水再生净化存在工艺流程长、单元搭配不合理、投资和运行费用高等问题，致使再生水的成本价格偏高，使再生水与自来水相比失去了经济上的优势。为此，应避免污水处理与深度净化分别设计并简单串联的传统做法。综合考虑有机物、磷、氮、悬浮物等污染物去除的系统方案，方能在总体上做到技术先进与经济合理。基于此，产生了污水再生净化全流程的概念，即把从原污水到再生水的整个处理过程，看成是一个有机的、系统的处理工艺来进行开发和研究。以城市污水为处理对象，以再生水生产为目的，从污水再生净化全过程出发，优化组合单元技术，并有针对性地开发相应的高效净化处理单元。通过统筹安排各工序污染物（磷、氮、有机物和悬浮物等）的去除负荷和目标水质，从而组合成经济合理、系统优化的污水再生全流程，达到经济高效生产再生水的目的。降低再生水成本，改善再生水水质，为创建城市第二供水系统提供技术支撑，实现了最大限度地提高自然水资源利用效率，减少排入自然水体的污染负荷，恢复内陆河川与近海海域的健康水环境。

据此理念，利用百年来污水生化处理的传统技术，厌氧—好氧时空交替生化处理技术和微生物学上新近发现的各种硝化、脱氮、聚磷等新的种群及工程技术，因地制宜地设计各种污水再生净化全流程，推进污水再生再循环再利用事业的发展。

优化了的污水再生全流程工艺，应具有流程短，节省能耗，解决传统二级处理与深度处理分离所造成工艺冗长的问题，具有巨大的发展潜力和广阔的应用前景。

1. A/O 生物除磷—厌氧氨氧化生物脱氮污水再生流程

（1）A/O 生物除磷——一体式自养生物脱氮（Canon）污水再生流程

流程图如图 4-1 所示。初沉后先采用厌氧—好氧生物反应池，其 BOD—SS 负荷可达

0.2~0.5kg/(MLSS·d)。在厌氧段聚磷菌充分释磷，同时同化低分子有机物，在体内贮存 PHB。在好氧段聚磷菌分解体内 PHB 和吸取分解环境有机物，释放能量，用于自身繁殖，并大量吸磷，以聚磷储存于胞内。因该反应池不进行氨化和硝化，其水力停留时间 HRT、BOD—SS 负荷都与普通活性污泥法相当。这样在其基建投资与供氧电费增加不多的前提下，在去除有机物的同时也去除了营养盐磷。然后在 Canon 池中同时实现半亚硝化和厌氧氨氧化脱氮，该流程比常规硝化/反硝化节省一半以上的供氧动力消耗。

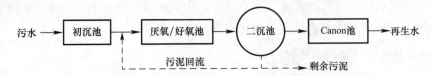

图 4-1　A/O 生物除磷·自养生物脱氮（Canon）污水再生流程

（2）生物除磷—分体式厌氧氨氧化脱氮污水再生流程

Canon 脱氮反应器中亚硝酸菌与厌氧氨氧化菌共生协作，以亚硝酸盐为中间产物，将氨氮在同一反应器中转化为氮气。但是，好氧亚硝酸菌和厌氧氨氧化菌的生理代谢特性是有很大区别的，在同一生化反应器中，难以同时满足两类菌群繁殖代谢的良好环境。因此，就局限了 Canon 反应器的脱氮效率。那么分体式厌氧氨氧化工艺就有条件提供各自的良好的代谢环境。

生物除磷—分体式厌氧氨氧化脱氮污水再生流程如图 4-2 所示。以上两个全流程都为创新流程，尚在研究之中。它应用了国内外多年的科研及生产实验成果，将厌氧—好氧活性污泥法除磷工艺与厌氧氨氧化自养脱氮工艺组合为污水再生净化全流程。其特点之一是不改变普通活性污泥的主要运行参数，如污泥负荷、泥龄、混合液 DO 等条件，只是将生化反应池前端改变为厌氧段，这样在不增加基建投资费用，不提高维护费用和制水成本的前提下，去除了营养物质磷，提高了污水处理程度。而且由于厌氧段的存在，抑制了丝状菌繁殖，避免了活性污泥膨胀，使运行更为稳定。在 SS、COD、BOD_5 等出水水质指标上都有一定的改善，取得了比普通活性污泥法更好的水质。其特点之二是脱氮工艺采用了半亚硝化/厌氧氨氧化生物自养脱氮技术，曝气量低，无需外加碳源，污泥产量少。

图 4-2　生物除磷·分体式厌氧氨氧化脱氮污水再生流程

2. A/O 除磷—短程硝化/反硝化脱氮污水再生流程

短程硝化/反硝化生物脱氮工艺在国内早有研究，它的启动和稳定运行都较成熟。A/O 除磷工艺与短程硝化/反硝化脱氮工艺组成的污水再生流程如图 4-3 所示。

原污水经过沉砂沉淀预处理，去除颗粒固体和部分悬浮物后，进入厌氧/好氧池，进行生物除磷，同时降解有机物，再引入短程硝化/反硝化系统进行生物脱氮，出水经过二沉池沉淀，最后进入末端好气滤池，进一步去除有机物、氮和悬浮物等污染负荷，使各项

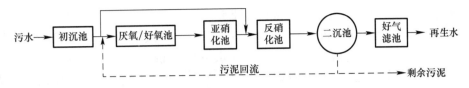

图 4-3 A/O除磷·短程硝化/反硝化脱氮污水再生流程

指标都得到深度净化。出水水质可满足大多数再生水用户的要求。

3. 反硝化除磷—好气滤池污水再生流程

工艺流程如图 4-4 所示。污水经初沉池沉淀后，首先进入厌氧池，与富含反硝化聚磷菌（DPAOs）的回流污泥相遇，DPAOs 经充分释磷后，混合液再进入缺氧池，在这里与由好气滤池回流来的硝化液充分混合，DPAOs 以 NO_3^- 为电子受体大量吸磷，完成了反硝化吸磷的使命。小曝气吹脱是为了吹脱活性污泥颗粒上黏附的氮气气泡。之后，混合液进入二沉池进行泥水分离，污泥回流至厌氧池，并定期排除剩余污泥。上清液进入好气滤池，在这里进行 NH_4^+-N 的硝化，硝化液回流至缺氧池。在好气滤池反应器中也进一步降解了难生物氧化的有机物，提高出水水质。

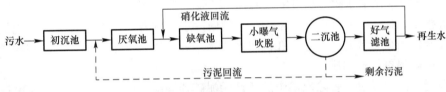

图 4-4 反硝化除磷—好气滤池污水再生流程

反硝化除磷脱氮理论试图解决传统除磷脱氮工艺自身无法解决的矛盾，提高污水处理系统除磷脱氮能力。根据反硝化聚磷菌特性，以硝酸氮为电子受体，以生物体内碳源为底物和能量，在吸磷的同时将硝酸氮分解为氮气，这样就使得除磷和脱氮原本相互矛盾的两个不同生物化学反应过程在同一反应器内一并完成，从而从根本上解决了传统工艺中聚磷菌和反硝化菌争夺碳源这一主要矛盾。同时由于大部分有机物在厌氧段降解，因此也降低了曝气能耗，减少污泥产量和运行费用。本流程同时利用好气生物膜滤池的特性，在完成硝化的同时，进一步降解难降解有机物，保证出水水质，使出水达到再生水回用的标准。基于此，将反硝化除磷与好气滤池结合开发简捷污水再生全流程。

4. 倒置反硝化脱氮—化学除磷—好气滤池污水再生流程

如图 4-5 所示，为彻底解决二级处理过程中脱氮与除磷的矛盾，采用了缺氧—好氧活性污泥脱氮工艺，而磷在深度处理中用混凝—沉淀化学法去除，全流程工艺末端采用好气滤池，好气滤池集物化与生化效应于一身，在去除二级水中悬浮固体物的同时，也氧化分解了二级水中残存的难降解 COD，该流程的再生水质在 SS、COD、BOD_5 方面都有明显的改善。

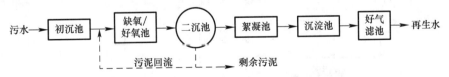

图 4-5 倒置反硝化脱氮—化学除磷—好气滤池污水再生流程

5. A²/O 脱氮除磷—好气滤池污水再生流程

如图 4-6 所示，为了降低再生水中营养物质的含量，二级处理工艺采用了厌氧—缺氧—好氧活性污泥（A²/O 工艺），可以同时去除污水中的氮和磷营养盐，但是由于硝化与除磷过程在活性污泥负荷上是矛盾的，反硝化与除磷在有机基质上也有争夺，所以该系统往往是除磷效果好，脱氮效果差；反之，脱氮效果好，除磷效果就差。两者兼顾的运行参数范围很狭小，难以操作。为此在深度处理工艺中，保留了混凝—沉淀除磷的过程，同时也有很好的除浊效果，且在工艺末端采用好气滤池，可以进一步去除有机物、氮和悬浮物等污染负荷。该流程在厌氧—缺氧—好氧活性污泥反应池（A²/O 工艺）的运行操作中要以脱氮为基础，完成脱氮任务的同时量力除磷，以减少后续化学除磷负荷，节省投药量。

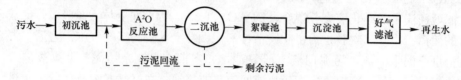

图 4-6　A²O 脱氮除磷—好气滤池污水再生流程

6. 多级 A/O 化学除磷污水再生全流程

其流程示意如图 4-7 所示。该流程充分利用污水中的有机碳源进行反硝化脱氮，同时减轻好氧有机负荷，节省空气量。在同等的进水水质、BOD 负荷、TN 负荷和相同回流比条件下，可取得更好的水质。

以混凝、沉淀及过滤去除出水中的活性污泥碎片和磷。产生的再生水水质可达到一级 A 标准。

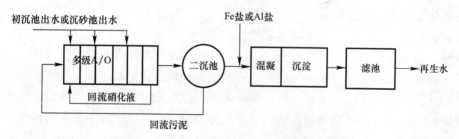

图 4-7　污水多级 A/O 沉淀过滤再生流程

7. 硝化内生脱氮学除磷污水再生全流程

其流程示意如图 4-8 所示。该流程按照生物学脱氮过程正置 OA 系统，首先进行污水有机物的氧化和完全硝化，然后利用内生碳源，硝化液 100% 流入缺氧池。理论上讲脱氮效率可达 100%，然后以活性污泥吸附和蓄积的碳源为反硝化提供电子供体，即延时曝气的生化反应。污水中的磷也是以化学方法去除，产生再生水水质良好，超一级 A 标准。

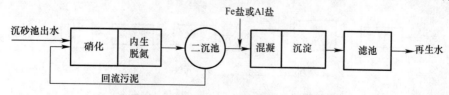

图 4-8　污水内生脱氮沉淀过滤流程

4.2.3　国外污水深度处理与再生水利用

从国外大量相关实例来看，污水深度处理与再生水利用无论是在理论上还是实际工程应用上都相当成熟，只要按照科学的规划、建设和管理进行的污水回用工程都获得了满意的效果。

1. 美国

污水深度处理和再生水利用在美国的发展，可以追溯到 20 世纪 20 年代。目前，再生水作为一种合法的替代水源，在美国正在得到越来越广泛的利用，成为城市水资源的重要组成部分。20 世纪 80 年代，美国污水再生利用量已达 $260 \times 10^4 m^3/d$，其中 62% 用于农业灌溉，31.5% 用于工业，5% 用于地下水回灌，其余用于城市市政杂用等。

洛杉矶是美国缺水城市之一，在解决需水和缺水之间的矛盾时采用了较为系统的污水再生利用中长期规划。近期规划到 2010 年，再生回用水量是其总污水量的 40%，中期规划到 2050 年，回用水量是其总污水量的 70%，到远期 2090 年将达到 80%。

从 1975 年到 1987 年，美国圣彼德斯堡花费了超过 1 亿美元用于提高污水处理厂处理程度、扩建四个污水再生水厂和建设超过 320km 的再生水管网，成为当时拥有最庞大的分质供水系统的城市。到 1990 年，几乎每天有 7000 户居民使用 $76000m^3$ 的再生水用于灌溉，2000 年有 12000 户居民使用再生水，灌溉面积达到 $3600hm^2$。由于采用了饮用水和非饮用水分质供应的双重供水系统，使得自 1976 年以来，该市在需水量增长 10% 的情况下，对新鲜自然水的取水量并无增加。

2. 日本

深度处理主要应用于防止指定湖泊和三大海湾等封闭性水域的富营养化，保护城市水源水域的水质、维系水质环境标准等。日本再生水主要用途构成如图 4-9 所示。

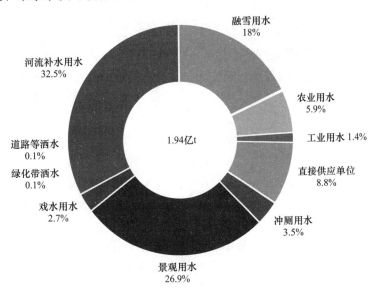

图 4-9　日本再生水主要用途构成（2007 年统计）

日本污水再生利用工程已见显著成效，目前福冈、高松市、埼玉县、长崎等各地已开始实施再生水利用计划。

51

3. 南非

作为世界上最缺水国家之一的南非，年降雨量仅 44mm。再生水是城市重要的供水水源，通过水的再生回用提供的水量占总水量的 22%。目前在南非已广泛采用双重供水系统（也称双轨或双管系统）。再生水厂处于污水管网的中上游接近用水点。由于再生水中含有营养盐，使灌溉的植被大大节省了肥料，因而作为城市的灌溉用水尤其经济。另外，再生水用户支付再生水的费用要比自来水低得多，体现了再生水在经济上的竞争优势并可使污水处理的运营盈利化。

4. 以色列

以色列是再生水回用做得最为出色的国家之一。以色列地处干旱半干旱地区，解决水资源短缺的主要对策是农业节水和城市污水再生利用。现在，以色列几乎 100% 的生活污水和 92% 的城市污水已经实现了再生利用。处理后 42% 的再生水用于农灌，30% 用于地下水的回灌，其余用于工业和市政等，该国建有 127 座再生水库，与其他水库联合调控，统一使用。

其他国家如阿根廷、巴西、智利、墨西哥、科威特、沙特阿拉伯等国在污水再生利用中也做了许多工作。

污水再生利用事业在世界范围内的发展，在农业灌溉、工业用水、市政用水等方面的经验对我国污水再生事业的开展具有很大的帮助。我国是农业大国，历史原因形成了市郊大范围农田包围城市的布局，因此农业用水有望成为近远期再生水的主要用户。同时随着城市化进程的加速，城市工业的迅猛发展，工业用水会逐渐成为再生水的大市场。此外，城市生态环境、绿化、景观用水也是再生水应用不可忽视的重要方面。污水再生利用于饮用在国外已有不少实例，但根据我国现实生活条件等多方面因素进行综合考虑，污水再生水直接饮用难以效仿。但是，其作为地下、地面水库的补充水是完全可行的。

4.2.4　我国流域水资源和城市用水健康循环战略规划实例

从人类社会用水健康循环的理念出发，我国水事活动的发展思路应是：

（1）由开源节流上升为城市水资源健康循环，普及城市污水深度处理，发展城市再生水道，充分利用本地水资源；

（2）变末端治理为源头控制，提倡节制用水和清洁生产，发展节水工业和农业；

（3）变快速排除城市雨洪为提倡降雨地下渗透、储存调节、修复雨水水文循环途径；

（4）由城市点源治理发展为流域城市群间水资源的重复和循环利用；

（5）实现社会用水健康循环，恢复城市和流域健康的水环境。

以下是笔者团队以社会用水健康循环理论和方法为指导编制的几个典型城市水系统规划实例。

1. 第二松花江流域水环境恢复战略规划（2004 年）

2004 年，在中国工程院重大咨询项目《东北地区有关水土资源配置、生态与环境保护和可持续发展的若干问题战略研究》的子专题《第二松花江流域水污染防治对策研究》中完成了《第二松花江流域水环境恢复战略规划》。

（1）水系概况

松花江是我国七大水系之一，其源头为第二松花江和嫩江。第二松花江是正源，流经的主要城市有梅河口、吉林、长春。在松原三江口与嫩江合流为松花江干流，向北东方流向哈尔滨、佳木斯，于同江汇入黑龙江。

目前，第二松花江源头地区头道松花江、二道松花江仍为Ⅱ类水体，但已有污染迹象。干流吉林市区之上基本为Ⅲ类水体，市区之后九站至白旗江段为Ⅳ、Ⅴ类水体，松原市之后又渐有恢复，到与嫩江汇合之处三江口基本是Ⅲ类水体。支流辉发河自 1998 年到 2003 年由Ⅲ类变成Ⅳ类又沦为Ⅴ类，对松花江水质产生严重影响。同时期伊通河水质一直是Ⅴ类，主要受长春市的污染，基本上是长春市区的排水沟，是第二松花江污染最严重的河段，受其影响饮马河靠山南楼断面一直为Ⅴ类水体。总之多年来，第二松花江的水质污染不但没有得到遏制，反而有向源头发展的趋势。主要污染物是有机物、N 和挥发酚。2003 年入河工业废水量为 22348.5 万 m³，COD 70758t。工业点源治理重点对象是吉林市，其次是长春市和松原市。废水排放量贡献率最高的三个行业是化工、造纸和纺织业，合计占工业废水排放量的 81％；COD 排放贡献率最高的三个行业是造纸、食品和化工，合计占总排放量的 85％。近年来生活污水排放量和排放 COD 呈上升趋势，2003 年入河生活污水量 25411.2 万 m³，入河 COD 113322.5t，已超过工业废水排放量。

第二松花江流域年施用化肥量 80 万 t（折纯），60％以上都随农田径流进入水体，是水体富营养化的重要原因。农药进入水体对水生动植物造成潜在危害，并通过食物链危害人类生存和人体健康。

2003 年第二松花江流域共有规模化养殖场 329 个，养殖数量 624146 头（折成猪），排放污染负荷 COD 10548.4t，氨氮 2106.5t。其中伊通河流域长春地区居多，对伊通河造成严重污染。

第二松花江上游东部地区由于过垦、过伐、开矿、采石、挖沙等活动造成了严重的水土流失，全流域水土流失面积 2.7 万 hm²，占流域面积的 37％。

要从根本上解决第二松花江水污染问题，应从流域全局出发将水污染和水资源问题合并处理，统筹考虑，打开专业、行业局限，从水循环的视角提出系统解决方案，为此必须把水污染控制和水资源可持续利用上升到水环境恢复的高度，以建立流域水系统健康循环为途径，以水环境的恢复为目标。

当前主要战略任务是保护松花湖，保护各个饮用水水源水质，满足人民对饮水安全的基本要求；进行重点污染源和重点城镇污染的消除和消减；广大乡村农田、畜禽养殖污染的源头分离，最终实现全流域用水的健康循环和水环境恢复。

（2）编制流域水资源健康循环规划

以第二松花江流域为单位，按照健康水循环的思想，编制第二松花江流域水资源健康循环规划，并以此为基础进一步编制各个子流域规划及各个城镇用水的健康循环规划。落实水资源的再生、再利用和再循环等水环境恢复的方针，真正做到上游地区的用水循环不影响下游水域的水体功能，水的社会循环不损害水的自然循环规律。

（3）保护松花湖等饮用水源地

松花湖水体的恢复在于建立湖域的健康水循环，杜绝或大力削减松花湖汇水区域内人为生产和生活活动对湖水的污染，调整沿湖农业产品结构，调整湖域内城镇的企业布局，实施湖域内各个城镇水系统的健康循环。

1）面污染综合治理

目前湖区水土流失面积已达 8 万 hm²，湖内每年泥沙淤积达 811 万 t。湖区内每年施用化肥 7.6 万 t，农药 0.14 万 t，其农作物利用率低于 35%，其余经雨水径流流入湖内，是湖水 TN、TP 污染的主要贡献者。松花江源头头道松花江流经靖宇县、抚松县，二道松花江流经安图县、抚松县、桦甸市，在这些源头区域内应节制农业与畜牧业，并实施人畜排泄物的源头分离，建立有机农业和生态山村，继续坚持封山育林、退耕还林政策，恢复良好的森林植被，确保源头水质安全。

2）入湖支流污染负荷的削减

各支流流域总人口 400 多万，每年有 5000 多万 t 未经处理的城镇（含工业）污水入湖，携带 12000 多 t COD，是构成湖水污染的主要来源之一。

因此，湖上辉发河、蛟河等流域上的十余座城镇都必须建设污水处理再生设施和垃圾处理设施，只有高质量的再生水才可入湖，才能实现辉发河和蛟河两岸城镇群的健康水循环。其标志是污水处理率接近 100%，深度处理率达 80% 以上，回用率达 30% 以上。

3）控制近湖区人为污染

目前近湖区年排放污水 12 万 t，固体废弃物 500t。因此必须严格限制旅游业的发展；同时对现有污水和固体废弃物进行妥善处理，严格排放标准；节制养鱼水面和网箱养殖；防治渔船、游船的油污染。

4）制定松花湖地区水环境保护的地方性法规

在《中华人民共和国水法》、《中华人民共和国水污染防治法》和现有的《吉林省松花江三湖保护区管理条例》的基础上，根据健康水循环的要求，制定地方性法规。

5）建立松花湖水环境管理委员会

（4）加强有毒有害污染物的检测和防治

第二松花江沿岸各工厂必须尽快实现有毒有害物质的零排放。通过合理改变工业布局，推行清洁生产，改革生产工艺，推行源头控制为主，末端治理为辅，以实现有毒有害物质的零排放，保障流域用水的水质安全。政府应强化监督和管理，并给予政策上的支持。

（5）建立吉林市城市水系统健康循环

吉林市污水处理率低下，仅有吉化公司工业废水处理厂处理生产废水和化工区生活污水，老市区和江南大部分生产与生活污水则直接排江，成为第二松花江的最大污染源。消减吉林市工业废水和城市污水的污染负荷是第二松花江水环境恢复的重中之重。

1）建立完善的管理体系

建立权责统一的管理机构，对吉林市水的社会循环进行统一管理，统筹管理城市给水系统和排水系统，贯彻节制用水、污水再生再利用再循环的原则。将实现健康社会水循环纳入相关政府官员的政绩考核，建立任期目标责任制和责任追究制，对考绩不合格者不予升迁。

2）推行节制用水

吉林市水资源丰富，工业产品用水量是发达国家的 5～10 倍，节制用水潜力巨大，也是削减水体污染的首要手段。通过调整区域经济、产业结构和城市组团等手段合理利用水资源，提高工业水重复利用率，限制高耗水项目，淘汰高耗水工艺和高耗水设备；重点抓冶金、石化、造纸等行业的技术改造，推广新技术和新工艺；通过阶梯水价等办法，鼓励节水设备、器具的研制，逐步降低生活与生产用水定额。

3）全面推广工业企业循环经济

吉林市企业群必须以生态学规律为指导，通过生态经济综合规划，重新设计吉林市企业群的经济活动，使不同企业之间形成共享资源和互换副产品的产业共生组合；使上游生产过程的废弃物成为下游企业的原材料，达到产业之间资源的最优化配置；使区域的物质和能源在梯次和循环利用中得到充分利用。从而实现"资源—生产—消费—再生资源"的循环经济模式，使经济系统与自然生态系统的物质循环过程相互和谐，达到社会经济可持续发展和环境的有效保护。

目前少数企业已进行了有益的探索和实践。吉林镍工业公司，从镍废料中回收再生镍，用采矿废矿石和尾矿填充矿井，用水淬渣和锅炉渣做水泥填充料；建污水处理站，污水再生回用率达80%；回收冶炼过程产品 SO_2，回收率达70%。这些举措减小了矿区废弃物的污染，也为公司提供了部分原料。然而按照循环经济的"3R"原则，即"减量化、再利用、再循环"的原则，上述这些仅仅是点滴而已，大部分企业还没有建立起循环经济的意识。应尽可能减少资源消耗和污染物的产生，同时加强群众宣传，改变产品使用方式，做到物尽其用，延长产品的寿命和产品的服务效能。可以说，在这方面的每一个进步都是对地球和人类的贡献。

4）提高污水处理率和污水处理程度

吉化污水处理厂自1980年投产以来，基本将江北工业区生产生活污水集中处理后排江，对第二松花江水质保护做出了重要贡献，但出厂水水质还达不到一级 B 标准。另外，排放水中尚存在人工合成微量有毒有害污染物，为此必须提高江北地区排水系统的功能：

① 在厂区内、车间内采用物理化学等方法去除有毒有害物质，防止其进入污水系统而排放水体，同时也提高了吉化污水处理厂进厂水的可生化性。

② 逐步建设吉化污水处理厂的深度处理装置，最终使其成为再生水厂。除积极发掘再生水用户外，还要将高质量的再生水排江以恢复吉林江段的水质。

七家子污水处理厂，收集主城区、江南、丰满等区生活污水和零星工业废水，总规模30万 m^3/d。吉林市区污水二级处理普及率已接近100%，但是还应续建深度处理，以保障第二松花江吉林江段的水质恢复。

（6）建立长春市城市群的健康水循环

长春市城市群主要包括伊通河沿岸的长春、伊通和农安，饮马河沿岸的双阳、九台和德惠，他们对伊通河和饮马河的污染相当严重。饮马河靠山南楼断面和伊通河杨家崴子大桥以下近年来水质一直是劣 V 类。

现在长春市的污水处理率只有10.86%，绝大部分污水未经处理直接进入伊通河和饮马河。要恢复伊通河和饮马河的水环境，必须按照水环境恢复理论建立起长春市城市群的健康水循环，这是唯一的途径。应对第二松花江长春区域进行详细的点源和非点源等污染源分析，确定各城镇对第二松花江污染的贡献率，合理确定各城镇污染负荷削减率，合理确定各城镇可用新鲜水量和最大允许污水排放量及污水处理必须达到的水质。分析潜在的再生水用户对水质的要求，合理确定再生水利用规模并对再生水道进行详细规划。应做到每个城镇都有安全可靠的供水系统，完善的污水汇集、处理与再生回用系统，污水处理率应接近100%，深度处理和再生水回用率应达到30%～50%。这样才能使长春地区的用水循环不影响干流水域的水体功能，真正实现城市群间水资源的重复利用，同时使伊通河和饮马河的水质得到恢复，保证松花江干流水质，确保下游哈尔滨等城市的水源安全。

2. 深圳特区再生水道系统规划（2001 年）

2001 年受深圳市国土局委托编制了《深圳特区再生水道系统规划》。

深圳经济特区枕山面海，山湖风光优美，东起大鹏湾背仔角，西连珠江口之安乐村，南与香港新界山水相连，北靠梧桐山、羊台山脉，东西长 49km，南北宽平均 7km，面积 391.71km²，呈狭长带状。深圳特区由于地处南海之滨，属亚热带海洋性气候，气候温和，年平均气温 22.4℃，雨量充沛，日照时间长，年平均日照时间为 2020h，多年平均蒸发量为 1330mm，空气湿度大，平均相对湿度为 79%，最高可达 90% 以上。多年平均降雨量 1948.4mm，年最大降雨量 2662.2mm（1976 年），年最小降雨量 912.5mm（1963 年）。年内降雨多分布在 5～9 月份，日最大降雨量 314.8mm（1966 年），小时最大降雨量 99.4mm（1966 年）。

深圳特区的降雨量虽丰富，但时空分配不均，开发利用难度大。特区内人口已达 205.30×10⁴ 人，人均每年可利用水资源量仅为 270m³，是全国严重缺水城市之一。供水主要依靠远距离引水。特区内现有可供城市利用的水资源总量为 $5.57 \times 10^8 m^3/a$，其中东深工程供水为 $4.93 \times 10^8 m^3/a$，占 88.5%。至 2000 年末，根据深圳市社会发展公报，深圳市供水的稳定性已受到威胁，2004 年全市最高日供水量突破 $430 \times 10^4 m^3$，而东深、东江供水工程供给全市的日供水量仅为 $320 \times 10^4 m^3$。水资源短缺已经成为特区经济可持续发展的瓶颈。

（1）规划主要内容

根据《深圳特区排水规划图集》所确定的污水处理系统，确定再生水厂位置。并综合考虑再生水用户的分布、预测再生水用量、再生水回用距离、地形地势等因素，将特区再生水道系统划分成六个子系统，见表 4-5 和图 4-10。

深圳特区规划再生水厂概况 表 4-5

再生水厂名称	规模 $10^4 m^3/d$	供水管道长 $DN300 \sim DN1200$	供水区域和主要用户
南山	12	31.37	前海港、赤湾港工业区、南油和蛇口等工业区；南山、月亮湾等热电厂；四海、景园等公园绿化用水
沙河	8	19.4	高新技术产业园区；中山、荔香公园，名商、沙河等高尔夫球厂及组团隔离带绿化用水；大沙河补给水
福田	6	24.38	世界之窗、民俗村、锦绣中华、香蜜湖度假村、皇岗公园等绿化用水；侨城、车公庙和金地等工业区
滨河	10	23.76	上步、八卦岭等工业区；莲花山、笔架山、洪湖等公园绿地用水；新洲河、福田河、布吉河等生态用水
罗芳	5	9.74	莲塘工业区；东湖公园绿化及沙湾河生态用水
盐田	8	26.09	沙头角保税区、盐田港；沙头角河、盐田河生态用水

1）南山再生水厂

南山再生水厂建于南山污水处理厂内。供水范围：桂庙路、滨海大道以南，大沙河以西的南山区部分，包括蛇口工业区。给特区内的三个电厂提供循环冷却补充水。供水规模：$12.0 \times 10^4 m^3/d$。一期工程建设 $6 \times 10^4 m^3/d$。供水干线成环状布置，南线沿月亮湾大道—妈湾大道—赤湾二路—赤湾路敷设，供给南山热电厂、月亮湾电厂、前海湾港口工业区、赤湾港工业区用水；北线沿月亮湾大道—内环路—工业大道—港湾大道—赤湾路布置，供给南油工业区、蛇口工业区以及蛇口港工业区，另外还供给四海公园、景园公园等的绿化用水。供水干线的管径为 $DN300\sim DN1200$，总长度约 31.37km。

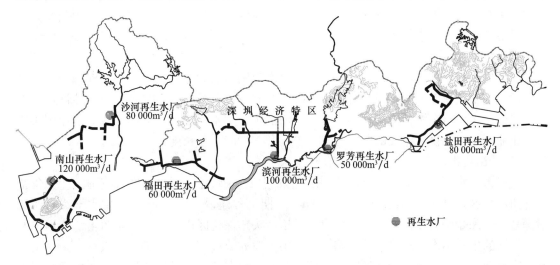

图 4-10　深圳特区再生水道系统总体布局

2）沙河再生水厂

沙河再生水厂为新建的污水处理与再生水厂，位于茶光路与沙河西路交叉口以北，在规划中应将茶光路、龙珠大道以上的城市污水划为该厂处理。供水范围：北到西沥镇，南到滨海大道，东到侨城西路，西至特区二线，包括高新技术产业园区。并且给中山公园、荔香公园、名商高尔夫、沙河高尔夫和组团隔离带提供绿化用水，此外还给大沙河提供河流生态用水。供水规模：$8.0\times10^4 m^3/d$。一期工程建设 $4\times10^4 m^3/d$。供水干线：北线沿沙河西路—沙河西路与乐丽路交叉口敷设，供给西沥镇用水、大沙河生态用水以及名商高尔夫、沙河高尔夫等的绿化用水；名商高尔夫、沙河高尔夫的绿化用水通过大沙河输送。南线沿宝深路—科苑路，供给高新技术产业园区用水，沿科苑路—郎山路—中山园路布置，供给第五工业区、绿化隔离带用水，另外还供给中山公园、荔香公园等的绿化用水。供水干线的管径为 $DN300\sim DN1000$，总长度约 19.4km。

3）福田再生水厂

福田再生水厂建于规划的福田污水处理厂内。供水范围：北到北环大道，南到滨海大道，西到侨城西路，东至福田保税区。包括侨城工业区、车公庙工业区和金地工业区。供水规模：$6.0\times10^4 m^3/d$。一期工程建设 $3\times10^4 m^3/d$。供水干线：西线沿滨河大道—侨城东路敷设，供给侨城工业区用水以及世界之窗、民俗村和锦绣中华等绿化用水；东线沿滨河大道—香蜜湖路供给香蜜湖度假村、市高尔夫球场用水，沿福强路供给金地工业区、沙咀工业区、福田保税区和皇岗双拥公园用水。供水干线的管径为 $DN300\sim DN800$，总长度约 24.38km。

4）滨河再生水厂

滨河再生水厂建于滨河污水处理厂内。供水范围：北到梅林工业区，南到滨河大道，西到新洲路，东至儿童公园、文锦路。包括上步、八卦岭工业区、莲花山公园、笔架山公园、洪湖公园等，此外还包括新洲河、福田河、布吉河的生态用水。供水规模：$10.0 \times 10^4 m^3/d$。一期工程建设 $5 \times 10^4 m^3/d$。供水干线：沿红岭路—笋岗东路供给洪湖公园、人民公园和文化公园等绿化用水，以及布吉河的生态用水；沿笋岗西路—皇岗北路供给福田河生态用水；沿笋岗西路—莲花北路供给彩电工业区、梅林工业区和莲花山公园用水，此外还供给新洲河的生态用水。供水干线的管径为 $DN300 \sim DN1200$，总长度约 23.76km。

5）罗芳再生水厂

罗芳再生水厂建于罗芳污水处理厂内。供水范围：北到东湖公园，南到深圳河，西到沙湾河，东至莲塘工业区。供水规模：$5.0 \times 10^4 m^3/d$。供水干线：沿罗芳路—沙湾河—水库南路敷设，供给东湖公园绿化用水和沙湾河的生态用水；沿罗沙公路—莲塘工业区供给莲塘工业区用水。供水干线的管径为 $DN400 \sim DN1000$，总长度约 9.74km。

6）盐田再生水厂

盐田再生水厂位于 2002 年建成一期工程的盐田污水处理厂内。供水范围：沙头角镇和盐田港片区。供水规模：$8.0 \times 10^4 m^3/d$。一期工程建设 $4 \times 10^4 m^3/d$。供水干线：西线沿深盐路—深盐路与沙深路交叉口敷设，供给沙头角保税区用水、沙头角镇生活杂用以及沙头角河的生态用水；东线沿深盐路—梧桐山大道处分成两支线，其一沿洪榕四街—洪安路—东海大道；另一分支沿盐港三街—明珠三街—永安一街，供给盐田港片区生活杂用水和盐田河的生态用水。供水干线的管径为 $DN400 \sim DN1200$，总长度约 26.29km。

综上，再生水总供水规模为 $49 \times 10^4 m^3/d$，供水干线管径为 $DN300 \sim DN1200$，管道总长约为 132.22km，中途加压泵站 $1.1 \times 10^4 m^3/d$ 一座。

（2）城市再生水道的效益

1）经济效益：深圳特区建设 $49 \times 10^4 m^3/d$ 规模的再生水道系统，总投资近 6 亿人民币，制水总成本为 0.4 元/m^3，单位电耗 $0.162kW \cdot h/m^3$。如果在当地建设同规模的以东深引水工程和东部引水工程为水源的自来水厂，总投资要近 14 亿元，制水总成本为 0.94 元/m^3，单位电耗 $0.570kWh/m^3$。

2）环境效益：城市中水道系统为 $49 \times 10^4 m^3/d$，每年可削减内河和深圳湾污染负荷 BOD 4500t，COD 12050t。这对深圳湾水域的水质改善起着重大作用。

3）社会效益：为特区增加了 1.8 亿 m^3 的水资源。同时改善了深圳地区内河与海域水环境，对城市社会经济的健康发展、水资源恢复具有重大促进作用。

3. 大连市海水与城市污水资源战略研究（2003 年）

2003 年受大连城建局委托完成了《大连市海水与城市污水资源战略研究》。

大连市地处辽东半岛最南端，与朝鲜半岛隔黄海相望，南与山东半岛共扼渤海湾，是东北、内蒙古自治区连通华北、华东以及世界各地的海上门户。流经市区的各条河流如马栏河等都是流程短小、雨源型季节性河流，污染严重，均属 V 类和劣 V 类水体。据预测大连市规划区内 2010 年需水量为 6.10 亿 m^3/a，2020 年为 7.5 亿 m^3/a，分别缺水 0.61 亿 m^3 和 2.02 亿 m^3。

为实现大连市城市建设与国民经济的持续发展，为保持和恢复良好的市域和近岸海域的水生态环境，必须建设节水型产业，将城市污水视为稳定的淡水资源，普及污水二级处理和深度处理技术，积极推进城市污水再生，建立城市第二供水系统——城市再生水道系统，有效利用稳定的城市内淡水资源。同时提倡海水直接利用于工业，适度建设海水淡化工程。

规划 2020 年的大连市城市再生水道总规模为 70 万 m^3/d，年供再生水 1.98 亿 m^3。一期工程 2010 年规模为 35 万 m^3/d，年供再生水 1.15 亿 m^3。规划 2010 年中心城市海水淡化达 9 万 m^3/d，2020 年达 15.5 万 m^3/d。

根据再生水用户的分布、水量、地形地势等情况，统筹考虑大连中心城市再生水厂的数量、供水范围和供水规模。将大连中心城市再生水道系统划分成九个子系统，见表 4-6。

大连中心城市再生水利用系统 表 4-6

编号	名称	规模（$10^4 m^3/d$）		主要用户
		2010	2020	
1	旅顺西南部子系统	6.5	12.5	工业、河湖环境、地下水回灌
2	凌水—龙王塘—小孤山子系统	0.0	1.5	河湖环境、绿化与市政杂用
3	中心区子系统	13.0	18.0	工业、市政、河湖环境、绿化
4	营城子—牧城驿—夏家河子系统	2.5	6.0	工业、地下水回灌、河湖环境
5	金州子系统	5.0	13.0	工业、地下水回灌、河湖环境
6	开发区—度假区子系统	3.0	5.5	工业、河湖环境、绿化
7	得胜—登沙河—杏树屯子系统	2.0	6.0	河湖环境、工业
8	大魏家—七顶山子系统	2.0	4.5	地下水回灌、河湖环境
9	石河—三十里堡子系统	1.0	3.0	河湖环境、工业
	合计	35.0	70.0	

（1）旅顺西南部子系统

再生水厂：以柏岚子、羊头洼、双岛、三涧堡再生水厂为主要水厂。规划污水处理总规模为 $41 \times 10^4 m^3/d$。

再生水供水范围：主要为铁山镇、旅顺口城区、双岛江西组团、三涧堡长城组团的部分地区。主要用户有工业、河湖环境、地下水回灌等。

再生水供水规模：$12.5 \times 10^4 m^3/d$。一期工程建设 $6.5 \times 10^4 m^3/d$。

（2）凌水—龙王塘—小孤山子系统

再生水厂：以小孤山、龙塘、凌水再生水厂为主要水厂。规划污水处理总规模为 $12 \times 10^4 m^3/d$。

再生水供水范围：主要为凌水镇、龙王塘、龙头镇等区域。主要用户有河湖环境、绿化与市政杂用水等。

再生水供水规模：$1.5 \times 10^4 m^3/d$。一期不规划工程建设。

（3）中心区子系统

再生水厂：以马栏河、春柳河、三道沟再生水厂为主要水厂。规划污水处理总规模为 $54 \times 10^4 m^3/d$。

再生水供水范围：主要为大连市中心三区、甘井子区临黄海部分区域。主要用户有工业、市政用水、河湖环境、绿化用水、地下水回灌等。

再生水供水规模：$18.0 \times 10^4 m^3/d$。一期工程建设 $13.0 \times 10^4 m^3/d$。

（4）营城子—牧城驿—夏家河子系统

再生水厂：以营城子、牧城驿、夏家河再生水厂为主要水厂。规划污水处理总规模为 $22 \times 10^4 \, \text{m}^3/\text{d}$。

再生水供水范围：主要为营城子、牧城驿、革镇堡、南关岭等区域。主要用户有工业、地下水回灌、河湖环境等。

再生水供水规模：$6.0 \times 10^4 \, \text{m}^3/\text{d}$。一期工程建设 $2.5 \times 10^4 \, \text{m}^3/\text{d}$。

（5）金州子系统

再生水厂：以金州、马桥子再生水厂为主要水厂。规划污水处理总规模为 $30 \times 10^4 \, \text{m}^3/\text{d}$。

再生水供水范围：主要为金州城区、主城区北海组团、开发区西部区域。主要用户有地下水回灌、河湖环境等。

再生水供水规模：$13.0 \times 10^4 \, \text{m}^3/\text{d}$。一期工程建设 $5.0 \times 10^4 \, \text{m}^3/\text{d}$。

（6）开发区—度假区子系统

再生水厂：以小窑湾、葡萄沟再生水厂为主要水厂。规划污水处理总规模为 $32 \times 10^4 \, \text{m}^3/\text{d}$。

再生水供水范围：主要为开发区东南部、度假区西南部。主要用户有河湖环境、工业、绿化用水等。

再生水供水规模：$5.5 \times 10^4 \, \text{m}^3/\text{d}$。一期工程建设 $3.0 \times 10^4 \, \text{m}^3/\text{d}$。

（7）得胜—登沙河—杏树屯子系统

再生水厂：以青云河、登沙河、杏树再生水厂为主要水厂。规划污水处理总规模为 $25 \times 10^4 \, \text{m}^3/\text{d}$。

再生水供水范围：主要为得胜镇、大李家镇、登沙镇、杏树屯镇地区。主要用户有河湖环境、农业、工业用水等。

再生水供水规模：$6.0 \times 10^4 \, \text{m}^3/\text{d}$。一期工程建设 $2.0 \times 10^4 \, \text{m}^3/\text{d}$。

（8）大魏家—七顶山子系统

再生水厂：以大魏家、七顶山再生水厂为主要水厂。规划污水处理总规模为 $24 \times 10^4 \, \text{m}^3/\text{d}$。

再生水供水范围：主要为大魏家镇、二十里堡镇、七顶山满族乡地区。主要用户有地下水回灌、河湖环境、农业用水等。

再生水供水规模：$4.5 \times 10^4 \, \text{m}^3/\text{d}$。一期工程建设 $2.0 \times 10^4 \, \text{m}^3/\text{d}$。

（9）石河—三十里堡子系统

再生水厂：以三十里堡、石河再生水厂为主要水厂。规划污水处理总规模为 $15 \times 10^4 \, \text{m}^3/\text{d}$。

再生水供水范围：主要为石河镇、三十里堡镇地区。主要用户有河湖环境、农业用水、工业用水等。

再生水供水规模：$3.0 \times 10^4 \, \text{m}^3/\text{d}$。一期工程建设 $1.0 \times 10^4 \, \text{m}^3/\text{d}$。

按照规划，2020 年大连市污水的再生与利用规模为 70 万 t/d，中心城市再生水道的建设，不仅可补充枯水年约 2 亿 m^3 淡水之缺，相对二级处理水排放而言就会相应削减年排海 TN 6400t，TP 1300t，CODcr 25550t，如相对原污水而言，可削减年污染负荷 CODcr 77000t，TN 13000t，TP 2600t，将对大连湾等近海海域的水质恢复作出重大贡献。

4. 北京市水环境恢复与水资源可持续利用战略研究（2004 年）

北京地区多年平均年降水为 595mm，年均降水总量约 100 亿 m^3，形成本地天然水资源总量为 39.99 亿 m^3/a。人均占有水资源量不足 $300m^3$，是全国人均占有量的 1/8。

长期以来，地下水超采十分严重。全市从 1961～2000 年这 40 年间累积亏损量达到 57.45 亿 m^3。由于地下水超采和受到污水排放的影响，地下水质量和储存量不断下降。根据 1999 年北京市地质环境监测总站等单位对北京市近郊区 169 眼监测井监测数据显示，地下水水质已受到严重污染，较差和极差水质占监测井总数的 62.7%。

2004 年，笔者主持完成的"北京市水环境恢复与水资源可持续利用战略研究"，从整个市域出发，提出了北京市未来用水和水环境恢复策略，同时也提出了北京市都市排水系统的功能转变战略设想。根据此项研究成果，北京市水环境的恢复必须依赖北京市城市水系统的健康循环，其中节制用水和城市再生水道将起到关键作用。规划实施后，可产生节水资源 $4.89 \times 10^8 m^3/a$，再生水资源 $7.72 \times 10^8 m^3/a$，雨水资源 $1.5 \times 10^8 m^3/a$，满足了首都用水平衡。同时每年减少污染负荷 CODcr $5.24 \times 10^4 t$，TN $1.8 \times 10^4 t$，TP $0.2 \times 10^4 t$，可显著改善北京市区和海河流域的水环境。据此，北京市水务局在国内率先奉行了"循环水务"，几年来取得了显著成绩。

（1）全面实行以政府为主导的节制用水政策

将农业用水由 2000 年的 16.49 亿 m^3，压缩到 2006 年的 10.8 亿 m^3；几年来，全市工业产值大幅增长，工业用水却显现"负增长"；全市公共场所节水器具全面普及，居民节水器具普及率也达到 80%。

北京市的节水工作贯彻了以市政府业务主管部门为主导的全面的节制和节约用水策略。

（2）污水处理与再生水利用

2006 年市区污水处理能力由 2004 年的 $190 \times 10^4 m^3/d$ 跃升到 $250 \times 10^4 m^3/d$，处理率由 57.7% 跃升到 90%，CODcr 削减率由 30% 提高到 80%。已建成 6 座再生水厂，再生水利用量达 3.6 亿 m^3，市区污水回用率达 50%。

（3）河湖水环境的恢复

2004 年起逐年截流河床两岸污水，以再生水补充河床基流，使多年黑臭的清河、凉水河、马草河的水质变清。

第5章 污水深度脱氮除磷

自20世纪初，以活性污泥法为代表的污水生化处理技术建立以来，都是以去除含碳有机物为核心的污水二级生化处理。其处理水的水质仅能达到 BOD_5 20mg/L、SS 20mg/L，而原污水中 NH_4^+-N 和磷只有少部分用于细胞合成，大部分随出水流出。只在近10～30年的时间里，为遏制水质污染愈演愈烈的趋势，提出了污水深度脱氮除磷的要求。即在二级出水的基础上再进一步进行物理、化学和生物化学的深度净化，达到再生水用户的要求或达到不影响下游水体功能的水质要求。

用于农业和城市绿化的再生水应含有一定的氮、磷营养成分，但对于各种工业用户，氮、磷会对生产工艺过程产生不同影响。再生水直接排放水体将使水域藻类过剩繁殖，引起水体富营养化，破坏水体功能。所以，污水再生净化不但要去除悬浮物和有机污染物，同时据不同用水户的水质要求，也要去除氮、磷，甚或要深度脱氮除磷。深度脱氮除磷是污水再生净化的重要任务，是污水再循环利用的客观需求。

近年，我国明确提出污水处理厂逐步要达到《城镇污水处理厂综合排放新标准》GB 18918—2002 一级 A 的要求，该标准与许多用户的再生水标准接近。其中要求 $TN \leqslant 15mg/L$，$TP \leqslant 0.5mg/L$。氮、磷的去除成为污水再生工艺技术的重点。

5.1 氮、磷和水体富营养化

5.1.1 氮、磷及其化合物

氮的原子序数为 7，原子量是 14.0067。氮在水中的溶解度较低，它是组成地球大气层的主要气体，约占空气体积分数的 78%。氮是所有生命组织体的主要营养要素，所有的有机物都需要氮。它是形成植物叶绿素分子的重要成分，是 DNA 和 RNA 的氮基，有助于构成 ATP，是构成蛋白质的所有氨基酸的主要组成部分。生命组织体的呼吸、生长和生殖都需要大量的氮。因此，可以毫不夸张地说，没有氮，就不存在生命。

在自然界，氮化合物是以有机体（动物蛋白、植物蛋白）、氨态氮（NH_4^+、NH_3）、亚硝酸盐氮（NO_2^-）、硝酸盐氮（NO_3^-）以及气态氮（N_2）形式存在的。在未经处理的新鲜污水中，含氮化合物存在的主要形式有：有机氮（蛋白质、氨基酸、尿素、胺类化合物、硝基化合物等）和氨态氮（NH_4^+、NH_3），一般以后者为主。在二级处理水中，氮则主要是以氨态氮、亚硝酸盐氮和硝酸盐氮等形式存在的。

各种形态氮之间的转换构成了氮循环，人们熟知的氮循环的过程主要包括四个作用，即固氮作用、氨化作用、硝化作用和反硝化作用。一般认为，在所有营养元素循环中，氮循环是最复杂的。由于人们还远没有很好地理解和认识氮循环，在社会生产活动中，就不可避免地干扰着氮循环的正常途径。

向环境中排放污水是人类干扰氮循环的一种重要形式。污水中含氮化合物包括：有机氮和氨氮、亚硝酸盐氮与硝酸盐氮等无机氮。四种含氮化合物的总量称为总氮（Total Nitrogen，TN，以 N 计）。一般来说，生活污水中无机氮约占总氮量的 60%，其中约 40% 为氨态氮。有机氮很不稳定，容易在微生物的作用下分解。在有氧的条件下，先分解为氨氮，再分解为亚硝酸盐氮与硝酸盐氮；在无氧的条件下，分解为氨氮。因此，一般把含氮化合物列在无机污染物中进行讨论。

凯氏氮（Kjeldahl nitrogen，KN）是有机氮与氨氮之和。凯氏氮指标可以用来作为污水生物处理时氮营养是否充足的判断依据。一般生活污水中凯氏氮含量约 40mg/L，其中，有机氮约 15mg/L，氨氮约 25mg/L。氨氮在污水中的存在形式有游离状态氨（NH_3）与离子状态铵盐（NH_4^+）两种，故氨氮等于两者之和。在对污水进行生物处理时，氨氮不仅向微生物提供营养，还对污水的 pH 起缓冲作用。但氨氮过高时，如超过 160mg/L（以 N 计），对微生物的活性会产生抑制作用。

磷是一种重要的化学元素，原子序数排在第 15 位，相对原子质量为 30.9738。磷是许多化合物的基础，按照水体中的含磷化合物是否含有碳氢元素，可将其分为有机磷与无机磷两类。有机磷的存在形式主要有：磷肌酸，2-磷酸-甘油酸和葡萄糖-6-磷酸等，大多呈胶态和颗粒状；无机磷大都是以磷酸盐形式存在，主要包括正磷酸盐（PO_4^{3-}）、偏磷酸盐（PO_3^-）、磷酸氢盐（HPO_4^{2-}）、磷酸二氢盐（$H_2PO_4^-$）、多磷酸盐或聚磷酸盐等。含磷化合物的总量称为总磷（total phosphor，TP），常以 PO_4^{3-} 浓度计。

生活污水中的磷主要以磷酸盐形式存在，无机磷含量约 7mg/L，或许还有少量的有机磷。其中以含一个氢的磷酸氢盐（HPO_4^{2-}）为主，水溶液中的正磷酸盐可以直接用于生物的新陈代谢。

5.1.2　水体中氮、磷的危害

人类社会在经济发展的同时，其生产活动也严重影响了氮、磷的正常循环途径。随着含氮、磷的污水不断向环境中排放，一系列影响恶劣的环境污染问题不断产生。其中，水体富营养化进程加速问题尤为突出。据报道，藻类同化 1kg P 将新增 111kg 的生物量，相当于同化 138kg COD 所产生的生物量；同化 1kg N 会新增 16kg 的生物量，相当于同化 20kg COD 所产生的生物量。由此可看出，极少量的氮、磷含量便会刺激藻类的大量繁殖，从而加速水体的富营养化进程。

人类对磷、氮循环的影响主要是通过城市污水、工业废水、化粪池渗出液的排放以及夹带着含氮、磷营养物质的农田径流等途径。随着人们生活水平的提高以及城市化进程的加快，在人类向自然环境排放的大量氮、磷污染物中，城市污水已经成为水体氮、磷污染的主要来源。

1. 磷的危害

根据 1840 年 Justin Liebig 提出的 Liebig 最小定律（Liebig's law of the minimum），植物的生长应该取决于存在量最少的营养物质，也就是说，藻类的生长应该受限于最不易获得的营养物质。在所有营养物质中，只有磷无法从大气或天然水中获得。因此通常认为，磷是水体的限制性营养物质，磷的含量控制着藻类生长和水体的生产力。只要水体中溶解性磷超过 0.03mg/L，总磷超过 0.1mg/L，就可能发生富营养化。生活污水、农业排水和某些含磷工业废水排放到水体中，都可使受纳水体处于富营养化状态。

磷的主要危害在于它是藻类生长的决定限制性营养盐。只要含磷量满足藻类生长的需求，藻类就会过量生长。藻类死亡后，被好氧细菌所分解，其耗氧量往往超过水体复氧量，水体亏氧，因而造成鱼类等水生生物死亡。磷的过度排放，能把干净清澈、氧气充足、没有气味的可直接利用的水体变成浑浊、氧气缺乏、有恶臭甚至有毒有害的水域。

多磷酸盐是一些商业清洁制剂的组成物质，当被用于洗衣或清洁时，多磷酸盐就会转移到水体中，多磷酸盐在水溶液中可转化成正磷酸盐。20世纪70年代，美国一些湖水里大量藻华和河里漂浮的泡沫引起人们的恐慌，经研究发现，洗衣粉中的多磷酸盐是一个主要因素。此外，有机磷酸盐主要在生物新陈代谢过程中形成，或来自水生生物死亡尸体的腐败分解，同多磷酸盐一样，它们也可被微生物转换成正磷酸盐。

2. 氮的危害

大量未经处理或处理不当的各种含氮废水的任意排放会给环境造成严重危害，主要表现为如下几个方面：

（1）使水体产生富营养化现象

氮化合物与磷酸盐一样，也是植物性营养物质，排放入湖泊、水库、海湾及其他缓流水体中，会促使水生植物旺盛生长，形成富营养化污染。低浓度 NH_3 和 NO_3^- 便可以导致藻类过量生长。

（2）消耗水体中的氧气

NH_4^+-N 转化为 NO_3^--N 时会消耗水体中大量的溶解氧。

（3）NH_4^+-N、NO_2^--N 和 NO_3^--N 有毒害作用

氨氮是水生植物的营养物质，同时也是水生动物的毒性物质。游离态的 NH_3 对鱼类有很强的毒性，当水中氨氮超过 1mg/L 时，会使水生生物血液结合氧的能力降低；当超过 3mg/L 时，金鱼、鲈鱼、鳊鱼可于 24~96h 内死亡。另外，硝酸盐对人类健康有危害作用，某些癌症（膀胱癌、卵巢癌、非霍奇金淋巴癌等）可能与极高浓度的硝酸盐含量有关。硝酸盐和亚硝酸盐能诱发高铁血红蛋白血症和胃癌，亚硝酸与胺作用生成亚硝胺，有致癌和致畸的作用。

（4）影响农作物正常生长

农业灌溉用水中，TN含量如超过 10mg/L，作物吸收过剩的氮，能够产生贪青倒伏现象。

5.1.3 水体富营养化

富营养化（eutrophication）是指水体分类和演化的一个自然过程，本是水体老化的自然现象。在自然条件下，水体由贫营养演变成富营养，进而发展成沼泽地和旱地这一历程可能需要上万年。当人类活动使沉积物和营养物质进入水体的速率增加时，天然富营养化过程会被加速进而形成人为富营养化（cultural eutrophication）过程。此种演变可发生在湖泊、近海、水库、水流速度较缓甚至较急的小溪和江河等水体。因此，水体富营养化可定义为一种湖泊、河流、水库等水体中氮、磷等植物营养物质含量过多而引起的水质污染现象。

过去一般认为，富营养化仅发生在像湖泊、水库等水流速度十分缓慢的封闭或半封闭水体中，但自20世纪70年代以来，在某些水浅的急流河段，由于生活废水和工业废水的

大量排入，河床砾石上大量生长着藻类，也开始出现明显的富营养化现象。

5.2　城市污水传统除磷脱氮理论

长期以来，城市污水的处理均是以传统活性污泥法为代表的好氧生物处理法，以去除有机物和悬浮固体为目标，并不考虑对磷、氮等无机营养物质的去除，因此只能去除微生物用于细胞合成的相应数量。根据 Holmers 提出的化学式，活性污泥的表达式为：$C_{118}H_{170}O_{51}N_{17}P$，通常认为，活性污泥理想的营养平衡式是：BOD∶N∶P＝100∶5∶1。

按照上述分析，传统二级污水处理厂对氮、磷的去除率都比较低。一般而言，城市污水经传统活性污泥法等二级处理后，BOD_5 去除率可达 90％以上，除磷率为 20％～30％，脱氮率一般仅为 20％～50％；出水总磷含量为 1～5mg/L，总氮含量为 10～30mg/L。

5.2.1　除磷机理

磷具有以固体形态和溶解形态相互循环转化的性能。污水除磷技术就是以磷的这种性能为基础进行开发的。污水除磷技术主要包括化学除磷和生物除磷。

1. 化学除磷

化学除磷，是指选择一种能与废水中的磷酸盐反应的化合物，形成不溶性的固体沉淀物，然后再从污水中分离出去。所有的聚磷酸盐在水中都可以逐渐水解形成正磷酸盐（PO_4^{3-}），进而转化为磷酸氢盐（HPO_4^{2-}）。向水中投加氯化铁或硫酸铝（明矾）或氢氧化钙（熟石灰）形成磷酸盐沉淀，通过固液分离就可将水中磷除掉，化学反应方程式如下：

$$FeCl_3 + HPO_4^{2-} \longrightarrow FePO_4 \downarrow + H^+ + 3Cl^- \tag{5-1}$$

$$Al_2(SO_4)_3 + 2HPO_4^{2-} \longrightarrow 2AlPO_4 \downarrow + 2H^+ + 3SO_4^{2-} \tag{5-2}$$

$$5Ca(OH)_2 + 3HPO_4^{2-} \longrightarrow Ca(PO_4)_3OH \downarrow + 3H_2O + 6OH^- \tag{5-3}$$

磷的沉淀需要一个反应池和一个沉淀池。如若使用氯化铁和明矾，则可以直接投加到活性污泥系统的曝气池中，此时，曝气池便可兼作化学反应池，而沉淀物可在二沉池中去除。若使用熟石灰，会过大地提高了反应池的 pH，形成过多的熟石灰残渣，对活性污泥微生物有害，故不能使用上述做法。在采用化学除磷的污水处理厂中，污水流入初沉池之前即添加氯化铁和明矾，可以提高初沉池的效率，但也可能将生物处理所需的营养物也去除殆尽。

2. 生物除磷

在厌氧—好氧活性污泥系统中，由于厌氧、好氧反复不断地变化，经常大量出现能在好氧条件下在体内贮存聚磷酸的细菌，称为聚合磷酸盐累积微生物（poly-phosphate accumulating organisms），简称聚磷菌（PAOs）。这类菌多是小型的革兰氏阴性短杆菌，属不动杆菌属，运动性很差，只能利用低分子有机物，增殖很慢。

生物除磷，就是利用聚磷菌一类的微生物，能够从外部环境中过量地摄取超过其生理需要的磷，并将磷以聚合的形态贮藏在菌体内，形成富含磷的污泥，通过剩余污泥排出系统外，达到从污水中去除磷的效果。

（1）厌氧条件下聚磷菌的释磷

在厌氧、好氧交替变化情况下，先于 PAOs 增殖的还有兼性厌氧菌（Aeromonas）。

在没有溶解氧和硝态氮存在的厌氧状态下，兼性厌氧细菌将溶解性 BOD 转化成低分子挥发性脂肪酸（VFA）；而聚磷菌本来是好氧菌，在不利的厌氧条件下，利用细胞内聚磷水解及糖酵解获得能量，吸收污水中这些低分子挥发性脂肪酸，并使之以 PHB（聚-β-羟基-丁酸酯）形式储存，这就同化了低分子有机物，因而与其他的好氧菌相比占有了优势。由于这个过程伴随着磷的释放，就是所谓的厌氧释磷，所以 PAOs 与兼性厌氧菌是共生关系。

（2）好氧条件下聚磷菌对磷的过剩摄取

当聚磷菌在厌氧环境完成释磷储碳之后，进入好氧环境中，此时其细胞内储存的 PHB 以 O_2 为电子受体，被氧化而产生能量，用于磷的吸收和聚磷的合成，能量随之以聚磷酸高能磷酸键的形式储存，从而实现了磷的大量吸收。这种现象就是"磷的过剩摄取"。厌氧、好氧交替条件富集了 PAOs，激发了它的活性。这样，聚磷菌具有在厌氧条件下释放 H_3PO_4，在好氧条件下过剩摄取 H_3PO_4 的功能。生物除磷技术就是利用聚磷菌这一功能而开创的。在活性污泥中一般都存在着相当数量的脱氮菌，在好氧条件下进行好氧呼吸代谢。但在缺氧条件下，遇到 NO_3^- 时，也能进行硝酸呼吸。它们具有高度的繁殖速度和同化多样基质的能力，在摄取基质上就直接与 Aeromonas、间接地与 PAOs 相竞争。所以在厌氧—好氧活性污泥法中，厌氧池里如有 NO_x^- 存在就妨碍了 PAOs 的磷释放活性。只有 NO_x^- 被还原之后，在既没有 NO_x^-，也没有溶解氧的完全厌氧条件下，磷的释放才能进行。聚磷菌在厌氧和好氧交替环境下的代谢如图 5-1 所示。

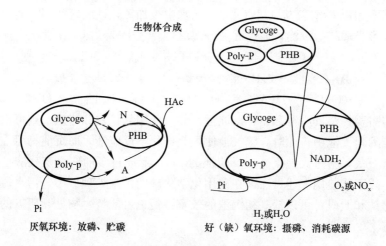

图 5-1　聚磷菌生物放磷、吸磷机理

1. HAc—醋酸（COD）；2. Glycogen—糖原；3. Poly—p-多聚磷酸盐；4. ATP—三磷酸腺苷；

5. PHB—聚-β-羟基-丁酸酯；6. NADH₂—烟酰胺腺嘌呤二核苷酸（辅酶）

5.2.2　脱氮机理

氮的所有形式（NH_3、NH_4^+、NO_2^- 及 NO_3^-，但不包括 N_2）均可作为营养物质，为控制受纳水体中藻类的生长，需要从污水中将其去除。脱氮技术可分为化学脱氮和生物脱氮。

1. 化学脱氮

化学脱氮常采用氨气提（ammonia stripping）法。

主要对含氨氮的废水进行脱氮处理，可用化学方法提高水的 pH，使水中的铵离子转变成氨，然后通过曝气的物理作用，以气提方式使氨从水中逸出，实现氮的去除，氨气提的化学方程式如下：

$$NH_4^+ + OH^- \rightleftharpoons NH_3 + H_2O \tag{5-4}$$

该方法对硝酸盐没有去除效果，因此在活性污泥工艺操作时应维持较短的生物固体平均停留时间，以免发生硝化作用。通常，可以向水中投加石灰以提供氢氧根离子。但是，石灰也会与空气和水中的 CO_2 反应形成碳酸钙沉淀于水中，必须定期清除。另外，低温将增加氨在水中的溶解度，从而降低气提能力。

2. 生物脱氮

生物脱氮是利用硝化细菌和反硝化细菌的硝化与反硝化作用来实现的，故通常称其为硝化/反硝化（nitrification/denitrification）脱氮。

污水进入生化反应器后，含氮化合物在微生物的作用下，相继产生一系列反应。其总氮的变化有三条途径：一部分转化为 N_2、N_xO_y、NH_3 等氮的气体形态从反应器中逸入大气；另一部分被微生物通过同化作用吸取为新细胞物质，以剩余污泥的形式从生化反应器中排出；余者则随出水排出。生物脱氮途径如图 5-2 所示。

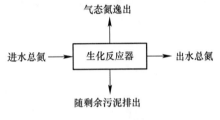

图 5-2　生物脱氮途径

按细胞干重计算，微生物细胞中氮的含量约为 12%，考虑吸附等因素，以剩余污泥的排放实现的脱氮量一般为 20% 左右。因此，为降低出水中氮的含量，把各种形态的氮转化为气体形态并排入大气是目前生物脱氮的主要途径。通常会涉及以下一系列过程：

$$有机氮 \xrightarrow{\text{胺化菌}} NH_4^+\text{-}N \xrightarrow{\text{亚硝酸菌}} NO_2^- - N \xrightarrow{\text{硝酸菌}} NO_3^- - N$$
$$\xrightarrow{\text{反硝化菌}} N_2 \uparrow , N_xO_y \uparrow \tag{5-5}$$

含氮化合物在水体中的好氧转化可分为氨化过程和硝化过程两个阶段。氨化过程为第一阶段，含氮有机物如蛋白质、多肽、氨基酸和尿素等水解转化为无机氨氮；硝化过程为第二阶段，氨氮转化为亚硝酸盐与硝酸盐。两阶段转化反应都是在微生物作用下完成的。

（1）氨化过程

有机氮化合物，在氨化菌的作用下，分解、转化为氨态氮，这一过程称之为氨化反应。氨化是一种普遍存在的生化作用，它的功能是把大分子的有机氮转化为氨氮。以氨基酸为例，其反应式为：

$$RCHNH_2COOH + O_2 \xrightarrow{\text{氨化菌}} RCOOH + CO_2 + NH_3 \tag{5-6}$$

几乎所有的异养型细菌都具有氨化功能，所以在脱氮工艺中氨化阶段的生化效率很高，通常不作为控制步骤考虑。

（2）硝化过程

氨氮氧化成硝酸盐的硝化反应是由两组自养型好氧微生物通过两个过程完成的。

第一步先由亚硝酸菌（Nitrosomonas）将氨态氮转化为亚硝酸盐。氨（NH_3）在亚硝酸菌的作用下，被氧化为亚硝酸的化学方程式如下所示。

$$2NH_3 + 3O_2 \xrightarrow{\text{亚硝酸菌}} 2HNO_2 + 2H_2O \tag{5-7}$$

第二步再由硝酸菌（Nitrobacter）将亚硝酸盐进一步氧化为硝酸盐。亚硝酸在硝酸菌的作用下，被氧化为硝酸的化学方程式表示如下：

$$2HNO_2 + O_2 \xrightarrow{\text{硝酸菌}} 2HNO_3 \tag{5-8}$$

亚硝酸菌和硝酸菌统称为硝化菌。硝化菌是化能自养菌，革兰氏染色阴性，不生芽孢的短杆状细菌，广泛存活在土壤中，在自然界的氮循环中起着重要的作用。这类细菌的生理活动不需要有机性营养物质，从 CO_2 中获取碳源，从无机物的氧化中获取能量。

硝化反应的总化学反应式为：

$$NH_4^+ + 2O_2 \xrightarrow{\text{硝化菌}} NO_3^- + H_2O + 2H^+ \tag{5-9}$$

如果采用 $C_5H_7NO_2$ 作为硝化菌的细胞组成，则硝化过程的化学计量方程可用下式表示：

$$55NH_4^+ + 76O_2 + 109HCO_3^- \xrightarrow{\text{亚硝酸菌}} C_5H_7NO_2 + 54NO_2^- + 57H_2O + 104H_2CO_3 \tag{5-10}$$

$$400NO_2^- + NH_4^+ + 4H_2CO_3 + 195O_2 + HCO_3^- \xrightarrow{\text{硝酸菌}} C_5H_7NO_2 + 400NO_3^- + 3H_2O \tag{5-11}$$

硝化反应的总方程为：

$$NH_4^+ + 1.86O_2 + 1.98HCO_3^- \xrightarrow{\text{硝化菌}} 0.021C_5H_7NO_2 + 0.98NO_3^- + $$
$$1.04H_2O + 1.88H_2CO_3 \tag{5-12}$$

根据上述方程式可知，转化 1g 氨氮可产生 0.146g 亚硝化菌和 0.02g 硝化菌，硝化菌的产率仅为亚硝化菌的 1/7。若不考虑硝化过程中硝化菌的增殖，则氧化 1g NH_4^+-N 为 NO_3-N 将消耗 7.14g 碱度（以 $CaCO_3$ 计）和 4.57g 氧。

因此，若污水中碱度不足，硝化反应将导致 pH 下降，降低反应速率。此外，还可以看出，硝化过程的需氧量是很大的。如果在污水二级处理中不加强对氨氮的去除，则其出水中氮需氧量（nitrogenous oxygen demand，NOD）占总需氧量（total oxygen demand，TOD）的比例可高达 71.3%，具体如表 5-1 所示。

硝化处理对二级出水总需氧量的影响　　　　　　　　　　　　　　　　　　表 5-1

参数	原始污水	二级处理水	硝化处理水
有机物（BOD）/(mg/L)	250	25	20
有机需氧量（BOD）/(mg/L)①	375	37	30
有机氮和氨氮/(TKN)/(mg/L)②	25	20	1.5
氮需氧量（NOD）/(mg/L)③	115	92	7
总需氧量（TOD）/(mg/L)	490	129	37
氮需氧量对总需氧量的贡献率（/%）	23.5	71.3	18.9
有机需氧量去除率（/%）	—	90	92
总需氧量去除率（/%）	—	73.7	92.5

注：①取有机物的 1.5 倍；②总凯氏氮；③取 TKN 的 4.6 倍。

假如水体没有足够的稀释能力，传统二级处理出水排入水体后，氨氮的氧化反应将耗尽水体中的溶解氧。

硝化菌对环境的变化很敏感，为了使硝化反应正常进行，就必须保持硝化菌所需要的环境条件。

1）溶解氧

氧是硝化反应过程中的电子受体，反应器内溶解氧高低，必将影响硝化反应的进程。在进行硝化反应的曝气池内，据实验结果证实，溶解氧含量不能低于 1mg/L。由上述反应方程式可以看到，在硝化过程中，1mol 氨氮氧化成硝酸氮，需 2mol 分子氧（O_2），即 1g 氮完成硝化反应需 4.57g 氧，这个需氧量称为"硝化需氧量"（NOD）。

2）pH

硝化反应需要保持一定的碱度。硝化菌对 pH 的变化非常敏感，最佳 pH 是 8.0～8.4。在这一最佳 pH 条件下，硝化速度与硝化菌最大的比增殖速度可达到最大值。在硝化反应过程中，将释放出 H^+ 离子，致使混合液 H^+ 离子增高，从而使 pH 下降。硝化菌对 pH 的变化十分敏感，为了保持适宜的 pH，应当在污水中保持足够的碱度，以保证在反应过程中对 pH 的变化起到缓冲的作用。一般来说，1g 氨态氮（以 N 计）完全硝化需碱度（以 $CaCO_3$ 计）7.14g，如碱度不足，一般可以投加熟石灰（$Ca(OH)_2$）、纯碱（Na_2CO_3）等碱性物质。

3）有机物

混合液中有机物含量不应过高。硝化菌是自养型细菌，有机物浓度并不是它的生长限制因素；但若 BOD 浓度过高，会使增殖速度较高的异养型细菌迅速增殖，从而使自养型的硝化菌得不到优势，难以成为优势种属，硝化反应进程缓慢。故在硝化反应过程中，混合液中的含 C 有机物浓度不应过高，一般 BOD_5 值应在 20mg/L 以下。

4）温度

硝化反应的适宜温度是 20～30℃，15℃以下时，硝化速度下降，5℃时几乎停止。

5）生物固体平均停留时间（污泥龄，SRT）

为了使自养型硝化菌群能够在连续流反应器系统中存活，微生物在反应器内的停留时间 θ_c，必须大于硝化菌群的最小世代时间，否则硝化菌的流失率将大于净增殖率，将使硝化菌从系统中流失殆尽。如硝化菌在 20℃时，其最小世代时间为 5d，当 $\theta_c<5d$ 时，硝化菌就不可能在曝气池内大量繁殖，不能成为优势菌种，也就不能在曝气池内进行硝化反应。一般对 θ_c 的取值，至少应为硝化菌最小世代时间的 2 倍以上，即安全系数应大于 2。

6）重金属及其他有害物质

除重金属外，对硝化反应产生抑制作用的还有：高浓度的 NH_4-N、高浓度的 NO_x-N、有机物以及络合阳离子等物质。

（3）反硝化过程

反硝化反应是指硝酸氮（NO_3^--N）和亚硝酸氮（NO_2^--N）在反硝化菌的作用下，被还原为气态氮（N_2）的过程。水体中亏氧时，在反硝化菌的作用下，可以发生反硝化反应：

$$2NO_3^- + \text{有机碳} \xrightarrow{\quad \text{反硝化菌} \quad} N_2 + CO_2 + H_2O \tag{5-13}$$

反硝化反应主要是由兼性异养型细菌完成的生化过程。参与这一反应的细菌种类繁多，世代时间通常较短，广泛存在于水体、土壤以及污水生物处理系统中。在缺氧条件下，进行厌氧呼吸，以 NO_3^--N 为电子受体，以有机物（有机碳）为电子供体。在这种条件下，无法释放出更多的 ATP，故相应合成的细胞物质也就较少。

在反硝化反应过程中，硝酸氮通过反硝化菌的代谢活动，可能有两种转化途径，即：

同化反硝化（合成），最终形成有机氮化合物，成为菌体的组成部分；另一种为异化反硝化（分解），最终产物是气态氮。

当有分子态氧存在时，反硝化菌利用 O_2 作为最终电子受体，氧化分解有机物；当无分子氧时，他们利用硝酸盐或亚硝酸盐中正五价氮和正三价氮作为能量代谢中的电子受体，负二价氧作为受氢体生成 H_2O 和碱度 OH^-，有机物作为碳源和电子供体提供能量并得到氧化。反硝化过程还可以描述如下：

$$NO_2^- + 3[H] \longrightarrow 0.5N_2 + H_2O + OH^- \tag{5-14}$$

$$NO_3^- + 5[H] \longrightarrow 0.5N_2 + 2H_2O + OH^- \tag{5-15}$$

上述方程式表明，还原 1g NO_2^--N 或 NO_3^--N 分别需要作为氢供体的可生物降解 COD 1.71g 和 2.86g；还原 1g NO_2^--N 或 NO_3^--N 均可得到 3.57g 碱度，硝化过程消耗的碱度可以在这里得到部分补偿。

此外，反硝化菌是兼性菌，既可有氧呼吸也可无氧呼吸，当同时存在分子态氧和硝酸盐时，优先利用 O_2 进行有氧呼吸。所以为保证反硝化的顺利进行，通常需要保持缺氧状态。

影响反硝化反应的环境因素主要如下：

1）碳源

反硝化时需要有机物作为细菌的能源。脱氮消耗的 BOD 量 S_{RDN} 按下式计算：

$$S_{RDN} = 1.88NO_3^- \tag{5-16}$$

式中，NO_3^--N 为缺氧池中 NO_3^--N 的去除量。

细菌可从胞内或胞外获取有机物。在多阶段氧化/硝化/反硝化的脱氮系统中，由于反硝化池中废水的 BOD 浓度已经相当低，为了进行反硝化作用，需添加有机碳源。一般认为，当污水 BOD_5/TN 值>3~5 时，即可认为碳源充足，无需外加碳源。当污水中碳、氮比值过低，如 BOD_5/TN 值<3~5 时，即需另投加有机碳源。能为反硝化菌所利用的碳源有许多，但是，从污水生物脱氮工艺来考虑，有机物质可从原污水或已沉淀过的废水中获得，也可添加合成物质如甲醇（CH_3OH）。

利用原污水或已沉淀过的污水是比较理想和经济的，优于外加碳源。但它可能会增加出水 BOD 及氨氮含量，因而会对水质产生不利的影响。

外加碳源现多采用甲醇（CH_3OH），因为它被分解后的产物为 CO_2 和 H_2O，不留任何难于降解的中间产物，但处理成本高。

2）pH

pH 是反硝化反应的重要影响因素，对反硝化菌最适宜的 pH 是 6.5~7.5，在这个 pH 的条件下，反硝化速率最高；当 pH 高于 8 或低于 6 时，反硝化速率将大为下降。

3）溶解氧

传统认为，反硝化菌是异养兼性厌氧菌，只有在无分子氧而同时存在硝酸和亚硝酸离子的条件下，它们才能够利用这些离子中的氧进行呼吸，使硝酸盐还原。如反应器内溶解氧较高，将使反硝化菌利用氧进行呼吸，抑制反硝化菌体内某些酶的合成，氧成为电子受体，阻碍硝酸氮的还原。但是，另一方面，在反硝化菌体内某些酶系统组分只有在有氧条件下才能合成，这样，反硝化菌在缺氧好氧交替的环境中生活为宜。

4）温度

反硝化反应的适宜温度是 20~40℃，低于 15℃时，反硝化菌的增殖速率降低，代谢速率也会降低，从而降低了反硝化速率。在冬季低温季节，为了保持一定的反硝化速率，应考虑提高反硝化反应系统的污泥龄（生物固体平均停留时间 θ_c），降低负荷率，增加污水的水力停留时间（HRT）。

5.3 厌氧—好氧活性污泥法脱氮除磷工艺

活性污泥法自 1917 年工程应用后的半个多世纪里，标准活性污泥法一直占据主要地位。长期以来人们从微生物的代谢机理出发，为维持好氧异养微生物的高度活性，努力维持生化反应池中的良好好氧状态。渐减曝气、分段进水、纯氧曝气等都是围绕着生化反应池中的溶氧状况而开发的标准活性污泥法的变法。直到 1970 年代，人们将厌氧应用到活性污泥工艺中来，使好氧与厌氧工况在反应时空上反复周期的实现，这样就形成了厌氧—好氧活性污泥法。在厌氧—好氧活性污泥法中，不但可以去除含碳有机污染物，也可以脱氮和除磷，使过去在三级处理中完成的去除营养物质的任务可以在二级处理中经济有效地完成，可以说这是当代活性污泥法的一大进步。

生化反应池中有充足的溶解氧供好氧菌代谢繁殖，就是好氧工况。如生化反应池中的溶解氧（DO）趋于零，广义上说就是厌氧状态。但还不能完全反映生化反应池中菌群的演替和代谢环境，因为除游离态 O_2 之外，还有结合态氧（如 NO_2^-，NO_3^-）可以作为氧化有机物的电子受体。于是，我们可以严格区分生化反应池中生化反应的氧化还原工况：

（1）好氧工况——反应池中有充分的溶解氧，DO 应大于 0.5mg/L 之上；

（2）厌氧工况——反应池中溶解氧趋近于零，结合态氧也趋近于零；

（3）缺氧工况——反应池中溶解氧趋近于零，但存在着丰富的结合态氧，$NO_x^- > 5mg/L$。

5.3.1 厌氧—好氧 （A/O） 生物除磷工艺

1976 年 Barnard 提出了厌氧—好氧（Anaerobic-Oxic）除磷的典型工艺，简称 A/O 工艺，又称 Phoredox 工艺，由释磷的厌氧区、吸磷的好氧区以及污泥回流等系统组成，如图 5-3 所示。厌氧区、好氧区 BOD 降解和 P 释放与过量吸收曲线如图 5-4 所示。

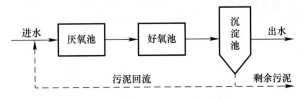

图 5-3　A/O 生物除磷工艺

生物除磷是将污水中的磷以聚磷酸的形式贮存在污泥中，通过剩余污泥而从系统中排除。当剩余污泥遇到厌氧环境时，污泥中的聚磷酸将水解为正磷酸而释放到污水中。因此，污泥处理过程中所产生的回流污水中，磷含量比标准法高，可能恶化污水处理系统的除磷效果。因此，如何减少污泥处理所产生的回流污水中磷的含量，是厌氧—好氧除磷工艺稳定运行的重要环节。

由图 5-3 可见，本工艺流程简单，既不投药，也无需考虑内循环。因此，建设费用及运行费用都较低，而且由于无内循环的影响，厌氧反应器能够保持良好的厌氧状态。

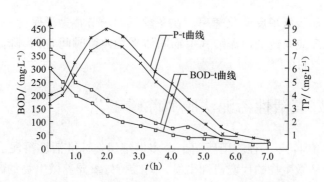

图 5-4　A/O 除磷工艺中 P、BOD 降解曲线

A/O 除磷的流程与设计参数与标准法相似，除在生化反应池前段设一厌氧段，取消曝气管改为水中搅拌混合之外，没有更多的变化。其设计 BOD-SS 负荷可采用与标准法相同的数值 0.2~0.5kg BOD/kg MLSS，进水适宜的 TP/BOD 比值为 0.05 之下。其好氧段也只完成有机物的降解，不要求达到硝化的程度，需氧量的计算公式与标准法相同。在厌氧段中降解了部分有机物，好氧段的有机负荷减少，需氧量也随之降低，因此该系统较标准法是节能的。本工艺产生的剩余污泥量稍高于标准法，但其污泥的沉降性能好，含水率低，所产生的污泥体积反而比标准法要小。

该工艺省能，并有抑制丝状菌增殖的作用。在去除有机物的同时又可生物除磷。其技术经济指标优于标准活性污泥法。可以预言 A/O 除磷工艺将取代标准活性污泥法而被广泛应用。另外，应用厌氧/好氧原理生物除磷的工艺还有 Phostrip、氧化沟、SBR 和 A^2O 等工艺。

近年来，一些新的研究表明，自然界中还存在着新的磷元素生物转化途径，如反硝化除磷等。

5.3.2　缺氧—好氧（A/O）生物脱氮工艺

A/O 生物脱氮工艺，是指缺氧—好氧（Anoxic-Oxic）工艺，是在 20 世纪 80 年代初开创的工艺流程。其主要特点是将反硝化反应器放置在系统之首，故又称之为前置反硝化生物脱氮系统，这是目前采用的比较广泛的一种脱氮工艺，是改进的 Ludzack-Ettinger（MLE）工艺。由进行硝化的好氧区、反硝化的缺氧区以及富含硝态氮的混合液的内循环系统所组成，如图 5-5 所示。

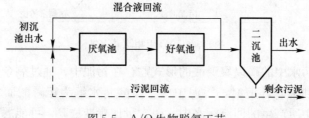

图 5-5　A/O 生物脱氮工艺

脱氮效率影响因素与主要运行参数如下：

（1）水力停留时间

试验与运行数据证实，硝化反应与反硝化反应进行的时间对脱氮效果有一定的影响。

在混合液 MLSS 浓度 3000mg/L 的条件下，为了取得 70%～80% 的脱氮率，硝化反应需时较长，一般不应低于 6h，而反硝化反应所需时间则较短，在 2h 之内即可完成。

（2）循环比（R）

内循环回流的作用是向反硝化反应池提供硝酸氮，作为反硝化反应的电子受体，从而达到脱氮的目的。内循环回流比不仅影响脱氮效果，而且也影响本工艺系统的动力消耗，是一项非常重要的参数。如好氧区完全硝化，不计细胞的同化作用，脱氮率与循环比 R 的定量关系为：

$$\tau_N = \frac{R}{1+R} \tag{5-17}$$

虽然随着回流比的增加脱氮率也提高，但是却给反硝化反应池带来了更多的溶解氧，对反硝化反应不利，所以回流比 R 不宜过大，一般总回流比（内回流＋外回流）不应大于 4。

（3）MLSS 值

反应器内的 MLSS 值，一般应在 3000mg/L 以上，低于此值，脱氮效果将显著降低。

（4）污泥龄 SRT（生物固体平均停留时间）

硝化的基础是硝化菌的存活并占有一定优势。硝化菌与异养微生物相比，世代时间很长，增殖很慢，其最小比增长速率为 0.21/d，而异养菌的最小比增长速率为 1.2/d。相差甚远。在标准活性污泥法系统中，硝化菌难以存活。只有采取较低的 BOD-SS 负荷即较长的污泥龄，才能使硝化菌在混合微生物系统中占有一定优势，一般泥龄取值在 10d 以上，以保证在硝化反应器内保持足够数量的硝化菌。

5.3.3　厌氧—缺氧—好氧 （A²/O） 生物脱氮除磷工艺

生物除磷需要在好氧、厌氧交替的环境下才能完成除磷。生物脱氮包括硝化作用和反硝化作用，分别需要在好氧、缺氧两种条件下进行。因此，要达到同时除磷脱氮目的，就必须创造微生物需要的好氧、缺氧、厌氧三种代谢环境。

A²/O 工艺，亦称 A—A—O 工艺，是英文 Anaerobic-Anoxic-Oxic 首字母的简称。按实质意义来说，本工艺称为厌氧—缺氧—好氧法更为确切，其工艺流程示意图如图 5-6 所示。

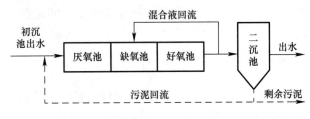

图 5-6　A²/O 工艺

各反应器单元功能与工艺特征如下：

（1）厌氧反应器

接受原污水进入，同步进入的还有从二沉池排出的富含聚磷菌的回流污泥，在厌氧条件下充分释磷，同时消耗了部分有机物。

（2）缺氧反应器

污水经过厌氧反应器进入缺氧反应器，同时从好氧反应器硝化液回流带来了大量

$NO_3^- -N$，脱氮菌以 $NO_3^- -N$ 为电子受体，以有机物为电子供体，进行硝酸呼吸，完成了脱氮作用。硝化液回流量一般为原污水的两倍以上。

（3）好氧反应器

混合液从缺氧反应器进入好氧反应器，这一反应器单元是多功能的。好氧的异养菌、硝化菌和聚磷菌各尽其职，分别进行有机物的降解，$NH_4^+ -N$ 硝化和磷的大量吸收，混合液排至二沉池。同时部分富含 $NO_3^- -N$ 的混合液回流至缺氧反应器。

（4）二沉池

二沉池的功能是泥水分离，污泥的一部分回流至厌氧反应器，上清液作为处理水排放。

本工艺具有以下各项特点：

（1）在厌氧（缺氧）、好氧交替运行条件下，丝状菌不能大量增殖，无污泥膨胀问题，SVI 值一般均小于 100。

（2）污泥中含磷浓度高，具有很高的肥效。

（3）运行中无需投药，两个 A 段只需轻缓搅拌，以不增加溶解氧为度，运行费用低。

该工艺系统本身存在着如下固有矛盾：

（1）脱氮的前提是完全硝化，生化反应池的 BOD-SS 负荷必须很低；生物除磷是通过排出富磷的剩余污泥而达成的，需要相当高的 BOD-SS 负荷，这是一个尖锐的矛盾，使得 A^2/O 工艺的有机负荷范围很狭小。硝化脱氮系统 BOD-SS 负荷应小于 0.18kg BOD/(kg MLSS·d)，生物除磷系统 BOD-SS 负荷应大于 0.1kg BOD/(kg MLSS·d)。所以生物脱氮除磷系统的 BOD-SS 负荷应为 0.1～0.18kg BOD/(kg MLSS·d) 之间。据试验数据 0.14kg BOD/(kg MLSS·d) 为最佳。

（2）原污水中的碳源在进入厌氧段后，首先被聚磷菌所吸收合成胞内 PHB，到了缺氧段就减少了反硝化反应作为电子供体的碳源，或者说反硝化菌与聚磷菌间存在着争夺碳源的矛盾。

（3）回流污泥将大量的硝化液带入厌氧段，给脱氮菌创造了良好的代谢条件。与聚磷菌争夺溶解性有机物，势必影响聚磷菌对胞内聚磷酸的水解和释放。

基于以上原因，世界各地 A^2/O 工艺的水厂运行中，往往难以达到预想的效果。为此出现了 UCT 和改良 UCT 工艺，试图削弱或切断回流污泥中的硝酸盐对聚磷菌释磷的影响，但解决不了碳源争夺和 BOD 污泥负荷固有矛盾的根本问题。

5.3.4　UCT 工艺和改良 UCT 工艺

为了减少硝酸盐对厌氧反应器的干扰，提高磷的释放量，南非开普敦大学（University of Cape Town）提出了 UCT 工艺，如图 5-7 所示。

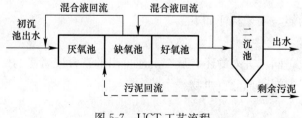

图 5-7　UCT 工艺流程

UCT 工艺将 A^2/O 工艺中的污泥回流由厌氧区改到缺氧区，使污泥经反硝化后再回流至厌氧区，减少了回流污泥中硝酸盐和溶解氧含量。与 A^2/O 工艺相比，UCT 工艺在适当的 COD/TKN 比例下，缺氧区的反硝化可使厌氧区回流混合液中硝酸盐含量接近于零。

当进水 TKN/COD 较高时，缺氧区无法实现完全的脱氮，仍有部分硝酸盐进入厌氧区，因此又产生改良 UCT 工艺—MUCT 工艺（图 5-8）。MUCT 工艺有两个缺氧池，前一个接收二沉池回流污泥，后一个接收好氧区硝化混合液，使污泥的脱氮与混合液的脱氮完全分开，进一步减少硝酸盐进入厌氧区的可能。

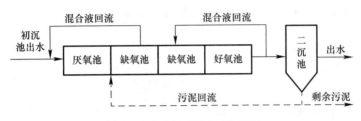

图 5-8　改良的 UCT 工艺流程

传统的硝化—反硝化生物脱氮工艺在废水脱氮领域曾起到了非常积极的作用。但由于工艺的自身特点，使得生化反应时间长，硝化阶段能耗巨大，反硝化阶段碳源需求量高。近年来，一些新的研究表明，自然界中存在着多种新的氮素转化途径，如短程硝化反硝化和厌氧氨氧化等。

5.3.5　短程硝化/反硝化工艺

短程硝化反硝化工艺是把硝化反应过程控制在氨氧化产生 NO$_2^-$-N 的阶段，阻止 NO$_2^-$-N 的进一步氧化，直接以 NO$_2^-$-N 作为菌体呼吸链氢受体进行反硝化，可实现 O$_2$ 和 COD 的双重节约。

1975 年，Voets 等进行了经 NO$_2^-$-N 途径处理高浓度氨氮废水的研究，发现了硝化过程中 NO$_2^-$-N 积累的现象，并首次提出了亚硝化/反硝化（shortcut nitrification/denitrification）生物脱氮的概念。1986 年 Sutherson 等由小试研究证实了经 NO$_2^-$-N 途径进行生物脱氮的可行性。

将 NH$_4^+$-N 氧化控制在 NO$_2^-$-N 阶段，阻止 NO$_2^-$-N 的进一步氧化，是实现短程硝化反硝化的关键，其控制因素也相当复杂。因此，如何持久稳定地维持较高浓度的 NO$_2^-$-N 积累成为研究的热点和重点。硝化过程是由两类微生物共同完成的，要想实现短程硝化，就必须利用这两类微生物的生理学差异，采取必要措施抑制或淘汰反应器中的亚硝酸盐氧化细菌，从而达到控制短程硝化/反硝化脱氮的目的。影响 NO$_2^-$ 积累的因素主要有温度、溶解氧（DO）、pH、游离氨（FA）、游离羟胺（FH）、水力负荷、有害物质、污泥龄以及生物群体所处的微环境等。研究表明，可以通过以上单一因素或者多个因素的控制，在反应器中成功地实现短程硝化/反硝化，例如已经成功应用于生产实践的 Sharon 工艺。综合以上控制因素，能在一定时间内控制硝化处于亚硝酸阶段的途径较常见的有四种：纯种分离与固定化技术途径、温度控制的分选途径、游离氨的选择性抑制途径和基质缺乏竞争途径。

在以上亚硝化控制途径中，对于常温、低氨氮基质浓度的城市生活污水而言，较为引人注目和可行的是基质缺乏竞争途径。硝化反应是一个双基质限制反应，除氨氮外，溶解氧（DO）也是好氧氨氧化菌代谢的必要底物。根据 Bernat 所提出的基质缺乏竞争学说，由于氨氧化菌的氧饱和常数（K_N＝0.2～0.4）低于亚硝酸氧化细菌的氧饱和常数（K_N＝1.2～1.5），低溶解氧浓度下，氨氧化菌和亚硝酸氧化菌的增殖速率均下降。当 DO 为 0.5mg/L 时，氨氧化菌增殖速率为正常值的 60％，而亚硝酸氧化菌的增殖速率不超过正常值的 30％，对提高氨氧化菌的竞争力有利，利用这两类细菌的动力学特性的差异可以在活性污泥或生物膜上达到淘汰亚硝酸氧化菌的目的。可见，通过控制低溶解氧（DO）不但意味着曝气量和运行能耗的极大节约，而且可以获得较高的亚硝酸盐积累，对于处理城市生活污水的亚硝化工艺而言可谓是最佳途径。

短程硝化/反硝化反应方程式如下：

$$\text{硝化：} 2NH_4^+ + 3O_2 \xrightarrow{\text{亚硝酸菌}} 2NO_2^- + 2H_2O + 4H^+ \tag{5-18}$$

$$\text{反硝化：} 2NO_2^- + 8H^+ \xrightarrow{\text{反硝化菌}} N_2 + 4H_2O \tag{5-19}$$

与传统工艺中的硝化过程需要将 NH_4^+-N 完全氧化为 NO_3^--N 相比，亚硝化过程只需将 NH_4^+-N 氧化为 NO_2^--N。短程硝化/反硝化具有以下优点：

(1) 1mol NH_4^+-N 氧化为 NO_2^--N 需要 1.5mol O_2，而氧化为 NO_3^--N 则需 2.0mol O_2。因此，硝化阶段可减少 25％左右的需氧量，降低了能耗，其经济效益显著；

(2) 反硝化阶段可减少 40％左右的有机碳源，降低了运行费用；

(3) 缩短了反应时间，反应器容积可减少 30％～40％左右；

(4) 提高了反硝化速率，NO_2^--N 的反硝化速率通常比 NO_3^--N 高 63％左右；

(5) 降低了污泥产量，硝化过程可少产污泥 33％～35％左右，反硝化过程可少产污泥 55％左右。

5.3.6　同时硝化—反硝化（SND）工艺

同时硝化—反硝化（simultaneous nitrification denitrification，简称 SND）工艺是指硝化与反硝化反应同时在同一反应器中完成。这个工艺技术的开发充分利用了反应器供氧不均匀的客观现象以及微环境理论。控制系统中生物膜、微生物絮体的结构及 DO 浓度，形成污泥絮体或生物膜微环境的缺氧状态，可在同一反应器中，实现硝化与反硝化反应的动力学平衡。SND 工艺明显具有缩短反应时间，节省反应器体积，不需补充硝化池碱度，简化工艺降低成本等优点。

目前，对 SND 生物脱氮技术的研究主要集中在氧化沟、生物转盘、间歇式曝气反应器等系统。然而，SND 生物脱氮的机理还需进一步地加深认识和了解，但已初步形成了三种解释：宏观环境解释、微环境理论解释和生物学解释。

宏观环境解释认为，由于生物反应器的混合形态不均，生物反应器的大环境内，即宏观环境内形成缺氧或厌氧段。

微环境理论则从物理学角度认为由于氧扩散的限制，在微生物絮体或生物膜内产生 DO 梯度，从而导致污泥絮体或生物膜微环境中的缺氧状态，实现了 SND 过程。目前该种解释已被普遍接受，因此控制 DO 浓度及微生物絮体或生物膜的结构是能否进行 SND 的关键。

生物学解释有别于传统理论，近年来好氧反硝化菌和异养硝化菌的发现，以及好氧反硝化、异养硝化、自养反硝化等研究的进展，为 SND 现象提供了生物学依据，从而使得 SND 生物脱氮有广阔的应用前景。

5.3.7 反硝化除磷工艺

1. 反硝化除磷机理

1978 年 Osborn 和 Nicholls 在硝酸盐异化还原过程中观测到磷的快速吸收现象，这表明某些反硝化细菌也能超量吸磷。Lotter 和 Murphy 观测了生物除磷系统中假单胞菌属和气单胞菌属的增长情况，发现这类细菌和不动细菌属的某些细菌能在生物脱氮系统的缺氧区完成反硝化反应。1993 年荷兰 Delft 大学的 Kuba 在试验中观察到：在厌氧/好氧交替的运行条件下，易富集一类兼有反硝化作用和除磷作用的兼性厌氧微生物，该微生物能利用 O_2 或 NO_3^- 作为电子受体，且其基于胞内 PHB（Poly-β-hydroxybutyrate，聚 β-羟基丁酸酯）和糖原质的生物代谢作用与传统 A/O 法中的聚磷菌（PAOs）相似，称为反硝化聚磷菌（denitrifying polyphosphate accumulating microorganisms，简称 DPAOs），针对此现象研究者们提出了两种假说来进行解释。

（1）除磷菌由两种不同菌属组成

反硝化除磷菌（DPAOs）能以 O_2 和 NO_3^- 为电子受体，在好氧和缺氧条件下吸收多聚磷酸盐；好氧除磷菌（APAOs）仅能以 O_2 为电子受体，在缺氧下因缺乏反硝化能力而不能吸收多聚磷酸盐。

（2）只存在一种除磷菌

反硝化活性能否表现及其反应水平取决于污泥所经历的环境，即只要给 PAOs 创造特定的环境，从而诱导出其体内反硝化酶的活性，那么其反硝化能力就会表现出来。

反硝化除磷的发现，缓解了脱氮菌与聚磷菌对碳源基质的竞争。DPAOs 可以 NO_3^--N 为电子受体，利用体内储存的 PHB 同时除磷反硝化，实现了一碳两用，部分解决了除磷菌和脱氮菌之间对碳源的竞争；另外，还可以减少好氧区 PAOs 对 O_2 的需求，因而能节省好氧区的曝气量，同时也使好氧池的体积得到降低。对 DPAOs 的特点研究表明：1）DPAOs 易在厌氧/缺氧序批反应器中积累；2）DPAOs 在传统除磷系统中大量存在；3）DPAOs 与完全好氧的聚磷菌相比，有相似过量摄磷潜力和对细胞内有机物质（如 PHB）、糖肝的降解能力，不同的是 DPAOs 所利用的电子受体是 NO_x^- 而不是 O_2。

反硝化聚磷菌的发现给脱氮除磷提出了新的工艺。

2. 反硝化除磷工艺的研究进展

如前所述传统的生物脱氮除磷工艺中存在着难以解决的弊端，无论是针对硝酸盐氮的影响还是针对碳源不足问题对除磷系统所做的改进，都只能部分减缓脱氮和除磷之间的矛盾，无法从根本上解决其固有矛盾。反硝化除磷理论的发现和提出为污水同步脱氮除磷提供了新的思路。

事实上，反硝化吸磷现象是广泛存在的，可以说在前述各除磷脱氮工艺中都或多或少有反硝化除磷现象的存在，只不过当时没有被人们发现和重视，因而在工艺运行方式上没有创造 DPAOs 适宜生存环境诱导其反硝化过量吸磷而已。有研究表明，厌氧/缺氧或厌氧/缺氧/好氧交替环境，适合 DPAOs 生长。目前应用到反硝化除磷理论的工艺，按照硝化液回流的方向划分为前置反硝化和后置反硝化系统；按照污泥系统划分为单污泥系统和双污泥系统。下面按照污泥系统的划分方式，介绍现有反硝化除磷工艺。

（1）单污泥系统

所谓单污泥系统是指聚磷菌、硝化菌及异养菌同时存在于一个污泥体系中，顺序经历厌氧、缺氧和好氧三种环境，通过体系内的内循环来达到脱氮除磷的目的。如 A^2/O 工艺、UCT 工艺、改良 UCT 工艺及五段 Bardenpho 工艺等均属于单污泥系统。这些工艺设计上虽然以好氧除磷为主，但在实际运行中发现在缺氧段均有反硝化除磷现象的发生。但是对于单污泥系统，若想实现 DPAOs 的富集，必须满足以下条件：

1）厌氧段——进水中无 $NO_3^- \text{-N}$、O_2；

2）好氧段——最大 $NO_3^- \text{-N}$ 产生量，最小吸磷量（即 PHB 最小状态下的好氧氧化）；

3）缺氧段——完全吸磷和 $NO_3^- \text{-N}$ 的利用。

硝化较长时间的曝气不利于反硝化除磷菌的生长，胞内的 PHB 在长时间的曝气下会被氧化，导致反硝化聚磷可利用的内碳源减少。针对这一现象，在工程实践中为了最大限度地从工艺角度创造适宜 DPAOs 富集的条件，荷兰 Delft 工业大学在 UCT 工艺基础上开发出一种改良新工艺——BCFS 工艺，如图 5-9 所示，该工艺已在荷兰 10 座升级或新建污水处理厂中实践应用。

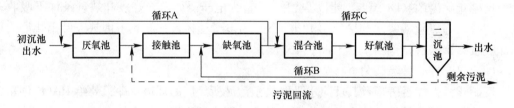

图 5-9 BCFS 工艺

BCFS 工艺由厌氧池、接触选择池、缺氧池、混合池及好氧池等五个功能相对专一的反应器组成，通过反应器之间的三个循环来优化各反应器内细菌的生存环境，其最大的优点就是能保持稳定的处理水水质，使出水 TP≤0.2mg/L，TN≤5mg/L。

从流程上看，BCFS 的工艺特点是在主流线上较 UCT 工艺增加了两个反应池。第一个增加的反应池是介于 UCT 工艺厌氧与缺氧池中间的接触池。增加的第二个反应池是介于缺氧池与好氧池之间的混合池。富含 NO_3^- 的硝化液回流到缺氧池和混合池，刺激 DPAOs，使其充分发挥反硝化潜力；同时使进入好氧段的 PHB 最小，因为大部分 PHB 已经在缺氧段被 DPAOs 利用，并且好氧段进水中含磷量最小。该流程有助于 COD（PHB）首先被 DPAOs 利用，使好氧氧化量最小。缩小好氧时间，刺激 DPAOs 的代谢。

（2）双污泥系统

所谓双污泥系统是指 DPAOs 和硝化菌独立存在于不同的反应器中，通过系统内硝化污泥和反硝化除磷污泥分别回流，来实现氮和磷的同步去除。可以说，双污泥系统纯粹是应反硝化除磷理论而生的一种新型除磷脱氮工艺。

Wanner 在 1992 年首次提出 Dephanox 双污泥反硝化脱氮除磷工艺模型，工艺流程如图 5-10 所示。污水进入厌氧池后，回流污泥中的反硝化聚磷菌在释磷的同时，将进水中的 COD 转化为 PHB 等内碳源贮存在体内；经过中间沉淀池泥水分离后，上清液进入固定膜反应器进行硝化，污泥超越硝化单元直接进入缺氧池并与硝化池的出水混合进行反硝化吸磷；随后污泥混合液在好氧池内短时曝气去除多余的磷和吹脱氮气防止污泥上浮；经过终沉池后一部分污泥回流至厌氧池，一部分直接排放。该工艺对于有机物的利用非常有效，DPAOs 在厌氧区吸收 COD 而形成的 PHB 全部被用于 $NO_3^- -N$ 的反硝化和缺氧吸磷，保证了反硝化所需的碳源。它既解决了 PAOs 和反硝化菌对 COD 的竞争问题，也缓解了聚磷菌和硝化菌在泥龄上的冲突。该工艺具有能耗低、污泥产量少、节省碳源的优点。

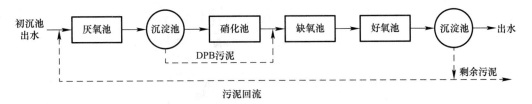

图 5-10 Dephanox 工艺流程

后来，Bortone 等为缩短工艺流程，对 Dephanox 工艺提出了修改，厌氧池部分改为类似于 UASB 反应器的装置，从而节省了第一个沉淀池。

Kuba 等在 Wanner 工艺思想的基础上提出了 A^2N 双污泥反硝化除磷工艺模型，如图 5-11 所示。该工艺与 Wanner 工艺的主要区别在于：A^2N 工艺硝化段采用的是活性污泥法，而 Wanner 工艺采用的是生物膜法。

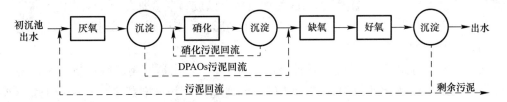

图 5-11 A^2N 双污泥反硝化除磷工艺流程

A^2N 工艺还有一种以 SBR 形式运行的方式，即通常所说的 A^2NSBR 工艺。该工艺和 A^2N 工艺无论从原理上还是从流程上都基本一致，反硝化聚磷菌和硝化菌分别在两个 SBR 反应器中独自生长，通过上清液的交换实现在 A^2NSBR 反应器中的脱氮除磷，工艺流程如图 5-12 所示。Kuba 等人通过 A^2NSBR 工艺的研究发现 A^2N 适合处理低 C/N 比的污水，验证了 A^2N 工艺的可行性，并进一步指出与单污泥工艺相比双污泥工艺有更好的去除效果。

目前基于反硝化除磷理论基础的双污泥反硝化除磷工艺还多处于实验室研究阶段，尚没有工程实例。实践中发现双污泥系统本身也存在着很多问题，亟须进一步地改进。

3. 生物除磷的影响因素

生物除磷工艺是目前被广泛接受和认可的最经济有效的除磷工艺，该工艺要求厌氧段/好氧段交替运行，以富集聚磷菌（PAOs）。但是不少文献都曾报道过即使在有利于生物除磷系统运行的条件下（如厌氧段无硝酸盐氮而钾、镁等离子不缺乏，好氧池无过度曝气等），也会发生系统除磷效果较差或完全没有除磷的现象。近来的研究表明，导致上述

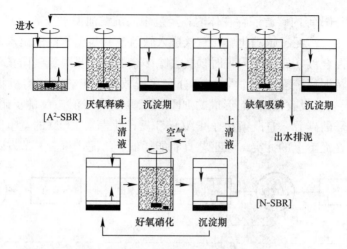

图 5-12 A²NSBR 工艺流程

现象产生的原因是由于系统中存在的另一类重要微生物聚糖菌（GAOs）占优势造成的。GAOs 能在厌氧阶段吸收污水中的有机物并合成 PHB，但不释放磷；在好氧阶段分解 PHB，合成糖原而不聚集磷。由于在生物除磷系统中厌氧区 VFAs 的数量有限，若 GAOs 在厌氧区利用的 VFAs 比例增加，则供 PAOs 可利用的 VFAs 数量将会减少，从而导致整个系统除磷效率下降。因而如何有效控制 GAOs，确立不利于 GAOs 的生长环境，但同时又不影响 PAOs 的生长和对碳源的利用，使 PAOs 与 GAOs 的竞争中取得优势地位，从而提高生物除磷系统运行的稳定性和磷的处理效率，已成为众多研究者关注的热点。

目前，国内外关于 GAOs 与 PAOs 相互竞争的影响因素研究主要集中在以下几个方面。

（1）C/P 比的影响

研究发现，进水有机碳浓度与磷浓度（COD/P）之比是影响 PAOs 与 GAOs 竞争的一个关键因素。在高 COD/P（>50mg COD/mg P）时，污泥中富含 GAOs；而低 COD/P（10～20mg COD/mg P）时，PAOs 占主导地位。

（2）碳源的影响

研究表明碳源种类（VFAs 和非 VFAs）是影响 PAOs 与 GAOs 竞争的关键因素。生活废水中的 VFAs 主要是乙酸和丙酸，还有少量的丁酸、戊酸等。VFAs 作为 PHB 生物合成的底物，在生物除磷系统中起着关键的作用。生活污水中的非挥发酸主要是氨基酸和糖类等，研究发现其中一部分可以被 PAOs 与 GAOs 利用。

目前实验室规模的生物除磷系统大都是采用乙酸作为唯一碳源展开研究的，大多数系统都获得了稳定良好的除磷效果，但是在相似的运行条件下也有很多相反的报道。GAOs 对 PAOs 的竞争作用被认为是造成以乙酸作为碳源的生物除磷系统恶化的根源。近年来研究者们发现，丙酸可能是比乙酸更适宜的除磷碳源。Thomas 等发现在生物除磷水厂的厌氧发酵段投加糖蜜显著增加进水中丙酸的含量，相比于直接投加乙酸，获得了更好的除磷效果。很多研究者也发现以丙酸为碳源的生物除磷系统的长期除磷效果要优于乙酸。相比于乙酸，丙酸作为碳源使 PAOs 在与 GAOs 的竞争中更占优势。进而又有人发现采用乙酸与丙酸混合碳源可获得与单碳源相比更好的除磷效果，可使 PAOs 占有更大的竞争优势。关于混合碳源对 PAOs 与 GAOs 竞争的影响，仍需进一步的研究。

葡萄糖是除乙酸外最被广泛应用的碳源。但关于葡萄糖作碳源的生物除磷研究存在着一些争议，有的研究者认为葡萄糖作唯一碳源会使生物除磷系统失效，而另一些人的试验研究却表明，在实验室条件下，葡萄糖作为生物除磷的唯一碳源是可行的。

（3）pH 的影响

Filipe 等人曾通过试验研究发现：随着厌氧区混合液 pH 升高，GAOs 对乙酸的吸收速率显著下降，而 pH 的波动（在 6.5～8.0 之间）对 PAOs 而言，其乙酸吸收速率几乎不受任何影响；当厌氧区 pH<7.25 时，GAOs 的乙酸吸收速率比 PAOs 快，在 pH=7.25 时，两类微生物的乙酸吸收速率相等，当 pH 提高到 7.5 时，磷的去除率显著提高；在整个系统（厌氧区—好氧区）的 pH 均维持在 7.25 以上时，则可实现磷的完全去除。可见，随着厌氧区 pH 的升高，PAOs 对 GAOs 逐渐具有竞争优势。Bond 等人也曾在实验室的研究中发现了上述类似的现象。其他的一些学者以不同基质在不同 pH 条件下也得出了相同的规律。

（4）温度的影响

在过去 20 年里，有关学者曾就温度对强化生物除磷系统的处理率以及动力学参数进行了广泛的研究，但所得结论相互矛盾。早期的文献曾报道在温度 5～24℃ 范围内，较低温度时的除磷效率要比较高温度时的处理率要高。而 Mc Clintock 等人报道了相反的结果。有关学者同时又指出在强化生物除磷系统中，如果其生物群落不变，则其反应速率将随温度降低而变慢。为了探究先前有关报道所出现的相互矛盾的结果，Erdal 等人通过一组实验室规模的 UCT 工艺，研究了温度对 PAOs 与 GAOs 竞争的影响，发现随着温度的降低，短期温度效应使系统的除磷效率下降，在温度达到 5℃ 时，一开始几乎没有观测到磷的去除，而当系统在 5℃ 稳定之后，系统磷的去除量可达 74mg/L，比 20℃ 时要多出 50mg/L，同时污泥中的磷含量可占 VSS 含量的 37%，通过上述实验现象，Erdal 等人认为：相对于 20℃，在 5℃ 时，活性污泥微生物群落中更加富含 PAOs，而非 PAOs 的含量则更少，并可合理地认为在 20℃ 时，系统除磷效果下降的原因是由于在厌氧条件下非 PAOs 微生物对基质的竞争中取得优势而引起的。其原因是不同温度条件下，GAOs 与 PAOs 对乙酸的吸收速率不同所造成的。

5.3.8 分步进水多级硝化/反硝化脱氮工艺

该工艺起步于 20 世纪 80 年代并于 80 年代中叶在日本各城市污水净化厂得到普遍应用，平成 16 年（2004 年）4 月，日本下水道事业团编制实施了"分步进水多级硝化脱氮法设计指南"是以城市污水为对象的普通活性污泥法的一种改良工艺。将前置反硝化的硝化脱氮工艺变革为多级脱氮硝化单元，进水均等地分配于各级脱氮池。各反应池都达成完全硝化和脱氮，由此提高系统脱氮率，并且缩小了生化反应容积，简化运行维护管理。至今，这种分步进水多级化了的脱氮工艺已有长年的运行经验，设计与运行技术也已很成熟。

1. 分步进水多级硝化脱氮工艺的基本处理流程

分步进水多级 A/O 工艺的基本处理流程如图 5-13 所示。从图 5-13 可知其特点是：

（1）多级的脱氮和硝化反应单元直线布置，各反应池以隔壁相隔形成独立的安全混合型的反应池。

（2）进水等量的流入各级脱氮池。

（3）按各级污泥量相同的原则设定各反应池的容量。

（4）如果必要，在各级反应单元进行由硝化池向脱氮池的内部循环。

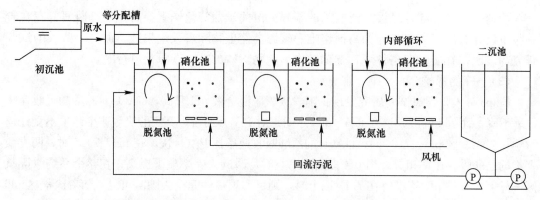

图 5-13　分步进水多级硝化脱氮工艺的基本流程

2. 分步进水多级 A/O 的脱氮率

生物学除氮工艺是由硝化反硝化脱氮和剩余污泥排除体系之外的两个过程而达到脱氮目的的。由剩余污泥去除的氮量，在同样负荷和硝化污泥龄（ASRT）的运行条件下，分步进水多级硝化脱氮工艺与前置反硝化脱氮工艺等生物学脱氮工艺之间没有多大的区别。但分步进水多级硝化反硝化工艺可以得到更高的硝化脱氮率。

本工艺在硝化反硝化脱氮过程中，提出了"可硝化氮"（硝化对象氮）和"硝化脱氮率"的概念。可硝化氮是指进水的总氮含量中，可在硝化池中被硝化的部分。在氮平衡计量上，等于进入水中总氮量（TN）去掉剩余污泥中的氮量和出水中残余的有机性氮（Org-N）。硝化脱氮率是在可硝化氮之中通过硝化反硝化反应而去除的氮量所占的比例，是去除了剩余污泥中氮量和有机氮影响的脱氮率。

分步进水多级 A/O 工艺由硝化脱氮反应去除的氮都是可硝化氮量。如果各单元都达成完全硝化和完全脱氮，其脱氮率的上限存在着理论值。

进入多级硝化脱氮反应池中的可硝化氮的硝化反硝化脱氮过程如图 5-14 所示。流入各级脱氮池中的可硝化氮，在其后的硝化池中都完全硝化形成 $NO_3^- -N$，其中一部分回流至上级脱氮池，其余的进入下一级脱氮池中，各自在进水 S-BOD 碳源的供给下，反硝化为氮气释放到大气；但是最终脱氮池进入的 $NH_4^+ -N$，在其下游硝化池中虽也被硝化为 $NO_3^- -N$，却没有完全脱氮的机会。如果忽略进水中少量的有机氮，出水中的氮都是 $NO_3^- -N$。因为上游各级脱氮池中进入 $NH_4^+ -N$，都在同级硝化池中转化为 $NO_3^- -N$，在其下级脱氮池

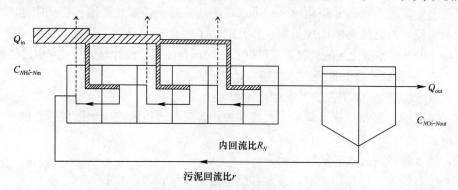

图 5-14　三级硝化脱氮流程中可硝化氮的变化过程

中完全被反硝化为 N_2，所以最终出水中的 $NO_3^- \text{-N}$ 与上游各级进水可硝化氮无关，就是说出水中 $NO_3^- \text{-N}$ 仅仅是最终级进水 $NH_4^+ \text{-N}$ 在其硝化池中硝化成 $NO_3^- \text{-N}$ 的一部分。

就最终级氮的平衡而言，进水中 $NH_4^+ \text{-N}$ 的出路是进入二沉池的 $NO_3^- \text{-N}$ 和由于内部循环在其同级脱氮池中被释放的氮气，最终级氮平衡式如式（5-20）所示。

$$(Q/N) \cdot C_{NH_4^+ \text{-Nin}} = QC_{NO_3^- \text{-Nout}} + rQC_{NO_3^- \text{-Nout}} + R_N QC_{NO_3^- \text{-Nout}} \qquad (5\text{-}20)$$

式（5-20）经变换得式（5-21），表示了出水 $NO_3^- \text{-N}$ 占进水可硝化氮的比值。

$$C_{NO_3^- \text{-Nout}}/C_{NH_4^+ \text{-Nin}} = (1/N) \cdot [1/(1+r+R_N)] \qquad (5\text{-}21)$$

式中　Q——处理水量（m^3/d）；

　　　N——级数；

　　　R_N——内回流比；

　　　R——污泥回流比；

$C_{NH_4^+ \text{-Nin}}$——进水可硝化氮浓度（mg/L）；

$C_{NO_3^- \text{-Nout}}$——出水 NO_3-N 浓度（mg/L）。

由此，多级 A/O 流程的硝化脱氮率的上限值，即理论最大脱氮率（η_{DNmax}）的公式如下：

$$\eta_{DNmax} = 1 - C_{NO_3^- \text{-Nout}}/C_{NH_4^+ \text{-Nin}} = 1 - (1/N) \cdot [1/(1+r+R_N)] \qquad (5\text{-}22)$$

由式（5-22）可知硝化脱氮率受级数 N，污泥回流比 r 及最终段内循环比（R_N）三个因子的影响。

在污泥回流比为 0.5 的条件下，各种级数（N）和内循环比（R_N）的最大理论脱氮率，列于表 5-2。总回流比（污泥回流比和最终段内回流比之和）和理论最大脱氮率的关系曲线如图 5-15 所示。

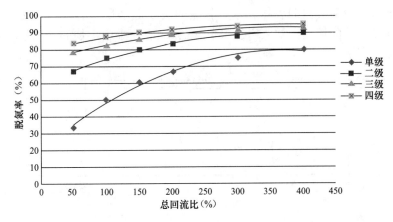

图 5-15　分步进水多级硝化脱氮法总回流比和理论最大脱氮率的关系

从图 5-15 与表 5-2 中可以看出，在污泥回流比 0.5 时，不采用内回流的情况下，2 级流程理论脱氮率为 67%，3 级流程为 78%，但是单级流程要达成 78% 的理论脱氮率，污泥回流比为 0.5，其内回流比要达到 3。分步进水多级 A/O 流程，不需要大量的内循环，就可以获得较高的脱氮率。

级数	内回流比 R_N（%）（最终级）	污泥回流比 r（%）	理论最大脱氮率（%）
1 级	150	50	67
	300	50	78
2 级	0	50	67
	50	50	75
	100	50	80
	150	50	83
3 级	0	50	78
	50	50	83
	100	50	87
	150	50	89
4 级	0	50	83

　　本工艺的最终级内回流，可以进一步提高系统理论脱氮率，如最终级内回流比为 0.5，2 级流程脱氮率由 67% 提高到 75%，3 级流程由 78% 提高到 83%，但仅在最终级实行内循环，其脱氮池内的脱氮负荷和可利用的有机物负荷的平衡可能受到影响，要实现内循环来提高脱氮率，应在全流程各级反应单元实现同样的内回流比。本工艺各反应池均为完全混合型，可方便地利用水力提升原理，而不需要回流泵实现内回流。

　　除理论硝化脱氮外，系统的实际脱氮效果还含有微生物代谢、生物吸附由剩余污泥排除系统外的氮量。所以，生化反应池实际脱氮率为：

$$\eta_{SDN} = (C_{TNin} - C_{TNoff})/C_{TNin} \tag{5-23}$$

并且生化反应池实际脱氮率 η_{SDN} 有可能大于理论硝化脱氮率 η_{DNmax}。

3. 反应池的容量

　　本工艺的进水流量分散向各级供水，各级的实际进水量如图 5-16 所示。据各级反应单元活性污泥量相等的原则，如忽略进水中 SS 和反应池中微生物的增殖量，则式（5-24）的污泥量平衡关系成立。

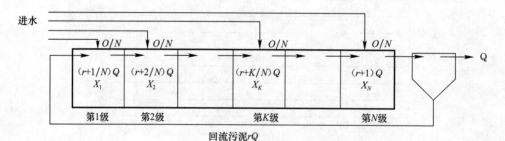

图 5-16　各级进水量与混合液污泥浓度

$$(r+1/N)QX_1 = (r+2/N)QX_2 = \cdots\cdots = (r+K/N)QX_K = \cdots\cdots = (r+N/N)QX_N \tag{5-24}$$

由此各级的 MLSS 浓度，可由最终级 MLSS 浓度，污泥回流比计算得之。由于

$$(r+K/N) \cdot X_K = (r+N/N) \cdot X_N$$

$$\therefore \qquad\qquad X_K = [(r+1)/(r+K/N)] \cdot X_N \tag{5-25}$$

式中　X_K——第 K 级 MLSS 浓度（mg/L）；

　　　X_N——最终级 MLSS 浓度（mg/L）。

例如污泥回流比为 0.5，在 2 级流程的情况下，第 1 级：第 2 级 MLSS 浓度比为 1.5：1；在 3 级流程的情况下，第 1 级：第 2 级：第 3 级 MLSS 浓度比为 1.8：1.3：1。

影响二沉池固液分离的是最终级 MLSS 浓度，与上级反应器单元浓度无关，所以上级各级反应池容量可以缩小，浓度可以增高。在各级反应单元污泥量相等的原则下，各级硝化池容量由式（5-26）设定。

因为：$V_K X_K = V_N X_N$

所以：
$$V_K = (X_N/X_K) \cdot V_N = [(r+K/N)/(r+1)] \cdot V_N \tag{5-26}$$

式中　V_K——第 K 级反应池容量；

　　　V_N——第 N 级反应池容量。

而反应池全体平均 MLSS 浓度（Xave）由式（5-27）得出。

$$Xave = \{2N(r+1)/[N(2r+1)+1]\} \cdot X_N \tag{5-27}$$

如 $r=0.5$ 最终级 MLSS 浓度为 3000mg/L 时的平均 MLSS 浓度，2 级流程为 3600mg/L，3 级为 3860mg/L。与单级流程相比，2 级流程和 3 级流程的全体反应池容量分别是单级流程的 83% 和 78%。

4. 充分利用了原污水中的碳源

由于进水分散注入各级脱氮池中，就充分利用了进水中 S-BOD 用于反硝化脱氮反应中。只有本级进水中多余的碳源才在硝化池中被氧化分解。分步进水多级 A/O 工艺在反硝化碳源上的利用优势见表 5-3。

不同回流比不同级数 A/O 工艺对原水 S-BOD 的利用率（%）　　　　表 5-3

总回流比	单级 S-BOD			二级 S-BOD			三级 S-BOD		
	脱氮	合成代谢	好氧氧化	脱氮	合成代谢	好氧氧化	脱氮	合成代谢	好氧氧化
100	47.65	4.7	47.65	71.50	4.7	23.8	83.4	4.7	11.9
200	63.50	4.70	31.80	79.40	4.7	15.9	87.3	4.7	8

注：设定原水 S-BOD/TN=3，用于反硝化和好氧氧化的有机物比例为 95.3%，用于合成代谢的为 4.7%，1g $NO_3^- - N$ 完全反硝化消耗 S-BOD2.86g。

如总回流比为 100%～200%，从表 5-3 可见单级 A/O 用于脱氮的 S-BOD 为 47.65%～63.5%，2 级为 71.50%～79.4%，3 级为 83.4%～87.3%。

但要注意污水中 S-BOD/TN 的比率，就化学当量而言，1g NO_3^--N 还原为单体 N_2，需要 2.86g（氧当量）有机物作为电子供体。加之在生化反应池中细菌的增殖和好氧池中氧化分解而消耗的有机物，生化反应池进水的 S-BOD/TN 比需在 3.0～3.5 以上。当 S-BOD/TN 比小于 3.0 时，就需考虑投加外部碳源（甲醇等）或者采取超越初沉池等措施。

5. 分步进水多级脱氮硝化流程的设计

（1）设计水量、水温和水质

系统的设计水量在实际工程调研的基础上，为留有一定的余地，按最大日水量设计。设计水质按预测污水水质并考虑污泥处理过程产生的工艺回流水，如果有大量的砂滤池反冲水回流不但要考虑水质，同时也要考虑水量。

当有实际设施的运行数据，也可用实际水质进行设计，但要据社会发展状况预测未来水质的变化。

硝化反应受水温的影响强烈，在低温下反应的速率低，所以反应池的容量按冬季低温的水量与水质设计最为合理，设计水量按冬季最大日污水量或者是年平均日污水量计。冬季最大日污水量是指月平均水温最低的月份之前后三个月内最大的污水量。冬季水温取最冷月平均水温，可参照当地污水处理厂实测值，如当地没有污水处理厂可参照临近地区的污水处理厂数据。

（2）原水与处理单元目标水质

首先要设定原水水质和初沉池出水、生化反应池进水和出水的目标水质。水质指标包括 T-BOD、S-BOD、SS、TN、NH_3-N、NO_3^--N、Org-N、TP 等，并要考虑水厂内各种回流水的影响（污泥浓缩、污泥硝化上清液、污泥脱水液、滤池反冲洗排水等回流水的影响）。表 5-4 为各处理单元进、出水水质设定之一例。

各处理单元设计水质设定 表 5-4

水质项目	设计进水水质 (mg/L)	初次沉淀池		反应池		总去除率 (%)
		进水 (mg/L)	去除率 (%)	进水 (mg/L)	去除率 (%)	
T-BOD	200	120	40	10	91.7	95
S-BOD	100	80	20	—		
SS	180	90	50	10	89.9	94.4
TN	35	30	14.3	8	73.3	77.1
NO_3-N	—			7		
Org-N	—			1		
TP	4	3.2	20	0.5	84.4	87.5

注：全体去除率为初次沉淀池和反应池的总去除率，TP 括号内的数字是同时凝聚除磷的情况下的设定值。

（3）前处理构筑物

前处理构筑物包括调节池、提升泵站、粗细格栅、沉砂池和初沉池。其设计方法可参照普通活性污泥法，但要注意以下几点。

1）调节池

当进水量时变化系数超过 0.8～1.2 的范围时，要设置水量调节池，调节池容量应按时变化曲线确定。

2）粗、细格栅

在提升泵房前设置粗格栅，栅条间距 50～100mm，阻隔大的漂浮物进入泵房吸水室，保护水泵正常工作。

在初沉池前设置细格栅，栅条间距 10～20mm，保证生化池内的搅拌、曝气装置不被堵塞，减少事故发生概率。

3）初沉池

初沉池设计的水面负荷为 $50m^3/(m^2 \cdot d)$，有效水深 3～5m。由于原水碳氮比（S-BOD/TN）会有变化，为保证反硝化脱氮必要的有机物供应，有时需要超越初沉池，使原水直接进入生化反应池，所以初沉池必须设置超越管路系统。

4）生化反应池

生化反应池是多个"脱氮—硝化"单元组成的多级生化反应池。各级反应池按进水负荷相等，活性污泥量相当的原则设计。

（4）最终硝化池容量计算

硝化脱氮工艺是以完全硝化为前提的，硝化池的容量需要满足完全硝化的要求。为使硝化细菌能在系统内存活和繁殖，硝化污泥在好氧池内要有足够长的停留时间，即要有足够的硝化污泥龄（ASRT）。所以硝化池容量设计要以必要的 ASRT 为基础。ASRT 的计算方法有多种，如一天内水量变化幅度在 0.8~1.2 的范围内的情况下，多级 A/O 工艺 ASRT 的计算方法采用下列公式：

$$ASRT = 29.7e^{-1.02T} \tag{5-28}$$

式中　T——水温（℃），以冬季最冷月的平均气温为准。

式（5-28）的计算结果比较适中，可用于较广泛的水温条件。其他公式还有：

深度处理指南推荐公式

$$ASRT = 20.6e^{-0.0627T} \tag{5-29}$$

土木研究所推荐公式

$$ASRT = \delta 11e^{-0.0525T} \tag{5-30}$$

式中　δ——流量变化系数。

各式计算结果如图 5-17 所示。

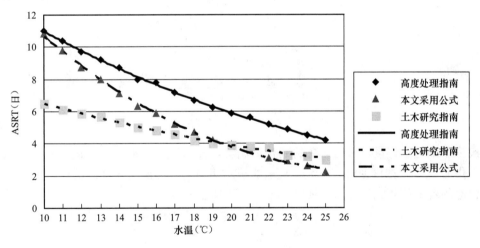

图 5-17　硝化污泥龄 ASRT 各公式计算结果

多级 A/O 反应池总硝化污泥龄 θ（日）的定义是生化反应系统的好氧硝化池内 MLSS 总量与生化反应系统一天排出的污泥量之商，即

$$\theta = \sum (V_{OK} \cdot X_K)/(X_{EX}Q_{EX}) = NV_{ON} \cdot X_N/(X_{EX}Q_{EX}) \tag{5-31}$$

式中　θ——硝化污泥龄（ASRT）（d）；

　　V_{OK}——第 K 级硝化池的容量（mg/L）；

　　X_K——第 K 级硝化池的 MLSS 浓度（mg/L）；

　　X_{EX}——剩余污泥 MLSS 的浓度（mg/L）；

　　Q_{EX}——剩余污泥体积流量（m³/d）；

　　N——"脱氮硝化"反应单元级数；

　　V_{ON}——最终反应池容量（m³）；

X_N——最终反应池 MLSS 浓度（mg/L）。

$X_{EX} \cdot Q_{EX}$——系统每日发生的污泥量（干重）

$$X_{EX} \cdot Q_{EX} = Q_{in}(aC_{BODin} + bC_{ssin}) - c\sum(V_{OK} \cdot X_K)$$

$$X_{EX} \cdot Q_{EX} = Q_{in}(aC_{BODin} + bC_{ssin}) - cNV_{ON} \cdot X_N \tag{5-32}$$

式中 Q_{in}——系统进水总流量（m³/d）；

C_{BODin}——进水溶解性 BOD（S-BOD）浓度（mg/L）；

C_{SSin}——进水 SS 浓度（mg/L）；

a、b——分别为 S-BOD 和 SS 的污泥转换系数

$$a = (0.4 \sim 0.6)\text{mg MLSS/mg BOD}$$

$$b = (0.9 \sim 1.0)\text{mg MLSS/mg SS}$$

c——内源呼吸污泥减量系数，$c = (0.03 \sim 0.05)1/\text{d}$。

将式（5-32）带入式（5-31）中得

$$\theta = \frac{NV_{ON} \cdot X_N}{Q_{in}(aC_{BODin} + bC_{ssin}) - cNV_{ON} \cdot X_N}$$

变换得：

$$\theta Q_{in}(aC_{BODin} + bC_{ssin}) - \theta cNV_{ON} \cdot X_N = NV_{ON} \cdot X_N$$

$$NV_{ON} \cdot X_N + \theta cNV_{ON} \cdot X_N = \theta Q_{in}(aC_{BODin} + bC_{ssin})$$

$$V_{ON}(NX_N + \theta cNX_N) = \theta Q_{in}(aC_{BODin} + bC_{ssin})$$

$$V_{ON} = \frac{\theta Q_{in}(aC_{BODin} + bC_{ssin})}{NX_N + \theta cNX_N}$$

$$V_{ON} = \frac{\theta Q_{in}(aC_{BODin} + bC_{ssin})}{NX_N(1 + c\theta)}$$

$$V_{ON} = \frac{\theta Q_{in}}{NX_N} \cdot \frac{(aC_{BODin} + bC_{ssin})}{(1 + c\theta)} \tag{5-33}$$

最终级硝化池容量，可由必要的硝化污泥龄，进水流量与水质、生化反应池级数和最终级生化池 MLSS 浓度通过式（5-33）来求解。如果当系统投加絮凝剂的同时除磷时，最终硝化池的容量计算式变为（5-34）。

$$V_{ON} = \frac{\theta Q_{in}}{NX_N} \cdot \frac{(aC_{BODin} + bC_{ssin} + rC_{Me})}{(1 + c\theta)} \tag{5-34}$$

式中 C_{Me}——凝聚剂的投加量（mg/L）；

r——凝聚剂污泥的转化率

铝盐 $r_{Ae} = 5$

铁盐 $r_{Fe} = 3.5$

（5）第 K 级硝化池容量和 MLSS 浓度

$$V_{OK} = \frac{X_N}{X_K}V_{ON} \tag{5-35}$$

式中 V_{OK}——第 K 级硝化池容量；

X_N——最终极硝化池的 MLSS 浓度（mg/L）；

X_K——第 K 级硝化池的 MLSS 浓度（mg/L），见式（5-36）。

$$X_K = \frac{1 + r}{r + \dfrac{K}{N}}X_N \tag{5-36}$$

式中 r——污泥回流比。

(6) 脱氮池容量

据生产实践和生产系统的试验数据，为了保证进入脱氮池的硝酸盐氮完全进行反硝化，脱氮池容量应与硝化池容量大致相同，所以设计上采取与硝化池相等的容量。

在多级脱氮硝化反应池构造尺寸设定后，其期望的完全脱氮速度已经确定：

$$K'_{DN}=(\alpha C_{TNin}-C_{TNoff})Q_{in} \cdot 10^3/24V_{DN} \cdot X \quad (Nmg/g\ MLSS \cdot h) \quad (5-37)$$

式中 K'_{DN}——期望脱氮速度（Nmg/gMLSS·h）；

αC_{TNin}——反应池总氮负荷浓度（mg/L）；

C_{TNoff}——反应池出水总氮浓度（mg/L）；

Q_{in}——反应池进水量（m^3/d）；

V_{DN}——脱氮池容量（m^3）；

X——反应池 MLSS 浓度（mg/L）。

但脱氮池中反硝化的反应速度，是由水温和作为电子供体的有机物浓度所定的，实际脱氮速度是水温和 S-BOD 的函数。

$$K_{DN}=f(T,C_{SBODin}) \quad (5-38)$$

式中 K_{DN}——由反应环境所定脱氮速度（Nmg/g(MLSS·h)）；

C_{BODin}——反应池进水 S-BOD 浓度（mg/L）；

T——进水水温（℃）。

K_{DN} 是脱氮池实际的脱氮反应速度，只在脱氮池有足够的容量或者说有足够的水力停留时间，才能达成完全脱氮。脱氮池实际的脱氮反应速度 K_{DN} 必须大于期望脱氮速度。

据生产实验得到的脱氮速度，若脱氮池容量与硝化池容量之比小于 1 的时候，随进水总氮浓度的增加，可能不足以完全脱氮。实际生产装置的测定结果表明，当脱氮池容量为硝化池容量 2/3 的时候，脱氮池内有残存的 NO_3^--N 的可能。所以为达成完全脱氮，脱氮容量应有一定的富裕，并有一定的安全度，使冬季水温下的实际脱氮速率（Nmg/g MLSS·h）大于脱氮池容量要完全脱氮所要求的期望速率。

脱氮速度安全度用下式表达：

$$A_{ND}=K_{DN}/K'_{DN} \quad (5-39)$$

式中 A_{ND}——脱氮速度安全度。

只有脱氮速度安全度大于 1，才可达成完全脱氮。图 5-18 是在不同脱氮池容量比下的脱氮速度的安全度；图 5-19 是 2 级 A/O 工艺脱氮池容量为硝化池容量的 2/3 时，NO_3^--N 在脱氮池内残存的情况。

从图 5-18 可知，脱氮池容量比（V_{DN}/V_0）不是 1 时，随着流入 TN 负荷的增加，脱氮速度的安全度可降至 1.0 之下。从图 5-19 可知，设备 A 有半数之上的测定数据表明第二级脱氮池的 NO_3^--N 大于 1mg/L，而设备 B 第二级脱氮池的 NO_3^--N 大于 2mg/L，未达成完全脱氮。

(7) 好氧反应池（硝化池）的供气量

因为分步进水多级 A/O 系统的各级水量负荷相等，所以各级的进水氮负荷、有机负荷也大致相当，各级硝化池有相同的供氧量需求。因此，各级硝化池按等量供氧设计。

硝化池供气量的计算，首先确定硝化池的需氧量（AOR），然后换算为清水中的供氧

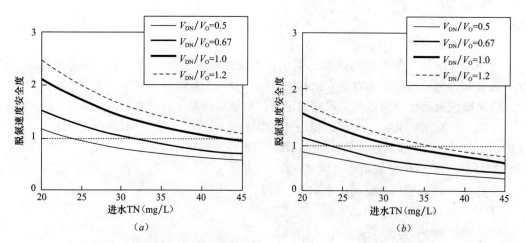

图 5-18 脱氮池与硝化池容量比（V_{DN}/V_O）下脱氮速度安全度

(a) 脱氮速度＝工程设备测曲线；(b) 脱氮速度＝设计计算值公式

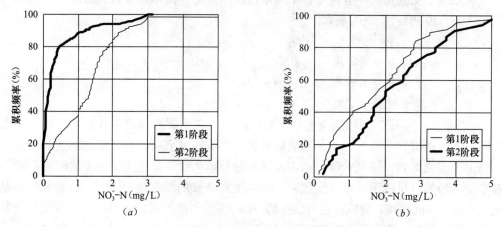

图 5-19 脱氮池内 $NO_3^- $-N 残存累积频率

(a) 设备 A（$V_{DN}/V_O=2/3$）；(b) 设备 B（$V_{DN}/V_O=2/3$）

量，最后由清水供氧量求出应供给的空气量。

1）硝化池需氧量由下式计算：

$$AOR = O_1 + O_2 + O_3 + O_4 \quad (\text{kg } O_2/\text{d}) \tag{5-40}$$

O_1：BOD 氧化需氧量

$$O_1 = K_1 \times (B_D - N_D \times K_2) \quad (\text{kg } O_2/\text{d}) \tag{5-41}$$

式中 K_1——BOD 氧化氧当量（kg O_2/kg BOD）（0.5～0.7）；

B_D——BOD 去除量（mg BOD/d）；

N_D——脱氮量（脱氮量 kg N/d）；

K_2——脱氮消耗的 BOD 当量（2.86kg BOD/kg N）。

O_2：内源呼吸需氧量

$$O_2 = K_3 \times V_O \times X_O \quad (\text{kg } O_2/\text{d}) \tag{5-42}$$

式中 K_3——单位 MLVSS 内源呼吸每天需氧量（0.05～0.15mg O_2/kg MLVSS·d）；

V_O——硝化池容积（m³）；

X_O——硝化池 MLVSS 浓度（kg MLSS/m³）。

O_3：硝化反应的需氧量

$$O_3 = K_4 \times N_{DN} \quad (kg\ O_2/d) \tag{5-43}$$

式中　K_4——硝化 1g 氨氮的需氧量（4.57kg O_2/kg N）；

N_{DN}——氮硝化量（kg N/d）。

O_4：反应池出水带出的氧量

$$O_4 = Q_O \times DO/1000 \quad (kg\ O_2/d) \tag{5-44}$$

式中　Q_O——硝化池的出水量（m^3/d）；

DO——硝化池溶解氧浓度（g O_2/m^3）。

2）由 AOR（硝化池混合液需氧量）换算为清水需氧量（SOR）

$$SOR = \frac{AOR \times C_{SW} \times \gamma_H}{1.204^{(T-20)} \times \alpha \times (\beta \times C_S \times \gamma_H - C_A)} \times \frac{101.3}{P} \tag{5-45}$$

式中　T——活性污泥混合液温度（℃）；

C_{SW}——20℃时水中溶氧饱和浓度（mg/L）；

C_S——T℃时水中溶氧饱和浓度（mg/L）；

C_A——混合液的平均 DO 浓度（mg/L）；

γ_H——曝气水深（H（m））算出的 C_S 修正系数。

$$\gamma_H = 1 + \frac{H/2}{10.33} \tag{5-46}$$

式中　α——K_{1a} 修正系数（0.83）；

β——氧饱和浓度的修正系数（0.95）；

P——大气压（kPa）。

3）由清水的供氧量算出供给空气量

$$空气量（m^3/min） = \frac{SOR}{E_A \times 10^{-2} \times \rho \times O_W} \times \frac{273+20}{273} \times \frac{1}{24 \times 60} \tag{5-47}$$

式中　E_A——清水中溶氧效率（15%～20%）；

ρ——空气浓度（kg 空气/N m^3）；

O_W——空气中氧的重量比（kg O_2/kg 空气）。

（8）多级 A/O 系统级数的确定

多级 A/O 工艺设定于完全硝化和脱氮的基础上，进水中有机物大都被反硝化利用，剩余的也大部分被氧化分解，能获得很高的 BOD 去除率。处理水中 BOD 和 COD 均可满足国家一级 A 排放标准；处理水中不存在 NH_4^+-N，只有 NO_3^--N 和有机氮（Org-N）。据生产装置和生产性实验装置的实际调查，处理水中实测 BOD 浓度和有机氮浓度累计频率如图 5-20 和图 5-21 所示。

系统级数是由进水水质和出水的目标水质来确定的。首先要计算出必要的硝化脱氮率，然后选定系统级数和总回流比，使其满足必要硝化脱氮率的要求。在系统完全硝化和除最终级外各级脱氮池完全脱氮的原则下，系统氮平衡如下：

$$C_{TNin} = C_{TNoff} + C_{TNEX} + C_{DN} \tag{5-48}$$

式中　C_{TNin}——进水中总氮浓度（mg/L）；

C_{TNoff}——出水中总氮浓度（mg/L）；

C_{DN}——硝化脱氮去除的总氮浓度（mg/L）；

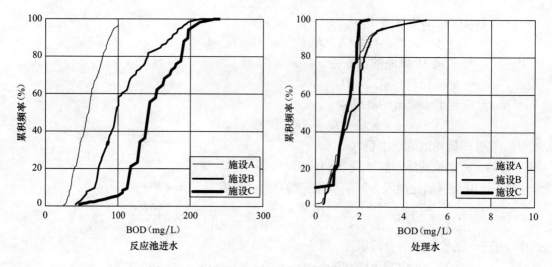

反应池进水 处理水

图 5-20　多级 A/O 工艺出水实测 BOD 累计频率图

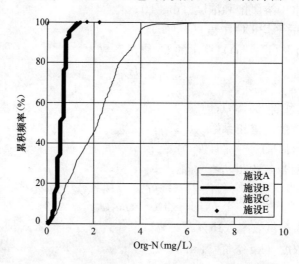

图 5-21　多级 A/O 工艺出水 Org-N 实测累计频率图

C_{TNEX}——剩余污泥去除的总氮浓度（mg/L）。

因为出水中只存在硝酸氮和有机氮，即：

$$C_{\mathrm{TNoff}} = C_{\mathrm{NO_3^- - Noff}} + C_{\mathrm{Org - Noff}}\qquad(5\text{-}49)$$

将式（5-49）式代入（5-48）式并加以变换则得：

$$C_{\mathrm{DN}} = (C_{\mathrm{TNin}} - C_{\mathrm{Org - Noff}} - C_{\mathrm{EXN}}) - C_{\mathrm{NO_3^- - Noff}}$$

$$C_{\mathrm{DN}} / (C_{\mathrm{TNin}} - C_{\mathrm{Org - Noff}} - C_{\mathrm{EXN}}) = 1 - C_{\mathrm{NO_3^- - Noff}} / (C_{\mathrm{TNin}} - C_{\mathrm{Org - Noff}} - C_{\mathrm{EXN}})$$

式中两侧分母中 $C_{\mathrm{TNin}} - C_{\mathrm{Org - Noff}} - C_{\mathrm{EXN}}$ 正是进水中可硝化氮，上式左侧则为硝化脱氮率，令 $\eta_{\mathrm{DN}} = C_{\mathrm{DN}} / (C_{\mathrm{TNin}} - C_{\mathrm{Org - Noff}} - C_{\mathrm{EXN}})$ 则

$$\eta_{\mathrm{DN}} = 1 - C_{\mathrm{NO_3^- - Noff}} / (C_{\mathrm{TNin}} - C_{\mathrm{Org - Noff}} - C_{\mathrm{EXN}})$$

又 $C_{\mathrm{NO_3^- - Noff}} = C_{\mathrm{TNoff}} - C_{\mathrm{Norgoff}}$ 代入上式得式（5-50）

$$\eta_{\mathrm{DN}} = 1 - (C_{\mathrm{TNoff}} - C_{\mathrm{Org - Noff}}) / (C_{\mathrm{TNin}} - C_{\mathrm{Org - Noff}} - C_{\mathrm{EXN}})\qquad(5\text{-}50)$$

污泥去除的氮量，可由剩余污泥量和污泥中氮的含量来确定。剩余污泥量可采用实测

数据，没有实际数据时，由进水 SS 值或处理水量来推测剩余污泥发生量。实际 2 级 A/O 反应池和 3 级 A/O 生产实验装置实测的剩余污泥量如表 5-5 和图 5-22 所示。

生产设备和生产性实验设备剩余污泥发生量的实测值   表 5-5

生产设备		污泥发生量			
		以处理水量计（g/m³）		以进水 SS 值计（g/(g·SS)）	
		二沉投 PAC	不投 PAC	投 PAC	不投 PAC
A		50	42	1.4	1.1
B		103	93	1.2	1.1
E	有初沉池	88	63	1.3	0.9
	超越初沉	273	262	0.8	0.8

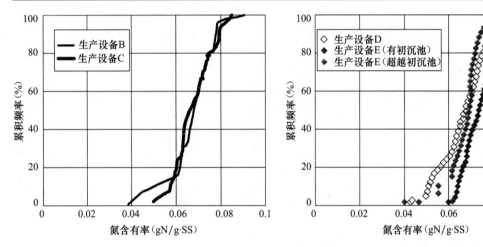

图 5-22　生产设备污泥中含氮量实测图

剩余污泥的含氮量是由细胞合成和生物吸附所致，一般含氮量为 6%～8%。那么由于生物细胞合成和生物吸附，由剩余污泥去除的氮为：

$$C_{EXN}(mg/L) = 比剩余污泥产量 \times 生物污泥中氮含量$$

式中，比剩余污泥产量，由实验调查数值为 50～100g/m³，污泥中含氮量为 6%～8%。

所以，$C_{EXN} = (50～100)mg/L \times (0.06～0.08) = (3～8)mg/L$

在通常城市污水水质条件下 $C_{Norgoff} = 3mg/L$，$C_{EXN} = 5mg/L$，代入式（5-50）则：

$$\eta_{DN} = 1 - (C_{TNoff} - 3)/(C_{TNin} - 3 - 5) = 1 - (C_{TNoff} - 3)/(C_{TNin} - 8) \tag{5-51}$$

式（5-51）表明多级 A/O 系统所达到的硝化脱氮率是由进水总氮和出水总氮决定的。

选取系统级数 N 和总回流比 R，使理论最大脱氮率 η_{DNmax} 大于必要的系统硝化脱氮率 η_{DN}，即：

$$\eta_{DNmax} = 1 - 1/N(1-R) = 1 - 1/N(1 - r - R_N) \tag{5-52}$$

$$并使 \quad \eta_{DNmax} \geqslant \eta_{DN} \tag{5-53}$$

随着 A/O 级数的增加，多级 A/O 理论硝化脱氮率随之增高，生化反应池容积也随之缩小。但是随着反应级数的增加，所取得的效果越来越小，反而增加了装置机械的点数，带入脱氮池的 DO 也有增加。实际工程多采取 2 级或者 3 级，也有在 3 级 A/O 之后增加再脱氮池，但不设置进水，所以不能成为 4 级。

（9）回流污泥比与最终级污泥浓度

最终级污泥浓度取决于回流污泥浓度和回流比。提高回流比可以提高反应池污泥浓度，但也给脱氮池带来更多溶解氧，恰当的回流比应是 50%，最大为 100%。最终级污泥浓度增加虽可缩小反应池容量，但增加了二沉池泥水分离的困难。工程上应根据实际运行经验，考虑回流污泥浓度的随机变化，灵活设定最终级 MLSS 浓度，通常最终级 MLSS 浓度设定为 2000～3000mg/L。

如果忽略进水 SS 和反应池内微生物的增殖，各级 MLSS 浓度比（X_K/X_N），可由回流污泥比和分步进水分配比用式（5-54）～式（5-57）来计算。如果污泥回流比固定条件下，测定各级污泥浓度就可知进水的分配状况。

$$\frac{X_K}{X_N} = \frac{r+1}{r+\sum\limits_{K=1}^{K} a_K} \tag{5-54}$$

2 级 A/O 则为

$$\frac{X_1}{X_2} = \frac{r+1}{r+a_1} \tag{5-55}$$

3 级 A/O 则为

$$\frac{X_1}{X_3} = \frac{r+1}{r+a_1} \tag{5-56}$$

$$\frac{X_2}{X_3} = \frac{r+1}{r+a_1+a_2} \tag{5-57}$$

式中　a_K——第 K 级分步进水比；

　　　X_K——第 K 级 MLSS 浓度（mg/L）；

　　　X_N——最终级 MLSS 浓度（mg/L）；

　　　R——污泥回流比。

（10）生化反应池构造

1）各反应单元等量配水

各反应单元，由配水箱通过溢流堰等量配水。处理流程的流量分配系统如图 5-23 所示，反应池等量配水槽构造如图 5-24 所示。

2）生化反应池的平面形状应从布局方便的角度出发

每个反应单元基本上呈正方形，易形成完全混合反应池，其长宽比宜在 1.5～2.0 之间，反应池整体上也近乎长方形。如果为 2 级硝化脱氮工艺，各反应池都为正方形；3 级硝化脱氮工艺，第二级各池为正方形为好，可取得全体最佳的平面形状。反应池深度一般为 5～6m，用地紧张时可采用深层式 10m。

3）各脱氮硝化单元之间和单元内各格之间以间壁相隔。

在间壁下部中央或者角落左右开口相通，孔洞流速为 $V_0 = 0.3$m/s。洞孔面积为：

$$S = \frac{Q}{V_0} \tag{5-58}$$

式中　S——孔洞面积（m²）；

　　　Q——流量（m³/s）；

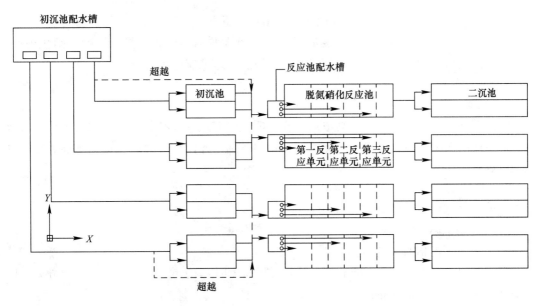

图 5-23 处理流程的流量分配系统图

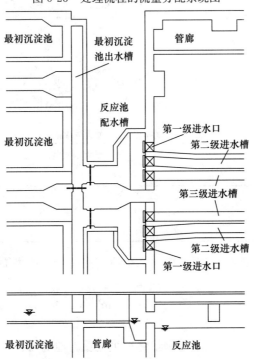

图 5-24 溢流堰等量配水槽

V_0——孔洞水流速度（$V_0 = 0.3\text{m/s}$）。

4）上部内循环窗口

在硝化池和脱氮池隔墙上部设置窗口，利用水力提升效果，使硝化池内的硝化液回流到脱氮池中，不需回流泵实现脱氮池和硝化池的内循环。窗口的位置、形状参考如下几点：

① 在隔墙中央近水位处开设 W500×H500 大小的窗口；

② 窗口数量根据反应池的宽度而定,在中央附近开1~2个窗口足够。水力提升的循环水量,可用窗口断面来调整,过度的内循环会增大脱氮池的DO量,影响反硝化进行。因此,回流窗口要设有变更宽度或淹没水深的装置,来调整回流量。

(11) 二沉池

1) 水面负荷 V_H

二次沉淀池的沉淀过程属于高浓度混合液拥挤沉淀过程,在分离过程中会形成沉降界面。而界面的沉降速度就是设计沉淀水面面积的基础。界面沉降速度与污泥浓度、污泥性质及水温有关,其公式为:

$$V_S = 1.76 \times 10^7 \times T^{0.852} \times X^{-1.46} [SVI]^{-0.804} \tag{5-59}$$

式中 V_S——污泥界面沉降速度 (m/d);

T——水温 (℃);

$[SVI]$——污泥指数的绝对值。

当二沉池的水面负荷 V_H 小于污泥界面沉降速度时,在二沉池中,泥水才能分离。同时要计水量的日变化,因此:

$$V_H = V_S / r \tag{5-60}$$

式中 V_H——设计水面负荷;

V_S——界面沉降速度;

r——最大日时变系数。

设 $SVI=200$、$T=15℃$、流量时变系数为 $r=1.2$ 或 $r=1.5$,那么设计水面负荷 V_H 如下表所示。

MLSS 浓度和设计水面负荷 V_H 表5-6

最终级 MLSS 浓度 (mg/L)	设计水面负荷 V_H (m³/m²d)	
	$r=1.2$	$r=1.5$
2000	31.9	25.5
2500	23.0	18.4
3000	17.6	14.1

为使沉降污泥有所浓缩,二沉池的水面负荷应更小于污泥界面沉速,据实验和测算数据取:

$$V_H = 15\text{m}^3/(\text{m}^2 \cdot \text{d}) \tag{5-61}$$

2) 回流污泥比

回流污泥比取决于回流污泥浓度和最终级生化反应池的污泥浓度。

$$QR_r X_r = (1+R_r)QX_N$$
$$R_r X_r = X_N + R_r X_N$$
$$R_r = X_N/(X_r - X_N) \tag{5-62}$$

式中 R_r——回流污泥与系统运行总量的比例;

X_N——最终级生化反应池污泥浓度 (2000~3000mg/L);

X_r——回流污泥浓度 (mg/L)。

由最终级 MLSS 浓度和回流污泥浓度计算出的回流污泥比列于表5-7。

X_N (mg/L)	X_r (mg/L) 10000	7500	5000
	最终级MLSS浓度和回流污泥浓度下的回流污泥比		表 5-7
2000	25%	30%	67%
2250	29%	30%	82%
2500	33%	50%	100%
2750	36%	58%	122%
3000	43%	67%	150%

回流污泥比平时设为50%，考虑到冬季低水温活性污泥的沉降性和浓缩性差，回流污泥泵的最大能力按回流比100%设定。

（12）计量仪表与水质仪表

多级A/O工艺仪表设置如图5-25所示。

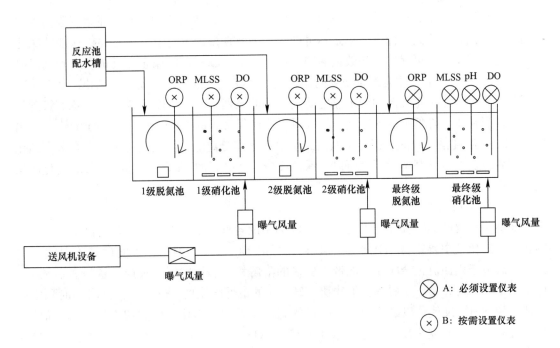

图 5-25 多级A/O工艺仪表设置图

1）硝化池设置溶解氧测定计（DO计）和pH计

为充分硝化，保持硝化池内相当浓度的溶解氧是基本要求。但从经济角度和缺氧池内DO对反硝化的影响来看，硝化池内DO又不宜过高，一般1～2mg/L即可。在ASRT（硝化污泥龄）足够大的情况下，还希望在更低的DO浓度下进行硝化。由于各级的负荷都一样，又设置同样的曝气装置，所以在最终级设置DO计即可。

硝化需要碱度，为了解硝化池内反应进程是否有碱度保证，在最终硝化池内安设pH计，pH应保持在6.5以上。

2）在最终脱氮池内设氧化还原电位计（ORP计）

由于ORP可表示混合液中氧化还原状况，它与溶氧和结合态氧（$NO_x\text{-}O$）的含量直接关联，脱氮池中设 ORP 计可检测 NO_3^--N 的残存状况。ORP 在何种水平下可实现完全脱氮的要求，由现场试验决定。一般而言 ORP 应在 $-100 \sim -150$ mV 之间。

3）在最终生化反应池甚或各级生化反应池设置 MLSS 计

在生化反应池有效容积确定的条件下，污泥浓度（MLSS）是维持污泥负荷和硝化污泥龄（ASRT）的决定性参数，因此在反应池内设置污泥浓度（MLSS）计。检测并维持最终生化反应池 MLSS＝$2000 \sim 3000$ mg/L，上游各级的 MLSS 浓度与其进水量直接相关，由此 MLSS 状况间接可知各级进水量的状况，如与设定有偏差，要予以修正。

4）水量与风量仪表

在进水管和污泥回流管上设流量表，在通往各级硝化池的送风管上设风量仪表。

5）除最终级各种仪表必设之外，其他各级视需要而定。

（13）设计运行注意事项

1）确保完全硝化

硝化脱氮工艺都是以硝化池内 NH_4^+-N 完全硝化不残留为管理的基本原则。因为没有达到完全硝化，要达到目标脱氮率是不可能的。为此在设计运行上，一定要确保能使硝化菌在生化反应系统内可保持优势数量的硝化污泥龄 ASRT。在确保充分氧量供应和满足必要的 ASRT 的条件下，才能维系必要的硝化速度，使流入的可硝化氮完全硝化。从 ASRT 的预测公式可知，硝化细菌的增殖速度受到水温的强烈影响，所以对冬季的 ASRT 管理特别重要。当在水温降低或流入氮负荷增大时，为确保必要的 ARST 值，在一定允许范围内增大 MLSS 浓度是有效的，但必须核对二沉池的固液分离能力。虽然反应池中有多个硝化池，但各级负荷条件基本相等，所以要保证反应池在必要的 ARST 下运行，各级硝化池均能达到完全硝化。

2）恰当的 DO 值

在确保必要的 ASRT 的前提下，以 DO 为主的各种环境条件也不应对硝化反应产生抑制状况，硝化池中要维持不妨碍硝化顺利进行的 DO 浓度。但 DO 浓度过高不但消耗电力，同时由于内回流也会向脱氮池带入更多的溶解氧，恐影响脱氮反应的进行。一般 DO 保持在 $1 \sim 2$ mg/L 是不妨碍硝化不残留 NH_4^+-N 的最低限度的 DO 浓度。同时不时测定硝化池内的 NH_4^+-N 值，以确认硝化的进行状态。如果前级硝化池内残留 NH_4^+-N，即使在最终级硝化池达到完全硝化，处理水中不残存 NH_4^+-N，但出水中 NO_3^--N 增加，结果脱氮率也会下降，因此各级硝化池的完全硝化是很重要的。

硝化池中 DO 的自动控制，可以避免由于进水负荷的变化，以及混合液耗氧速度的变化而引起的高负荷下 DO 偏低和低负荷下输入氧量过剩的状况。多级硝化脱氮工艺各反应池为完全混合式，各级负荷条件均一，各硝化池所需供气量相同，同时各级硝化池的曝气装置为同一型号，所以各硝化池 DO 的控制是比较容易的。只要一个硝化池进行了监测控制，其他硝化池跟随就可。

3）脱氮池完全脱氮

为实现目标脱氮率，脱氮池和硝化池既要完全硝化，也要完全脱氮。影响脱氮的因素有：有机物浓度、NO_3^--N 浓度、有机物和氮的比例（C/N 比）、DO 浓度、pH、水温等多种因子，但主要检测项目是脱氮所需的有机物负荷和从硝化池进入的 DO。

虽然各级内部回流流量和硝化池 DO 浓度直接影响脱氮速度，但在硝化池 DO 浓度小于 4mg/L 时，带入脱氮池 DO 所产生的影响也是轻微的。

在脱氮池中放置 ORP 计，测定氧化还原点位（ORP），可确认脱氮池是否在缺氧状态。

在流入的有机物与氨氮的比例失调的情况下，为确保脱氮量，可采用下列措施：超越初沉池；投加甲醇等外部有机基质。在采取超越初沉池时，要同时应对生化反应池剩余污泥产量的增加带来 ASRT 的缩短；反应池有机负荷的增加对供空气量的需求以及剩余污泥灰质增加对污泥处理工程带来的影响。

4）内部回流

多级硝化脱氮工艺的最终段的内回流可以提高系统的脱氮率。但是内回流也增加了脱氮池的负荷，增加了进入脱氮池的 DO 量，同时也有对脱氮不利的一面，所以应注意以下几点：

① 各级硝化脱氮单元均设置内循环

最终级内循环直接影响理论最大脱氮率，但是如最终级单独实行内循环，其脱氮池负荷增大，有可能恶化其脱氮状况。因此为了使内循环能够促进脱氮率的增大，各级都进行同样程度的内循环，避免个别脱氮池负荷量增加和有机物与氮负荷的失衡。

② 循环流量的控制

为节省内循环的动力，多级 A/O 工艺利用空气提升原理进行硝化池向脱氮池的内循环。硝化池内的通气量足以实现充分的内循环量，虽然具有节约成本，构造简单的优点，但循环流量的检测和控制有困难。过度的内循环会使更多的 DO 由硝化池带入脱氮池，所以在运行中要随时检测脱氮池内残留的 NH_4^+-N 的浓度，保持最佳的循环流量。

③ 最终级硝化池直接向第 1 级脱氮池实行内循环

真正可增大理论脱氮率的是最终级的内循环，而系统中真正存在有机碳源和脱氮容量剩余的是第 1 级脱氮池。所以用泵将最终级硝化液泵入第 1 级脱氮池可获得 C/N 平衡，是提高系统理论脱氮率的有力措施，但会增加回流泵，消耗电力。

5.3.9　硝化—内生脱氮法

硝化—内生脱氮工艺是延时曝气活性污泥法，利用活性污泥内源呼吸产生的溶解性有机物为电子供体的生物学脱氮工艺。

1. 硝化—内生脱氮法的流程及特点

硝化—内生脱氮流程由好氧硝化池、缺氧脱氮池、再曝气池和二沉池组成，如图 5-26 所示。此流程有以下特点。

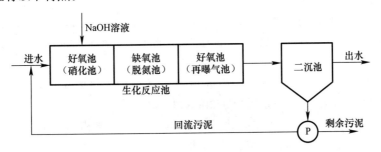

图 5-26　硝化—内生脱氮法流程图

（1）正置硝化/反硝化生物学脱氮系统（O/A 工艺）

前置硝化池，硝化液 100％流入后续缺氧脱氮池，取消了硝化液内回流系统，提高了系统脱氮率。实践表明，前置反硝化脱氮工艺的脱氮率为 $70\%\sim75\%$，硝化内生脱氮率可提高到 $75\%\sim85\%$，出厂水总氮达 5mg/L 之下。本来理论上讲硝化—内生脱氮法可达到 100% 的脱氮效果，但原水中总有部分有机氮的分解反应达不到硝化的程度，所以无 100% 可言。

（2）不设初沉池原水直接进入生化反应池

原水不经沉淀池直接进入生化反应池，为活性污泥提供了更多可被活性污泥吸附、蓄积的碳源，保证了缺氧池内脱氮的内生碳源。

（3）本工艺为延时曝气活性污泥法

生化反应池内水力停留时间长达 $13\sim24h$，反应池容积比 A/O 工艺增加 $20\%\sim30\%$。

（4）以活性污泥吸附、蓄积的碳源为反硝化电子供体

延时曝气和系统内的较高 MLSS 浓度，促使微生物系将吸附的和体内蓄积的固体碳源转化为 S-BOD（内生碳源），成为缺氧池内脱氮菌完成反硝化反应的电子供体。

（5）好氧池内可存在着同时硝化和反硝化

系统中除了缺氧池内的反硝化脱氮之外，如果好氧池（硝化池）内 DO 和系统的 BOD-SS 负荷得到恰当控制，在硝化池的好氧条件下也能进行反硝化脱氮反应。

另外剩余活性污泥可将原水中 $20\%\sim30\%$ 的总氮带出系统之外。

（6）在生化反应池最后段设再曝气池

因为缺氧段的出水中 DO 几乎为零，在二沉池中将产生反硝化反应，产生氮气冲动污泥上浮，影响出水水质。为此在反应池最后段设再曝气池，给缺氧段出水充氧。

（7）配备硝化池氢氧化钠投加设备

前置反硝化系统（O/A）中，由于反硝化反应中 1g NO_3^--N 反硝化为 N_2 可回收 3.75g 碱度，补充于后续硝化池中，供 NH_4^+-N 硝化所消耗。所以在碱度为 150mg/L 左右的典型城市污水水质条件下，前置反硝化生物学脱氮工艺可不投加碱度；但硝化—内生脱氮过程中，当原水中 TN 浓度高，碱度不足时，往往需要在硝化池中投加碱度—氢氧化钠溶液，以保持硝化池内 pH 在 $6.0\sim6.5$ 以上。

2. 硝化—内生脱氮系统的设计

系统的设计程序如图 5-27 所示。

（1）设计条件

1）水温与水质

原水水温以冬季最低月平均水温为准。设计水量水质按冬季最大日水量、水质进行设计。水质指标主要有：BOD、S-BOD、TN、SS、碱度等，出水水质按实际需要确定。

2）MLSS 浓度

MLSS 浓度是决定生化反应池容积的主要参数。硝化—内生脱氮法生化反应池中 MLSS 浓度冬季为 4000mg/L，夏季为 2500mg/L 为宜。

要想硝化菌在生化反应池内存活并不断繁殖，一定要有相当长的硝化污泥龄（ASRT）。同时本法的硝化池还兼有反硝化的功能，所以生化反应池中 MLSS 浓度高于一般活性污泥法的 MLSS（$2000\sim3000mg/L$）浓度。但是高 MLSS 浓度的生化反应池耗氧高，所以在保证硝化—脱氮能力的基础上，或者说保证需要的 ASRT 的基础上，还希望生化反应池在更低一些的 MLSS 浓度下工作。因此要求日常管理中，在水温高、硝化菌繁殖较迅

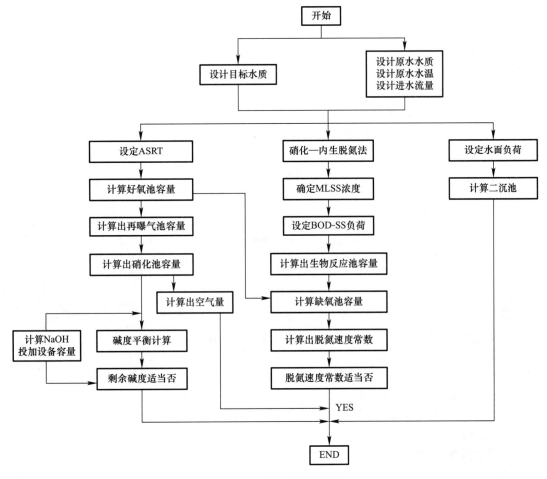

图 5-27　系统的设计程序

速的夏季，MLSS 可以调低些，而冬季则调高些，是硝化—内生脱氮工艺优化运行的一个主要内容。

3）硝化污泥龄（ASRT）

硝化污泥龄（ASRT）是在设计水温条件下，达成硝化细菌在系统内存活和繁殖的活性污泥在好氧池内的停留时间（天）。必要的 ASRT 与进水水温直接相关。其计算公式为

$$\mathrm{ASRT} = \theta_{\mathrm{AX}} = 20.6 \mathrm{e}^{-0.0627T} \tag{5-63}$$

式中　T——冬季最冷月平均水温。

4）系统 BOD-SS 负荷

据实地调研，本法 BOD-SS 负荷在 $0.02 \sim 0.12 \mathrm{kg\ BOD/(kg\ MLSS \cdot d)}$ 之间，一般取 BOD-SS 负荷：$L_{\mathrm{BOD\text{-}SS}} = 0.05 \sim 0.100 \mathrm{kg\ BOD/(kg\ MLSS \cdot d)}$。

（2）容量计算

1）好氧池（硝化池＋再曝气池）

在 ASAT 确定之后，好氧池容积与进水水量、水质及生化反应池 MLSS 浓度有关。设必要的 ASAT 为 θ_{AX}（天），进水水量为 $Q_{\mathrm{in}}(\mathrm{m^3/d})$，进水 S-BOD 浓度为 $C_{\mathrm{BODin}}(\mathrm{mg/L})$，进水 SS 浓度为 $C_{\mathrm{SSin}}(\mathrm{mg/L})$，反应池 MLSS 浓度为 $X(\mathrm{mg/L})$。按照 θ_{AX}（ASRT）的定义，

下式成立：

$$\theta_{AX}=\frac{V_A X}{Q_{in}(aC_{BODin}+bC_{SSin})-cV_A X}\tag{5-64}$$

式中　Q_{in}——进水水量（m³/d）；

V_A——好氧池容量（m³）；

a、b——分别为 S-BOD 和 SS 污泥产率，$a=0.50\sim0.60$，$b=0.90\sim1.0$；

c——活性污泥自身分解系数，$c=0.025\sim0.035$（1/d）。

变换得：

$$V_A=Q_{in}\frac{\theta_{AX}Q_{in}(aC_{BODin}+bC_{SSin})}{(1+c\theta_{AX})}\tag{5-65}$$

设 t_A 为好氧池水力停留时间，则

$$V_A=Q_{in}t_A\tag{5-66}$$

由（5-65）和（5-66）式得

$$t_A=\frac{\theta_{AX}(aC_{BODin}+bC_{SSin})}{(1+c\theta_{AX})}\tag{5-67}$$

2）再曝气池容量

再曝气池水力停留时间取 1~2h，再曝气池容量 V_{A2}（m³）为

$$V_{A2}=\frac{Q_{in}\times t_{A2}}{24}\tag{5-68}$$

式中　Q_{in}——进水量（m³/d）；

t_{A2}——再曝气池水力停留时间（h）。

3）硝化池容量 V_{A1}（m³）

由好氧池容量扣除再曝气容量而得出：

$$V_{A1}=V_A-V_{A2}\tag{5-69}$$

式中　V_A——好氧池（硝化池＋再曝气池）容量（m³）；

V_{A2}——再曝气池容量（h）。

4）生化反应池容量

生化反应池容量 V（m³）由 BOD-SS 负荷和 MLSS 浓度决定：

$$V=\frac{C_{BODin}\times Q_{in}}{L_{BOD-SS}\times X}\tag{5-70}$$

式中　C_{BODin}——进水 BOD 浓度（mg/L）；

Q_{in}——进水流量（m³/d）；

X——生化反应池中混合液 MLSS 浓度（mg/L）；

L_{BOD-SS}——BOD-SS 负荷，取 $0.05\sim0.10$kg BOD/（kg MLSS·d）。

5）脱氮池容量

由生化反应池容量减去好氧反应池容量得出：

$$V_{DN}=V-V_A\tag{5-71}$$

式中　V_{DN}——脱氮池容量（m³）；

V——生化反应池容量（m³）；

V_A——好氧反应池容量（m³）。

（3）脱氮速度常数

设计的脱氮速度 K_{DN}（mg N/g MLSS/h）由下式求得：

$$K_{DN} = \frac{(L_{NO_xDN} - L_{NO_xeff}) \times 10^3}{24 \times V_{DN} \times X} \qquad (5-72)$$

式中　L_{NO_xDN}——缺氧池的 NO_x^--N 负荷量（kg/d）；

　　　L_{NO_xeff}——缺氧池出水中流出的 NO_x^--N 量（kg/d）；

　　　V_{DN}——缺氧池容量（m^3）；

　　　X——生化反应池中混合液 MLSS 浓度（g/L）。

因为进水总氮负荷由活性污泥带出 $20\% \sim 30\%$，所以缺氧池去除的氮量可由下式表示：

$$L_{NO_xDN} - L_{NO_xeff} = (\alpha C_{TNin} - C_{TNeff}) Q_{in} \times 10^{-3} \left(\frac{kg\ N}{d} \right) \qquad (5-73)$$

将式（5-73）代入式（5-72）式得：

$$K_{DN} = \frac{(\alpha C_{TNin} - C_{TNeff}) Q_{in}}{24 \times V_{DN} \times X} \qquad (5-74)$$

式中　Q_{in}——设计进水流量（m^3/d）；

　　　C_{TNin}——进水 TN 浓度（mg/L）；

　　　C_{TNeff}——出水 TN 浓度（mg/L）；

　　　α——$0.7 \sim 0.8$，硝化脱氮池担负的氮负荷系数。

脱氮速度常数的校核：据实际工程测定，污泥负荷 x(BOD/(kg MLSS·d)) 与最大脱氮常数 y(mg N/(g MLSS·h)) 的关系为：

在冬季

$$y = 2.1x + 0.49 \qquad (5-75)$$

在夏季：

$$y = 5.8x + 0.64 \qquad (5-76)$$

如果设计计算出的脱氮常数（K_{DN}）大于经验值，再重新考虑 BOD-SS 负荷甚或 MLSS 浓度，重新计算。

（4）二沉池容积的计算

二沉池水面负荷 $15 \sim 20 m^3/(m^2 \cdot d)$，有效水深 $3.5 \sim 4.0m$。

二沉池容积为：

$$V_F = \frac{Q_{inmax}}{L_P} \times H \qquad (5-77)$$

式中　Q_{inmax}——最大日进水量（m^3/d）；

　　　L_P——水面负荷（$m^3/(m^2 \cdot d)$）；

　　　H——有效水深（m）。

（5）回流泵流量

平时运行时，回流污泥量为进水量的 $70\% \sim 100\%$，但如果二沉池固液分离不良，沉淀污泥浓度稀时，为保证生化池的污泥浓度，回流污泥量就要增加，所以按设计水量 150% 的流量来选择回流泵。

（6）氢氧化钠投加设备

城市污水的碱度一般为 150mg/L，加上回流污泥带回的部分反硝化生成碱度，基本上可够硝化反应使用。硝化池中 pH 能保持在 6.4 左右,碱度维持在 35mg/L 上下,所以一般情况下可不外加碱度。但当原水中 TN 浓度较高或者生化反应池中投加混凝剂同时除磷的时候,原水碱度也许会有不足,需备用投加氢氧化钠的设备。

如果硝化反应全部发生在硝化池,又不发生反硝化的情况下,硝化池末端的 M 碱度($C_{\text{ALK·A}}$)由下式求定:

$$C_{\text{ALK·A}} = C_{\text{ALKin}} - 7.4\alpha C_{\text{TNin}} + 3.57(\alpha - \beta) \cdot C_{\text{TNin}} + 3.57(\alpha C_{\text{TNin}} - C_{\text{NO}_X\text{eff}}) \cdot \frac{Q_r}{Q_{\text{in}} + Q_r}$$

$$(5-78)$$

式中　$C_{\text{ALK·A}}$——硝化池末端活性污泥混合液 M 碱度 (mg/L);

　　　C_{ALKin}——进水中 M 碱度 (mg/L);

　　　Q_{in}——进水量 (m³/d);

　　　Q_r——回流污泥量 (m³/d);

　　　C_{TNin}——进水 TN 浓度 (mg/L);

　　　α——进水总氮中被硝化的比例;

　　　β——进水总氮中 NH₃-N 的比例;

　　$C_{\text{NO}_X\text{eff}}$——出水中流出的 NOₓ-N 的浓度 (mg/L);

　　　7.4——硝化 1g 氨氮 (NH₃-N) 需要消耗 7.4g 碱度;

　　　3.57——1g NO₃-N 反硝化生成 3.57g 碱度。

式中右侧,第二项是硝化消耗的碱度,第三项是有机氮分解成 NH₃-N 产生的碱度,第四项是回流污泥带回来的部分缺氧池生成的碱度。

pH 对硝化反应影响很大,硝化细菌最适 pH 为 8.5 左右。但硝化脱氮反应的硝化池末端活性污泥混合液的 pH 多为 6.1~6.8,pH 小于 6.0 时,硝化速度急剧下降。所以硝化池末端残余碱度 $C_{\text{ALK·A}}$ 应大于 40mg/L。

$$C_{\text{ALK·A}} \geqslant 40\text{mg/L} \tag{5-79}$$

如果不能满足上式要求,则要补充不足部分的碱度 $C_{\text{ALK·L}}$:

$$C_{\text{ALK·L}} = 40 - C_{\text{ALK·A}} \tag{5-80}$$

如果投加氢氧化钠 C(%) 溶液,其投加量为:

$$R_{\text{ALK}} = 0.8C_{\text{ALK·L}} \times 100/C \tag{5-81}$$

式中　R_{ALK}——氢氧化钠溶液投加量 (mL/L);

　　　C——氢氧化钠溶液百分浓度;

　　$C_{\text{ALK·L}}$——需补充的 M 碱度 (mg/L)。

5.4　厌氧氨氧化脱氮机理与技术

5.4.1　厌氧氨氧化菌的发现与厌氧氨氧化机理

早在 1977 年 Broda 就做出了自然界应存在反硝化氨氧化菌 (denitrifying ammonia oxidizers) 的预言,并基于热力学提出了厌氧氨氧化 (Anammox) 过程的反应式。

$$\text{NH}_4^+ + \text{NO}_2^- \xrightarrow{\quad\text{厌氧氨氧化菌}\quad} \text{N}_2 + 2\text{H}_2\text{O} \tag{5-82}$$

$$\Delta G_0 = -357 kJ/molNH_4^+$$

当时这仅是一种假设，还没有被证明 Anammox 菌的存在。1995 年，荷兰 Delft 技术大学的一批研究人员，Mulder 和 Van de Graaf 等用反硝化流化床反应器处理高氨废水时，发现了氨氮的厌氧生物氧化现象，从而证实了 Broda 的预言。

之后，在不到十年的时间里，研究者发现在从废水处理厂到北极冰盖的许多生态系统中都发现了 Anammox 菌，如德国、瑞士、比利时、英国、澳大利亚、日本的废水处理系统中，东非乌干达的淡水沼泽中，黑海、大西洋、格陵兰岛海岸的沉积物中，以及丹麦、英国和澳大利亚的河口中都发现了 Anammox 菌，这些例子表明了无论在人工生态系统中还是自然生态系统中 Anammox 菌无处不在。研究表明，Anammox 过程在海洋生态系统中对 N_2 产生量占有 50%～70% 的贡献，因此，Anammox 过程对于自然界氮素转化和循环都起着非常重要的作用。

Strous 和 Egli 等人对 Anammox 两种菌属 Candidatus "Brocadia anammoxidans" 和 Candidatus "Kuenenia Stuttgartiensis" 进行了测定和描述，其结果见表 5-8。

Anammox 菌的重要生理学参数和性质 表 5-8

Anammox 菌属名称	Candidatus "Brocadia anammoxidans"	Candidatus "Kuenenia Stuttgartiensis"
种系发生位置	浮霉目较深的分支	
形态学特征	革兰氏阴性球状菌；细胞壁无肽聚糖，表面呈火山口状结构，内含 "Paryphoplasm"、"Riboplasm"、"anammoxosome" 3 个间隔；"anammoxosome" 含有序排列的微管；"anammoxosome" 膜非常致密、渗透性很低，含有非常独特的 "ladderane lipids" 和 "hopanoids"	
计量方程	$NH_4^+ + 1.31NO_2^- + 0.066HCO_3^- + 0.13H^+ \rightarrow 1.02N_2 + 0.26NO_3^- + 0.066CH_2O_{0.5}N_{0.5} + 2.03H_2O$	
中间产物	联氨（N_2H_4），羟胺（NH_2OH）	
关键酶	羟胺氧还酶（HAO），含 c-型细胞色素	
好氧活性	0nmol/(mg 蛋白质·min)	
厌氧活性	最大为 55 nmol/(mg 蛋白质·min)	最大为 26.5 nmol/(mg 蛋白质·min)
pH	pH（6.7～8.3），最佳 pH 为 8	pH（6.5～9），最佳 pH 为 8
温度	$T=20～43℃$，最佳为 40℃	$T=11～45℃$，最佳为 37℃
DO	可逆性抑制，1～2μM	<(0.5%～1%),可逆性抑制；>18% 不可逆抑制
[PO_3^-]	抑制，0.5mM	抑制，20mM
[NO_2^-]	抑制，5～10mM	抑制，13mM
比生长速率	$\mu=0.0027h^{-1}$	—①
倍增时间	10.6d	—①
活化能	70kJ/mol	—①
蛋白质含量	0.6g 蛋白质/(g 生物量总干重)	—①
蛋白质密度	50g 蛋白质/(L 生物量)	—①
Ks(NH_4^+)	<5μm	—①
Ks(NO_2^-)	<5μm	—①

注：①表示未见报道。

众多研究者公认的厌氧氨氧化的可能代谢途径如图 5-28 所示。由试验得出的厌氧氨氧化代谢反应式见下式。

分解代谢：

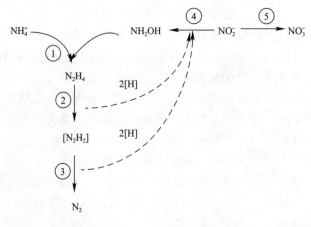

图 5-28 Anammox 菌的代谢途径

$$NH_4^+ + NO_2^- \Longrightarrow N_2 + 2H_2O \tag{5-83}$$

合成代谢：

$$CO_2 + 2NO_2^- + H_2O \Longrightarrow CH_2O + 2\,NO_3^- \tag{5-84}$$

综合如下：

$$NH_4^+ + 1.31NO_2^- + 0.066HCO_2^- + 0.13H^+ \longrightarrow 1.02N_2 + 0.26NO_3^- +$$
$$0.066CH_2O_{0.5}N_{0.15} + 2.03H_2O \tag{5-85}$$

5.4.2 厌氧氨氧化脱氮工艺的开发

20 世纪 90 年代，在发现厌氧氨氧化现象的同时，荷兰 Delft 大学 Kluyer 生物技术实验室开发出一种新型自养生物脱氮工艺，在缺氧条件下，以浮霉目细菌为代表的微生物直接以 NO_2^--N 为电子受体，CO_2 为主要碳源，将 NH_4^+-N 氧化成 N_2 的生物脱氮工艺。

相对传统的硝化/反硝化工艺，Anammox 工艺具有以下优点：

（1）Anammox 工艺需要部分亚硝化作为前处理工艺，根据其化学计量关系，理论上可节省 62.5% 的供氧动力消耗；

（2）无需外加有机碳源，节省了 100% 的外加碳源所增加的运行费用；

（3）污泥产量极少，节省了污泥处理费用；

（4）不但可以减少 CO_2 等温室气体的排放，而且可以消耗 CO_2。

Anammox 工艺完全突破了传统生物脱氮的基本概念，为生物法处理低 C/N 比的废水找到了一条优化途径。但是，Anammox 菌生长速率却非常低，倍增时间为 11d，且只有在细胞浓度 $>10^{10}\sim10^{11}$ 个/mL 时才具有活性。因此 Anammox 菌在废水处理反应器中漫长的富集时间目前已经成为该项技术大规模应用于废水处理实践的瓶颈。

另外，Anammox 工艺对于进水的 NH_4^+/NO_2^- 比值要求较为严格，其前处理工艺中，欲精确地控制部分亚硝化存在相当大的难度；同时，Anammox 菌对环境要求较为苛刻，容易受到抑制或毒性物质的影响而使 Anammox 污泥上浮，影响出水水质，甚至可以造成 Anammox 过程的停止或中断，Anammox 工艺稳定运行的条件及特性参数成为这一技术推广应用的又一瓶颈。

将 Anammox 工艺应用于废水生物脱氮时，需首先解决部分亚硝化的问题，即能够为

Anammox 菌提供 NH_4^+：NO_2^- =1：1.32 的反应基质。这就需要建立 Anammox 菌和其他微生物的协同作用系统，或与其他工艺进行组合；其次需解决 Anammox 反应器中 Anammox 菌的富集和稳定优势。基于以上两种思想，目前已开发出的 Anammox 生物脱氮工艺主要有 Canon 工艺、Sharon-Anammox 联合工艺、SNAP 工艺以及 SAT 工艺等。另外，根据 Anammox 反应的化学计量关系（NH_4^+：NO_3^- =1：0.26），Anammox 反应会产生 10% 左右的 NO_3^-，使得该工艺的理论最高脱氮效率仅能达到 90% 左右。

5.4.3 厌氧氨氧化脱氮工艺的应用

目前厌氧氨氧化工艺主要用以处理污泥消化上清液、垃圾渗滤液以及一些高氨、低 COD 的工业废水。厌氧氨氧化生物脱氮工艺需要很少的氧气（即厌氧氨氧化工艺需要 1.9kg O_2/kg N，而传统硝化/反硝化工艺需要 4.6 kg O_2/kg N）、无需碳源（而传统硝化/反硝化工艺需要 2.6kg BOD/kg N）、低污泥产量（厌氧氨氧化工艺为 0.08 kg VSS/kg N，而传统硝化/反硝化工艺为 1kg VSS/kg N）。

1. Sharon-Anammox 的联合工艺

Sharon 工艺是近几年才开发的一种新的生物亚硝化工艺。该工艺在一个单独的好氧连续流反应器（温度高达 35℃，pH>7）中进行。它作为 Anammox 工艺的前处理步骤实现进水氨氮的部分亚硝化，为 Anammox 反应器提供合适 NO_2^-/NH_4^+ 比例的进水。利用较高温度下（>26℃）氨氧化菌生长速率大于亚硝酸氧化细菌生长速率的事实，控制反应器的稀释速率（D_x）大于亚硝酸氧化菌生长速率而小于氨氧化菌生长速率，将亚硝酸氧化菌逐渐从反应器中洗脱出去，就可以实现亚硝酸盐的稳定积累。另外，由于氨的氧化是个产酸过程，pH 对于该过程的控制非常重要，当进水中的 HCO_3^-/NH_4^+ 摩尔比为 1.1~1.2 时，约一半的氨氮转化完成后碱度就会被耗尽，从而导致 pH 下降，pH<6.5 时，氨的氧化就不再发生了。因此，不控制 pH 就可以实现约一半的氨氮转化为亚硝酸盐，从而实现了工艺的自我控制。通过 pH 在 6.5~7.5 之间的微调可以调整反应器出水的 NH_4^+/NO_2^- 比率。因此，该工艺是 Anammox 工艺的理想前处理工艺。Sharon 工艺用以处理污泥消化液时，原水中铵离子和重碳酸盐的摩尔比基本为 1：1，53% 的氨氮以 1.2kg N/($m^3 \cdot$ d) 的速率被氧化为亚硝酸盐。

Sharon 工艺为后续的 Anammox 工艺提供了很理想 NH_4^+/NO_2^- 比率的进水（如图 5-29 所示），进入 Anammox 反应器后亚硝酸盐与剩余的氨氮在自养厌氧氨氧化菌的作用下被转化为氮气，Anammox 活性高达 0.8kg N/(kg TSS $\cdot$ d)，负荷可以达到 0.75kg TN/($m^3 \cdot$ d) 以上。

Sharon 工艺：
$$NH_4^+ + HCO_3^- + 0.75O_2 \longrightarrow 0.5NH_4^+ + 0.5NO_2^- + CO_2 + 1.5H_2O \qquad (5\text{-}86)$$
Anammox 工艺：
$$0.5NH_4^+ + 0.5NO_2^- \longrightarrow 0.5N_2 + H_2O \qquad (5\text{-}87)$$

目前 Sharon-Anammox 联合工艺已经成功地在荷兰鹿特丹废水处理厂投入实际生产运行，用以处理污泥上清液，处理成本经评估为 0.75 欧元/kg N，远低于传统硝化/反硝化工艺的 2.3~4.5 欧元/kg N 和物化脱氮工艺的 4.5~11.3 欧元/kg N。

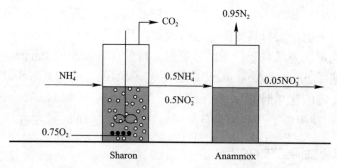

图 5-29　Sharon-Anammox 联合工艺的示意图

2. Canon 工艺

Canon 工艺（Completely Autotrophic Nitrogen Removal Over Nitrit）是 Strous 等人提出的一种新的限氧全程自养脱氮工艺，被认为对于处理低浓度有机废水是很有前景的脱氮工艺。该工艺能够在限氧条件（<0.5mg O_2/L）下在一个单独的反应器或生物膜反应器中进行。由于低 DO 下亚硝酸氧化菌与 O_2 的亲和力比氨氧化菌弱，因此可以抑制硝酸细菌的生长，从而依靠 Nitrosomonas-like 好氧氨氧化菌和 Planctomycete-like 厌氧氨氧化菌的共生协作，以亚硝酸盐为中间产物，将氨氮直接转化为氮气。在颗粒污泥系统中，当 NH_4^+ 不受限时，硝酸细菌在同时与这两类微生物竞争氧和亚硝酸盐的过程中被淘汰出局；当 NH_4^+ 受到一定的限制时，会引起 NO_2^- 的积累，受限超过 1 个月后硝酸细菌就会生长。而在生物膜系统中，由于氨氮和氧的供应很难控制，且污泥龄接近无限长，从而使得其还存在少量的硝酸细菌。

亚硝酸菌和厌氧氨氧化菌这两类微生物同时交互进行着两个连续的反应，见下式：

$$NH_3 + 1.5O_2 \xrightarrow{\text{亚硝酸菌}} NO_2^- + H^+ + H_2O \tag{5-88}$$

$$NH_3 + 1.31NO_2^- + H^- \xrightarrow{\text{Anammox 菌}} 1.02N_2 + 0.26NO_3^- + 2.03H_2O \tag{5-89}$$

综合式：

$$NH_3 + 0.85O_2 \longrightarrow 0.44N_2 + 0.11NO_3^- + 1.45H_2O + 0.13H^+ \tag{5-90}$$

Nitrosomonas-like 亚硝酸细菌将氨氮氧化为亚硝酸盐，并消耗氧气，从而创造了 Planctom ycete-like 厌氧氨氧化菌所需的缺氧条件。Canon 工艺的微生物学机制、可行性和工艺优化等问题已经在 SBR 反应器、气提式反应器以及固定床生物膜反应器中广泛地进行了相关研究。Canon 工艺的脱氮速率，在 SBR 反应器中可达到 0.3kg N/($m^3 \cdot d$)，在气提式反应器中可达到 1.5kg N/($m^3 \cdot d$)，比 Sharon-Anammox 工艺低。然而，由于仅需要一个反应器，用以处理较低氨氮负荷的废水时仍具有较大的经济优势，Canon 工艺需要过程控制，以防止过剩的溶解氧引起亚硝酸盐积累。

Canon 工艺是废水处理中经济高效的可选方案，是完全自养型的，所以无需投加有机物。另外，在一个单独的反应器中利用少量曝气，可实现 88% 氮的去除，这大大降低了空间和能量的消耗。该自养工艺比传统脱氮工艺节省 63% 的氧和 100% 的外加碳源。

5.4.4　城市污水厌氧氨氧化脱氮的挑战

迄今为止，国内外厌氧氨氧化生物自养脱氮工艺还只是限于高温、高氨氮废水，如消化污泥脱水液和污泥消化液。在城市污水处理上的研究与应用尚未见报道。

若厌氧氨氧化生物自养脱氮能应用于城市污水的处理和深度处理上，将解决城市污水在去除营养盐 N、P 的过程中，在争夺碳源、泥龄、BOD-SS 负荷上的一些固有矛盾，并取得巨大的经济效益。为现有城市污水处理厂的改造升级和新建污水再生水厂的建设，提供节能降耗的污水再生工艺流程，将是继厌氧—好氧活性污泥法之后的又一次污水生物处理技术的突破。厌氧氨氧化应用到大规模城市污水深度处理上面临的主要问题如下：

（1）部分亚硝酸化反应器的形式，富集亚硝酸菌，抑制硝酸菌的控制路线与方法；

（2）厌氧氨氧化反应器的快速启动；

（3）长期稳定运行。

自 2003 年开始，北京工业大学城市水系统健康循环工程技术研究所就致力于城市生活污水自养脱氮技术的研究，是国内最早从事该研究的团队之一，该团队第一位进行厌氧氨氧化研究的博士于 2006 年毕业。截至 2015 年，在该方向已培养博士 20 余人，硕士 50 余人。已完成了大量的实验室小试和中试研究，初步实现了常（低）温低氨氮城市生活污水的亚硝化、半亚硝化、厌氧氨氧化、Canon 工艺的启动和稳定运行，城市污水处理厂的小试和中试研究正在进行中。随着世界范围内对自养脱氮技术的关注，近年来国内大量学者也开展了同类研究，取得了丰富的成果。

第6章 城镇水系统植物营养素健康循环

6.1 自然界植物营养素循环

6.1.1 自然界氮循环

自然界氮素循环有多种形式，如图 6-1 所示。大气中的分子态氮，被某些自由生活的微生物代谢活动所固定，并转化为氨和可供植物直接利用的各种形式的氮化物，供绿色植物吸收进行光合反应生产有机物。存在于植物和微生物体内的含氮有机物被动物食用，并在动物体内被转变为动物蛋白质。动植物和微生物尸体及其排泄物中的有机氮化物被各种微生物分解，以氨的形式释放出来，或直接为植物利用，或经硝化、反硝化进一步还原为气态氮返回自然界。如是，在自然界的氮素循环中，存在着相互联系的几个主要作用过程，即固氮作用、氨化作用、硝化作用和反硝化作用。

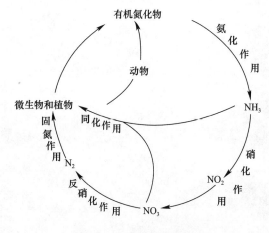

图 6-1 自然界中的氮循环

6.1.2 自然界磷循环

磷是地球上化学性质非常活泼的非金属元素。在自然界中，磷以各种不同的形式在生态系统及地壳中循环，即地质循环和地表土壤生态系统循环，如图 6-2 所示。

磷的地质循环作用主要是由于雨水对土壤冲刷产生的侵蚀作用引起的。雨水径流溶解携带着磷同其他物质一起进入河流，又被河水搬运至湖泊和海洋中，经过沉淀、富集、成岩作用后，沉睡于海底。多少地质年代后，由于地壳运动、变质作用等使富含磷的岩石上升到地表重新开始新的循环，这个循环过程非常缓慢。

磷在生态系统中的循环主要是地表和土壤中的磷作为植物的主要养分之一，在生产者、消费者和分解者间的循环。生态系统中磷的循环速度与在地质作用过程中的循环速度相比要快得多，最快几周就可以完成一个循环，最长也只需要几年的时间。但由于人类的生产和生活活动，磷在生态系统中的循环受到了干扰，人类生活中消费的磷没有回到土壤农田生态系统中，大部分暴露在自然水体，从而切断了土壤农田磷的生态补给，而靠人工磷肥来补充，造成了磷的生态和地质循环的紊乱。

目前世界磷酸盐岩储量约 1.7×10^{11} t，磷矿年产量均保持在 1.0×10^9 t 以上，且呈增长态势。世界磷酸盐的消耗量年平均增长 2.5%，世界上 76% 的磷矿石用于化肥生产，而为了满足人口增长和粮食增产的需要，化肥的需磷量又以每年8％的速度递增。据预测，全球磷矿储量仅能够维持100年左右。我国磷矿资源总量居世界前列，但在已探明的储量中高品位矿仅占磷矿总量的8％。国土资源部已将磷矿列为到2010年不能保证需求的矿种之一。可见，国内外磷矿的长远供应形势均不容乐观，并将逐步显现出矿石品质下降、加工成本上升的趋势。正因如此，国际上越来越多的研究人员开始关注从污水处理工艺的适当位置回收磷，并予以实践。欧盟早就出台有关法律文件，不仅限制成员国对磷矿石的无序开采，而且规定到2005年，欧盟成员国磷工业的生产原料不得100％为磷矿石，应至少有50％为回收磷。瑞典政府已明确规定自2010年起，国内消费磷的75％将来自于污水处理厂。实现污泥中磷资源的最大限度释放与回收，既可以满足污水排放标准，保护环境，又可以保护自然资源，提高磷资源重复利用率，保证经济持续快速发展的需要。磷的回收处置在带来重大环境效益的同时，也产生了巨大的经济效益，符合当前我国建设环境友好型和资源节约型社会的要求。

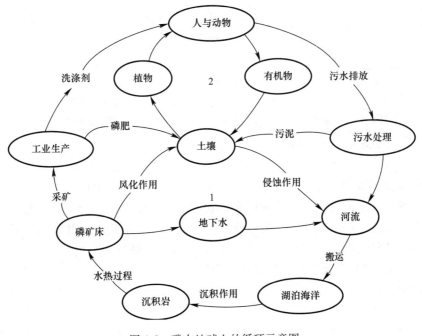

图 6-2　磷在地球上的循环示意图

6.1.3　氮、磷对植物生长的作用

　　植物体内的氮素营养水平直接或间接的影响着植物的光合作用。氮素不仅是植物叶绿素的一个重要组成部分，而且对植物光合作用中参与光反应和暗反应的一系列酶的活性有重要影响。研究表明，在一定范围内，植物的光合速率随植物体内氮素营养水平的提高而提高，而当植物体内的氮素超过一定的临界值后，植物的光合速率反而有下降的趋势。植物体内的碳同化和氮同化既相互促进又相互制约，碳同化为氮同化提供同化力即ATP和NADPH，而氮同化通过影响碳同化过程中关键酶活性而影响植物碳同化的速率，合理利

用氮素对于提高植物光合作用有重要的影响。

植物体内的氮素营养水平还可以通过影响植物的水分而对植物的生长发育产生影响。研究表明，氮素的增产作用不仅仅表现在肥料本身，更重要的是与土壤中水分的相互作用，水分和氮素具有明显的正向交互作用，可以大幅提高作物的产量。土壤水分与氮素的合理搭配可以合理调节作物营养生长与生殖生长之间的关系，提高作物的收获指数。污泥中的氮素释放速度缓慢，有助于植物长时间的利用，同时污泥还有助于为植物提供一个健康的微生物菌落，防止作物出现病害。

磷是自然界生物生命活动的基本元素之一。在能量传递、储存以及氨基酸与蛋白质合成过程中起着关键作用，促进植物根部的生长，加速成熟和增强对病虫害的抵抗力。

6.1.4 植物营养素的生态循环

地球上的生态系有许多形态，但其共同特点是由生产者、消费者和分解者所组成，它们的关系如图 6-3 所示。

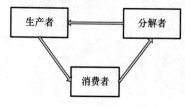

图 6-3　生态系的物质循环

绿色植物是有机物的生产者，在太阳光的照射下，吸收空气中的 CO_2，土壤中的水分（H_2O）和营养素（N、P、K）以及微量生理元素（S、Ca、Mg、Cl、Fe、B、Mn、Zn、Cu、Mo、Co…）进行光合作用，生产有机质，于是便产生了大片草原与森林覆盖在地球表面。草食动物是一次消费者，以绿色植物为食，代表者是牛、羊、马、兔等哺乳动物。在食物链中草食动物直接利用一次生产者植物为营养，其个体数比肉食动物要大得多。狼、虎、豹、狮等肉食动物以草食动物为食，为二次消费者。鹰鹫等猛禽则以捕食肉食动物为食，是三次消费者。而捕食猛禽的蟒蛇类则位于食物链的高端是四次消费者。三次消费者之上称为高次消费者。人类是杂食者，五谷杂粮、山珍海味、猛禽蛇虫无所不食，位于地球上生态系统食物链的顶端。消费者的排泄物、死亡的尸骸，还有生产者的枯枝烂叶，在大地上微生物的生命活动中被腐败分解，产出的植物营养素（N、P、K）以及各种微量生理元素，重新为绿色植物所循环利用。另一部分难降解腐败的有机物转化为腐殖质，造就了土壤的疏松团粒结构，增加了土壤的含水性和通透性，增强了土地保水、保肥的能力，为绿色植物吸收水分和营养素提供了良好的环境。分解者（微生物）在自己的生命活动中，为绿色植物提供了营养物质，改良了土壤，这就是植物营养素的生态循环。

自人类社会建立以来，尤其是近一个世纪以来，人口骤增和现代的科学技术破坏了植物营养素的循环和平衡。因为农田生态系统属于开放型生态系统，农田生产的产品均输出系统，为人类社会所利用。人类社会的排泄物、粪便和厨房垃圾，不是回归农田参加农田生态系统循环，而是进入了人工分解系统——污水处理厂、垃圾填埋场和焚烧厂，这样就切断了农田能量与营养物质的生态循环。而营养物集中在某些地域、水域或释放于大气中，却造成了土地污染、水质污染和大气污染。因此，我们的任务是避免营养物成为污染源，要将其转化为资源和能源返回农田，维护农田系统的生态系平衡，同时保护自然环境。

6.2 污水处理厂污泥的有机肥料化

6.2.1 污泥的产生和组分

污泥是污水处理过程中产生的含水固体残留物，污泥干重中绝大多数（约70%~80%）为微生物细胞体，蛋白质高达20%，富含有机质，堪称生物固体。我国污水处理厂各处理单元产生的污泥中营养成分含量见表6-1，我国各地污水处理厂混合污泥中的营养物质浓度见表6-2。

如表6-1和表6-2所示，城市污水处理厂污泥中有丰富的有机质和矿质营养，其中有机质大约为300~600g/kg，氮10~40g/kg，磷6~15g/kg，钾11~12g/kg。

我国城市污水处理厂各处理工序中产生污泥的植物营养素含量（%） 表6-1

污泥类型	TN	TP	K	有机物	灰分
初沉污泥	2.0~3.4	1.0~3.0	0.1~0.3	30~50	50~75
生物膜污泥	2.8~3.1	1.0~2.0	0.11~0.8	—	—
活性污泥	3.5~7.2	3.3~5.0	0.2~0.4	60~70	30~40

我国部分污水处理厂污泥所含营养物质（%） 表6-2

污水处理厂	TN	P	K	Ca	有机物
广州大坦沙	1.80	2.24	1.49	—	31.7
苏州城西	4.65	1.22	0.44	—	34.3
西安	1.81	1.49	1.59	7.17	28.23
太原杨家堡	1.42	0.47	0.34	—	28.06
太原北郊	2.76	1.04	0.49	—	40.31
太原古交	0.782	0.223	0.61	—	9.20
太原城镇底	0.246	1.25	0.43	—	—
杭州四宝	1.10	1.15	0.74	—	31.8
上海金山石化	7.5	1.5	—	—	—
北京酒仙桥	3.15	0.641	0.39	—	62.0
北京高碑店	3.31	0.275	1.26	—	35.7
合肥琥珀山庄	3.30	0.70	—	—	69.63
上海市东郊	3~6	1~3	0.1~0.3	—	65
天津开发区	2.2	0.13	1.78	—	37~38
天津纪庄子	3.5	1.32	0.39	—	15~20
桂林市	4.83	2.11	0.85	—	39.6
厩肥	0.4~0.8	0.2~0.3	0.5~0.9	—	—

污泥中这些对农作物有益的化学组分分为两部分。一是提供植物和土壤微生物生长所必需的营养元素和生理微量元素。植物的生长需要17种元素，其中碳、氢、氧来自于水和空气，氮来自于肥料和空气。其余13种矿物元素（磷、钾、硫、钙、镁、氯、铁、硼、锰、锌、铜、钼、钴）则只来自于土壤和肥料。植物体中各种营养元素的含量差别很大，其中碳、氢、氧、氮、磷、钾、硫、钙、镁9种为宏量元素，占植物体干重的99.5%，而氯、铁、硼、锰、锌、铜、钼、钴为植物体的微量元素。污泥中不但含有丰富的氮、磷、钾等大量宏量元素，同时也含有植物必需的各种微量生理元素，是农田植物天然的营养素肥料。

另一类是有机质，有机质通过土壤中的生物降解、氧化还原反应、物理吸附和化学络合等生物化学、物理化学的作用，使污泥中大部分有机质矿化和腐殖化，矿化了的有机质为植物提供营养元素和微量生理元素，并为土壤微生物提供能量；腐殖质则大力改善土壤物理、化学环境条件的状况，改善土壤的团粒体结构，使土壤的保水、保肥和通透性得以提高，是一种良好的土壤改良剂。

有机质对土壤肥力的贡献颇为重要。可总结为以下几点：

（1）有机物可持有 2～3 倍于其质量的水分，给予植物更多可利用水分，也可提高表土对降雨和灌溉水分的利用率；

（2）有机物改善土壤的团粒结构。随着土壤团聚体结构的改善、数量的增加，土壤中的供氧条件也得到了改善，这有利于植物根部的生长，减少氮损失（反硝化作用）和防止植物根系疾病的发生；

（3）土壤团聚体很难分解成小颗粒，因此减少了土壤流失和风蚀的可能性；

（4）有机物减少土壤的密度和容重。容重的减少表示土壤中具有更多的空隙储存水分和空气，减少了土壤的温度波动；

（5）有机物可改善土壤的抗压能力，便于机械化操作；

（6）对于黏土和砂土地而言，加入有机物更可带来诸多好处。有机物能明显改善砂土的团聚特性和持水能力，减少黏土的容积密度，利于植物根部的生长；

（7）污泥中的有机物增加了土壤的阳离子交换容量（CEC），从而提高了土壤的保肥能力。土壤的阳离子容量交换越大，越可保持住大量的阳离子营养物质，减少营养物的渗漏；

（8）有机物为土壤微生物提供碳源，由于碳源是土壤生物活性的控制因素，因而加入有机物可提高微生物活性，从而有利于植物生长。生物活性的提高也有利于土壤中有害污染物的降解，食用有机物的土壤动物（如蚯蚓）的代谢产物也可增加土壤中的营养物质。

郭媚兰等对谷子、玉米和白菜的研究结果显示，当污泥堆肥施用量达到 $240t/hm^2$ 时，植物可食部分的重金属含量还未超标。杨国栋等对含铬污泥的研究认为，对于我国北方铬环境容量较大的土壤，按试验结果所得的铬残留量计算，施用污泥二十年，铬也不会超标。张学洪等在桂林市农业科学研究所的稻田进行了试验，结果表明，污泥有机复合肥肥效好，水稻施用该肥后增产 18％～19％，肥效略优于市售的华丰牌复合肥。对施用污泥有机复合肥的稻谷进行的测试表明，施用不同肥料后稻茎中砷含量一般在检出限以下，镉、铬、铜、镍、铅、锌元素含量与施用其他肥料的稻谷无明显差别。Frost 等通过对小麦生长期间根部重金属的含量的监测表明，小麦仅在生长的最初 20 天吸收重金属。污泥中重金属的毒害性及作物对重金属的吸收与其存在形式有关，污泥中的重金属与有机物结合，使得不易被作物吸收。施用污泥的小麦的重金属含量与施用其他复合肥的基本相同。

污泥不但可以作为农田、林地、园林绿地的肥料，而且还可以用于受到严重污染土地的改良。包括采煤场、各种采矿业开采场（金属矿、黏土矿、砂子的采掘场等）、矸石场、露天矿坑、尾矿堆、取土坑，因化学作用使土壤退化的土地，城市垃圾填埋场，粉煤灰堆积场以及森林采伐地，森林火灾毁坏地，滑坡和其他天然灾害需要恢复植被的土地等。

国际水协（IWA）组织各国相关领域的专家和学者共同编辑、出版了一份调查报告——《废水污泥——全球现状描述与未来展望》。该报告就全球的污泥处理应用现状以及更新中的法规、当今的研究水平、管理方法的革新、创新或简单技术的应用前景等内容作了全面阐述。虽然专家们来自世界各地，对污泥的处理处置现状有着各种各样的观点，但是大家能获得的唯一共识是：应终止污泥粗放或简单的任意排放，以避免对环境和人体健康造成不利影响；应将污泥有效回用于农业、林业等领域，以达到可持续发展的目的。

调查报告显示，许多发达国家已确定了污泥循环利用的技术策略，现时主要是指回用至农业、森林或地表修复等途径。但是必须对污泥连续应用可能带来不利于土壤结构的问题进行长期观察，这说明污泥的使用价值和风险并存。

瑞典中部进行了8年的堆肥土地利用田间试验，证实堆肥可大幅度提高作物产量，并显著改善土壤基质诱导呼吸、氨氧化能力和氮矿化势等微生物学性质，整个过程未检测到任何消极效应，这可能是因为土壤细菌的遗传结构具有一定的抵抗堆肥带来的环境变化的能力，建议以土壤微生物活性参数作为指示堆肥施用后土壤性质变化的敏感指标。

日本已制定了大区域污泥处置和资源利用的ACE计划：A（Agriculture）—污泥无害化后用于农业、园林或绿地；C（Construction use）—污泥焚烧后将灰分制成固体砖或其他建筑材料；E（Energy recovery）—利用污泥发电、供热。

目前，美国的污水处理厂每年产生约560万t干污泥，其中大约60%用于农业利用；日本年产污泥223万t，其中131万t建材利用，35万t进行农用；英国和法国每年产生的污泥也有60%是进行土地利用。总体来看，欧洲各国有52%的污泥进行土地利用，具体比例取决于各国的具体情况。

综上，在制定科学实用的标准并进行风险评估的基础上，污泥的土地利用有较好的前景。生活污水污泥土地合理利用，可实现污泥资源的循环利用，符合未来的低碳发展方向。

6.2.2　污泥土地利用的风险分析与对策

污泥中含有丰富的有机物和氮、磷等营养元素以及植物生长所必需的各种微量元素，有利于土壤特性的改善。由于污泥来源于污水处理过程，会混入污水中的病原菌、寄生虫（卵），铜、铝、锌、铬、汞等重金属和多氯联苯、二噁英、放射性元素等难降解的有毒有害物，以及泥沙、纤维、杂草种子等物质。污泥施用于土地，如果施用不当，很容易造成二次环境污染，为污泥回归农田增加了一定障碍。

1.重金属对作物和环境的影响

（1）重金属来源

城市污水中重金属的来源主要包括工业废水排放、生活污水和自然降雨（雪）径流三个方面。城市污水中的重金属很大比例是来源于工业废水的排放。工业废水中的重金属主要来源于金属加工、电镀工业、电子加工、造纸和印刷等行业；生活污水中的重金属主要来源于一些化学产品的使用与排放，如肥皂、清洗剂、化妆品等。医院、实验室、汽车清洗、干洗店等废水的排放也是城市污水中重金属的一个重要来源。自然径流主要是由于工业、交通以及生活等因素释放到大气中的重金属在重力或雨雪作用下沉降于地面，然后随地表径流而进入地下排水管网。

（2）重金属对作物和环境的影响

重金属对环境的危害可以分为两种：一种是对土壤环境的危害，另一种是对水体环境的危害。

土壤是自然界中地表的重要组成部分，具有一定的承受能力和修复能力，当重金属等污染物排放到土壤中时，土壤会在一段时期内对污染进行修复。因此，在土壤受污染初期，其环境的危害性并不能直接表现出来。只有当土壤中的重金属含量超标，超过土壤所能够承受的最大容纳限度，才会致使某些重金属元素的突然活化，导致极其严重的生态危害。以土壤为载体的生物群落中，微生物处于该种群的基层。通常情况下，土壤发生重金属污染的直接危害就是对于处在种群基层的微生物群落的危害。不同微生物群适应的生活环境不同，土质环境的改变会导致对某些不适应种群的破坏甚至灭绝，适应重金属环境的微生物存活下来，并逐渐成为土壤优势菌。土壤菌群的改变会导致土壤土质的变化从而影响植被的相应改变，进一步影响整个生物群落，造成动植物的种群单一化、土壤贫瘠化以及生物圈的不平衡。例如，对安徽省淮南市某地重金属污染调查发现，污染越严重的地区动植物的种类与数量就越少，蚯蚓等无脊椎动物在重金属污染的土壤中明显少于经常使用粪肥的土壤。

生长在重金属含量高的土壤中的植物由于吸收过多的重金属，会使植物产生对自身有害的物质，影响代谢和酶的有效性，影响植物对 Ca、Mg 的吸收能力，导致植物的根系、茎叶、花果等的变化，严重影响植物的品质和产量。对广州市某蔬菜基地使用含重金属污水灌溉的调查表明，不论是蔬菜的产量还是质量都受到了严重的影响，各种农作物体内金属 Cu、Pb、Zn、Cd 含量明显超标。

水体中含有的重金属很难降解，因此对于水质的破坏是长期的、深远的。水中重金属直接危害水生动植物和微生物群落。例如，栅藻是一种生命力很强的水藻，但是当水体中镉的含量达到 1.0mg/L 时，24h 内就会让它的细胞质萎缩，叶绿体被破坏。鱼类的免疫力和抗外界压力变化能力在富含重金属的水体中明显下降，而且其繁殖和性别都会受到影响。土壤中的重金属会随雨水淋溶或自行迁移到土壤深层，影响表层地下水水质。

重金属对人体健康的危害主要来自其进入土壤植物生态体系后，由植物吸收于体内富集，通过食物链进入人体而影响人体健康，其中 Hg、Cd、Pb、Cr 等的风险度最大。典型的例子是人体内汞含量超标造成的水俣病和由于摄入了过量的镉造成的骨痛病。重金属在土壤、水环境和人体中超标产生的危害十分严重。

（3）污泥重金属控制技术

目前研究的污泥重金属无害化技术主要有两种：一是通过化学或生物手段使污泥中的重金属元素活化，采用化学浸提剂或生物沥滤的浸提淋洗方法将重金属元素从污泥中分离出来实现其去除。

近年来，国内许多学者对采用生物方法特别是微生物方法来降低城市污泥中的重金属含量做了大量的实验研究。该方法主要利用自然界中某些微生物的直接作用或者由其代谢产物的间接作用，以产生氧化、还原、络合、吸附或者溶解作用，将固相中的一些可溶性成分（如重金属、硫及其他金属）分离出来。它最开始应用于提取矿石或者贫矿中的金属，目前生物沥滤研究正被扩展到环境污染治理领域。周立祥等人运用生物淋滤技术去除重金属，通过对污泥进行酸化处理，向污泥中投加物料，在污泥中培养和繁殖大量的氧化亚铁硫杆菌（Thiobacillusferooxidan）和氧化硫杆菌（Thiobacillusthtooxidans），在其作用下污泥中的难溶金属硫化物被氧化成金属硫酸盐溶出，然后通过固液分离达到去除重金属的目的。然而生物沥滤法所采用的主要细菌（如硫杆菌）增殖速度较慢，所利用的细菌大多是从金属矿山酸性废水分离或者购买商品化的菌株，其培养时间较长，处理效果不太稳定，生物沥滤滞留时间较长都是限制该种方法大规模运用的主要障碍。另外，利用生物方法尤其是生物淋滤法去除污泥中重金属的应用与研究历史较短，仍有许多技术问题需要进一步探索。

化学方法是一种易于掌握、操作相对简单的污泥重金属去除技术，主要是通过向污泥中投加化学药剂，提高污泥的氧化还原电位（Eh）或降低污泥 pH，从而使污泥中重金属由不可溶态向可溶的离子态或络合离子态转化。Jenkins 等（2004）用 EDTA 作为提取介质对干污泥中的重金属进行去除，取得了较好的效果，约 44% 的 Cu 和 52% 的 Zn 被去除。Mobly 等通过土柱实验证明，应用 EDTA 络合剂可去除土壤中 80% 的 Cu、Zn、Ni、Cd。EDTA 等络合剂去除重金属的机理普遍认为是络合剂能与重金属元素形成稳定性更高的可溶性络合物，再通过固液分离出来。尽管化学方法去除污泥中重金属的效果良好，而且淋滤过程所花的时间也较短，然而酸化污泥需要消耗大量的酸（酸与干污泥的质量比值为 0.5~0.8），中和淋滤液中的酸又要耗费大量的石灰，因此该法费用较高，而且操作复杂。

另外，酸化处理在一定程度上会溶解污泥中的氮、磷和有机质，降低污泥的肥料价值。如何妥善处理高浓度重金属的淋滤液也是很棘手的问题，因此，该法的广泛利用受到一定的限制，仅在重金属含量高的工业污泥如电镀污泥的处理中使用较多。

另外一种污泥重金属污染解毒方式是通过热处理或添加固定剂等技术，使重金属的毒性降低，减少因植物吸收所造成的危害，从而降低重金属的危害风险。污泥中的重金属存在五种形态：可交换态、碳酸盐结合态、铁锰氧化物结合态、硫化物及有机结合态和残渣态。其中前三种为不稳定态，易为植物所吸收，因此可将污泥中可交换态、碳酸盐结合态、铁锰氧化物结合态的重金属变为硫化物及有机结合态和残渣态将其固定，钝化其生物有效性。这种方法因处理成本低而被世界各国广泛采用。目前主要的固定技术有：热处理和碱性固定等技术。

热处理技术是通过将空气干燥过的污泥在 180℃、300℃、400℃加热数小时，从而使交换态和弱酸溶解态的重金属含量降低，热处理温度越高，重金属存在形态越稳定，但由于热处理成本较高，难以付之工程实际。

碱性固定技术则是直接向污泥中加入一定的碱性物质，如水泥、硅酸盐、水泥炉灰、石灰炉灰等，使重金属活性降低。结果表明，粉煤灰、硫酸钾和石灰可有效降低交换态重金属含量，其中硫酸钾的固定效果最好。然而，简单的碱性固定技术对重金属的固定时间往往较短，施入土壤（尤其是酸性土壤）后易被重新活化。

污水中的重金属主要来源于工业废水，来源于产生重金属废水的工业企业，如果倡导清洁生产并在厂内或车间内对重金属和其他有毒有害物质进行局部除害处理，使企业废水达到《污水排入城镇下水道水质标准》CJ 343—2010 的要求，然后再排入城市下水道，进入城市污水处理厂的原污水的重金属浓度就会大幅度下降。例如电镀工业，首先要采用先进的电镀工艺技术、无毒工艺、低温低浓度工艺以及多级逆流漂洗、喷淋技术实现清洁生产，使废水产生量和重金属浓度降至最小。然后再对产生的废水进行局部除害处理，这样排放到市政管网中的重金属浓度就会很低。再如钢铁工业，应建立以钢铁生产为中心的循环经济链，并与其他循环经济链互相交叉，互为提供资源，互为资源再生环节，建立协调发展的循环经济园，如此使工业废水中重金属和有毒有害污染物不超标是不难做到的。采用源头控制工业废水中重金属和有毒有害污染物不进入污水处理厂是减少污水污泥中重金属最为经济有效的方法。此外，污泥堆肥过程中有机质的转化与重金属的化学形态密切相关，好氧堆肥可提高污泥中 Pb 的稳定性，相关研究表明采用好氧堆肥处理城市污泥，使

Cd 的生物有效性显著降低，且堆肥中大部分重金属主要以稳定的残渣态形式存在。

我国各污水处理厂污泥中重金属含量见表 6-3。全国 44 座污水处理厂污泥中重金属含量统计结果见表 6-4。美国污泥土地利用重金属控制标准、欧盟污泥土地利用重金属控制标准分别见表 6-5 和 6-6。

我国污水污泥中重金属成分及其含量（mg/kg）　　　　表 6-3

污水处理厂	Zn	Cu	Ni	Hg	As	Cd	Pb	Cr
上海曲阳污水处理厂	3740	350.0	34.8	1.22	5.68	0.85	9.95	15.77
上海龙华污水处理厂	1370	101.0	17.3	0.19	1.51	0.19	0.95	1.13
上海曹阳污水处理厂	146.7	146.0	42.9	6.04	15	5.55	129.0	70
上海天山污水处理厂	1615	426.0	42.6	7.8	21.9	1.49	116	46.6
上海吴淞污水处理厂	149	226	65.2	1.12	2.32	0.097	7.27	3.74
上海闵行污水处理厂	1090	119	32.2	2.16	7.1	1.67	76.5	53.4
上海北郊污水处理厂	2467	158	44.6	9.25	33.4	2.52	108	21.9
广州大坦沙污水处理厂	3394	1225	693.1	1.96	57.12	2.56	120.0	1550
佛山镇安污水处理厂	19.51	637	—			9.37	48.0	139
深圳滨河污水处理厂	1945	1719	—	2.95		2.37	210	195
苏州城西污水处理厂	1739	88.7	10.4			1.3	61.6	
西安污水处理厂	2803	605.8	226	2.37	23.8	1.30	374	1423
太原杨家堡污水处理厂	775.1	149.2	39.1	6.96	19.8	0.95	54.5	42.6
太原北郊污水处理厂	1525	222.6	32.4	6.43	15.5	0.65	49.8	271.1
太原殷家堡污水处理厂	1423	3068	297.1	6.4	23.3	4.30	53.3	1411
太原城镇底污水处理厂	168.6	39.3	27.3	0.68	5.60	—	66.6	43.9
太原古交污水处理厂	261.2	28.4	32.9	0.61	9.18	0.05	42.3	49.1
杭州四宝污水处理厂	4205	367.1	467.6	1.86	12.95	3.55	135.5	537.2
上海金山石化污水处理厂	8352	193	53.0	2.5	7.50	2.40	371	249

我国 44 个污水处理厂污泥中重金属含量统计结果（mg/kg）　　　　表 6-4

	Cd	Cu	Pb	Zn	Cr	Ni	Hg	As
平均值	3.0	339.0	164.1	789.82	261.1	87.8	5.1	44.5
最大值	24.1	3068.4	2400.0	4205.0	1411.8	467.6	46.0	560.0
最小值	0.1	0.2	4.1	1.0	3.7	1.1	0.1	0.2
中值	1.7	179.0	104.12	944.0	101.7	40.85	1.90	14.6

美国污泥土地利用重金属控制标准 EPA40CFR Part503　　　　表 6-5

名称	月平均浓度(mg/kg)	最高浓度(mg/kg)	累计污染负荷率(kg/hm²)	年污染负荷率(kg/(hm²·a))
As	41	75	41	2.0
Cd	39	85	39	1.9
Cr	1200	3000	3000	150
Cu	1500	4300	1500	75
Pb	300	840	300	15

名称	月平均浓度(mg/kg)	最高浓度(mg/kg)	累计污染负荷率(kg/hm²)	年污染负荷率(kg/(hm²·a))
Hg	17	57	17	0.85
Ni	420	420	420	21
Zn	2800	7500	2800	140

欧盟污泥土地利用重金属控制标准 86/278/EEC（mg/kg） 表6-6

名称	农用污泥极限值	土壤重金属极限值	施用10a的平均极限（kg/(hm²·a)）
Cd	20~40	1~3	0.15
Cu	1000~1750	50~140	12
Pb	750~1200	50~500	15
Hg	16~25	1~1.5	0.1
Ni	300~400	30~75	3
Zn	2500~4000	150~300	30

　　从各表中数据不难看出，我国污水污泥中重金属浓度水平与国外多年应用污泥作农业肥料的国家的污泥农用标准相比并不超标。同时很多金属离子（Cu、Fe、Mn、Zn、Mg、Mu、Mo 等）还是微量生理元素，有正效应。如果我们坚持工业企业污染物源头削减，污泥回归农田在重金属方面就没有障碍。

　　2. 病原微生物

　　未经处理的污泥中含有较多的病原微生物和寄生虫卵，孢子和杂草种子。在污泥的土地施用过程中，它们可通过各种途径传播，污染空气、土壤、水源，也能在一定程度上加速植物病害的传播。如果不加以控制，就对周围环境和人类食物链的安全造成危害。因此，污泥回归农田，必须经过规范化的处理。否则，污泥中的有毒有害物会导致土壤或水体污染。

　　美国联邦政府 EPA40CFR Part503 对污泥的土地利用有严格的规定，在《有机固体废弃物（污泥部分）处置规定》中，经脱水、高温发酵无菌化处理后，各项有毒有害物指标达到环境允许标准的为 A 类，可作肥料、园林植土、厨余等有机垃圾填埋坑覆盖土等所有土地类型；经脱水或部分脱水简单处理的为 B 类污泥，只能作林业用土，不能直接用于改良粮食作物耕地。EPA40CFR Part503 还用大量篇幅阐述了污泥土地卫生学控制指标，增强了保健风险的评价。表 6-7 为美国 EPA40CFR Part 503 的土地利用泥质卫生防疫学指标。

　　我国污泥农业利用的卫生防疫安全指标为，蛔虫死亡率大于 95%，大肠菌值大于0.01 两项指标。

美国 EPA40CFR Part503 的土地利用泥质卫生防疫学指标 表6-7

项目	A类	B类
粪大肠杆菌	<1000MPN/g 干污泥	<2000000MPN/g 干污泥
病源传播动物栖息	<1000MPN/g 干污泥	<1000MPN/g 干污泥
灼烧减量	38%	38%
沙门氏菌	<3MPN/4g TS	—
肠道病菌	<1MPN/4g TS	—
寄生虫卵	<1ova/4g TS	—

　　堆肥是消除污泥卫生学危害的有效途径。经堆肥化后，病原菌、寄生虫卵、杂草种子等几乎全部被杀死，挥发性成分减少，臭味减少，重金属有效态的含量也会降低，速效养

分含量有所增加，成为一种性质比较稳定的物质。

国内外的大量资料显示，经堆肥化处理后的污泥施用于土壤后，只要严格按国家标准施用污泥，适当控制好污泥的施用量以及施用年限等，一般不会造成重金属和有毒有害污染物在土壤和植物根系中的积累。而病原菌一般可以通过有效的处理工艺得到杀灭和控制，即使是部分残留病原菌，在土壤中经过数周也几乎被消灭。

对于植物而言，污泥中的养分一般不太均衡，因此有人尝试在污泥堆肥中补充一些含量较低的元素制成复合堆肥后使用，发现效果更好。

3. 持久性有毒有害有机污染物

目前所知的因人类活动向环境释放的污染物中，POPs 是对人类生存威胁最大的一类污染物，会造成人体内分泌系统的紊乱、破坏生殖和免疫系统、诱发癌症、导致畸形、基因突变和神经系统疾病，严重威胁人类生存繁衍和可持续发展。2001 年 5 月 23 日签署的《关于持久性有机污染物的斯德哥尔摩公约》（以下简称《公约》），标志着人类全面开始削减和淘汰 POPs 的国际合作。2004 年 5 月 17 日，《公约》在国际上正式生效，2004 年 11 月 11 日在我国正式生效。首批被列入《公约》全球控制的 POPs 有 12 种（类）。2009 年 5 月 9 日，在日内瓦举行了《公约》第四次缔约方大会。与会代表达成共识，一致同意减少并最终禁用 9 种严重危害人类健康与自然环境的有毒化学物质。目前，POPs 公约禁止生产和使用的化学物质已增至 21 种。持久性有机污染物既有天然的，也有人工合成的，但其主要来源是人工合成。

（1）污泥中持久性有毒有害有机污染物的来源和危害

污泥中持久性有毒有害有机污染物来源于工业废水、面污染径流和生活污水。某些工业排水中可能含有的聚氯二酚、多环芳烃等有毒有机物，如在源头没有良好的治理和监管就进入市政管网，是城市污水中持久性有毒有害有机污染物的主要来源。国内一些污水处理厂的污水中检测到持久性有毒有害的有机污染物已达 54 种，主要包括邻苯二甲酸酯类、单环芳烃、多环芳烃、苯酸类、芳香胺类、芳香酸类、氨基甲酸甲酯衍生物和杂环化合物。在污水和污泥的处理过程中，这些物质会得到一定程度的降解，但一般难以完全去除，大多富集在污泥之中。调查显示，多环芳烃和壬基苯酚是城市污泥中最常见的有机污染物，其浓度分别为 1～10mg/kg 和 1～128mg/kg。表 6-8 和表 6-9 是我国各城市污泥中醚类和卤代烃类化合物的含量。表 6-10 是国内污水处理厂污泥中有害物质含量。虽然目前它们对植物的危害及植物的吸收情况尚不是十分清楚，但这些有机有害物质进入动物和人体后，由于其会在皮下脂肪中积累，除了对某些器官或免疫系统等造成损害，还有可能致癌致畸。这些有机有害物质对环境也具有危害性，所以国外及世界卫生组织在 1984 年已经将他们列入污水处理厂污泥必须监测的物质。

各城市污泥中醚类化合物含量（mg/kg（干重）） 表 6-8

化合物	广州	佛山	珠海	深圳	无锡	西安	兰州	北京	大埔	沙田	元朗	平均值
双(2-氯异丙基)醚	3.040	2.659	1.287	Nd	1.645	0.239	7.743	Nd	2.756	0.889	1.786	2.004
双（氯乙氧基）醚	Nd	Nd	Nd	Nd	Nd	Nd	Nd	Nd	Nd	Nd	Nd	—
4-氯苯基二苯醚	Nd	Nd	0.004	Nd	0.015	Nd	Nd	Nd	0.033	0.012	0.089	0.014
4-溴苯基二苯醚	Nd	Nd	Nd	Nd	Nd	Nd	Nd	Nd	Nd	Nd	Nd	—
合计	3.040	2.659	1.291	—	1.660	0.239	7.743	—	2.789	0.902	1.875	2.018

化合物	广州	佛山	珠海	深圳	无锡	西安	兰州	北京	大埔	沙田	元朗	平均值
双(氯乙氧基)甲烷	Nd	Nd	Nd	Nd	Nd	Nd	Nd	Nd	Nd	Nd	Nd	—
六氯乙烷	Nd	Nd	Nd	Nd	Nd	Nd	Nd	Nd	Nd	Nd	Nd	—
六氯丁二烯	Nd	Nd	0.011	Nd	0.114	0.028	0.112	0.061	0.034	0.018	0.048	0.039
六氯环戊二烯	0.103	0.637	0.100	0.007	0.108	0.082	3.125	0.298	0.095	0.486	0.264	0.482
合计	0.103	0.637	0.111	0.007	0.222	0.110	3.237	0.359	0.129	0.504	0.312	0.521

污水处理厂污泥中有机有害物含量　　　　　　　表 6-10

有害物质名称	含量（mg/kg 干固体）	资料来源
多环芳香族碳氢化合物（PAH）	0.090～10.000	
多氯代联苯（PCB）	0.04～38.400	
DDT	0.001～0.490	污泥处理手册
六氯苯（PCB）	0.005～0.045	
无氯苯酚	0.001～0.038	

欧盟污泥土地利用标准：多环芳烃<6mg/kg，多氯联苯<0.8mg/kg，壬基苯酚<50mg/kg。我国污泥土地利用标准：多环芳烃<5mg/kg。

（2）污泥中持久性有机污染物的降解

正常条件下，持久性有机污染物（POPs）是难以降解的。但是，环境中的一些POPs浓度随着禁用时间的延长开始有明显的下降，如人们在停止使用DDT若干年后发现，超标的DDT浓度显著下降，这就说明自然土壤或其他介质中肯定有能够降解某些POPs的微生物或酶促降解反应的存在。

据目前的研究成果，污泥中持久性有机污染物的解毒技术有厌氧生物降解，高级氧化和植物解毒技术，其中研究得比较多的是厌氧降解。

CMstensen等通过热动力学反应的可行性评价了影响PAHs厌氧降解的各个因素，研究了在不同温度下PAHs的降解情况，并用荧光原位杂交技术富集培养了功能微生物。热动力学计算表明，在产甲烷菌、产氢细菌存在的条件下PAHs的降解是可能的，其降解速率主要依赖于温度和接种的微生物，接种从被污染地采取的菌群是最有效的。富集培养得到的微生物主要是细菌和古细菌的混合体，古细菌属于甲烷杆菌科，尚不能具体鉴别其种属。研究结果表明细菌能氧化PAHs，而古细菌把氧化产生的氢转化为甲烷。Mcnally等发现，在厌氧条件下，外加硫酸盐作电子受体可以显著地增加PAHs的降解。

近年来利用氧化剂的强氧化能力对污泥中的PAHs进行处理也引起了一定的重视。采取好氧发酵、水解、芬顿氧化、过氧化、臭氧化、超声波处理及高温热解等技术使其彻底分解。由于污泥中存在铁氧体，不需要加入铁离子和调节pH，表明了用Fenton反应修复PAHs污染的可行性。植物对有机污染物的修复技术近年来也得到了很大的发展。环境中微量除草剂阿特拉津可被杨树直接吸收，大豆和小麦能吸收和降解二氯酚和二氯苯胺。长期以来植物对POPs的解毒作用引起了广泛的关注，但是植物所具有的生物解毒能力难以达到应用的水平。近年来植物转基因技术的发展为植物解毒技术的应用提供了良机。转基因技术可以增强植物对有机污染物的耐受能力，提高植物对有机污染物的吸收和转化能力，提高植物对有机污染物的降解能力。Kawahigashi 将 cYPZB6 基因转入水稻后，使其对除草剂吠草黄的降解作用增强了至少 60 倍。因此，对于 POPs 浓度较高的污泥，可以考虑在堆肥结束后设置污泥专用处置场，种植此类对 POPs 具有解毒作用的植物，即通过堆肥微生物与植物的联合作用，最大程度的实现 POPs 的去除。另外，堆肥被认为是降低持久性有机污染物含量的有效途径之一。

欧美国家的污泥堆肥产品回归农田的多年经验表明，没有发现持久性有机污染物对人体的危害。英国科学家认为土壤中来自污泥肥料的持久性有毒有害有机污染物与来自大气的相比，几乎可以忽略。

人类社会科学文明的高度发达，有机合成的进步，固然给人类生活带来了舒适和享受，但是也造就了 POPs 暴露于环境、大气、土壤和水体中，是人类持续生存和繁衍的隐患，这是人类应该重视的根本性问题。

控制持久性有机污染物在环境中的暴露，直接的方法是源头控制。因此，对人类生存和繁衍有危害的化工合成，应予取缔。

6.3 世界各国污泥农业利用的发展历程

6.3.1 欧洲污泥农业利用的发展历程

30 年前欧洲各地污水处理厂污泥并没有得到规范化的处理与处置，随意堆放、弃于荒野或填埋。

1986 年欧盟颁布了《污泥农业利用指导规程》86/278/EEC，不同成员国根据自己的情况，在 86/278/EEC 的基础上制定了各自的标准，但不得低于 86/278/EEC 的要求。并在 1991 年、2003 年、2009 年进行了三次修订，2000 年发布了污泥行动文件，目的是为了提高污泥农用的安全性，该文件对限制污泥农用的重金属和有机污染物提出了浓度限值，对污水污泥农业利用持支持态度。宣称污泥产生于污水处理过程中，浓缩了污水中的重金属、难降解痕量有机物以及病毒、细菌等病原菌。然而污泥也富集了氮、磷等营养物质和有价值的有机物，这些物质对贫瘠和受侵蚀土壤极其有帮助，是可作肥料和土壤改良剂的主要原因。因此，86/278/EEC 在鼓励农业利用的同时，为防止对土壤、作物、动物和公众的影响做了明确规定："污泥须经生物化学或热处理，降低危害，禁止未处理的污泥直接农用，并且污泥施用时，需按污泥氮、磷等营养物质的含量和土壤背景值确定施用量，避免流失污染地下水。"

《污泥农业利用指导规程》中污泥及土壤中重金属限值和施用量见表 6-11。

86/278/EEC 污泥及土壤重金属限值和施用量 表 6-11

元素	镉	铜	镍	铅	锌	汞	铬
污泥限值（mg/kg）	20～40	1000～1750	300～400	750～1200	2500～4000	16～25	暂不定
土壤限值（mg/kg）	1～3	50～140	20～75	50～300	150～300	1～1.5	暂不定
年施用量（kg/ha/a）	0.15	12	3	15	30	0.1	暂不定

经过 20 多年的努力，欧洲年产 1000 万 t 干污泥几乎全部都进行了规范化的处理与处置，而且规范化处理了的污泥用于农业的比例发展速度较快，至 2010 年欧盟 27 国污泥农

业利用比例达 39％，预计 2020 年可达 50％；北欧更高，丹麦 2011 年为 70％，挪威 2009 年为 78％。2010 年欧洲污泥处置现状和污泥农业利用的发展如图 6-4 和图 6-5 所示。

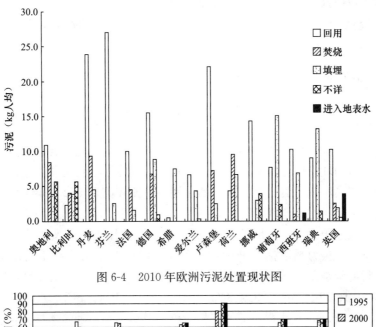

图 6-4　2010 年欧洲污泥处置现状图

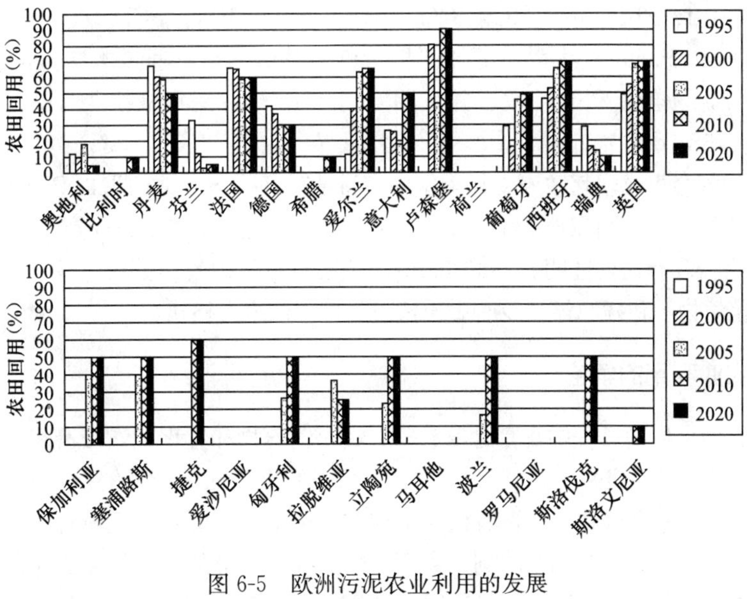

图 6-5　欧洲污泥农业利用的发展

欧盟为了保证在营养物最大程度循环利用的基础上，进一步防止有害物质进入土壤，在 2007、2010 年对 86/278/EEC 指导规程进行了大规模评价。其结论是："关于污泥农用的环境、经济和社会影响的研究表明：自 86/278/EEC 指导规程实施 20 多年以来，没有科学文献证明污泥农用导致的环境或健康风险"。

在多次评价与修订中，经讨论研究梳理明确了对污泥中有害物质的态度：

（1）病原体是污泥利用的重要指标，控制病原体数量是预防污泥风险的重要方面。但现有污泥处理技术已能满足控制病原体的杀灭需求；

（2）在欧洲，随着污泥中重金属的降低，污泥农用已经不大可能由于重金属的存在而对环境和健康造成风险。相反，铜和锌是植物生长的必须元素，具有正效应；

（3）虽然总体上环境中面临着持久性有机污染物（POPs）的问题，但是没有证据证明由于污泥农用致使这些污染物已造成环境或健康风险。

英国的研究认为土壤中POPs的含量，与来自大气中的相比，污泥中PCDD/Ps、PCBs和PAHs等POPs基本可以忽略。

6.3.2　美国污泥农业利用的发展历程

美国联邦政府1993年颁布了《污水污泥利用或处置标准》CFR40 Part503，囊括了污泥土地利用、填埋和焚烧三种方式的标准，并于2001、2007年进行了数次修订。其明确指出：污泥是污水处理过程中产生的固体、半固体或液体剩余物，经处理后可变成生物固体，可以作为肥料循环利用，改善和维持土壤的肥力，促进植物生长，因此说该标准也是一部鼓励污泥农用的法规。美国污泥农用的比例一直比较高，至2010年美国1600座污水处理厂年产750吨干污泥已全部规范化处理和处置。其中60%经厌氧消化或好氧发酵处理成生物固体用作农业肥料；17%填埋；20%焚烧；另3%用于矿山恢复的覆盖。

现今，美国还在努力采取措施减少污泥焚烧，增加农业循环利用的比例。2011年美联邦发布了《污泥焚烧新排放标准法案》40CFR Part 60〔EPA-HQ-2009-0559〕。包括了九项大气标准：Cd、Pb、Hg、HCl、CO、NO$_x$、SO$_2$、PM、PCDD/PCDF，较先前执行的污泥焚烧CFR40 Part503法案，更加严格苛刻。其目的是：通过本法案的实施促使业主放弃焚烧，采取循环再生利用技术，并且期望到2015年，每年减排4t Hg、1.7t镉、1.5t Pb、450t CO$_2$、58t颗粒物。

2002年美国国会责成联邦政府委托美国国家科学院（NAS）对CFR40 Part503执行10年的健康风险进行独立评价。美国国家科学院组织了环境、毒理、生态等方向数十名专家展开评价。NAS的评价认为：没有证据证明CFR40 Part503法案没有保护公众健康，建议应定期跟踪、监测、评价有机化学物质和病原体，及时做出修订，确保法案严格执行。

6.3.3　污泥农业利用的争论

污泥产生于污水处理过程中，富含氮、磷、钾等营养物和生理元素及有机物，是农田宝贵的肥料，是良好的土壤改良剂。污泥又浓缩了污水中的重金属、难降解痕量有机物以及病毒、细菌等病原微生物。重金属和持久性有机污染物在土壤中积累可降低土壤环境质量，进入食物链可导致公众健康风险。污泥鲜明的利、害两重性导致了污泥农业利用的强烈争论。

对于污泥农用的争论一直存在。英国、法国、意大利、西班牙、丹麦、挪威以及卢森堡等国政府明确要污泥回到土地。荷兰、奥地利、希腊、比利时、瑞典等国政府虽然高度支持污泥的土地利用，但是由于土地拥有者协会的不支持而放弃，导致土地利用率的比例比较低。真正禁止污泥土地利用的国家只有荷兰和比利时。法国和瑞典两国的农业组织认为只要建立严格的质量控制体系，污泥农用是可以采用的，然而这两个国家的农业组织要求禁止污泥农用，因为它们认为当前采用的方式不足以说明污泥农用是不是有风险。德国在污泥农用的问题上，政治争论很大；瑞典全国农民协会（LCF）强烈反对污泥农业利用；奥地利公众也有激烈的反应。由于反对的呼声强烈，在德国、比利时、奥地利、瑞典都制定了严格的标准，致使建设者多选择了焚烧。在爱尔兰和葡萄牙，污泥农用得到农民的支持，因而没有引起公众太多的关注和争论，爱尔兰污泥农用比例由 1997 年的 12% 上升到 2003 年的 64%。

资料表明：北欧农业利用的比例比西欧高，西欧比中欧高。由此可见，经济发达的社会是要求有机质回到土地完成生态循环的，同时进行了严格控制污染物的一系列工作。

由于欧盟各国对污泥农用的争议不断，美国部分大学、研究中心、行业协会中也有反对污泥农用的组织。2003 年，73 个健康、环保、农业组织向美国环保局提出暂缓污泥土地利用的请求。尽管污泥土地利用在美国受到很多人的反对，但仍然是美国污泥处置的主要方式。人们担心污泥农业利用会导致土壤环境和公众健康的危害。因此，欧盟和美国联邦政府对多年污泥农业利用的实践和标准法案进行了认真的第三方评价，并多次修订了污泥农用标准，使之科学合理。同时，不断梳理对污泥农用的态度，保证了在污泥中营养物最大程度循环利用的基础上，合理地避免和限制污染物进入土壤。

在中国，污泥弃之郊野，污泥和垃圾围城，污染地下水、河川，危害环境，司空见惯，无人问津。但污泥生态循环回归农田，却面临一片反对之声，多方刁难。尽管，2009年由住房城乡建设部、环保部和科技部联合发布的《城镇污水处理厂污泥处理处置及污染防治技术政策（试行）》中已经明确规定：允许符合标准的污泥限制性农用。然而，由于我国缺乏完善的标准和规范，环保部、住房城乡建设部又制定了比国外更严格的农用泥质标准，导致了污泥农用在实际执行中遭到农业主管部门、化肥制造和经销商的反对，最终全国污泥农用几乎为零。

6.4 我国污水污泥处置现状与农业生态循环利用

"民胞物与，天人合一"是我中华民族传统的自然观。自地球生命诞生以来，自然界营养物质一直是在生产者—消费者—分解者—生产者间往复循环不已。遥想在人类几百万年的生存史中，从采摘草籽树果的原始人到漫长的农耕时代，无不是在此生物链中繁衍生息。现代人类虽然强大了，但在发达的科学技术的支持下，想从生物链中解脱出来，仍然是不可能的，是违背自然规律的。在我们享受城市水系统带来的舒适、卫生的生活同时，不能忘记将我们的粪便、厨余垃圾归还给农田。在我们享受化肥带来的农耕便捷和丰产的同时，不要忘了回报大自然，不可违背自然界营养物质循环规律。一百年前，恩格斯的《自然辩证法》就指出："我们不能过分陶醉于我们对自然界的胜利，对于每一次这样的胜利，自然界都报复了我们"。现今，全世界所面临的前所未有的资源、环境危机恰恰证明了恩格斯的预言。

6.4.1 我国污水污泥处理与处置现状

随着城市化进程和经济发展，全国污水产生量和处理率快速增长。污泥产生量大幅增加。表 6-12 为近年来全国污水污泥产生量的统计。至 2012 年全国污水处理量达 400×10^8 m^3，产干污泥 500×10^4 t。除上海、深圳、广州等大都市采用焚烧、填埋等方式处置了不到全国污泥量的 10% 外，大多数省市都弃之荒野，随意堆放或填埋，侵占农田，堆积如山的污泥滋生蚊蝇，污染环境和地表地下水体，遭到市郊民众的强烈反对。估计到 2020 年，全国污泥产生量将达到 800×10^4 /a，那时矛盾将更加突出。正确引导全国污泥规范化处理和农业生态循环利用已迫在眉睫。

城市污水排放与处理情况统计

表 6-12

年份	污水排放量 (万 m³/a)	污水处理厂								其他处理设施		再生水利用情况		污泥处理处置	
		污水处理总量 (万 m³/a)	数量 (座)		处理能力 (万 m³/d)		处理量 (万 m³)		处理能力 (万 m³/d)	处理量 (万 m³/a)	再生水生产能力 (万 m³/a)	再生水利用量 (万 m³/a)	干污泥产生量 (t/a)	处理量 (t/a)
			总数	二、三级处理	总处理能力	二、三级处理	总量	二、三级处理						
2005	3595162	1867615	792	694	5725.2	4791.1	1411946		2276.6	452669		195461		
2006	3625281	2026224	815	689	6366.3	5424.9	1569071	1337177	3367.7	457153		96108	5512938	4848179
2007	3610118	2269847	883	795	7145.5	6301.4	1788737	1575328	3191	481110	970.2	158630	5414316	5148040
2008	3648782	2560041	1018	918	8106.1	7262.2	2104162	1892505	3066.4	456959	2020.2	336195	6601709	6392444
2009	3712129	2793457	1214	1098	9052.2	8068.3	2442445	2181203	3131.7	351377	1153.1	239951	8926100	8734903
2010	3786983	3117032	1444	1266	10436	9268.4	2793238	2508898	2957.2	323794	1082.1	337469	10322692	10162455
2011	4037022	3376103	1588	1357	11303	9951.2	3152039	2799375	2000.7	224064	1388.5	268340	6500366	6357094
2012	4167602	3638238	1670	1413	11733	10306.3	3437868	3046661	1959.8	200370	1452.7	320796	6550551	6391019

6.4.2 我国污水污泥农业利用现行标准

1984年原城乡建设环境保护部颁布了《农用污泥中污染物控制标准》GB 4284—84，限定污泥施用的期限为20年，干基污泥施用量30t/hm²。2009年，住房城乡建设部在该标准的基础上，颁布了《城镇污水处理厂污泥农用泥质》CJ/T 309—2009，将污泥分为A、B两级，分别对应食物链和非食物链，规定年累积施用量7.5t/hm²，最高连续施用10年，为我国污泥农业利用的现行标准，详见表6-13。

住房和城乡建设部 CJ/T 309—2009 农用污水污泥农用标准　　　　表 6-13

序号	控制项目	限值	
		A类	B类
污染物浓度限值（mg/kg）			
1	总砷	＜30	＜75
2	总镉	＜3	＜15
3	总铬	＜500	＜1000
4	总铜	＜500	＜1500
5	总汞	＜3	＜15
6	总镍	＜100	＜200
7	总铅	＜300	＜1000
8	总锌	＜1500	＜3000
9	苯并（a）芘	＜2	＜3
10	矿物油	＜500	＜3000
11	多环芳烃	＜5	＜6
卫生学指标			
12	蛔虫卵死亡率	≥95％	
13	类大肠菌值	≥0.01	
营养学指标			
14	有机质含量（g/kg干基）	≥200	
15	氮磷钾（$N+P_2O_5+K_2O$）含量（g/kg干基）	≥30	
16	酸碱度 pH	5.5～9	
物理学指标			
17	含水率（％）	≤60	
18	粒径（mm）	≤10	
19	杂物	≤3％（无粒度＞5mm的金属、玻璃、陶瓷、塑料、瓦片等杂物）	
施用作物			
20	—	可用于蔬菜、粮食作物、油料作物、饲料作物、纤维作物、果蔬等	禁止施用于蔬菜和粮食作物、可施用于油料作物、果树、饲料作物、纤维作物

其他要求：

（1）农田年施用污泥量累计不应超过7.5t/hm²，连续施用不应超过10年；

（2）湖泊周围1000m范围内和洪水泛滥区禁止施用污泥；

（3）蔬菜和根茎类作物收获前 30d 之内禁止施用。

6.4.3 与欧美有关法规的比较

我国农用泥质污染物最高浓度限值与欧美有关法规的比较见表 6-14。年污染负荷率、累积污染负荷率及施用年限见表 6-15。

各国农用污泥重金属含量标准（mg/kg） 表 6-14

重金属元素	中国				德国		欧盟	美国	法国
	GB 4284—84		CJ/T 309—2009		A 级	B 级	86/278/EEC	40CFR Part503	
	酸性土壤	碱性土壤	A 级	B 级					
Cd	5	20	5	15(20)	6	10	20～40	85	40
Cu	250	500	600(250)	1600(500)	800	800	1000～1750	4300	2000
Ni	100	200	100	200	200	200	300～400	420	400
Pb	300	1000	300	1000	900	900	750～1200	840	1600
Zn	500	1000	1500(500)	3000(1000)	2000	2500	2500～4000	7500	6000
Hg	5	15	13(5)	15	8	8	16～25	57	20
Cr	600	1000	600	1000	900	900	暂不定	暂不定	2000

年污染负荷率和累积污染负荷率的比较（kg/ha） 表 6-15

序号	重金属元素	年污染负荷率限值			施用年限			累积污染负荷限值		
		中国	美国	德国	中国	美国	德国	中国	美国	德国
1	As	0.225	2.0	—	10	20	—	2.25	41	—
2	Cd	0.023	1.9	0.01	10	20	—	0.23	39	—
3	Cr	3.75	—	1.44	10	—	—	37.5	—	—
4	Cu	3.75	75	1.28	10	20	—	37.5	1500	—
5	Hg	0.023	0.85	0.013	10	20	—	0.23	17	—
6	Ni	0.75	21	0.32	10	20	—	7.5	420	—
7	Pb	2.25	15	1.44	10	20	—	22.5	300	—
8	Zn	11.25	140	3.20	10	20	—	112.5	2800	—

从表 6-14 和表 6-15 中可以看出：德国农用污泥标准比欧盟和美国都严格许多，因而在德国多数选择了焚烧，污泥农用比例很低。德国标准体系值得借鉴之处在于，它以土壤保护法为框架，统管废弃物循环、污泥土地利用处置等相关法规，政策上具有协调一致性，所规定的污染物控制指标有严格的计算依据，干基施用量为每 3 年 $5t/hm^2$，可保证长期应用而不会造成土壤安全问题。在德国，污泥的土地利用只有在非常严格的监督下才能进行。法律明确规定了将执行的监督权授予第三方。

美国污水污泥土地利用标准比德国和欧盟都有所宽松，但有严格的管理体系。

（1）农用污水污泥中任何一种污染物浓度不能超过规定的极限值，任何一种污染物浓度与年度总施用量的乘积不得超出污染物年污染负荷率，施用点土地中任何一种污染物累积负荷率不得超出污染物累积污染负荷率极限值；

（2）按病原体的数量将农用污泥分为 A 类和 B 类。规定达到 A 类标准的处理工艺流程，并限制 B 类污水污泥土地利用点；

（3）必须满足减少对病媒动物吸引的要求；

（4）污水污泥的制备者和利用者都必须公开信息并发表保证声明，例如：

1）污水污泥制备人员必须在应用者进行第一次土地利用前，向计划应用地所在州的权威主管部门提供书面的说明，该说明必须包括：

① 以街道地址或经纬度形式给出的每一个土地利用点的位置；

② 污水污泥将被应用于该地的大概时间；

③ 污水污泥制备人的姓名、地址、电话号码；

④ 污水污泥土地利用人的姓名、地址、电话号码。

污水污泥制备者还须将信息单提供给接受人并发表声明，并至少将这些信息保留5年。

信息单必须包括以下内容：

① 污泥制备者的姓名和地址；

② 除非按信息单上的指导，否则不得将该污水污泥土地利用；

③ 不超出年污染负荷率的年总施用率；

④ 各种污染物质在该污水污泥中的浓度。

并作保证声明：

① 本人保证，所提供的信息被用于确定是否符合A类病原体要求及是否符合减少对病媒吸引的要求。这些信息是在本人的指导和建议下完成的，以按规定确保具备资格的人员能正确地收集和评价这些信息。本人知道如作虚假，将会受到罚款和监禁的严厉处罚；

② 描述如何达到A类病原体要求；

③ 描述如何达到减少病媒吸引的要求。

2）污水污泥的应用人必须公开如下信息，并至少将这些信息保留5年。

① 以街道地址或经纬度形式给出的污水污泥土地利用点的位置；

② 各利用点污水污泥利用面积的英亩数；

③ 各利用点污水污泥的应用时间；

④ 各污染物质在各利用点来自污水污泥中的累积量；

⑤ 各利用点污水污泥的需用量。

并作如下保证声明：

① 本人保证，用于确定符合减少病原体的要求的信息和减少病媒的要求的信息是在本人的指导和建议下完成的，以按照规定确保具备资格的人员能正确地收集和评价这些信息。本人知道，且又做虚假之保证，将会受到罚款和监禁的严厉处罚；

② 描述每个污泥应用点如何达到A类病原体要求；

③ 描述每个污泥应用点是如何达到减少对病媒吸引的要求的；

要利用B类污泥要描述如何使污水污泥应用点符合场所限制。

① 描述如何满足任何一种污染物质的累积负荷率不得超出极限的要求；

② 描述污水，污泥利用点如何达到管理准则的其他要求；

③ 描述施用B类污水污泥利用点如何符合场所限制的要求。

（5）泥质定期检测，规范检测方法；

（6）规定了施用土地的限制：

1）若污泥的土地利用可能对濒危物种或其特定的严格生长环境产生不利的影响，则不得在该地进行这种污泥土地利用；

2）污泥不得应用于经常泛滥、有冰冻或为冰雪覆盖的农业用地、森林、公众接触场所或再生地，以避免这些污泥进入湿地或其他水体；

3）除非得到许可部门许可，污泥不得应用于水体 10m 范围内的农业用地、森林或再生地；

4）污泥所应用的农业用地、森林、公众接触场所或再生地的总污泥施用率必须等于或小于该地污泥施用的累积限值。

6.4.4 我国污水污泥农用标准的缺憾

我国污泥农用标准是世界上最严格的标准。污泥中各种污染物浓度极限值、由污染物浓度限制和施用年限反推得到的年污染物负荷率限值，累积污染物负荷率限值，都是美国、欧洲等地区标准的几分之一到数十分之一；与西方最严格的国家德国的标准相比，虽然年污染物负荷率限值是其两倍到三倍，但我国施用年限限制为 10 年，而德国是在良好的管理下长期施用。我国是世界上最严格的污水污泥农用标准的国家，同时又没有详尽的管理法规，缺乏操作性。所以，污水污泥难以回到农田得以生态循环。

（1）泥质污染物浓度限制缺乏科学根据和理论计算。

我国只规定了污染物浓度限制和施用年限，并未规定年污染物负荷率限值、累积污染物负荷率限值，也缺乏土壤年污染物浓度限值。污染物浓度限制和施用年限缺乏科学根据和理论计算。

（2）对污水污泥制造者、利用者及对施用的土地都没有明确系统的管理要求。

（3）对施用点的施用量、年污染物负荷量、累积污染物负荷量没有记录档案要求。

（4）我国污水污泥农用标准缺乏实用性和可操作性。

（5）各地方、各部门对污水污泥农用没有积极性，从中央到地方没有一个部门担当污水污泥农田生态循环的重任，没有责任主体。

6.5 污泥处置方式的选择

6.5.1 污泥处置方式的比较

调查表明，建设规范的无害化污泥单独填埋场投资较高，1 座处理量为 1000t/d 的污泥单独填埋场（以 20 年的使用期计）需投资 0.5～2 亿元，处理成本（含投资成本）达 15～30 元/t（未考虑污泥填埋的后续环境管理与处理成本）。污泥填埋后续问题较多，且涉及多个部门的管理权限，往往在监管和污染控制方面存在漏洞，导致问题更加突出。同时，填埋要占用大片土地，污染地下水，产生恶臭气体污染环境，已被欧美各国所抛弃。

与其他处置方法相比，污泥焚烧可迅速和较大程度地使污泥达到减量化。焚烧可将污泥体积缩到最小（约为原体积的 5%），焚烧灰可作陶粒及建筑材料。虽然焚烧法与其他方法相比具有突出的优点，但随着焚烧工艺的使用，其存在的问题也日渐突出。焚烧所产生的废气中含有二噁英、悬浮的未燃烧或部分燃烧的废物、灰分等少量颗粒物，未完全燃烧产物有 CO、H_2、醛、酮和稠环碳氢化合物，以及氮氧化物、硫氢化物等是大气污染的元凶。在我国，焚烧炉的建设费昂贵，运行耗能大，也使众多中小城市望而却步，这也制约了污泥焚烧技术的实际应用。在渐为严格苛刻的污泥焚烧排放标准法案的要求下，已渐渐转向土地利用。

污泥的土地利用，尤其是污泥农业利用目前在欧美各国已被大力推广，比例已达到或接近50％。毫无疑问，科学客观的认知和严格负责的管理是城市污水处理厂污泥土地利用得以健康和有序发展的根本。目前，国内还未制定具有法律效力的城市污泥土地利用法规性文件，利益相关方和管理方处于资源和责任之间的长期博弈，对城市污泥土地利用争议的出发点差异较大，导致迟迟未能达成共识。目前已制定和颁布了城市污泥的农用、林用、园林绿化、土地改良等系列泥质标准，以及综合性城市污泥处理处置技术指南《城镇污水处理厂污泥处理处置技术指南（试行）》和污染防治技术指导《城镇污水处理厂污泥处理处置污染防治最佳可行技术指南（试行）》、《城镇污水处理厂污泥处理处置及污染防治技术政策》。这些偏重技术性或环境风险预防的规范文件缺乏强制性，其认可度和实际执行力度有待确认和加强。由此可见，我国污泥的处理、处置正在起步，需有一个健康的开端。

化肥便捷、丰产，为农民所喜爱，需求量也不断增大。但随着磷矿资源的枯竭，生产成本将逐年提高。不久的将来，终有无源之水的一天。长年只施用化肥没有有机肥补充，土壤肥力耗尽就会板结，贫瘠，农业最终将不可持续。除此之外，化肥的施用量仅有约20％～30％能被作物吸收，70％～80％被雨水径流带走，污染地下、地表水体。从循环经济及人类社会可持续发展的角度看化肥的大量生产和施用其实是对自然生态的一种毁灭性的破坏。正因为化肥生产的粮食和蔬菜既不好吃也不好储存，农民虽喜爱化肥的便捷和高产，但自家吃的仍然是农家肥生产的粮食和蔬菜。

植物需要的大部分营养物质来自土壤和肥料，而污泥中含有植物所需的养分和微量元素，因此污泥可以作为有机肥施用于土地，增加土壤肥力，促进作物的生长，可以解决当今滥施无机化肥造成的土壤肥力下降及用地和养地的矛盾。污泥是包含营养物、微量生理元素、有机物的生物固体，是一种良好的肥料，因此回归农田是自然规律；同时污泥又含有重金属、病原体等阻碍了回归农田。所以，应引导全社会客观认知城市污泥土地利用中所面临的正反两方面问题，建立和完善长时间尺度（10年以上）的风险评估机制，研究和制定具有强制执行力的保障性法规政策，促使污水处理厂污泥、厨余垃圾、畜禽养殖业粪便经过规范化处理后回归农田作肥料。这不仅是遵循资源循环利用理念，也是农业可持续发展的需要，更是污泥处置方式的必然选择！

6.5.2 污泥规范化处理与处置

为了实现污泥中营养物质最大程度的再生循环利用，并限制病原菌、重金属和持久性人工合成有机物进入土壤，首先要在排水系统源头防止重金属等有害物质进入管网。工厂废水必须经局部除害处理，将重金属除掉，将有毒有害的污染物除掉，达到工业废水入网水质标准，方可排入市政管网。然后，对污水处理中产生的污泥必须进行规范化的处理，方可农用。

1. 污水处理厂内污泥处理

污水处理厂内污泥处理是污泥堆肥的预处理。国内外已有上百年的成熟技术和经验。污水处理过程中产出的固态产物有：沉砂池沉砂，初沉池污泥（含水率92％～95％）和二沉池剩余活性污泥（含水率 99.2%～99.5%）。

剩余活性污泥应经浓缩将含水率降至 98% 以下，然后与初沉池污泥一起进入污泥消化池，进行为期 30 天的厌氧发酵。污泥消化分为两个阶段，第一个阶段酸性消化阶段，高分子有机物在兼性厌氧菌胞外酶作用下进行水解和酸化，将多糖分解为单糖，蛋白质分解为肽和氨基酸，脂肪分解为脂肪酸等。第二个阶段碱性消化阶段，由专性厌氧菌将在第一阶段消化过程产生的中间产物分解为二氧化碳、甲烷和氮。在初步稳定化的同时回收了部分能量甲烷（CH_4）。

消化后污泥含水率可达 95%，经脱水后的湿污泥含水率约 80%，可以储存和运输。一般地，污水处理过程所产生的含水率约 80% 的污泥量大约为污水量的 0.07%，而干污泥仅为污水量的 0.014%。

2. 污泥好氧堆肥

堆肥化是利用自然界广泛存在的细菌、放线菌、真菌等微生物，有控制地促进污泥中可生物降解的有机物向稳定的腐殖质转化的微生物学过程。堆肥过程中，各种有机物质在酶的作用下，转化为小分子有机化合物形成对土壤结构有利的腐殖质以及 CO_2、氨、水和无机盐等可为植物吸收的化学形态。施用农田后，在土壤微生物的进一步作用下，能迅速被植物吸收。堆肥过程中在增加有益微生物种群的同时，还将其中的病原菌和寄生虫卵杀死。堆肥化的产品称为堆肥污泥，可以作土壤改良剂和有机肥料。堆肥化可消除臭味，杀死病原菌和寄生虫卵，降解大多数毒性有机物，固化和钝化重金属，改善物理性状，降低含水量。堆肥后的物料疏松、分散，呈细粒状，便于储藏、运输。污泥堆肥的基本流程如图 6-6 所示：

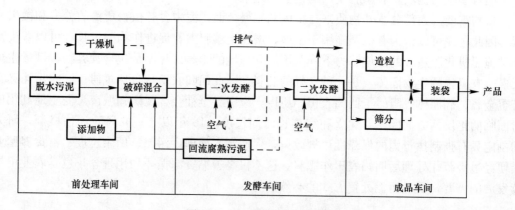

图 6-6 污泥堆肥的基本流程

堆肥流程由前处理车间、发酵车间、成品车间组成。

（1）前处理车间

由于生污泥不是疏松的物料，自由空隙小，不利于通风供氧，使发酵处于厌氧发酵而易产生恶臭，从而达不到好氧堆肥的目的。因此除污泥作为堆肥的基质之外，还要根据污泥的组成和微生物对堆肥物料中 C/N、C/P、颗粒大小、水分、孔隙率和 pH 等的要求，加入一定量的调理剂和膨胀剂，保持一定水分，然后进行堆沤。堆肥不限于规模化的堆肥厂，个体农户如将脱水污泥与农家肥一起或单独堆肥也应予鼓励。

发酵控制条件是微生物群系活性的因素，主要有营养、水分、空气、温度和 pH。

1）调节含水率

含水率50％～60％为最佳条件，水分过低微生物活性下降，有机物分解缓慢，当水分小于12％～15％时，微生物几乎停止运动，但水分大于65％时，水充满物料颗粒间的间隙，堵塞空气通道，空气量减少，好氧发酵转为厌氧发酵，温度下降，形成发臭的中间产物。污泥脱水泥饼含水率一般为80％或更高，必须调节到55％～60％方可进入到好氧发酵工序。含水率调节方法有：添加干物料（调理剂）、成品回流、热干化、晾晒等。

2）调节C/N

在发酵过程中，有机物碳氮比对分解速度有重要的影响。根据对微生物活动的平均计算结果，可知微生物每合成一份体质细胞，要利用约4份碳素作为能量。

细菌细胞的碳氮比一般为5:1～10:1。好氧发酵最适宜的C/N比为25:1～35:1。一般污泥C/N为10:1～15:1，所以污泥堆肥必须进行C/N调节，调节的方法是向脱水污泥中加入含碳较高的物料，如木屑、秸秆粉、落叶等。C/P比例应控制在（70～150）:1的范围。

3）pH调节

在中性或微碱性条件下，细菌和放线菌生命活动最强烈，污泥发酵pH应控制在6～8的范围内，且最佳的pH为8左右，当pH≤5时，发酵就会停止。污泥一般情况下为中性，不用特意调节。发酵过程中间pH有波动，发酵结束后的pH几乎都在7～8之间，pH还可作发酵熟化的控制指标。

（2）发酵车间

发酵分为一次发酵和二次发酵。在一次发酵槽中的发酵初期，由于分解有机物产生热量，堆体温度很快达到30～40℃，嗜温菌较为活跃，大量繁殖。它们在利用有机物的过程中，有一部分转化为热量，由于发酵物料具有良好的保温作用，一般堆积发酵2～3d后，温度就可升至50～60℃。在这个温度下，嗜温菌受到抑制，甚至死亡，而嗜热菌的繁殖进入激活状态，大量繁殖，在高温发酵持续稳定的时间内，腐殖质开始形成，达到初步腐熟。各种病原菌、蛔虫卵、寄生虫、孢子及杂草种子等，都可在60～70℃湿热环境下，经5～10min被消灭。在60℃时，持续30min后，大肠杆菌和沙门氏菌可减少6个数量级。因此，高温菌的作用不仅仅加快了分解速度，堆肥过程的高温效应还杀灭了对人体有害的病原菌、蛔虫卵、杂草种子等，减少了堆肥产品对作物和人体的危害。在后发酵阶段（二次发酵）由于大部分的有机物在主发酵阶段（一次发酵）已被降解，发酵不会有新的能量积累，堆层一直维持在中温，这时发酵产物进一步稳定，最后达到深度腐熟，一次发酵和二次发酵都需要一定时日。

条垛式发酵工艺：强制通风静态发酵周期不少于30d；强制通风动态发酵周期是15d左右。发酵槽式发酵工艺为10～15d发酵期。二次发酵时间为30～60d。《粪便无害化卫生标准》GB 7959—87要求在好氧发酵装置中，维持50～55℃以上温度达5～7d。

（3）成品车间

发酵成熟的标志是物料呈黑褐色，无臭味，手感松散，颗粒均匀，蚊蝇不繁殖，病原菌、寄生虫卵、病毒以及植物种子均被杀灭。发酵腐熟度定量标准正在研究中。堆肥产品腐熟污泥的含水率应为30％～40％，含水率过高不便于施用和运输，过低易产生扬尘。有机物含量以BOD计应为30g/kg DS，有机物含量过高会在施用的土壤中急速分解，有害于根系发育，有发生腐根病的危险。腐熟污泥的 C/N 比应在 20 之下，过高会产生氮营养不足，影响土壤微生物的繁殖。

在成品车间，为提高产品质量对腐熟污泥作进一步加工，进行筛分和造粒。筛分去除一些未充分腐熟的大块污泥，回收部分添加物料，使产品粒径均匀。造粒是利用造粒机将堆肥产品腐熟污泥加工为 3～10mm 的圆柱形颗粒，更便于农业机械施用，同时也可防止扬尘，改善运输、储存和施用的工作环境。

发展规模化堆肥场，工业化生产堆肥产品腐熟污泥是我国污水污泥处置的主要方向。

6.6 我国污泥农业生态循环利用的前景

作为营养物质和能量载体的污泥农业生态循环利用是一个长期的系统工程，关系到农田生态系统的平衡、粮食安全和农业可持续发展。污泥施用农田之前必须消除其有害物质，即病原体、重金属、难降解有毒有害有机物。从卫生防疫学、作物质量、生物链积累等方面来保证人体健康，保护土壤健康。因此，我国污泥农业利用的前景如何，取决于政府、农业部门、农学家、环境学家和公众的共同努力。

（1）开展循环经济和清洁生产。

建立工业企业内部、企业间和工业园区生态循环经济链，发展清洁生产。减少废水产生量。同时，对产生的废水进行物质回收和无害化处理。企业和工业园区排放水必须达到进入市政管网的水质要求，方能入网。从源头上控制有害有毒物质进入污泥之中。

（2）取缔危害人类健康繁衍的人工合成难降解有毒有害有机物的生产。

（3）制定规范化的污泥处理与处置方法。

除严格执行现行的污水排放标准和规范化净化流程之外，还必须建立污泥厂内浓缩、消化、脱水和厂内外堆肥化的规范化流程及标准。将适宜农业利用的发酵污泥供农民施用。

（4）完善《城镇污水处理厂污泥泥质》CJ 247—2007 和《农用污泥中污染物控制标准》GB 4284—84。

在促进污泥生物固体农业生态循环利用的前提下，考虑长期施用后对土壤微生物、动物的影响，生物链对人体的影响和对土壤结构的影响。参考国外发达国家长期使用污泥作农业肥料的经验，合理确立各项泥质标准，不可苛求。

（5）建立污泥施用农田的详尽操作规程。

明确规定只有经规范化处理的堆肥产品发酵污泥，达到农用泥质标准后方可施用。确立单位面积施用量、施用年限、单独或与化肥混用施用的方法，确立作物质量标准和长期施用土壤结构标准。

（6）建立污泥农田循环利用的长期监测和管理体系。

污泥土地利用存在一定风险，一般而言污泥的有害成分进入土壤后不会立刻表现出其不利影响。一次施用污泥后有害成分的含量一般不会增加很多，但是如果长期大量施用，其负面效应就会明显地表现出来。因此污泥土地利用必须要严格按照国家相关标准和规定进行长期定位监测。可靠的监测和管理体系在很大程度上是污泥土地利用使生态安全、人群健康的可靠保障。

污泥土地利用监测的对象为污泥、污泥施用后的土壤、土壤中的植物等。根据需要还可以进行附近地表水及地下水的监测。

首先应加强对污泥本身的监测，符合条件的污泥才允许施用。其次，对污泥施用前后土壤的监测，主要包括：重金属（砷、铬、钙、铜、铅、汞、钼、镍、硒、锌等）、总氮、硝态氮、营养物、有机污染物等定点长期检测。同时还要对病原菌（诸如粪大肠菌、沙门氏菌属的细菌、肠道病毒、有活力的蛔虫卵）和带菌的动物和昆虫（鼠类、鸟类和苍蝇等）进行长期监测，这些带菌体能被污泥的气味和易腐性所吸引，可将病源生物从污泥传染给人类。一般用污泥中挥发性固体的降解率来表征对带菌体吸引减少的指标。明确检测频率、取样和分析的工序，建立严密的质量保证控制体系。可委托有资质的监测单位在污泥施用前对污泥施用场地的土壤、地下水、大气环境背景值进行监测，并报当地环境保护主管部门备案。施用后对施用污泥的土壤、地下水以及作物等进行长期定点监测，保存记录 10 年以上。明确污泥土地利用产生的短期或长期正面和负面影响。

（7）建立污泥农用法规体系。

明确污泥各相关方的法律责任，污水处理厂及污泥处理公司应记录其最终产品的去向，对发酵污泥泥质负责并有义务监测和评价相关的环境影响。政府主管部门制定一些具体管理措施，保证污水污泥的合理利用，以及对人类健康和环境的保护。

（8）鼓励农民施用有机肥生产绿色农产品。

农民施用有机肥生产农产品可高价出售或由政府给予补贴。

政府、堆肥产品生产者、利用者各负其责，共同开拓我国污泥农业利用的广阔前景。由此，可持续的绿色农业，可持续发展的城市，可持续的社会就可建立和维持。

6.7 我国城镇生活垃圾处理处置方向和厨余垃圾归田

6.7.1 我国城市垃圾处理处置现状

2000～2009 年我国城市生活垃圾年产生量基本稳定在 1.5 亿 t 左右，见表 6-16。人均日产量为 1.2kg（年产量 440kg）。至 2011 年我国 657 座设市城市和 1636 座县城共清运生活垃圾 2.24 亿 t，其中城市 1.64 亿 t，县城 0.6 亿 t。生活垃圾中厨余垃圾占 50%以上，且以年均 8%～10%的速度增长。每年除了要处理这些新产生的垃圾外，还有历年累积的 60 多亿 t 有待处理。因此，许多城市已逐渐被垃圾包围。

城市生活垃圾以混合清运和处理为主。处理方式有填埋、焚烧和堆肥。至 2011 年全国有填埋场 547 座，实际处理量 1.0 亿 t/a；焚烧厂 109 座，实际处理量 2600 万 t/a；堆肥厂 21 座，实际处理量 427 万 t/a。填埋、焚烧、堆肥的比例为 77∶20∶3，且堆肥呈萎缩的趋势。填埋会导致区域地下水污染，并时有瓦斯爆炸事故；焚烧会产生很多有害气体，如致癌物质二噁英、温室气体和氮氧化物等，以能耗高，造成了严重的二次环境污染和资源浪费，至今仍没有找到适当的出路。

全国一些大城市生活垃圾成分见表 6-17。从表中可以看出，高有机物的厨余含量大是城市生活垃圾的共同特点。

我国近几年各省城市生活垃圾的清运量（万 t）　　　　　表 6-16

地区	2003 年	2004 年	2005 年	2006 年	2007 年	2008 年	2009 年
中国	14857	15509	15577	14841	15215	15437.7	15733.7
北京	454.5	491.0	454.6	538.2	600.9	656.6	656.1
上海	585.3	609.7	622.3	658.3	690.7	676.0	710.0
天津	171.8	181.6	144.8	155.2	165.0	173.8	188.4
重庆	215.3	237.2	237.6	243.9	200.5	225.2	224.3
黑龙江	1042.9	1059.7	1125.8	1006.2	963.2	898.6	912.4
安徽	406.8	466.8	476.6	405.0	400.2	426.9	432.8
浙江	674.7	705.2	762.5	687.7	772.0	806.8	925.6
福建	265.4	290.5	303.0	318.4	376.1	399.0	392.4
广东	1447.0	1561.5	1722.6	1648.2	1833.8	1868.4	1960.6
河南	651.2	681.5	756.7	722.6	737.5	757.0	679.5
河北	713.1	741.0	680.1	678.2	686.5	662.8	678.1
湖南	443.9	488.9	486.0	510.0	511.2	542.8	511.9
湖北	813.4	891.3	885.2	695.4	673.2	680.8	680.6
四川	544.1	579.9	600.7	527.1	548.5	551.0	590.0
云南	197.6	200.1	205.7	218.3	256.6	283.7	282.1
西藏	38.0	38.0	44.5	150.0	21.9	23.0	22.9
陕西	350.7	350.2	370.7	290.0	333.3	319.7	356.2
山西	601.5	592.4	619.7	468.6	365.1	354.1	374.6
新疆	333.9	345.3	343.6	307.2	340.2	292.6	298.2

我国一些城市生活垃圾组分（％）　　　　　表 6-17

城市名称	有机成分					无机成分			
	厨余	纸类	布类	塑料	竹木	金属	玻=瓷	灰渣	其他
北京	61.13	11.3	4.28	13.64	3.36	0.64	1.60	0.13	3.92
武汉	57.74	5.06	1.15	9.51	0.9	3.18	4.24	18.5	—
重庆	78.0	5.4	1.1	5.0	0.4	1.2	3.9	1.0	4
上海	71.56	7.11	2.57	12.26	1.17	0.68	3.09	1.40	0.16
徐州	58.74	5.21	10.85	—	0.69	0.94	20.8	—	2.78
杭州	61.51	7.18	2.01	14.51	1.31	0.81	3.42	9.13	0.12
沈阳	73.95	6.06	2.86	10.29	0.60	0.50	3.75	1.88	0.11
厦门	64.06	3.62	1.42	11.64	1.09	0.7	6.32	3.55	7.6
无锡	64.00	9.2	—	15.5	3.55	0.5	7.25		
南京	52.00	4.90	1.18	11.20	1.08	1.28	4.09	20.64	3.63
昆明	80.00	11.24	1.17	1.96	—	0.7	1.68	3.12	—
合肥	66.48	3.78	1.88	17.98	0.30	0.10	0.91	1.90	6.68
广州	63.00	4.80	3.60	2.80	14.10	3.90	4.00	3.80	—
深圳	60.00	8.50	1.42	12.93	5.04	1.20	2.60	7.28	1.03

　　厨余垃圾是居民在生活消费过程中形成的食品废弃物，主要包括餐前食品加工时产生的残余物和餐后废弃的剩饭、剩菜。厨余垃圾的自身特点是具有显著的废物和资源的二重性。含淀粉、脂肪、蛋白质、纤维素等有机物，氮、磷、钾、钙以及各种微量元素，有毒

有害化学物质（如重金属等）含量少，营养丰富，是制作动物饲料和有机肥的丰富资源。同时，腐烂变质速度快，易滋生病菌，处理处置不当，易造成病原菌的传播和感染。

据统计数据，全国城镇每人日约产生厨余垃圾 0.8kg，厨余垃圾中含碳 12%～38%、氮 0.6%～2.0%、磷 0.14%～0.2%、钾 0.6%～2.0%。全国城镇人口按 6 亿计则年产厨余垃圾 17520 万 t，含碳 3504 万 t、氮 175 万 t、磷 31 万 t、钾 150 万 t，是巨大的农业肥源库。厨余垃圾和污水处理厂污泥一样，来自于农田生态系统，如果能经规范化堆肥处理，回用农田作肥料，可以回收营养物质和能量，利于农田生态系统物质与能源的平衡。

6.7.2 国外城市生活垃圾的处理方式

欧洲各国十分重视对厨余垃圾进行回收利用，并建立了完备的收集处理制度。比如，丹麦从 1987 年开始鼓励对厨余垃圾回收利用，荷兰于 1996 年起禁止国内垃圾处理厂对厨余垃圾进行填埋处理，而改用好氧发酵对厨余垃圾进行处理。1999 年，欧盟出台了禁止直接填埋处置可生物降解型垃圾的填埋指令，并且制定了一系列针对可生物降解型垃圾的政策，以鼓励通过回收、堆肥等填埋以外的方式处置生活垃圾中的厨余垃圾，这些方式随后为许多成员国逐渐采纳。

在国际上，德国是城市厨余等有机垃圾管理较为成功的国家之一。德国对厨余垃圾进行分类收集，从而在源头上将厨余垃圾与其他垃圾分离开，这就为堆肥处理提供了有利条件。

德国的《循环经济与废物管理法》和《垃圾防治和管理法》是德国垃圾管理立法的基石，在此基础上又制定了多项条例、指南、指令，构成了城市生活垃圾处置立法体系（如图 6-7 所示）。

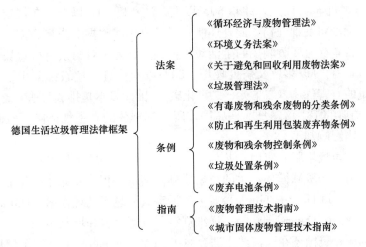

图 6-7　德国城市生活垃圾处置立法体系

通过法律的制定和实施、实践完成了德国生活垃圾由末端治理到源头削减、循环使用和最后处置的全方位管理模式的转变。贯彻"先避免产生，再循环利用，最后末端处理"的原则。1991 年制定的《防止和再生包装废弃物条例》，明确产品生产者和销售者有回收容器、包装废弃物的法定义务，特别强调对包装废弃物的回收与再利用，预防和减少包装废弃物的产生，并通过市场调节作用来实现能够循环利用的尽量重复使用或再生利用，对那些不能重复和再生利用的垃圾才进行填埋或焚烧。1996 年，德国又通过了《循环经济和废物管理法》，使得"绿色包装"的实施有了法律保障。

瑞典垃圾资源化的效率和能力处于世界领先地位。每年除了1％的垃圾无法利用外，其他的垃圾均经过垃圾处理厂变废为宝。其中36％的垃圾被回收使用，14％的垃圾用作肥料，49％的垃圾作为能源被焚烧转化为热能和电能。当前，瑞典垃圾焚化炉的产能日益增高，垃圾转化为能源的效率很高，高到本国垃圾已经不够用，要从别国进口垃圾。据悉，瑞典每年进口的垃圾量达80万t，大多数来自邻国挪威。

爱尔兰则是将厨余垃圾和其他有机废物统一进行收集，并根据不同的特性进行分类堆肥。英国很早就将厨余垃圾集中起来，堆肥发酵，使之成为有机肥料。

日本2000年通过的《循环型社会形成推进基本法》确立了21世纪社会经济发展的方向，把城市生活垃圾定义为可循环利用的资源。

在日本城市生活垃圾中，各种容器和包装占据了总量的66％。1996年通过的《容器包装再生利用法》的实施，使废弃包装物的回收率高达3/4以上。

日本政府为了最大限度地减少生活垃圾焚烧或填埋对环境造成的污染，最大限度地实现生活垃圾再利用，制定了严格细致的生活垃圾分类标准：

①家庭厨余垃圾；②瓶、罐等容器；③塑料资源垃圾；④报纸、书刊、纸箱板等；⑤小型金属；⑥各种家用电器；⑦电池类。

这些分类的垃圾分别放置于指定地点，由专门人员回收。并且垃圾分类已经融入百姓生活之中。日本《包装容器回收再生法》规定生产者有回收产品废物的法定义务。在执行利用押金返还等手段鼓励消费者回收包装容器的同时还要限制过分包装的虚假商业行为。

日本从2001年起制定实施《家电回收再生法》，规定生产企业产品回收利用率为：空调60％以上，电视机55％以上，冰箱50％以上，洗衣机50％以上。在规定时间内生产企业若达不到上述标准将受到处罚。此外还制定了《汽车回收再生法》等。

虽然如此，日本除可回收利用的生活垃圾再利用之外，对厨余有机垃圾却采取了焚烧的处理方式。日本有1900多座焚烧处理厂，80％以上的有机垃圾都采用了焚烧处理，焚烧后排放了大量的有害气体（二噁英、二氧化碳），因此日本是排放二噁英最多的国家，是德国的12倍，瑞典的181倍。日本是岛国，所以其排放的有害气体随大气环流贻害于周边国家，而对本国影响却不大。

美国非常注重垃圾堆肥的应用，尤其是庭院垃圾堆肥和厨余垃圾堆肥等方式在美国应用很广，而且成为废物资源循环再生的重要措施。美国环保署发布了《堆肥指南》（Composting Fact Sheet and How-to Guide）、《大型活动餐厨垃圾处理指南》（Guidance for Special Event Food Waste Diversion）等，详细规定了堆肥材料和堆肥步骤。为了解决堆肥可能带来的环境问题，美国还在《清洁水法》（Clean Water Act）中规定了堆肥的一系列标准。对于没有足够室外堆肥空间的家庭，美国还发明了室内堆肥器。这种堆肥器在普通五金店就可以随手购买，并且在室内使用不会使堆肥散发出任何异味。世界各地都把厨余垃圾堆肥后归田视为垃圾的正当归宿。

6.7.3 我国生活垃圾处理处置方向

德国的"先避免产生，再循环利用，最后末端治理"的原则可以借鉴；日本严格细致的生活垃圾分类标准，并且融入百姓生活之中的做法，可以学习；美国庭院垃圾堆肥和厨余垃圾堆肥的广泛应用，也可效仿。因此，我国的生活垃圾处理处置方向为：

（1）建立严格可操作的垃圾分类制度

我国生活垃圾的主要成分是厨余垃圾（占一半以上），包装容器垃圾也越来越多。因此，首先要实现严格的垃圾分类收集和储运制度，把厨余垃圾和其他生活垃圾分离出来。垃圾分类理念在《中华人民共和国环境保护法》、《中华人民共和国固体废弃物污染环境防治法》、《垃圾处理产业化意见》、《城市市容和环境卫生管理条例》及《城市生活垃圾管理办法》等国家法律法规以及各地方法规中都有体现，但都缺乏对垃圾如何分类收集、分类运输、分类处置等实施细则的规定，可操作性亟须完善。

（2）厨余垃圾与城市污水处理厂污泥一起堆肥，然后回归农田做肥料

厨余垃圾都是食物残渣、废液、废弃油脂，饱含营养素和有机物以及碳水化合物，通过调节混合堆肥原料的 C/N 比，可成为上好的堆肥原料。所以，厨余垃圾堆肥后做肥料是最好的归宿。

（3）建立包装容器和家电回收法规

明确商品制造商、销售商承担包装容器的重复和再利用的法定义务，限制商家过分包装的虚假商业行为，鼓励消费者回收包装容器的积极性。

（4）生活垃圾中除了厨余、包装废弃物之外剩余的纸类、金属、塑料、玻璃等应尽量回收，相关部门或机构可以较高的价格收购。

综上，不能回收再利用的生活垃圾所剩无几，可埋之，可焚之！

第7章　恢复城市雨水自然循环途径

地球上水是在水圈、大气圈、岩石圈和生物圈中做不休止的循环运动。降水是水自然循环的重要环节，是地下、地表径流的唯一源泉，也是人类水资源的唯一来源，所以，降雨就是水循环，就是水资源。暴雨占降水的大部分，尤其是北方的干旱、半干旱地区，暴雨占全年雨量的 60%～70%，所以暴雨和雨洪是水资源的重要组成部分。人类要与暴雨雨洪共存并使之为人类服务是现代人的重要工作之一。

在人类几百万年的生存史中，在城市没有形成之前，甚至在现代大都市没有形成之前的绝大部分时期里，人们在靠近泉眼、湖泊、河川且不为洪水所淹之地，择地而聚居。村落、街道多为因势而成，不存在为水浸的严重问题。只有当城市形成尤其是现代大都市无限扩张之后，不断侵占池塘、湿地、草场和森林，城市中心区域人口高度集中、楼宇密集，城市规划设计无序……阻断了雨洪自然循环的通道，才产生了城市内涝之害。

2004 年 7 月 10 日，一场强降雨侵袭北京，部分城区交通瘫痪、供电中断，造成了十几亿元经济损失；2011 年 6 月 23 日，北京遭遇了一场 10 年以来的最大暴雨侵袭，29 处桥区出现严重积水，22 处路段因积水无法通行，交通中断；2012 年 7 月 21 日，60 年一遇的强降雨侵袭北京，城区降雨量 212mm，最大降雨量 519mm，内涝造成交通中断，77 人遇难。

2007 年杭州主城区遭遇 40 年一遇强暴雨，1503 户居民家中进水，53 处道路积水，40 多个路口因积水过深失去通行能力，150 辆汽车在水中熄火，受灾人口数超过 21 万人，直接经济损失达 3.1 亿元。

2011 年 6 月 18 日，武汉出现 191mm 的日降雨量，相当于 15 个东湖水量，全城 80 多处路段严重积水，城区交通近于瘫痪，如此等等。

暴雨、径流、雨洪都是地球水循环的自然现象，是不依赖人类的意志而改变的。但现代人不愿和几百年前一样与雨洪共存，所以，近年来各大都市暴雨内涝灾害其实是这些城市极度畸形发展的结果。亡羊补牢，在大量雨洪内涝灾害造成惨重生命财产代价的教训面前，我们应深刻反思，现代城市是怎样侵占雨水径流的存身之所，是怎样阻断了雨水循环的途径，如何再建立起不受暴雨雨洪浸害的安全城市，以此为循环型城市的建设提供基础。

7.1　城市内涝成因

7.1.1　极端高强度暴雨频发

近年，我国城市上空高强度、集中大暴雨降水事件常有发生。上述北京"04·07·10"、"11·06·23"、"12·07·21"暴雨，以及上海"05·08·25"暴雨、济南"07·07·

18"暴雨，均为几十年甚或百年一遇；2014 年广州市"5·7"特大暴雨，从 5 月 6 日 19：15 至 7 日 3：45 止，全市平均降雨 107.7mm，市区平均降雨 128.45mm。我国频繁发生的极端暴雨固然和近年来变化莫测的气候有关，但更深层的原因还是人类社会活动造成的。

1. 全球变暖

极端降雨频发，不仅发生在我国某些地区，而且在世界各地也多有发生，其原因之一就是全球气候变暖。近年来人类大量排放温室气体，导致全球气温变暖，大气中饱和蒸汽压增高，空气之中含有更多的水分，增加了大气中的潜在降水量。另一方面，靠近地面的低空大气受温度变化的影响显著，气温高于上层大气，于是使大气对流运动更激烈，在激烈的大气对流下，更容易产生和发展携带强降雨的雨云。

全球变暖继续下去，会使将来的极端天气，台风和暴雨继续增加。据日本气象学者估计，即使在低碳社会的努力下，21 世纪中叶，全球 CO_2 的排放量还要继续增加。2100 年大气中 CO_2 的浓度将达到 700ppm。如图 7-1 所示，日本预测全国各地在 2076～2095 年超过 50mm/h 的强降雨年均天数与现在相比将有明显增加。

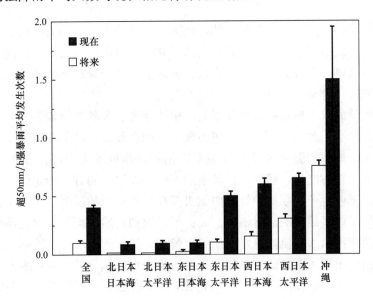

图 7-1　日本现在（■）和将来（□）超 50mm/h 强暴雨年均发生次数
资料来源：气象厅地球温暖化预测情报第 8 卷 2013

图 7-2 为全球热带低气压出现的频率和强度（以风速为标准），由图明显看出，由于全球变暖的影响，且随着海水温度的增加，小强度的热带低气压出现的次数减少，而高强度热带低气压出现的次数大增，据此强台风带来的每年突袭式的暴雨次数定会增加。预计在 21 世纪末中纬度大陆地区强降雨的频率和强度都会增加。

2. 城市热岛效应

城市化似乎是人类社会发展的趋势。我国城市化进程更为国内外所瞩目，然而城市化与城市地区的暴雨直接相关。

目前，全球大约 50％的人口居住在城市，城市消耗了全球大约 75％的能源，产生了 80％的温室气体，城市中排放的二氧化碳占全世界排放总量的 75％以上。正常的空气中含

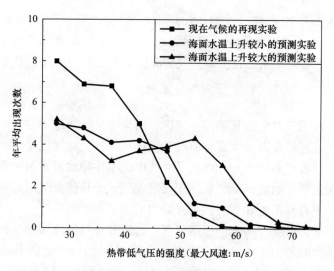

图 7-2　在全球变暖趋势下不同强度热带低气压年出现频率

资料来源：日本气象研究所 2007

21％氧气和 78％氮气，另 1％是其他气体，而城区大气中 CO_2、CO、SO_2、NO_x 等温室气体的含量却很高。城市工业生产、工程建设活动和过度集中的人口，不但向城市大气中排放了大量的温室气体，还排放了更多的尘埃，城区上空悬浮颗粒物密集，大气中微细颗粒不但是雾霾的成因，也是水蒸气凝结的"核心"。

　　城市内有大量的人工构筑物，如混凝土、柏油路面、各种建筑墙面等，这些人工构筑物吸热快而热容量小，改变了下垫面的热力属性。如在夏天里，草坪温度 32℃、树冠温度 30℃ 的时候，水泥地面的温度可以达到 57℃，柏油路面的温度更高达 63℃。这样的下垫面强烈地吸收太阳辐射能量，然后再将其中的大部分以辐射的方式传送给大气，使空气得到过多的热量。工业生产、家庭炉灶、内燃机等在消耗能源的同时，排放了许多废热，又使城市区域增加了许多额外的热量输入。失去了湿地和自然水面、自然地面的城市，其硬化了的地面又快速把雨水径流排走，促成了干燥和炎热，于是城市气温逐年上升，比周围地区高数度，由此出现了明显的"热岛"现象。到 2025 年，全球 60％ 的人口将居住在城市。随着世界各地城市的发展和人口的稠密化，"城市热岛效应"变得日益突出。热岛效应已成为城市气候最明显的特征之一。

　　高热的城市地面和高温的大气增加了城市上空空气水分，并促进了大气的对流。在充满着尘埃和各种污染物颗粒的上空，又给暴雨雨云的产生和发展增加了许多几率。大气水分增加、对流剧烈、污染物颗粒浓度高，促进了城市强暴雨的形成，城市热岛现象与暴雨频发有着直接的因果关系。

7.1.2　城市阻断了雨水循环的自然途径

　　在城市化之前，大地表面是草原、森林、水面等自然地面。在自然地面条件下，降到地面的雨水除蒸发外大部分渗入地下，涵养地下水，提高地下水水位，形成地下径流，在旱季补充河川地面水系，维系生态基流。只有少部分产生地表径流汇集成小溪、大川流入大海。地下、地表径流共同完成降雨回归大海的循环之旅。在都市没有形成之前，人与环境的关系是近自然状态。人们择水源充足而不被水浸的地方集落而居，没有旱、涝、洪水问题。然而，现代城镇不断侵占雨水调蓄、排泄存身之所，街区以混凝土为代表的硬化地面又阻隔了雨水渗透地下的途径。雨水几乎全部在短时间内形成地表径流，自然增加了内涝的危险。为了尽快排除雨洪，人们就将城市河道裁弯取直，并且采用三面硬化来提高行洪能力，由此切断了河床与地下水的联系，毁灭了生物栖息的空间。严重地减少了地下水的雨水垂直补给，致使地下水位下降、泉水枯竭，枯水期河流水量大幅减少、水质恶化，甚至造成河床裸露。

1. 城市屋顶、道路、停车场等硬化了的地面增加了地表径流产率

城市化之后，由于人口集中、楼宇林立，屋顶、道路、停车场等硬化了的地面使降雨难于渗入地下，阻断和改变了降水的自然循环。增大地表径流系数，缩短汇流时间，导致地表径流量大增。据国内外学者的现场试验，各种地面的径流系数见表7-1。

不同地面种类的径流系数　　　　　　　　　　　　　　　　表 7-1

地面种类	径流系数	地面种类	径流系数
屋面	0.85～0.95	建筑物间空地	0.20～0.30
混凝土与沥青路面	0.85～0.95	陡山坡	0.40～0.60
其他不透水路面与地面	0.75～0.85	平缓山坡	0.20～0.40
多草皮、森林的公园与绿地	0.10～0.20	水面	0.00

其汇水区的综合径流系数，为各种地面的加权均值：

$$\Psi = \sum_{i=1}^{m} (C_i A_i) / \sum_{i=1}^{m} A_i \tag{7-1}$$

式中　Ψ——汇水区综合径流系数；

C_i——i 地面的径流系数；

A_i——i 地面的面积；

m——地面种类数。

日本建筑省和关西大学研究了人口密度、不透水地面率和汇水区地面综合径流系数的相关关系。以 X 为人口密度（人/ha）、lmp 为不透水地面率、Ψ 为综合径流系数，其相关关系公式为：

$$lmp = 3.66 X^{0.549} \quad (r_2 = 0.940) \tag{7-2}$$

$$\Psi = 0.00685 lmp + 0.174 \quad (r_3 = 0.926) \tag{7-3}$$

式（7-2）和式（7-3）的相关系数分别为 $r_2 = 0.940$ 和 $r_3 = 0.926$。

由表 7-1 和式（7-1）、（7-2）、（7-3）可知，按 1 个汇水区的不同地面硬化率便可求得相应的综合径流系数。如果城市初建时的地面硬化率为 30%～40%，其径流系数为 0.38～0.48。城市快速发展，不断侵占自然地面，如硬化率达到 80%～90% 时，其综合径流系数将为 0.65～0.72，产流将成倍增加。同时径流时间缩短，径流峰值更加增大。在城市发展过程中，部分透水性能良好的自然土壤地表，被转换为硬化或水泥地面，这会大大减少降雨向土壤的渗入，产生更多地面径流，导致雨水径流量、峰值流量的增加。现有的雨水排涝系统，如果之前没有充分规划，或未进行与新开发项目匹配的升级，将没有足够能力对增大的雨水流量进行安全排泄，这就增加了区域的暴雨内涝风险，引发城市内涝灾害。

不透水的城市地表面和传统的排水系统将雨水径流直接迅速地排入河道,而阻止雨水通过自然下垫面渗透于地下,减少了地下水的径流量,地下水得不到补给,水位下降,由此导致天然水体水文特性发生显著变化。枯水期的地表水体得不到地下水补充,将会产生河流雨季大水、旱季无水的季节性河流和小溪干涸、泉水枯竭等水环境退化现象。

携带着城市面源污染负荷(建筑和交通等活动产生的泥沙颗粒、油污、生活垃圾及附着其上的重金属、有机物等)的雨水,尤其是初期雨水进入河道水体后,将对下游水体的水生态环境造成破坏。这些径流水力、水质条件的改变,会进一步影响河道潜流的形成、水质变坏、水体的生物多样性和生态功能的退化。

深受洪涝灾害困扰的城市,会投入不菲资金去升级或建设排水基础设施,或通过硬化河道和河道裁直来提高过水能力,以此将雨水径流直接迅速地排离城市。而在面临城市水资源短缺时,城市又投入大量资金建设跨流域的引水工程或大型海水淡化厂,这其实是反自然自找困扰的做法。

2. 城市的发展挤占了湿地、湖沼、河滩等自然水面,失去了雨水蓄积储存和径流调节的空间

现代城市为了拓展发展空间,不但占用湿地,压缩河床,还将河床做成三面硬化的行洪河道。虽然扩大了行洪能力,但是失去了深浅、宽窄不一,有急流险滩也有缓流深潭的多样水力条件,失去了各种生物繁殖的自然河床,切断了河水与地下水的天然水力联系,致使旱季河水干涸、河床裸露,破坏了水生态环境。自然水域是雨水调蓄储存的空间,是多种水生生物栖息的场所,是调节气候的宝贵水体。城市的无度拓展不断挤占自然水面,使雨洪失去了存身之所,由此大大增加了城市内涝的风险。

7.1.3 城市雨水调蓄和排除工程体系薄弱

城市化堵塞了雨水循环的自然通道,就需要完善的人工雨水循环通道来补充,防止城市雨水径流成灾,保护市区不受水浸。然而我国除了古城堡之外,几乎所有城市雨水排除工程体系均不完善,水浸内涝频频发生。

1. 雨水管网系统建设标准低

各国制定的排水系统设计规范是雨水管渠设计和工程建设的法律依据。由于我国与发达国家经济发展水平的差异,我国雨水管网建设标准距国际先进水平有差距,具体表现在以下几个方面。

(1)计算方法陈旧,计算结果偏小

我国《室外排水设计规范》GB 50014—2006 第 3.2.1 条款规定雨水设计流量采用推理公式进行计算。推理公式是一种用降雨强度数据和流域特征估算一场降雨事件峰值流量的计算方法。国外排水设计规范虽然也同样规定采用此公式作为设计流量的计算方法,但是在公式应用范围上进行了诸多限定。例如:美国排水设计规范 ASCE/EWRI 45—05 中 4.1.6 条款规定:"设计人员应该慎重使用此方法(推理公式法)。其使用范围应该限制在 $80hm^2$(200 英亩)之内"。欧盟排水设计规范 EN 752—4 中 11.3.2 条款规定:"在相关当局未指定设计方法时,可以使用简单的地表径流峰值流量估算方法。该方法适用于面积< $200\ hm^2$ 或汇水时间<15min 的条件下,并且前提是假定降雨强度均匀"。与上述欧美排水规范中对推理公式法应用的限定条款相比,我国规范中仅规定了雨水设计流量的计算公式

采用推理公式，其适用范围没有给出明确规定。这造成了推理公式法在我国排水设计中作为唯一的雨水流量设计方法通用到任何雨水管网工程中，在汇水面积偏大的情况下，计算结果偏小，往往发生很大的实际误差。

我国排水设计规范规定采用恒定均匀流理论进行城市雨水管渠设计。而国外欧美发达国家排水设计规范根据不同的范围采用了不同的计算理论，并详细限定了恒定均匀流方法的使用范围。而且随着水文学水力学理论的发展和现代科技手段的提高，多采用计算机模拟设计计算的方式。推理公式设计方法只能计算得到管渠的最大峰值流量，而基于非恒定流理论的计算机模型应用于雨水管渠设计，能够更全面科学地模拟雨水径流在管渠中水力变化的整个过程，模拟管道中压力回水过程，更有利于评价雨水排除系统的抗洪能力，确定内涝灾害频率。国外排水设计规范中详细规定了水文水力模型参数的经验值（如径流系数取值），有利于设计人员构建模型，保证了模型的应用和模型模拟结果的可靠性。相比之下，我国规范规定的计算方法理论陈旧，计算结果比实际流量偏小，误差往往很大，致使雨水设计标准偏低。

（2）计算公式中系数取值标准低

我国规范中有关于雨水管道设计流量折减系数 m 的规定，这也与欧美规范不同。折减系数 m 的规定是结合苏联相关理论和我国对雨水管道空隙容量理论的研究而提出的压力流排水方式。这主要是基于经济上的考量，折减系数 m 的采用减小了设计流量，以使设计管径变小。但是折减系数 m 的采用使管道在标准条件下处于压力状态，减少了雨水管网的调蓄能力，这样使得管网处于超载状态的概率大大增加，产生内涝灾害的风险加剧，使雨水管道的抗洪能力降低。欧美排水设计规范中不存在折减系数的规定，其实就是将折减系数 m 默认为 1，这样的设计相对我国是偏安全的。

我国设计重现期的标准相较欧美国家也明显偏低。我国 GB 50014—2006 中规定雨水管渠的设计重现期应根据汇水地区性质、地形特点和气候特征等因素确定，同一排水系统可采用同一重现期或不同重现期。重现期一般采用 0.5~3a，重要干道、重要地区或短期积水即能引起严重后果的地区，一般采用 3~5a，并应与道路设计协调，特别重要地区和次要地区可酌情增减。

《室外排水设计规范》2011 年版对雨水管渠设计暴雨重现期有所提高，但与其他国家（地区）相比依然偏低，见表 7-2。

我国《室外排水规范》2011 年版雨水管渠设计暴雨重现期与其他国家（地区）的比较　　表 7-2

国家（地区）	设计暴雨重现期
中国大陆	一般地区 1~3a；重要地区 3~5a；特别重要地区 10a
中国香港	高度利用的农业用地 2~5a；农村排水 10a；城市排水支线系统 50a
美国	居住区 2~15a，一般 10a；商业及高价值地区 10~100a
欧盟	农村地区 1a；居住区 2a；城市中心、工业区、商业区 5a
英国	30a
日本	3~10a，10a 内提高至 10~15a
澳大利亚	高密度开发的办公、商业、工业地区 20~50a；其他地区和居民区 10a；低密度居民区和开发地区 5a
新加坡	一般管渠、次要排水设施、小河道 5a；新加坡河等主干河流 50a~100a；机场、隧道等重要基础设施和地区 50a

我国《室外排水设计规范》2014 年版本又进一步提高了雨水管渠设计重现期标准，见表 7-3。增补了中心城区地下通道和下沉式广场等雨水管渠设计重现期标准为 10～50a，同时 2014 年版还取消了设计流量折减系数 m 的规定。今后随着社会经济的发展还应进一步完善提高。

雨水灌管渠设计重现期标准 GB 50014—2006（2014 年版）　　　　　表 7-3

城市类型　　地区类型	中心区（a）	非中心区（a）	中心区的重要地区（a）	中心区的地下通道和下沉式广场（a）
特大城市（人口 500 万以上）	3～5	2～3	5～10	30～50
大城市（人口 100～500 万）	2～5	2～3	5～10	20～30
中小城市（人口 100 万以下）	2～3	2～3	3～5	10～20

新中国成立 70 年以来，各城市的雨水道设计暴雨重现期一直采用的是低标准，一般是 1～2a，更甚者 0.5～1a，这是内涝的主要原因。当然，设计重现期标准的高低与所在国家经济水平有关，是权衡当地经济与内涝安全保障水平的结果，而非技术性问题。因此，在设计重现期标准方面，我国目前的标准与国外标准不存在优劣之分。

2. 城市人工雨水渗透、调节、储水工程设施空白

我国大小城市防河流洪水、洪峰淹没都有相应的标准体系，大城市百年一遇，中等城市 50～100a，乡镇 20～50a，可以保障城镇不受上游洪水所淹没。城市自己的雨水排除系统也有标准。雨水道设计保证率（溢流周期）在历次室外排水规范中都有明确规定。现行《室外排水规范》规定，一般城市 1～3a，重要城市 3～5a，特别重要城市 10a。这就意味着在重要、大、一般城市中遭遇 10a、3～5a、2～3a 的强暴雨时，已超过了雨水道储水、输水能力，尽管河川并没有泛滥漫堤，但城市街道、建筑物地下室和一层地面也有水浸的危险，城市低洼地也有可能发生内涝，影响城市正常运行，甚至造成财产和生命的重大损失。因此，在外水水害和城区雨水排除标准之间还有一个城市内涝问题。确立一个符合城市客观实际的内涝重现期，是保障城市发生内涝标准内的降雨时，不产生水浸内涝之患的法规基准。一般而言，防内涝标准应与防洪标准相当。因为外水、内水都会使城市遭受重大损失。在设计计算城市雨水道时，已经考虑了雨水自然渗透循环的能力（径流系数 ψ）。防内涝标准的建立应由人工建设的渗透井、渗透侧沟、渗透管、渗水地面砖和人工雨水调节池来承担。大雨时他们承担着雨水的暂存和调节，晴天时再及时抽升排放；此外，还承担着初雨、水质恶劣雨水的存放，进行就地处理或者输送到污水处理厂进行处理，从而减轻雨水对城市水域的污染，然而我国在此方面的建设还是空白。因此，降雨虽然不强，只要超出雨水道的输送、储水能力，城市即陷入水浸、内涝的窘境。

3. 缺乏完善的城市内涝防灾减灾体系

超过城市现有雨水排除、渗透、调蓄综合能力的强暴雨时有发生，而且今后会更加频发，扩充雨水道排水能力或增设调蓄池需要时间和财力。为将灾害降低到最小，充分发挥现有雨水排放、调节体系的作用，建立居民自救、互救机制，是不可缺少的。我国一些城市缺乏充分发挥现有雨水排除、调节能力的管理体制，没有开展对水浸高危区居民防灾、避灾、自救和互救意识的教育，因此突袭性强暴雨来临之际，没有应急准备而是慌乱的面对必然会加重损失。

综上，全球变暖和城市化促使极端暴雨频发，城市湿地森林湖溪水面的丧失和无限扩

张的硬化地面，带来倍增的雨水径流，城市规划理念的偏差、设计方法陈旧、技术管理和工程管理制度的缺失等致使城市抗雨洪系统能力低下，这是我国各城市雨洪内涝灾害越来越多，越来越烈的根本原因。

7.2 雨洪对城市水体水质的影响

降雨的水质并不纯净，而地面径流水质尤其是初雨径流水质污染更甚。水蒸气在凝结为水滴时，需要有作为结晶核的颗粒物。在上空漂浮的粉尘正好充当此任，它们就自然溶解或悬浮在雨水之中。在降雨过程中又更多地溶解或悬浮了大气中的氮氧化物、硫化物以及各种化合物粉尘的粒子，使其水质更受到污染，所以降雨并不纯净。在降雨过程中还溶解了空气中的 CO_2，使降雨呈弱酸性，1 个大气压平衡的水蒸气在 25℃ 时 pH 为 5.6～5.7，降雨的 pH 一般为 4。各城市的降雨水质由于大气环境的殊异各不相同，表 7-4 为东京降雨水质的平均化学成分。

东京降雨中的化学成分（mg/L）　　　　　　表 7-4

元素	浓度	元素	浓度	元素	浓度
Na	1.1	F	0.089	Mo	0.00006
K	1.25	SO_4-S	1.5	V	0.0014
Mg	0.36	SiO_2-Si	0.83	Ca	0.00083
Sr	0.011	Fe	0.23	Zn	0.0042
Cl	1.1	Al	0.41	As	0.0016
I	0.0018	P	0.14	Ca	0.97

雨水降到地面后，在径流过程中，又溶解了悬浮在地面上的污染物，致使其水质更加恶化。据"十一五"水专项某课题对某些大城市的初雨水径流水质的现场分析结果，见表 7-5。从表中可见，初雨径流水质已接近于生活污水水质。

各城市初雨径流污染物的浓度（mg/L）　　　　　　表 7-5

城市	COD	NH_3-N	TP
上海	393.13	30.44	2.92
南京	136.4	12.3	0.69
青岛	520.45	16.5	2.59
西安	264.1	5.85	1.47

分流制雨水道，大量初雨径流对水体污染相当严重。但随降雨时间的延长，地面逐渐被冲刷干净，雨水径流水质逐渐好转，图 7-3 为广州中心区雨水径流水质随时间的变化曲线。在合流雨水道地区，初雨被输送到污水处理厂进行处理，可减少初雨污染。但由于我国合流雨水道设计的稀释倍数（截流倍数）n_0 很低，溢流口溢流频发，对水体污染更甚。

7.2.1 改善合流制排水系统对水体的污染

合流制排水系统是用同一管网系统收集输送污水和雨水的排水系统，同时将污水和初雨、小雨的雨水共同送到污水处理厂进行处理。因投资省、占地少，可快速改善市区生活

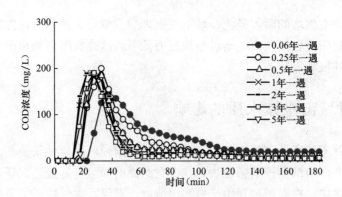

图7-3　广州中心区雨水径流水质随时间的变化

环境，我国和世界上早期建设的城市排水管网都采用合流制排水系统。但是，当发生超过合流水道设计标准的大雨和暴雨，雨水流量超过合流污水截流干管的输水能力时，夹带着污水的合流雨水就要从雨水溢流口排向水体，是水域污染的重要源头之一，危害城市水环境和市区公共卫生，成为重大的社会问题。因此，给水排水工作者和主管部门，都希望将老市区的合流系统改造为分流系统，新建设的市区更要采用分流制。这种想法有理想的一面，但也有不切实际和不理想的一面。大中城市合流制要改造为分流制并非易事，要将原有合流系统作为雨水系统，另加一条污水收集排除系统要涉及大街小巷，千家万户，全城要挖地三尺，工程量巨大。除影响城市正常运行之外，更难找到容纳另一条排水系统的空间，所以这种想法几乎是不可能的，是不切实际的。即使建成分流制排水管网也并非万事大吉，仍存在初雨污染、管网错接等许多问题。在这种情况下，我们的目光应投向合流制排水系统功能和运营管理的改善方面。

1. 合流排水系统对水域的溢流污染

（1）排放合流污水的主要地点

1）合流污水截流干管溢流口

当雨水量与晴天污水量之比超过了截流干管的截流倍数（稀释倍数），夹杂着污水的合流雨水就将经溢流口排向水域。

2）合流排水系统中途泵站

中途泵站起到向下游干管传输晴天污水和雨天合流雨水的作用，当雨天水量超出其设计能力，就将开启闸门或启动放流水泵向水域排水。

3）污水处理厂

合流制污水处理厂一般按晴天最大日污水量设计二级生物处理能力，雨天超过其处理量时，过量的合流水就只经沉沙、沉淀后直接排放水体。

以上雨水溢流口、中途泵站和污水处理厂是雨天时向水域排放未经处理合流水的主要地点。

（2）合流雨水的主要污染物

合流雨水夹杂着城市污水和雨水冲刷地面带来的城市面污染物，合流雨水尤其是小雨的合流雨水的污染负荷量很大。主要有：漂浮物、油污、悬浮杂质（SS）和各种溶解性有机、无机杂物（BOD、COD）及病原菌等。

2. 合流排水系统改善方向

合流排水系统的天然缺欠是大、中雨时向水域溢流排放未经处理的水质恶劣的合流雨水。其改善的总目标是削减溢流排水的污染负荷量，减少对水域的污染。相当于削减了初雨污染的分流制系统，这样就避短扬长，可合理地保留大都市、旧城区的合流系统，也可以据地方条件在新市区合理选用合流制系统，发扬其占地少、投资省的优点。应从以下三个主要方面来削减溢流排放污染物负荷：

(1) 减少溢流排放水量和溢流排放频率；

(2) 改善溢流排放水质；

(3) 建立合流排水系统溢流水质检测、控制和实时控制系统。

3. 减少溢流排放频率和溢流排放量

(1) 减少城市地面产流量

除了在城市规划和建设中结合景观建设保留原有草地、森林、河湖水池，维系降雨的自然循环通道之外，在城市建设区内还要建设人工渗透工程设施。这些自然的和工程的雨水地下渗透途径不但可起到减少城市水浸、内涝的几率，同时还可以改善溢流水水质，减少溢流频率和溢流排放量。

日本在一定规模的居住小区，建设以收集屋顶雨水为目的的渗透井，建设初雨和雨洪的渗透地面砖、渗透边沟、渗透管道是开发商（或建设者）的义务。

东京都广泛采用渗透地面砖、渗透边沟、渗透井和渗透管等渗透技术，将初雨渗透地下后，削减了面源污染，也大幅减少了产流。因此江户外濠水质有了明显的改善。

(2) 建设雨水调节设施

在污水处理厂、雨水泵站和雨水道汇水区建设雨水调节池或储水管渠，储存大、中雨时超其处理或输送能力的合流雨水，在大雨时储存雨洪，可大力削减溢流污水的排放次数和排放污染杂质。

东京都 2004 年神谷泵站在建成雨水调节设备后，向隅田川的排放次数由每年 42 次降低到每年 13 次。

大阪市建设了北滨逢阪雨水调节管渠，内径 6.0m，长 4.8km，调节容量 14 万 m^3。通过模拟计算，向道顿崛川、东横崛川的 BOD 排放量削减了 142t/a。

名古屋市到 2013 年有 12 座人工雨水调节水池或调节管渠。其中崛川右岸内径 5000mm，长 686m，调节容量 13000m^3 的雨水储存调节管渠，服务于上游右岸 633ha 的市区。2010 年投入使用后，由于存储了 BOD 和 SS 高浓度的初期雨水，削减了排放雨水的污染负荷量。崛川水质的透明度等表观水质指标呈逐年改善的趋势，对改善崛川水环境起到了良好的作用，为市民调查团所认可。

西宫市在枝川净水中心和甲子园滨净水中心之间建设了连接管渠，作为合流水道改善雨水调节空间，其调节容量 8220m^3。该管渠不仅作为雨水调节池，减少溢流之用，而且调节污水净化中心间净化能力，用甲子园滨净化中心剩余的能力补足枝川净化中心深度净化能力的不足。在管渠内还建有污水管道和污泥输送管道，综合利用地下空间。

札幌市从每年的 10 月开始到第二年 3 月的冬季期间大雪纷纷，年均积雪达 6m 之厚。雪的清扫和运输是市政管理的一项重大内容，为 190 万市民所关注。该市建设的创成川雨水调节管渠（调节容量为 46400m^3）、伏古川雨水调节管渠（调节容量为 32000m^3）、澧平川雨水调节管渠（调节容量为 24000m³）。在大、中雨时储存超出处理厂处理能力的合流雨水，减少未处理合流雨水的污染负荷；在大暴雨时储存雨洪，减少水浸的几率。而在冬季则作为输送积雪的通道，将积雪投入到管渠内，处理水作为融化的热源，大幅缩减了积雪运送到郊外堆雪场的财力、物力和人力。

（3）提高合流制截流干管的截流倍数，加强合流制截流干管和中途泵站的输水能力

各城市的合流雨水截流干管的过水能力都是以设定的截流倍数按重力流输水设计的。在雨水溢流井处，超出下游管道的过水能力的合流雨水都要通过溢流堰流至水体。新中国建立以来各地合流污水截流干管的截流倍数采用过低，一般为 0.5～1.0 倍的晴天最大污水量，中途泵站的规模也与此相当。溢流口经常溢流，初雨发生的溢流水质更为恶劣，是造成市区黑臭水体的原因之一。提高合流制截流干管的截流倍数，加强截流管和中途泵站的输水能力是减少溢流量和溢流次数的根本。但改造需要时间和财力，在未改造前的时间内，可以充分发挥现有输水系统的能力，减少溢流和排放。比如提高溢流堰的标高，增大截流干管水力坡度，就可增大其输水能力，日本札幌市通过增高溢流井堰板，将截流倍数由 1.5 倍增到 3 倍，使全市 58 个溢流井的溢流次数，由每年 60 次降低到 30 次以下。

4. 改善溢流排放水水质

改善合流雨水溢流排放的水质，达到分流制雨水系统大、中降雨的水平是削减合流雨水溢流排放污染负荷量的重要方面。为此应对溢流排放水质进行处理，去除溢流雨水中的漂浮物、SS、COD、BOD 等污染负荷，改善水质之后再排放。

（1）漂浮物的去除技术

漂浮物放流到水域，损害水体的感官性状，使人厌恶。所以漂浮物的去除是合流雨水改善的目标之一。主要方法有：

1）在雨水溢流井、雨水泵站设立细格栅。格栅形式多种多样，有转刷型、多孔板型、圆盘型和水平型格栅。它们的性能用漂浮物捕捉率（SRV）来表示，在 SRV 大于 30％以上的格栅才有使用价值。

2）雨水溢流井水面水力控制装置

水力控制装置是由两枚板体（一枚是水位遮板，另一枚是涡流产生板）所组成的简单装置，如图 7-4 所示，是利用水的流体状态将漂浮物导向下游管段的方法。水位挡板使溢流从水位下一定深度处出流，阻止漂浮物随溢流水进入自然水体，涡流控制板扰动水流，产生涡旋，将漂浮物导入下游截流干管。这种方法使漂浮物去除率达 86.1％～91％，在世界上一些国家多有应用。

3）合流管道的自行冲洗

在管道坡度不足的合流管道中，为防止垃圾堆积沉淀于管底，采用自动开闭式水力倒转式闸板，使上游来水一时被阻留在管内，抬高水位。当水位达到一定高度，闸板倒转，水流冲向下游，清洗了管道。

（2）悬浮质（SS）的去除技术

1）高速过滤技术

高速过滤池采用高孔隙率悬浮滤料向上流过滤形式。当原水进入滤池下部后，土砂等比重较大的无机污染物，由于重力作用沉淀于滤池底部；比重较小的悬浮物随上升水流进入滤层，其中毛发、厨房菜叶、树叶等杂质在滤层下部表面被截留，较重的悬浮质（SS）

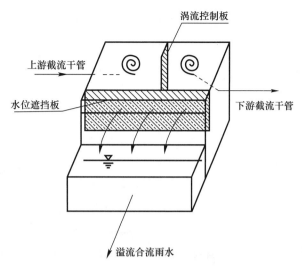

图 7-4　水利控制装置示意图

被滤层内部捕捉。

　　滤层由于截滤 SS 逐渐堵塞，水头损失随之增加。当水头损失达到设定值，原水水槽水位涨到一定高度时，打开滤池底部冲洗排水阀，滤层上方储存的过滤水，由上向下俯冲滤层，此时滤层轻度膨胀。由于滤料比重略小于 SS 的比重，SS 杂质脱离滤料而下沉，随冲洗水由排水阀带出滤池，滤层得以洗净。在冲洗过程中原水照常进入滤池，当关闭底部排水阀后，自然恢复向上流过滤状态。高速过滤池的过滤与冲洗工况如图 7-5 所示，最大滤速达 1000m/d（41.6m/h），合流雨水 BOD 去除率在 50％之上。冲洗排水对污水处理厂水处理和污泥处理系统没有明显的影响。悬浮滤料磨损较小，可耐持久使用。雨天时高速过滤池与污水处理系统的协同工作如图 7-6 所示。

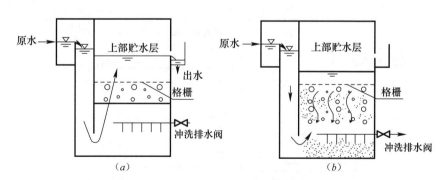

图 7-5　高速过虑时工况图
(a) 过滤工况；(b) 冲洗工况

　　设有雨天高速过滤系统的合流雨水泵站的平面布置如图 7-7 所示。雨天高速过滤系统可将超出其二级处理能力或转输能力的合流雨水经高速过滤处理后再进行排放。高速过滤系统和雨、污水泵的协同工况如下：晴天时，污水泵将旱季污水流量泵入下游管道输送至污水处理厂进行深度处理；雨天时，将与污水处理厂最高处理能力相应的合流污水用污水泵输送至污水处理厂净化；将建高速过滤系统前直接排放水体的超量的合流雨水用雨水泵

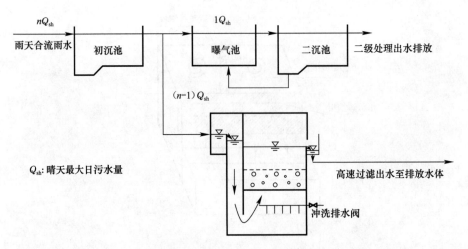

图 7-6　雨天高速过滤池与水处理系统协同工作示意图

泵入高速过滤系统，高速过滤后再排放水体，不再排放未处理的合流污水。高速过滤系统的处理水量可以是污水处理厂的几倍，只有遇到大雨暴雨时才发生合流雨水直接排放的情况。

东京都北多摩二号污水再生中心，2001 年将初沉池改造成高速过滤池，建设费用和工期都有节省。平均未处理水的排放次数由每年 43 次下降到 13 次，雨天直接排放合流雨水的水质 BOD 值平均小于 40mg/L，也大有改善。

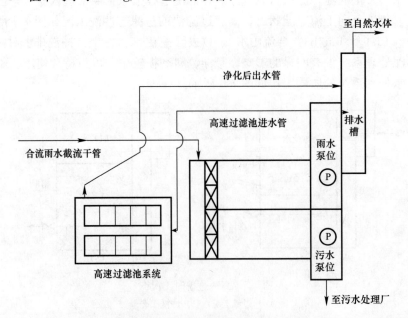

图 7-7　合流雨水泵站与高速过滤系统平面布置图

在合流雨水截流干管溢流井附近可建设地埋式高速过滤池。雨天发生溢流时，溢流合流雨水经过高速过滤后再排放到水体中，大幅削减排放水中的污染负荷，其流程如图 7-8 所示。据国外运行经验，在连续降雨季节，高速过滤池长期运行也将保持良好的运行效果，BOD 去除率达 61%～77%，SS 去除率达 62%～85%。

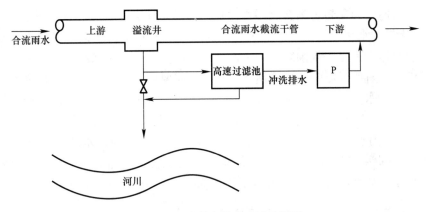

图 7-8　溢流井旁的高速过滤装置

2）高速凝聚沉淀池

高速凝聚沉淀池的工作原理是：首先在原水中投加无机絮凝剂，形成絮体，然后再投加细砂和高分子絮凝剂，于是以细砂为核心形成了大比重的絮体，比重大的絮体在斜板沉淀池中高速沉淀，澄清水由沉淀池上部排除。沉下来的污泥由池底排走，细砂可分离重复使用。和普通沉淀池相比，池体小型化，占地大量节省。SS、BOD、COD、P、N的去除率分别可达 80%、75%、55%、80% 和 15%。

3）雨天活性污泥法（3W 法）

雨天活性污泥法可大幅削减雨天排放合流雨水的 BOD、COD 及其他污染物等。合流污水处理厂在采用 3W 法前后流程示意如图 7-9 所示。

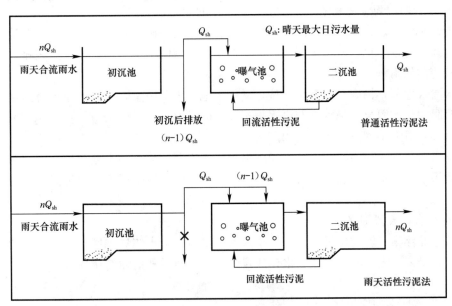

图 7-9　雨天活性污泥法

合流制污水处理厂在雨天进水量超出了活性污泥反应池的处理能力时，经过初沉池后的相当部分合流污水就流向水体，造成雨天排放污染负荷增大。雨天活性污泥法是将晴天时最大污水量以上的合流污水（或其一部分）送入活性污泥反应池的后段，充分利用活性污泥的初始吸附能力净化超量的合流污水,是一种雨天分步进水的活性污泥法,通常可处理2~3倍晴天最大水量。但是,二次沉淀池的污泥通量和水力负荷会有增加,出水水质有所降低。但总体上还是大幅削减了雨天污染物排放负荷量。虽系统产泥量有所增加,对污泥处理系统并没有明显影响。雨天活性污泥法不需要增加设备和投资,能使经初沉池就排放的雨天合流污水基本达到二级处理的程度,大幅削减了污水处理厂雨天排放负荷。

大阪市2006年有12个污水处理厂采用了雨天活性污泥法,每年累积处理水量超过87000m³。再配合雨水调节等方法,全市雨天排放的未处理合流雨水削减了40%。

大牟田市南部污水净化中心,采用普通活性污泥法时,进厂水BOD平均去除率为50%,当采用雨天活性污泥法后,BOD平均去除率达80%,SS也有大幅度去除。

7.2.2 减少分流制雨水径流对水域的污染负荷

大家都希望将老城市、老城区的合流制排水系统改造为分流制排水系统。实际上,在我国或其他国家的一些城市里,还没有一座真正建立了分流制排水系统的城市。不但老城市、老城区的合流制改造为分流制困难重重,就是新建城镇、新开发市区建设的分流制排水系统中,雨、污错接,误接也是常有其事。其次,分流制虽然可将雨水独立放流水域,不掺杂城市污水,但初雨水质的污染负荷几乎与城市污水水质的污染负荷相当,初雨也是城市水域的重要污染源。当城市污水全部被截流干管截留到污水处理厂之后,初雨污染是城市河流的黑臭水体、富营养化水体仍无明显改观的直接原因。从这一视点出发,分流制与合流制一样也有严重的污染城市水域的缺欠,也必须因地制宜地采取防止雨水径流污染水体的对策。

1. 充分利用地表渗透和地下砂土层蓄水净水的能力

初雨、小雨时,让冲洗了道路、广场污物、垃圾的初雨尽量多渗入地下,在地层的缓慢流动过程中得以净化,就减少了初雨径流对城市水域的污染负荷。雨水系统排入水体的则是比较清洁的雨水。

雨水渗入地下,抬高了地下水水位,增加了地下水资源量,是枯水季节补给河川生态基流和泉眼涌流的源泉,是维系健康水生态环境的必要。

2. 建立初雨储存池进行初雨净化

在雨水口,设立初雨贮存池。将初雨引入污水管网,流入污水处理厂与城市污水一并处理。当污水管道距离甚远,经济上不可行时,可在雨水口附近建立地埋式简易初雨处理设施。

3. 在雨水口放置细格栅

雨水中漂浮物、轻质垃圾、树叶、草等漂浮物对城市水体景观影响大,也给初雨输送和简易净化带来不便。所以,在雨水口放置细格栅,阻拦和清除漂浮物质。

7.3 发达国家的城市雨洪管理

1. 水敏性城市设计

维多利亚州首府墨尔本是澳大利亚的文化、商业、教育中心,在2011年、2012年和2013年连续3年摘得世界宜居城市的桂冠。墨尔本地区城市绿化面积比率高达40%,以花园城市闻名。和世界其他大城市一样，在城市发展中，墨尔本面临城市防洪、水资源短缺和水环境保护等方面的挑战。作为城市水环境管理尤其是现代雨洪管理领域的新锐，墨尔本倡导的 WSUD 水敏性城市设计（Water Sensitive Urban Design）和相关持续的前沿研究，使其逐渐成为城市雨洪管理领域的世界领军城市。

以墨尔本为首所倡导的 WSUD，于 20 世纪 90 年代在澳大利亚兴起。WSUD 综合考虑了城市防洪、基础设施设计、城市景观、道路及排水系统和河道生态环境等，通过引入模拟自然水循环过程的城市防洪排水体系，达成城市发展与自然水环境的和谐共赢。2000年后，WSUD 在澳大利亚成为必须遵循的技术标准。

WSUD 的一个重要原则是源头控制，水量水质问题就地解决，不把问题带入周边，避免增加流域下游的防洪和环保压力，降低或省去防洪排水设施建设或升级的投资。同时，围绕其城市雨洪管理的技术核心，澳大利亚持续进行了大量的前沿研究和跨学科讨论，墨尔本提出的水敏性城市理念中，还首次引入了雨水、地下水、饮用水、污水及再生水的全水环节管理体系。

目前澳大利亚要求，2 公顷以上的城市开发必须采用 WSUD 技术进行雨洪管理设计，其主要设计内容包括：

控制径流量：开发防洪排涝系统（河道、排水管网等）上、下游的设计洪峰流量、洪水位和流速不超过现状。

保护受纳水体水质，从传统的水量控制，过渡到水量和水质并重方面。项目建成后的场地初期雨水需收集处理，通过雨水水质处理设施使污染物含量达到一定百分比的削减，比如一般要求削减总磷量 45％，总氮量 45％和总悬浮颗粒（泥沙颗粒及附着其上的重金属和有机物物质等）80％后方可排入下游河道或水体。水质处理目标要根据下游水体的敏感性程度来确定，以实现城市发展和水环境、水循环的和谐与可持续发展。

2. 信息化应用于政府管理

给排水管网系统信息化工程直接应用于政府管理、规划设计、工程设计与施工管理，而且水系统信息化的研究和建设正处于高速发展阶段，并应运而生了一门新的学科——水信息学（Hydro Informatics），形成了比较成熟的城市给水排水管网系统信息化建设咨询服务、软硬件开发、人才培养等一整套产业体系。

以巴黎下水道为例，巴黎下水道由 2100 多公里隧道、10.2 万个用户接口、2.84 万个检修人孔、1.6 万个排放口以及 6300 多个冲洗池组成。而且还包括安装在隧道上方的供水、电力电信等其他管道。为确保隧道及各种设施的正常运行，市政部门建立了 TIGRE计算机辅助管理系统，它是基于 GIS 地理信息系统和网络制图系统建立的数字化平台。主要包括日常数据收集、运行状况和决策支撑三大功能。日常数据收集每天由工作团队就地采集管道及所有设施的数据，包括几何尺寸、运行参数、破损状态和沉积情况，并上传到信息中心的主机进行数据更新。运行情况监控由市政部门的相关技术人员每天登陆数字化平台对管道和监控设施的运行情况进行巡查，并为后续下水道系统的规划、设计、建设和运行评估提供决策支撑。

3. 完善的管理监管和法规标准体系

澳大利亚依据 1989 年的水利法案、1987 年的规划和环境法案，联邦政府主管部门制定了相应的洪水管理和水环境保护管理条例。据此，州、市政府建立了完善的城市雨洪管理监管体系，并在规划设计和建设管理方面颁布了诸多技术标准和导则。

墨尔本城市建设开发中，主管雨洪管理的政府部门为墨尔本水务局。在每个城市建设开发项目中，建设方在可行性研究阶段要提交项目雨洪管理总体规划，供墨尔本水务局审查。总体规划要从源头上避免和控制城市发展对水环境的负面影响，如城市洪涝灾害、受纳水体水质等，并要符合区域长期规划。在随后的初步设计、详细设计、施工图设计等各阶段中，建设方及其委托的咨询设计公司都要和政府主管部门保持紧密联系，按要求将工程报告、设计图纸、计算书甚至数学模型提交墨尔本水务局审核备案。各阶段审核完成后，经主管部门发放许可文件批准，方可开展下一阶段工作。对高难度的复杂技术审核，水务局会要求建设方聘请第三方咨询公司，对设计提前进行独立工程审查。

施工前，建设方必须制定场地控制方案和设置相应设施以进行施工期雨洪管理。在施工期，墨尔本水务局会对场地排入周边河道水体的雨洪可能携带的冲刷泥沙和施工机械泄漏油污等进行严格监管。

在上述过程中，主管部门的监管，必须遵循相应法规和技术标准，建设方对主管部门的监管不当或失职行为，可提出行政申诉甚至启动法律起诉。例如，如主管部门提供了不明确、不完整的信息，导致了设计或施工的拖延或返工，建设方将有权要求政府责任部门给予相应经济补偿。

德国 1995 年颁布了第一个欧洲标准《室外排水沟和排水管道》(EN 752—1) 和 EN 752—2 (1996 修订版)。其中提出通过雨水收集系统尽可能地减少公共地区建筑物底层发生洪水的危险性。1997 年颁布了另一个严格的法规 EN 752—4 (1997)，要求在合流制溢流井 (CSOs) 中，设置斜板、格栅或其他措施对污染物进行处理。2000 年"欧共体"颁布了水资源政策指导方针 (directive2000/60/EC [2000])，这个指导方针与美国清洁水法的作用相同。方针指出：各个成员国在整个规划中，通过各种措施使水体达到良好状态，并满足共同体的各项指标要求；采用综合治理的方法（防止扩散和点源控制）预防水质污染，达到环境的标准和限制值；禁止排放污染物质和有毒物质。这一水资源框架将在其后的 20 年或更长的时间影响整个欧洲城市的排水系统。为了实现排入雨水管网的径流量零增长的目标，各个城市根据生态法、水法和地方行政费用管理条例的规定，制定了各自的雨水费用征收标准，据此并结合当地降水状况，按业主所拥有的不透水地面面积，计算出应缴纳的雨水费（由相应的行政主管部门收取）。这种方法会使用户从经济方面考虑采取雨水利用措施，若用户实施了雨水利用技术，国家将不再对用户征收雨水排放费（德国雨水排放费和污水排放费用一样高，通常是自来水费的 1.5 倍左右）。例如，2001 年 1 月 1 日，德国汉诺威市开始征收雨水排放费。汉诺威市规定，如建筑房屋、硬化地面因雨水不能渗入地面而流入城市雨水管网，则要交纳雨水排放费。雨水费按此房屋和硬化地面的面积计算，目前费用为 0.63 欧元（$m^2 \cdot a$），如果建筑房屋的雨水可以完全渗入地下的话，就可以省去雨水费。在新建的工业、商业、居民小区、住宅、厂房、花园等建筑中均要设计雨水利用装置。没有雨水利用装置，政府将征收占建筑物造价 2% 的雨水排放费，此项资金主要用于雨水项目的投资补贴，以鼓励雨水利用项目的建设。对于能主动收集使用雨水的住户，政府每年给予 1500 欧元的"雨水利用补助"。德国废水纳税法规定，如果来自固化面积的雨水是由公共排水道排放，固化面积大于 1ha 时，要以每公顷 18 个有害单位来计算纳税，每个有害单位的年税率为 70 马克。雨水排放费（税）的征收有力地促进了雨水处置和利用方式的转变，对雨水管理理念的贯彻有重要意义。

4.因地制宜采用适宜本地区条件的雨洪管理系统

（1）以地表明渠为主的排水系统

新加坡的年降雨量可以达到 2400mm，与我国很多地区不足 1000mm 的降雨量相比，雨量是十分充沛的。但是新加坡仍然是一个水资源稀缺的国家。这是因为新加坡的降雨以暴雨为主，具有突然性、局域性、强度大和持续时间短的特征。从晴空万里到乌云密布、电闪雷鸣，再到大雨倾盆只需要十几分钟。降雨强度一般很快就能达到 50mm/h 以上，一次降雨历程一般为几个小时，更短的不超过 1h。这种突然性的高强度降雨十分不利于城市蓄水，如果排水系统不畅还有形成城市洪水的风险。新加坡境内没有长的河流，也很少有地下水，有限的国土面积无法为这些降雨提供足够的蓄水水库，所以城市排洪是新加坡雨水管理的一项主要任务。雨水通过地表明渠和地下管道收集后，一部分蓄积在水库中，多余的部分直接排入海洋。与我国很多大中城市不同，新加坡的城市排水系统可以经受数小时连续高强度降雨的考验，仍能保障城市交通的正常运行。与国内的汽车车型相比，新加坡的汽车底盘普遍较低。面对如此频繁的暴雨，如果无法顺畅排涝，很难想象这些汽车如何涉险前行。新加坡做到这一点得益于新加坡发达的地表雨水排放系统和出色的维护管理。

新加坡西部是低丘凹谷，中部是山地丘陵地带，为地表排水创造了良好的先天条件。在这些区域，排水系统是以地表明渠为主。新加坡政府沿地势修建了城市的地表排水明渠，将雨水逐级引至附近水库或排放入海。

东部地势低平，且商业发达更适合采用地下管渠。但另一方面，城市河道在这一区域内相对于西部变得密集。所以，由地下管渠收集的雨水经过较短的输送距离后，就可以汇入城市河道或附近水库。

采用明渠为主的排水方式，一方面容易对系统进行延伸，可以根据需要补充新的渠道；另一方面可以避免地下暗渠管道难以清洁的缺陷，保持渠道排水通畅。渠道的形式有梯形、U 形、T 形等。在进行渠道设计时，需要控制一定的干期设计断面，保证干期渠道内的储水、输水的良好水力条件。两侧为多孔石板或砖，便于周围的土壤渗流。在坡度较大的地方，渠道设计成逐级跌水的方式，还可以通过曝气充氧净化水质。暴雨来时，这些渠道中的水流可如小型瀑布一般奔腾而下。

（2）深层隧道排水系统

东京作为日本的首都，是世界上最大的城市之一。面积 2187km²，人口 1200 万左右。属温带海洋性气候，年平均气温 15.6℃，年平均降雨量 1800mm。在浅层排水管网无法承担暴雨的高负荷水量时，东京兴建了江户川深层排水隧道工程。该工程是"首都圈外围雨水排放系统"工程，位于东京都外围的琦玉县，拥有世界上最先进的雨水排水系统。相关的分析表明，东京范围内大大小小的河流中，最大的江户川由于河道异常宽阔，具有足够的泄洪能力。因此，如何提高其他河道的行洪调蓄能力，并及时通过江户川排入东京湾，是解决东京洪水问题的关键，也是该工程建设的初衷。该工程全长 6.3km，隧道直径约10m，埋设深度为地下 60～100m，由地下隧道、5 座巨型竖井、调压水槽、排水泵房和中控室组成。将东京都十八号水路、中川、仓松川、幸松川、大落古利根川与江户川串联在一起，用于超标准暴雨情况下流域内洪水的调蓄和引流排放，调蓄量约 67 万 m³，最大排洪量可达 200m³/s。在正常状态和普通降雨时，该隧道不必启动，污水及雨水经常规浅埋的下水道和河道系统排入东京湾；而当诸如台风，超标准暴雨等异常情况出现，并超过上述串联河流的过流能力时，竖井的闸门便会开启，将洪水引入深层隧道系统存储起来，当超过调蓄规模时，排洪泵站自行启动，将洪水抽排，经江户川排入东京湾。

7.4　建设暴雨中水资源可持续利用的安全城市

面对暴雨频发，大旱频发的极端异常气候，如何建设有强劲抗旱抗涝能力的城市，是各国气象专家和城市建设专家所面临的共同问题。问题的基点不是抗拒自然，而是尊重自然，尊重自然现象，然后利用自然变化服务人类社会。城市抗涝能力是由雨水自然循环通道，雨水调蓄、排除工程系统和防涝管理系统所组成的综合能力。

7.4.1　将城市雨水自然循环系统纳入城市总体规划

在城市化之前的大地上，依照地形、地势、植皮和下垫层，形成了天然的雨水地下、地表径流途径。城市化进程中如果严重损害了这个雨水径流自然通道，势必引发频繁的内涝和干旱。目前在快速的城市化过程中，人们往往忘却了雨水径流的自然循环，忘却了雨洪是水资源，而且是水资源的主体，更忘却了人与洪水共存的客观实际。不考虑或不好好考虑雨水径流自然通道和雨洪调蓄，一心想把被堵塞了自然排泄通道的雨水径流尽快赶出城区之外，结果只会反被雨洪所淹。因此，我们在城市建设中要保留和保护湿地、河湖和绿地的雨水调蓄、渗透、净化功能，保护生物栖息、居民休憩的空间，给城市居民一个恬静健康的生活环境。在进行城市规划和建设时应考虑当地特殊的地理条件和气候特点，考虑地形、地貌、地表的变化，对未来气候与环境的可能变化进行合理的预见，尽量把雨水藏于地下含水层和调蓄于自然水域中，是水资源可持续利用、削减初雨污染负荷和防止水浸内涝的重要方面。在城市总体规划中，在充分了解大地雨水自然循环的基础上，判定关键雨水渗透、调蓄、滞水地带以及它们径流系统的水力和生态联系，规划城市生态走廊，作为城市雨水自然循环的主通道。并落实到土地利用限制性规划和城市建设计划中去，划定禁建区，给城市雨水留有空间。

在城市河道的规划中，要识别自然行洪过程的河道缓冲带和关键湿地，留出洪水调、滞、蓄的空间。摒弃以硬化河床、裁弯取直提高行洪能力来尽快把洪水赶出城市的传统观念。应把洪水留住，因为雨洪是主要的水资源，储存于地下和地表水域，城市要与雨洪为友。

降雨是地球上水文循环的一个重要环节。在自然地面状态下，降到地面上的雨水分别通过蒸发、地下径流和地表径流，完成雨水连续不断的循环。降雨渗入地下，涵养地下水，维持一定地下水位，维系地下径流和地下水储量（动储量和静储量）。地下水是人类社会生活的重要水源，在枯水期补给河水，保障众多河溪的基本环境基流，是生态系统欣欣向荣的源泉。

降雨形成的地表径流，汇集成溪流流入河道、湖泊、沼泽，形成地表复杂的水系网。不但是人类生活生产的水源，同时也维系着温和湿润的地方气候。无论蒸发、地下、地表径流都是人类和生态系统可持续存续和发展的自然因素。

城市化之后改变了地表状态，切断和改变了城市降雨循环的通路，带来了雨洪灾害和炎热干燥的气候，因此城市规划中要将景观建设与雨水自然渗透、调蓄、循环途径有机融合在一起，恢复雨水自然循环的通路是维护城市不受水浸水害的基础。

在城市规划中结合景观建设要保存和修复城市湖泊、池沼、溪流和沟渠等城市水体，使雨水成为一种景观要素，使暴雨雨洪有调节存身之处。池沼、湖泊、沟渠、小溪自然水系统在暴雨时期是雨水径流调节的水体，在旱季则是城市的宝贵水源。

在城市规划中要结合景观建设留有充分的草坪、森林，它们是市民休闲的公园和绿地，更是雨水渗入地下，补充地下径流的通道，是雨水自然循环的重要途径，雨水渗透地下不但减少了地表径流的产率，减少了雨水道排洪的压力，同时抬高了地下水位，是旱季河流生态系统的补给源泉，也是城市的地下水库。

7.4.2　建设人工雨水渗透和调节工程

除了在城市化建设中留有雨水自然通道之外，还要修建雨水人工渗水调蓄工程。

1. 雨水渗透

（1）雨水渗透的作用

城市街区的雨水渗透不仅减少地表产流，还对改善城市雨水循环起到诸多良好作用：

1）涵养、补充地下水，提高地下水位，供应绿地、植木的水分；2）维系河川枯水期流量和补给泉水；3）促进河床、湿地多生态系统的健康；4）减少水域初雨污染；5）促进城市气候的温和、湿润，缓和城市气候的变化；6）大力减少地区产流，减少水浸内涝的风险。

（2）人工雨水渗透设施的形式

人工雨水渗透设施多种多样，应用较广的有：

1）雨水渗透井：为带孔或多孔混凝土砌成圆形或方形的不封底的浅井。在其埋设的四周和底部充填碎石。渗透井收集来的雨水，由底和井壁渗入土层的不饱和带中；

2）渗透管：雨水收集管和雨水排放管由多孔混凝土制成，在其埋设的周围充填砾石，增强雨水向土层中的渗透能力；

3）雨水渗透沟：由多孔混凝土砌制而成，在其埋设的底部和侧面充填砾石；

4）雨水渗透池：增加雨水储池池底向土层中的渗透能力，使其同时起到调蓄雨水径流和地下渗透的作用；

5）碎石空隙调蓄渗透池：在雨水渗透调蓄池内填充碎石，使其同时起到调蓄、渗透和净化雨水的作用；

6）渗透地面：人行道、广场、停车场的表面，用多孔混凝土制的地面砖来铺砌，地面砖下铺有砂和砾石层。

据场地的地形、地质、地下水位等实际条件来确立渗透设施建设的地点，其渗透能力的精准确定需进行场地渗透试验。

千家万户的屋盖雨水通过有组织的屋面集水系统集中起来，在雨水落管下修建渗水井，在庭院修建雨水渗透管，在小区建设中增加渗水地面等方式都可大量增加雨水渗入地下的比例。

日本横滨在 2013 年全市有 20000 个雨水渗透井，且到 2014 年又增加了 1000 座。

2. 雨水调蓄池

在城市建设中可以通过设置下凹绿地、地下贮水池及雨洪滞蓄水库（人工湖、雨洪公园）、植被缓冲带、排水草沟、雨水花园、人工湖及人工湿地等进行雨水的收集和调储以保留洪水资源。

在立交桥下，在低洼地区建设地下雨水调节池是防止局部被雨水淹没造成灾害的有力措施。在新开发地区建设人工雨水调节池是减少雨水产流，降低开发影响必需的举措。

以上这些措施是对雨水自然循环通道的补充，是实现城市发展和水环境、水循环和谐的必要手段。

7.4.3 建设高标准的城市雨水排除系统

城市地面的降雨除蒸发和渗透之外产生的地表径流已不能像城市化之前完全经地面、冲沟、小溪自然汇流进入天然水体，大部分径流需人工雨水排除系统来收集和排除。所以雨水排除系统是城市地表径流继续循环的人工通道，是城市重要的基础设施，其规划设计必须符合降雨规律和城市生活生产的需求。

1. 合理确立城市排水系统的体制

城市排水体制无非是污水和雨水分别收集和排除的分流制系统或者是污水和雨水一起收集的合流制系统。

分流制排水系统由污水管网收集生活和工业废水输送到污水处理厂进行处理、深度净化，然后或回收利用或排放水体。没有雨水的混入，保障处理工艺水量与水质负荷的稳定，减少污水处理厂建设和维护费用。雨水径流由雨水口收集，经支管、干管就近排入自然水体，可避免污水混入而污染受纳水体。但初雨径流水质也很恶劣，其 COD、BOD、TN、TP 接近于生活污水。初雨径流对受纳水体水质的污染相当严峻。

在一定的地形、地面坡度的条件下，小城市也可只建污水管网，在道路两侧建雨水边沟，由明渠系统将雨水径流排向水体，称为不完善的分流制系统。

用一套管网系统收集城市污水和雨水称为合流制雨水系统。旱季将城市污水输送到污水处理厂进行处理和深度净化。小雨时可将雨污合流污水输送至污水处理厂进行处理，但是大雨时超出其输水能力的合流污水就由溢流口排放至水体，给城市水体造成了更严重的污染。合流污水的溢流污染是合流雨水道的缺憾。

新建城区或者老城区改造是选择分流制还是合流制，应根据城区气象、水系和降水量等水文条件，进行方案的比较然后确立。因为分流制与合流制各有利弊，不论采用何种排水制度，都必须解决初雨和溢流污染的问题。

2. 合理划分汇水区域

雨水管道是以重力流输水，汇水区域的划分应尊重地形和自然分水岭。山体、沟壑、河流、铁路等地多是天然区划界线，一般不与之相悖，而行政区划则较少考虑。雨水干管的汇流区域不宜过大，将雨水就近排入水体。雨水管段的过流能力按极限强度推理公式计算。其公式为：

$$Q = \Psi M q \tag{7-4}$$

式中 Q ——雨水管段的峰值流量（l/s）；

  Ψ ——汇水区域的综合径流系数；

M——汇水区域总面积（ha）；

q——暴雨强度（l/sha）。

如果汇水面积大于 $2km^2$（200ha），不可用推理公式，而应改为计算机模拟。因为推理公式是假设全汇水区降雨强度相同，而且全区域雨水径流同时到达计算断面，这与实际降雨、径流是有区别的。当汇水面积过大，就过于失真，导致错误的计算结果。在汇水面积大于 $2km^2$（200ha）的情况下，应采用计算机模拟计算，将城市水文循环的模拟作为雨水管网规划设计的基础。随着城市的发展，城市下垫面几乎每天都在变化，汇流时间、汇流面积也在相应变化，这使得传统的水文模型对于城市水文循环的模拟几乎失灵。为了更好地模拟城市雨水径流，国外 20 世纪 40~50 年代开始研究城市雨洪模型，60 年代后研制的城市雨洪模型已取得较大进展，其中 SWMM、InfoWorks CS、MOUSE 是应用较为广泛并被国内普遍接受的三个模型。我国对城市雨洪模型的自主研究始于二十世纪六七十年代，八十年代后期才开始系统研究。由于起步较晚，且我国《室外排水设计规范》没有对应用模型进行专门的规定，故模型研究的人才不足，研究进展较为缓慢。

3. 提高雨水管道的设计标准

各地区都有雨量站，在整理常年的自动计量降雨记录的基础上，用理论概率曲线确立本地区的降雨强度公式，其形式是：

$$q=(167A_1(1+C\lg P))/(t+b)^n \qquad (7\text{-}5)$$

式中　　q——P 年一遇的降雨强度（以 l/s ha，表示）；

　　　　t——汇水区最远处径流达到时间（多以 min 表示）；

A_1、b、C——由降雨记录推演出来的地方降雨特征参数；

　　　　P——雨水道设计暴雨重现周期（年）。

以上公式表明降雨超过 P 年一遇的强度，雨水口就要溢流，街区就有水浸内涝的危险。所以雨水管道设计重现期 P 就是雨水道设计的标准，其值按地方需求由设计部门确定。我国《室外排水设计规范》GB 540014—2006（2014 年版）规定一般地区 $P=2\sim3a$，重要地区 $P=5\sim10a$，与国外大城市 $P=10\sim100a$ 还有较大差距。各地应根据城市的需求，水浸危害的损失大小等条件经方案比较确定合适的雨水道溢流周期。

在合流雨水道地区，除了溢流周期 P 之外，还有截流总干管的稀释倍数 n_0，其决定着雨水总干管的口径和雨水口溢流频率和溢流污染负荷，是合流雨水管道的另一个设计标准。多年来合流雨水道总干管稀释倍数 n_0 一直采取较小值，多为 0.5~1。雨水道溢流口经常溢流，对城市河流污染严重。2014 版《室外排水设计规范》将 n_0 提升到 2~5，但与国外城市合流雨水道稀释倍数 $n_0=4\sim5$ 相比仍有差距，各地应根据需求和经济情况适当提高稀释倍数 n_0。

设定各地合理的雨水道设计标准，按标准进行建设和改造雨水道工程系统。按各城市规模、经济发展和地方条件来设定雨水道设计标准。它是水浸、内涝损失与经济能力、居民承受能力的平衡。全国各地不能一概而论，就是同一城市不同地区也不应一致。标准确定之后，就要限期改造和建设达标雨水道系统。

4. 核定各地降雨强度公式

各城各地的雨水量公式大都是多少年之前制定的，近年极端天气影响的强降雨频发。原来地方参数已不符合实际。同样的溢流周期 P 下，计算出来的降雨强度偏小，因此应该延长近多年来的降雨记录，重新统计推导当地降雨强度的公式。

用新降雨强度公式核算现有雨水道系统标准，以确立现有雨水道系统实际标准。有必要时对现有雨水道进行改造，以保持原来或提高雨水道的溢流周期。

7.4.4 建设深层雨水道

浅层雨水排除系统的能力是有限的，遇到集中大暴雨之时，往往超过其排水能力，此时地表的渗透和水系调节容量基本饱和。这时就需要人工建造的深层调蓄和输水空间来调节。在下凹式立交桥下建设深层调节池，沿雨水干管建深层隧道常是特大城市的无奈选择。在雨水道溢流重现期 P 之下的降雨，由自然地面渗透、自然水域调蓄和浅层雨水排除系统来保障街区不受水浸，捍卫城市的宁静和正常运转。但当大暴雨来临之际，上述渗透、调蓄和排放能力无法承受时，就需要启动深层调节和输水空间，来储存和输送暴雨径流，保障城区不受水浸。

深层调节池和深层隧道还能起到减少合流雨水溢流的频率，减轻合流雨水溢流污染和初雨污染负荷的作用。

日本横滨市沿市区河流鹤见川修建了两条深层雨水干线。服务于上游的 $4500km^2$ 新羽干线，储水量 $410000m^3$，由内径 $3.0 \sim 8.0m$，总长 $20.5km$ 主干管和支干管及最终排水泵站组成；服务于中游 $1800km^2$ 的水机干线，储水容量 $256000m^3$，由内径 $3.5 \sim 8m$，长 $11.8km$ 的干管和雨水泵站组成。在 2014 年 10 月 18 号台风的暴雨来临之际，上述两大贮水干线和雨水调节池储存了 $149000m^3$ 的雨洪，防止了 215 个街区 300mm 水浸积水的发生。

我国广州市地处中国大陆南端，珠江三角洲北缘亚热带季风区。气候温和，雨量充沛，日照充足。多年平均降雨量 1650mm，多集中于 4 月至 9 月，占全年降雨量的 85%，同时强降雨时有发生。广州是广东省省会，是全省的政治、经济、文化中心。随着城市扩张和建筑密度增大，地表硬化率越来越高；原有河滩、湖泊、鱼塘渐被侵占，河涌断面越来越窄。因此，城市储水、渗透和自净能力大大减弱，城市水浸、内涝频发，雨季溢流和初雨污染日益严重。

广州中心地区（越秀区、天河区和黄浦区一部）人口密度每平方公里高达万人之上。楼宇密集、交通频繁，地下管网复杂交错，浅层地下空间紧张，现有浅层雨污合流排水系统的重大改造工程实在难以实现。在此状况下，广州市采用了以现有浅层排水系统及河涌水系为基础，在进一步完善浅层排水系统的同时，建设深层隧道排水系统的方针，以解决长期以来的城区内涝和溢流污水污染河涌水质的难题。

（1）完善浅层排水系统和提高河涌防洪能力

在不修建重大改造工程的前提下，只对现有排水系统加强维护和正确操作，来完善系统的输水和储水功能，在一定程度上减少水浸内涝风险，削减溢流污染负荷是可能的和现实的。

1）提高雨水溢流井溢流堰标高，充分利用管道系统的存储容量，尽最大可能地将合流污水输送到污水处理厂，减少溢流污染负荷。

2）加强或增加溢流污水的预处理，改善溢流污水的水质。比如在雨水溢流口加设细格栅和沉沙沉淀池，去除大部分溢流污水的漂浮物和总悬浮固体物。

3）及时清理雨水收集口，改造排水系统中水力瓶颈管段，减少水浸、内涝风险。

4）发布溢流和初雨污染的信息，接受群众的监督等。

通过这些可行有效的措施，中心区内排水系统的截流倍数可以提高到 $n_0=1$。

（2）建设深层隧道排水系统

广州中心区深层隧道排水系统服务区域 318.5km²。区域内现有排水系统重现期为 $P=0.5\sim1$ 年，截流干管的截留倍数 $n_0<1$，雨季溢流污染依旧严重，水浸内涝风险很高。

1）工程内容

深层隧道排水系统由一条临江主隧道和七条分支隧道及终端综合污水处理场组成。深隧系统总长 57.32km，断面口径 Φ6.0~10.0m 不等，总调蓄容量 201.2 万 m³。终端综合污水处理厂旱季污水处理规模 240 万 m³/d，执行一级 A 标准；雨季处理合流污水规模 440 万 m³/d，其中 200 万 m³/d 执行二级标准。

沿江主隧道为双管渠道，断面 2Φ6.0m，长 29.1km，调蓄容量 14.4 万 m³，分支隧道分别为：

① 马涌—荔湾分支隧道：外径 Φ8.5m，长 3.09km，调蓄容量 14.4 万 m³；

② 东濠涌分支隧道：外径 Φ60m，长 1.72km，调蓄容量 6.4 万 m³，排洪机组能力 48m³/s；

③ 沙河涌分支隧道：外径 Φ8.5m，长 5.76km，调蓄容量 26.8 万 m³，排洪机组能力 162m³/s；

④ 猎德涌分支隧道：外径 Φ8.5m，长 4.74km，调蓄容量 80 万 m³；

⑤ 广园东路分支隧道：外径 Φ8.5m，长 3.51km，调蓄容量 16.3 万 m³，下游与深涌分支隧道衔接；

⑥ 深涌分支隧道：外径 Φ10m，长 4.74km，调蓄容量 31.4 万 m³，排洪机组能力 250m³/s；

⑦ 司马涌—西濠涌分支隧道：外径 Φ8.5m，长 4.62km，调蓄容量 21.5 万 m³，排洪机组能力 80m³/s。

2）功能与效果

临江主隧道和分支隧道的功能定位是：分支隧道以溢流污水调蓄为主，主隧道以溢流污水输送为主。

各分支隧道调蓄其服务区内溢流污水，并将溢流污水转送到主隧道。同时当大暴雨时，通过分支隧道尾端的排洪机组，将洪水排至珠江，补充河涌的防洪能力，对河涌进行分洪。

临江主隧道承担输送各分支隧道截流及储蓄的溢流污水至终端综合污水处理厂进行处理。在大坦沙、猎德、大沙地三座污水处理厂从繁华敏感区迁出之后，为其服务区域内旱季污水（200 万 m³/d）输送至终端综合污水处理厂提供条件。

深层隧道系统建成运行之后，将解决广州中心区域的内涝问题。城市中心区域排水系统的溢流重现期由现行的 $P=0.5\sim1a$ 提高到 $P=5\sim10a$，将大大降低中心区水浸、内涝的风险，大幅度提高合流排水系统的截流倍数，削减溢流的初雨污染负荷 70%。提高各河涌防洪能力，由现行 5~10a 提高到 20~50a。

3）分期建设与运转工况

全部工程分期修建。先建分支隧道，可独立发挥减少服务区域内涝，削减溢流污染的作用。东濠涌分支隧道作为示范工程，首先进行建设。建成后该流域浅层与深层排水系统将有序地协同工作：

① 晴天，旱季污水由浅层排水系统输送到猎德污水处理厂进行处理后排至珠江，不启动深层隧道系统。

② 小雨时，2倍之下的合流污水也由浅层排水系统输送至猎德污水处理厂，不启动深层隧道系统。

③ 中雨时，浅层排水系统依然输送2倍旱季污水量的合流污水至猎德污水处理厂，其余溢流水量进入深层分支隧道调蓄，待至晴天时，将蓄存的合流污水泵入浅层排水系统，再输送至猎德污水处理厂。

④ 大雨时，在充分发挥浅层排水系统输水到猎德污水处理厂和深层分支隧道调蓄能力的基础上，按水质监测系统的指示，当水质较差，达不到排入河流水质排放标准，则开启分支隧道与主隧道的闸门，将合流污水排入主隧道，输送至尾端，泵入综合污水处理厂进行雨天合流污水处理。当水质符合排放河道标准，启动分支隧道尾端的排洪机组，将洪水排至珠江，进行排洪。

⑤ 暴雨时，同时启动主隧道末端排洪泵组，进行排洪至珠江。

7.4.5 加强维护管理，充分发挥现有合流排水系统的功能潜力

各市雨水排除系统是在几十年间逐步修建完成的，在一部分雨水道中，沉积、结垢和异物堵塞并不少见，甚至施工过程中混入管道内的泥土和异物都没有及时被清除。在雨水道系统多年的形成过程中也难免有些管段管径过小，形成过水瓶颈。这些本来可以通过巡检维护、维修来处理解决，但是我国缺乏明确雨水排除系统的管理条例，或者有标准疏于执行。要充分发挥现有系统的排雨洪能力，首先要强化管理和维护。

超过雨水道体系能力的强暴雨时有发生，而且今后会更加频发，扩充雨水道的能力需要时间和财力。就现实而论，为把灾害减少到最小，充分发挥现有雨水排放、调蓄体系的作用，是十分必要的。而监测与控制体系是充分发挥合流雨水管道内水量调节潜力，削减排放污染负荷量和减少水浸频率的重要手段。在线实时监控合流管道内水位和水质（浊度）可指导雨水排除系统的运行。在中、小雨时提高溢流堰口标高，使管道在高水位下运行，发挥管道贮存空间，将初雨合流污水输送至污水处理厂进行净化；在大雨时，据管内水位、水质情况适时降低溢流堰口标高或开启雨水泵，将雨洪排入受纳水体，降低管内水位，并使雨水泵的排放量与干管入流量相吻合，防止雨水口冒水和水浸街道。

城市现有雨水排放与储存能力是有限的，按标准进行改扩建需要财力和时间，所以超强发挥现有雨水道系统的作用极为重要。

1. 建立精确暴雨预测预报体系

产生内涝灾害，造成生命财产惨重损失的直接原因，是突如其来的局部集中强暴雨。现今，采用最新的气象模型，可以实现大规模暴雨的预测和预报。但是对突袭式局部强暴雨准确的时间、范围和强度预测、预报还很困难，突袭式的局部强暴雨往往是发生滑坡、土石流、水灌地下空间和洼地的直接原因。当在人们措手不及的情况下，就会遭受生命和财产的惨重损失。

上空最初的暴雨雨云都是暴雨30min之前形成的，称为"突袭暴雨之源"，如在强暴

雨雨云发生、发展的初始阶段，应用最新气象雷达及时探知，并且通过气象学和水文学融合计算模型精确预测"突袭暴雨"的强度、时间和降雨地区范围，在突袭式局部强暴雨来临之际，哪怕是 5min 或 10min 前及时向居民发出警告，将居民唤醒，都能给他们留有避难的时间和空间；留给城市应急措施的时间，利用提前的暴雨警告，可以及时开启排水泵站放空调节池和雨水干线，迎接暴雨的到来，减少水浸的灾害。这些时间对于防灾、对于生命都是极其宝贵的，也可将突袭暴雨的灾害减少到最小。

2. 建立城市"内涝灾害地图"

积累长年的暴雨内涝资料，组成"内涝灾害地图"，标出在各种暴雨强度、暴雨量下水浸内涝区域的范围，标出高危内涝区域，用作城市指挥防灾和居民自救、互救与避难之用。

3. 组织居民自救、互救

居民据精确暴雨报告，结合"水浸内涝灾害地图"，及时采取防灾避灾措施，及时将地下室窗户、一层门窗加上密封的止水板，防止进水。妇婴老幼及时疏散到安全地带，避免或减轻内涝灾害带来的损失。

城市内涝灾害管理系统是城市抗内涝能力的重要组成部分，是发挥政府效能和民众主动能力的能动系统，任何忽视都是失职行为。

7.5 城市雨水直接利用

7.5.1 雨水利用的意义

从实质意义上看，雨水是水资源的源泉，一切江、河、湖泊和地下水都以雨水为源泉，所以一切农业、工业和城市的供水系统都是在利用雨水。

本节所介绍的雨水利用，是指直接以降雨为水源的用水系统。在远离大陆的孤岛上，淡水稀少，为了生存人们直接收集储存降水（降雨、降雪）用以饮用和生产活动。在城市内的办公大楼、居民住宅中，收集储存屋面、庭院、广场的雨水，用来冲洗厕所、浇洒绿地、植木、洗车，可节省自来水用量，减少水费开支，这些都是雨水的直接利用。

城市雨水利用不但能给用水户带来经济上的利益，同时在客观上起到了改善城市雨水循环的作用。雨水利用系统的贮水池可调蓄雨水，抑制雨水径流，减轻城市排水系统的负荷。具有渗透功能的雨水利用系统，还可增强土层的含水率，滋养草皮、植木的生长，同时涵养地下水，改善径流水质，减少雨水径流对水体的污染。

7.5.2 雨水利用设施

雨水利用设施不仅考量利用雨水的本身，还可发挥雨水调蓄、渗透、水质改善等功能，建立多功能的雨水利用系统。但在一个具体的系统上，很难全面发挥各种功能，因为系统中的各种功能互相制约又互相补充，所以在设计建设时，应根据地点、规模和目的，采取适宜的流程。

1. 雨水利用系统

雨水通过屋面或地面收集系统流入贮水池，泵入高位水箱或用水点，用于冲洗厕所、浇洒花木、绿地及补充喷泉、水幕、景观水池等用水。其系统如图 7-10 所示。

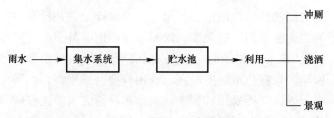

图 7-10　雨水利用系统

2. 兼有抑制径流功能的雨水利用系统

该系统有两个相互独立的贮水池，一个用于雨水径流调蓄，另一个作为雨水利用。调蓄水池在暴雨时储存雨水，晴天时排放至雨水道，使水池处于空池状态，以便迎接下一场大雨的到来。雨水利用水池应经常处于满水状态，以便随时利用，其流程如图 7-11 所示。

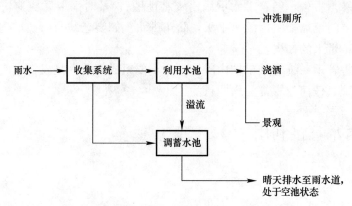

图 7-11　兼有利用和调蓄功能的雨水利用系统

3. 兼有雨水渗透功能的雨水利用系统

该系统设计思路是以渗透优先，渗透系统尽力发挥渗透能力，当地层水分饱和后，雨水由渗透井流入贮水池，供各用水点使用。其流程如图 7-12 所示。

图 7-12　以渗透为先的雨水利用系统

在缺水地区则以储水利用为主，贮水池满池溢流至渗水系统，此时的流程如图 7-13 所示。

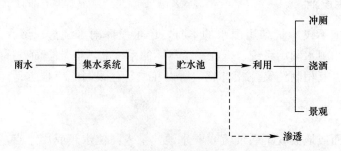

图 7-13　兼有渗透功能的雨水利用系统

4. 具有全面功能的雨水利用系统

该系统在小雨、初雨时雨水由收集系统至调蓄池再进入渗水系统。在中雨、大雨时雨水由收集系统进入利用水池备用，多余的水再溢流至调蓄水池。在大雨、暴雨时雨水进入调蓄水池，抑制径流，晴天时排放至雨水道。其流程如图7-14所示。为发挥其抑制径流的功能，调蓄水池的容量应该足够大，以满足汇水面积内径流调蓄的要求。

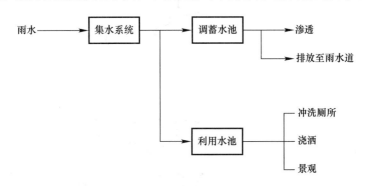

图 7-14 全功能雨水利用系统

7.5.3 雨水用户与水质要求

根据我国《生活杂用水水质标准》CJ 25.1—89的要求，从屋面、人工绿地、家庭停车场收集来的雨水，如果排除初期雨水，可直接用于冲洗厕所。经过自然沉淀可以用来浇洒绿地、花木，也可以用于景观水池和水幕。雨水还可以直接用于消防。但用于室内清扫、洗涤，必须经过沉淀和过滤。如果有误接、误饮的可能，还必须加氯灭菌。如果以雨水作为饮用水源，须经过活性炭吸附等深度处理，并投氯灭菌。在特殊条件下，雨水临时作为饮用水也需经灭菌处理。

生活杂用水占生活用水量的一半左右，其中冲厕占生活用水量的20%，以冲厕为首的生活杂用水是雨水的主要用户。生活用水的组成见表7-6。

生活用水的组成（%）   表 7-6

厨房用水	浴室用水	洗脸间用水	冲厕用水	庭院用水	洗车	其他	合计
26	24	5	21	15	5	4	100

7.5.4 建筑物雨水收集方法

建筑物的集水面是屋顶和墙壁。无风天降雨几乎都为屋面所捕获，而风天雨水用墙面收集更为有效。

屋面集水：雨水沿屋面坡度汇聚于屋檐上的排水沟中，通过雨水立管（雨水落管）收集于沉淀槽中，再流入贮水池供利用。通常还在排水沟末端、立管出口或沉淀槽前设置格栅，拦截垃圾、落叶等杂物。栅条间距一般为1～5mm。屋面集水系统图如图7-15所示。

墙面集水：雨水沿墙壁落入墙脚下的雨水沟，沟内可填充碎石起简易过滤作用。雨水从雨水沟中流入贮水池供利用，如图7-16所示。

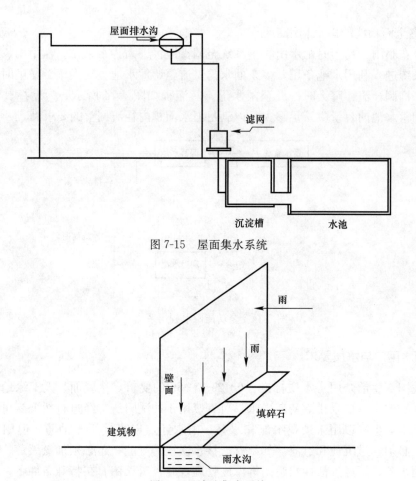

图 7-15 屋面集水系统

图 7-16 墙壁集水系统

7.5.5 初期雨水的排除

据测定，屋面雨水从降雨开始，随降雨历时的延续，污染物浓度逐渐减小，如图 7-17 所示。图中可见随着降雨累积量的增加，雨水水质渐渐变好。初雨的 COD、SS 浓度与累积雨水量 0.25mm 后的雨水水质相比要高数倍和数十倍，可见，排除初期雨水是雨水利用的前提。

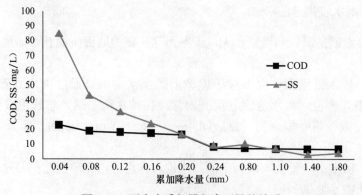

图 7-17 雨水水质与累积降雨量的关系

初雨排除技术有水力分流器、电动阀自动排除等多种。水力分流器安装于雨水立管末端，由内管和外管组成。小雨时雨水沿外壁管流下，进入下水道；中雨、大雨时雨水垂直流入内管进而流入贮水池。其构造如图 7-18 所示。

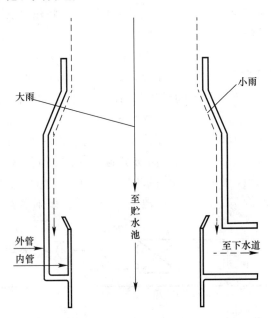

图 7-18   排除初期雨水的分流器

电动阀门与雨量计联结，初雨时排放管的电动阀开启，雨水放流下水道去污水处理厂处理。而中、大雨时，当累积雨量到一定数值，则排流管电动阀自动关闭，集水管电动阀开启，将雨水收集于贮水池中。其示意图如图 7-19 所示。

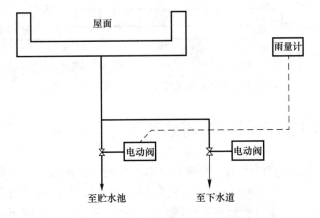

图 7-19   自动排除初期雨水系统

7.5.6   雨水利用实例

1. 济南市郎茂山公园雨水收集利用系统

济南市郎茂山公园位于济南市中心区北部，囊括七座山峰，总面积 89ha。山体以石灰岩为主，坡度较大，雨季水土流失严重，土层瘠薄，植物树木需人工浇灌，否则难以存活。同时暴雨径流沿山势倾泻而下，对山脚周边村落存在着山洪威胁。

济南市为落实郎茂山公园总体规划，沿山体坡度修建梯级鱼鳞坑（渗水浅井），下渗和保存雨水，促进松柏树木和草皮的成活。在山坡中段地势较缓地带修建蓄水池，收集蓄存更多的雨水。晴天时用于浇灌草木。在山脚平坦地带，修建景观水库，供游玩和利用。公园的雨水收集与利用系统与其总体规划紧密结合，融为一体。形成了一些围合水面的庭院，营造了水乡景色，形成了雨水公园。公园汇水区内总降雨量为 $49.59 \times 10^4 \mathrm{m}^3/\mathrm{a}$，雨水收集系统最大收集雨量为 $26.34 \times 10^4 \mathrm{m}^3/\mathrm{a}$，占降雨量的 52.2%，基本满足公园用水的需求，不足部分由自来水补充。该公园已成为山东省有特色的山体自然公园。

2. 日本某地教育中心大厦屋面雨水利用系统

大厦屋面和阳台总面积 $1800\mathrm{m}^2$，从屋面和阳台收集到的雨水由雨水立管进入地下室的沉淀池、过滤池，雨水净化后首先流入消防水池作为消防储备水。消防水池溢流至贮水池，贮水池水泵入屋顶水箱，由高位水箱供冲厕、养鱼池、空调冷却塔、绿地、洗车和清扫用水。年收集利用雨水量 $1320\mathrm{m}^3$，贮水池容积 $360\mathrm{m}^3$。该雨水利用系统如图 7-20 所示。

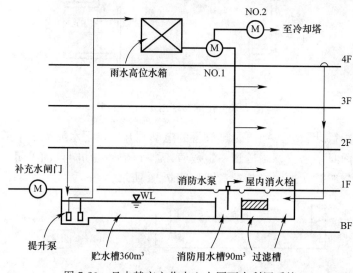

图 7-20　日本某市文化中心大厦雨水利用系统

7.6　城市雨水排除系统、防涝系统和防洪工程

防洪是防患流域上游普降大雨而带来的洪水洪峰漫堤，淹没两岸农田和城镇。在城市上、下游都建有坚固的河堤工程，防止洪水洪峰漫堤内浸，其标准都在 $20 \sim 100\mathrm{a}$。

但是我国几乎没有一条自然状态的河流。每条河上都建有拦水闸坝，甚或建有多座梯级水库。事实上，这些库坝的功能定位对下游地区城镇的安危至关重要。水库的第一功能应是径流调节，在洪水期节制泄洪流量，减轻下游地区的防洪压力；在枯水期保证下游河床的生态基本流量，保障下游区域生产生活和生态用水。第二功能才是发电和灌溉，如果将这两个功能的顺序颠倒，洪水漫堤则无法避免，其结果是为了追求经济利益而要付出更惨痛的代价。

现在我国河川都有完整的防洪体系，迎接洪峰的挑战，并能使洪水顺利快速的入海，捍卫了大河上下城镇、村落和农田的安全。但从水资源角度而言，洪水却占我国淡水资源的大部分，如果能把洪水的相当部分留在陆地岂不增加了我国有效的淡水资源，所以未来我们面对洪水所采取的策略似乎应该从及时排除转换为有效的储存利用。除水库的径流调节之外，如沿河上下在低洼地区开辟分洪泄洪区，在流域规划中将那些不该建设村镇的地区留作分洪泄洪之所，使洪水渗入地下作为淡水资源的储备，在洪水期是水面，旱季则为农田，方为上策。

内涝是城区内的暴雨经渗透、储存调节之后产生的径流量超过了雨水道的排泄能力，从而产生的水浸道路，淹没低洼地区的水浸内涝灾害。内涝影响城市的正常运行、中断交通，造成生命财产的损失并不亚于洪水泛滥。内涝的防治体系是由城市自然水系排除和调节、自然地面渗透及人工雨水径流排除系统组成的。上游洪水来临之际是防治内涝体系功能最脆弱之时，洪水期最易产生内涝。世界各国城市的内涝重现期基本上和防洪标准一致，以往我国没有明确的内涝重现期。2014 版的《室外排水设计规范》规定了特大城市的内涝重现期为 50～100a，大城市 30～50a，小城市 20～30a，基本接近城市防洪标准，见表 7-7。

城市雨水排除系统是收集排放雨水径流至自然水体的城市基础设施，是防止内涝体系的重要组成部分，并非是全部。城市防止内涝的能力就是城市雨水排除系统排放能力和城市总的自然调蓄、排放、渗透能力及人工调蓄、渗透工程能力之和。

《室外排水设计规范》GB 50014—2006（2014 版）内涝防治重现期 表 7-7

城镇类型	重现期（年）	地面积水设计标准
特大城镇 大城镇 中小城镇	50～100 30～50 20～30	1. 居民住房和工商业建筑物底层不进水； 2. 道路面上积水深 15mm 之下

第8章　工业点源污染物源头分离与削减

18世纪产业革命以后，人们以征服自然的气概，大量开掘自然资源，大量排泄废弃物，疯狂地发展工业生产。在取得了丰厚的物质财富的同时，付出了惨重的环境代价。20世纪中叶发生了震惊全球的八大公害事件：30年代比利时马斯河谷烟雾事件；40年代美国洛杉矶光化学烟雾事件和多诺拉事件；50年代英国的伦敦烟雾事件；50年代至60年代日本的水俣病事件、四日市哮喘病事件、爱知县米糠油事件和富山骨痛病事件，导致成千上万人受害甚至丧失生命，激发了一系列大规模民众反污染的社会运动。

联合国于1972年6月5日在瑞典首都斯德哥尔摩召开了第一次世界性的人类环境会议，通过了《人类环境宣言》。宣言提出了人类共同的信念："为了这一代和将来世世代代人的利益"保护环境，开启了保护地球环境的新纪元。但是几十年过去了，尽管世界各国都在尽力治理污染，环境污染和生态破坏仍在加剧。出现了臭氧层破坏、全球变暖，酸雨、土地退化，生物多样性减少等严峻的地球环境问题。

人们在严峻的环境灾害面前，开始反思，"先污染后治理"、"就污染治污染"的保护环境战略和技术路线能否保护人类的生存环境。先行的环境保护工作者悟出了新道路。只有工业企业实行清洁生产，在产生污染的源头防止污染，从生产工艺的全过程来避免和减少污染物的产生，才能在全球经济发展的浪潮中，防止环境污染和生态破坏，捍卫地球家园。

清洁生产是在可持续发展、循环经济理论指导下的一种全新生产方式。通过原材料替代、工艺改进、设备更新、技术进步和科学管理，达成资源和能源的循环利用。使一个生产工序的废物，成为另一个生产工序的原材料，将预防污染产生贯彻于生产、产品销售和服务的全过程中。从源头削减和避免污染物排放，从根本上消除环境污染。推进清洁生产是实现循环经济和可持续发展的有效途径，是完成经济增长方式和提高经济增长量的客观需求。

我国在20世纪六七十年代，东北工业基地吉林化学工业公司等企业开展了"少废工艺"、"无废工艺"等生产全过程污染控制的一系列清洁生产活动。吉林造纸厂完成了造纸黑液碱回收，白水纸浆回收等示范工程，大幅减少了吉林造纸厂黑水、白水对第二松花江的污染，同时降低了生产成本。吉林染料厂用无毒材料替代染料生产过程中的汞触媒，从而消灭了汞对松花江的持续污染，避免了水俣病在松花江畔的发生。这些我国清洁生产的先驱企业能在"文化大革命"浪潮中产生，尤为可贵。但是全国企业清洁生产的内在动力，在之后的GDP政绩和经济大发展的浪潮下被淹没了。随着我国经济的高速增长，中国已成为世界上最大的实物制造国，也是世界上自然资源消耗和产出比最低的国家。

迄今为止，我国工业企业耗水量巨大，用水浪费现象严重。从表8-1统计的典型工业行业吨产品耗水量数据可以窥见一斑。而人类社会可持续发展的基本点是资源与能源的节省和循环利用。人类社会水资源及水资源流中通过物质能量的回收和循环利用，实现节能减排，是人类社会可持续发展的要求，我们绝不能切断子孙生存发展的道路。

我国典型工业行业吨产品耗水量		表 8-1
	吨产品耗水量	耗水量与发达国家比较
火力发电	2.8～4.1 吨（1000 度电）	高 2.5～4 倍
石油化工	～30 吨	高 6～26 倍
煤化工	>10 吨	高 3 倍
精细化工	20～60 吨	高 3 倍以上
钢铁	34～58 吨	高 3～6 倍
制药	>10000 吨（抗生素）	高 2～6 倍
造纸	50～100 吨	高 5～10 倍
印染	100～200 吨	高 2～3 倍

自 20 世纪 80 年代以来，我国对工业废水的排放标准也愈发严格，而工业污染物的复杂多变性对治理工艺技术的高效性、灵活性和针对性要求也越来越高。国家和企业在工业点源污染物末端治理方面投入了大量的财力、人力和物力，效果却甚微。这种末端治理方式给企业带来的技术和经济上的压力与日俱增，苦不堪言。与此同时，企业却采用了资源粗犷利用、大量废弃的生产方式。在很多工业行业排放废水中含有的原材料、中间产品、辅剂等宝贵资源和能源随之流失，然后再对废水进行治理，以能耗能，白白浪费了资源和能源，又增加了生产成本，降低了经济效益。依据可持续发展和循环经济的理念，工业点源污染物应以预防污染物产生为主、末端治理为辅、资源（水资源、碳质资源、矿物资源、有机质能源等）循环利用为根本。通过控源，实现清洁生产从而预防不必要的污染产生，在废水治理过程中强化资源和能源回收，进一步削减污染负荷。然后才是废水的净化和达标排放，如此才能获得社会、环境、经济之全方位效益。

8.1 我国典型重污染行业现状

制药、印染、煤化工、粮食深加工是污染既重，但又关系到国计民生的典型重污染行业。这些行业的清洁生产工艺、污染物源头控制、废水达标排放关系到我国水环境健康的大局。

8.1.1 制药行业

1. 产业发展及污染现状

截止到 2013 年，我国有药品生产许可证的企业 7232 家，其中化学原料药企业 1556 家，化学药品制剂企业 2841 家，2013 年全年医药工业生产总值 18256.6 亿元，占全国工业总产值的 2.1%，蕴含着巨大的经济效益。在获得可观效益的同时，制药工业是环境污染的大户，是国家环保规划重点治理的 12 个行业之一。制药行业具有生产工序复杂、原料药和其他原材料种类多、数量大、原料利用率低的特点。一般一种原料药有几步甚至十几步反应，使用的原材料种类有多种，可高达 30～40 种。原料总耗可达 10kg/kg 产品，有的甚至超过 200kg/kg 产品。这些物料和产生的副产物随生产过程排入废水，使废水中含有大量有机污染物、有毒难降解污染物、抑制剂等，可生化性差。属于高浓度有毒难降解废水的一种，严重污染环境并威胁人类的健康。据《第一次全国污染源普查公报》报道，制药行业已经成为我国主要废水排放行业之一，COD 排放量达到每年 21.93 万 t，大约占全国工业排放的 3%，位列统计行业第 7。

目前，我国已形成以石家庄、沈阳、山东、哈尔滨、重庆等地方的老制药工业基地和浙东南化学原料药出口基地，表 8-2 为我国制药行业地理分布状况。2013 年底，环境保护部组织各环境保护督查中心对医药制造企业相对集中的 13 个省、自治区、直辖市的排查整治情况进行了督查，并现场抽查了部分发酵类、化学合成类医药制造企业。在督查的 178 家医药制造企业中，发现"三废"超标排放问题和环境违法行为严重。2014 年国家重点监控的废水排放企业 4001 家，其中医药制造企业有 118 家，约占 2.9%；国家重点监控的废气排放企业 3865 家，其中医药制造企业 16 家，约占 0.4%。

<table>
<tr><td colspan="3" style="text-align:center">我国制药工业企业地理分布情况</td><td>表 8-2</td></tr>
</table>

地区	医药行业上市公司数量（家）	医药行业上市公司规模（亿元）
京津冀及山东	34	1183
长三角	43	1885
珠三角	19	795
东北三省	13	353
云贵	8	304
重庆四川	10	247
湖南湖北	12	180

2. 污染物来源及性质

虽然制药过程各不相同，有简有繁，废水水质复杂多变，但可大致分为以下四类：（1）母液类，包括各种结晶母液、转相母液、吸附残液等；（2）冲洗废水，包括过滤机械、反应容器、催化剂载体、树脂、吸附剂等设备及材料的洗涤水；（3）回收残液，包括溶剂回收残液、前提回收残液、副产品回收残液等；（4）辅助过程排水及生活污水。

图 8-1～图 8-4 绘出了四种典型化学制药生产工艺及其排污节点。

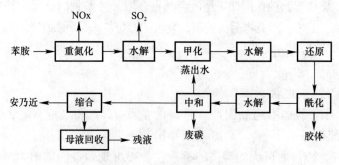

图 8-1 安乃近生产工艺流程

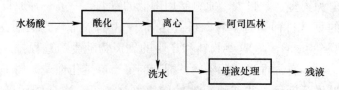

图 8-2 阿司匹林生产工艺流程

174

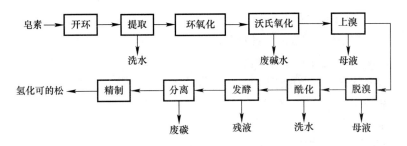

图 8-3 氢化可的松生产工艺流程

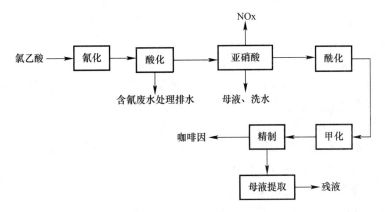

图 8-4 咖啡因生产工艺流程

制药废水中通常含有以下几类难降解物质：

（1）咪唑类：4-甲基咪唑、1，3-二甲基咪唑烷酮、2-苯基咪唑、2-硝基咪唑、N-甲基咪唑；

（2）呋喃类：3-溴呋喃、四氢呋喃、呋喃唑酮、呋喃妥因、呋喃西林、盐酸呋喃它酮、2-呋喃丙烯酸；

（3）酚类中间体：2，4-二叔戊基苯酚、4，4-联苯酚、4-苯氧基苯酚、间氨基苯酚、间苯三酚、邻氨基苯酚、对叔丁基邻氨基苯酚、对氯苯硫酚；

（4）芳烃中间体：1-羟基苯井三氮唑、2-苯基咪唑、2，4-二叔戊基苯酚、2，6-二异丙基苯胺、3-氯代苯酐、4，4-二氨基二苯甲烷、4，4-二溴联苯；

（5）吡咯类：N-羟乙基吡咯烷、N-十二烷基吡咯烷酮、N-辛基吡咯烷酮、α-吡咯烷酮、2-吡咯醛、N-甲基吡咯烷酮；

（6）吡啶类：2-吡啶甲醛、2，2-联吡啶、2-氨基吡啶、4，4-联吡啶、4-二甲氨基吡啶、3-羟基吡啶、2，6-二甲基吡啶。

3. 制药行业清洁生产实施策略

（1）制药行业清洁生产的主要内容

制药行业清洁生产一般包含如下内容：

1）清洁的原料与能源。进行清洁生产的一个前提条件是选择清洁的原料与能源。指在生产过程中能被充分利用而很少产生，甚至基本不产生废物和不对环境造成污染的原材料和能源。

2）清洁的生产过程。指优化产品设计，改革药品生产工艺，革新生产设备；建立生产闭合圈，废物料能够实现再循环、再利用，并能够进行科学管理等。

3）贯穿于清洁生产全过程的管理控制。包括生产工艺和生产组织两方面的全过程控制。第一方面，生产原料转化的全过程控制，是指从原材料的采集、提取、加工、合成到成为产品并被使用、废弃的每个环节所采取的污染预防控制措施。第二方面，生产组织的全过程控制，是指从产品的设计、开发、生产到运营管理，所采取的污染预防的控制措施。

（2）东北制药总厂清洁生产的改革实例

东北制药总厂为国内维生素C的主要生产企业，自1995年9月建成投产，出口创汇4000多万美元。污染排放物质主要是制药有机废水，主要污染因子为COD、-NO$_3$（硝基）。改造前，企业工业总产值51500万元，年废水排放量为874万t，年COD产生量6527.75t。该厂实施清洁生产的主要内容包括：1）建立完整的环保机构。环境保护人员300多人，建立三级环境保护管理机构，网络了各个分厂及班组；2）清洁生产审计。通过投入产出，物料平衡，分析生产工艺（包括提取、转化、精制）过程；逐步实施废水、废渣处理利用及全过程清洁生产方案，关键技改项目如下：

1）离心机分离设备改造

原三足式离心分离设备为敞开式生产，乙醇易挥发，不仅浪费原料，而且影响岗位操作环境。另外三足式离心分离设备容积小，增加了停机装卸原料和清洗设备次数，影响生产效率及设备清洗带来的环境污染。将原三足式离心分离设备改造为吊式离心机，优化了生产过程。改造后的吊式离心机操作方便，运行稳定，单机工作能力较原三足式离心机提高一倍；采用电动吊卸料替代人工启料，减轻了员工劳动强度；占地面积小，便于操作管理、维修；吊式离心机密闭操作，减少乙醇的挥发损失，改善了操作环境。污染物产生量减少15%，折COD每月少排2.6t；带来了明显的经济效益：原料乙醇的用料减少15%，每月节省乙醇4t，价值1.5万元；节省电能，电功率从30kW下降到23kW，每月节电3150kWh，价值1890元；减少处理运行费用2800元；减少损失，提高效率0.6%～0.8%，每月多产VC 800kg，价值3万元。假定全部采用吊装式离心机取代三足式离心机，可减少乙醇投加料15%。经可行性分析，需投资592万元，年增加收益212万元，投资回收期限3年左右。同时，减少年COD排放量约900t。经济与环境效益双丰收。

2）VC超滤丝体制取蛋白饲料

生物发酵法生产VC时，有效成分古龙酸经过滤、超滤提取后，生物发酵的菌丝体和残余培养液被截留下来，作为废弃物处理掉。而这些菌丝体内具有蛋白饲料所含有的常规营养成分和氨基酸，是一种可以用来制取蛋白饲料的良好原料。该企业VC生产过程中年产菌丝体2万t，含水率85%，用成套干燥设备年生产蛋白饲料3500t，创产值500万元以上，同时年可削减COD 2100t，有良好的经济效益和环境效益。

企业通过实施清洁生产的审计工作和其无费、低费清洁生产项目的实施，VC产品的各项技术经济指标带来大幅度提高，取得良好的经济效益和环境效益。

VC产品实施清洁生产的技术经济效果　　　　　　　　　　　　　　表8-3

项目	单位	实施前	实施后	（实施后—实施前）/实施前
产品收率	%	41.58	54.46	8.8%
原料消耗	kg/kg	12.5792	8.5648	−17.52%

项目	单位	实施前	实施后	(实施后—实施前)/实施前
成本	元/t	43.63	37.98	−12.93%
水耗	t/kg	0.912	0.3134	−64.84%
汽耗	kg/kg	65.997	39.6	−56.39%
电耗	kW·h/kg	9.6504	5.971	−38.76%

VC 产品实施清洁生产的社会与环境效益   表 8-4

项目	单位	实施前	实施后
工业总产值	万元	51500	110000
废水排放量	万 t	874	700
COD 产生量	t	6527.75	9000
COD 处理量	t	2938	6000
COD 排放量	t	3489.75	3000

由表 8-3 和表 8-4 可以看出,实施清洁生产后与清洁生产前相比,回收率提高了 8.8%,消耗下降了 17.52%,水耗下降 64.84%,汽耗下降 56.39%,电耗下降 38.76%,成本下降 12.93%,初步估算年节约成本 1600 多万元。由于物耗降低,对避免污染物产生有一定作用,在计划产值增加一倍的情况下,废水排放量呈下降趋势,COD 排放量持平,做到了增产不增污。

4. 制药废水的资源回收和治理

制药废水是一种典型的难降解工业废水,不同类别制药企业使用不同工艺产生的废水水质差异极大。对于有机质浓度较高或者有较强生物毒性的制药废水通常采用厌氧生物法脱毒减碳;对于生化性极差的制药废水就需要采用物理化学法进行预处理或深度处理。目前,处理系统主要以去除污染物为目的,很少考虑对废水中有机物和相关盐类的回收。针对此现状,应强化资源回收技术的开发及应用。制药废水处理工艺应首先以实现资源回收为目标,对废水中可回收利用的资源,如原料药、磷、蛋白、氨氮等首先进行回收,再着重考察对残留污染物的降解,最终实现资源回收利用和废水达标排放的双重目的。

(1) 硫资源回收技术

图 8-5 为制药废水硫资源回收和处理技术。此技术的核心是利用了两相厌氧的产酸相实现了高效硫酸盐还原,利用微生物反硝化脱硫过程实现了单质硫回收,解除了硫系物的毒性抑制,从而形成了硫酸盐还原—反硝化脱硫—单质硫回收为核心的工艺系统。在硫资源回收的同时废水也得到了净化,达到排放标准,实现了环境效益和经济效益的统一。

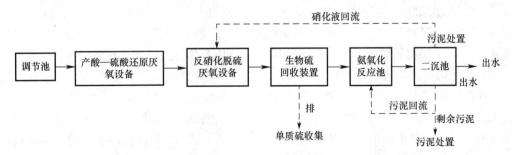

图 8-5 有机废水碳氮硫共脱除耦合硫资源回收工艺技术路线

（2）磷回收的潜力

磷霉素制药废水中总有机磷（TOP）浓度高达 8225mg/L，采用湿式氧化工艺，利用分子氧作为氧化剂，可将废水中有机磷转化成无机磷酸盐，TOP 去除率可达 99％以上。进一步采用磷酸钙沉淀（CP）和磷酸铵镁（$MgNH_4PO_4 \cdot 6H_2O$，MAP）结晶方法，对湿式氧化处理后废水中的磷酸盐进行固定化回收。CP 沉淀和 MAP 结晶工艺均可以实现磷酸盐固定化，回收率达到 99.9％。

（3）氨回收潜力

部分医药中间体废水中含有高浓度的铵盐，有的甚至高达 5％～10％，采用固定刮板薄膜蒸发、浓缩、结晶、回收质量分数为 30％左右的 $(NH_4)_2SO_4$、NH_4NO_3 做肥料或回用。

（4）蛋白回收潜力

根据蛋白质表面带有电荷和水膜在水溶液中可形成稳定胶体的原理，采用氯化铁作为絮凝剂，对蒸馏后排放的高温制药废水直接进行处理，回收废水中的蛋白质；对得到的上层清液稍经处理，即可作为再生水回收利用或直接排放；絮凝液经离心甩干，可作为动物饲料，也可经进一步加工，供人类食用。

（5）原料药回收潜力

制药废水中含有大量的原料药，可通过膜法、离子交换法、复合盐析法和萃取法等回收废水中的金霉素、土霉素、乙腈、二甲基甲酰胺（DMF）和苯乙酸等。

（6）再生水回用

制药废水水量巨大，通过适当的处理技术实现再生水回用，不仅能够减少对环境的污染，同时还可减少对新鲜水的摄取量。主要的深度处理技术包括：混凝沉淀、活性炭吸附、膜法处理和高级氧化等。

8.1.2 印染行业

1. 产业发展及污染现状

我国是世界上最大的纺织品生产和出口国，纺织工业是我国国民经济的支柱产业之一。印染行业在整个纺织品生产过程中起着承前启后的作用。我国的纺织染整行业一直保持良好的增长趋势，截至 2012 年 12 月，全国成规模的印染企业印染布产量 566.02 亿 m，累计实现工业总产值 3369.22 亿元。浙江、江苏、山东、广东和福建等东部沿海 5 省为我国印染大省，印染产品占全国总产量的 91％，印染产品分别占全国总产量的 61.12％、8.38％、6.57％、9.25％、5.68％。

然而，印染行业在创造经济效益和社会效益的同时，废水的产生和排放也给我国环境带来了巨大压力。2007 年 5 月，国务院下发的《第一次全国污染源普查方案》（国办发〔2007〕37 号）将纺织业列为 11 个重污染行业之一，据环保部《2011 年环境统计年报》数据显示，2011 年我国纺织印染行业废水排放总量约为 24 亿 m^3，位居全国各工业行业废水排放总量的第 3 位，废水中污染物排放总量（以 COD 计）位居各工业行业第 4 位。据测算，我国每生产 1t 染料，大约排放废水 $744m^3$。与发达国家相比，我国印染行业单位产品耗水量大约是发达国家的 2 倍，单位产品排污总量是发达国家的 1.2～1.8 倍。为此，新修订的《纺织染整工业水污染物排放标准》GB 4287—2012 不仅提高了各类污染物排放限值，而且对单位产品排水量提出了更加严格的要求。

2. 污染物来源及性质

印染废水特性与生产过程中使用的染料和助剂密切相关。印染废水中主要含有人工合成有机物（染料、助剂等）、天然有机物，其中有一定量的难生物降解物质，如羧甲基纤维素、表面活性剂、萘酚类、芳香族胺等。同时，染料结构中的硝基、胺基化合物、苯及其同系物均具有较强的生物毒性。主要工艺单元产生废水的性质见表8-5。

印染工业主要工艺单元废水性质 表8-5

序号	主要产污环节	污染物化学成分	产生废水的特点
1	退浆	淀粉分解酶、烧碱、亚溴酸钠、过氧化氢、PVA 或 CMC 浆有机物料等	废水量占印染总水量的15%，pH较高，有机物含量高，占印染废水总量的45%左右，COD值较高
2	煮练	碳酸钠、烧碱、碳酸氢钠、多聚磷酸钠等	pH高（pH＝10～13），废水量大，呈深褐色BOD，COD达每升数千毫克，温度较高，污染严重
3	漂白	次氯酸钠、亚溴酸钠、过氧化氢、高锰酸钾、保险粉、亚硫酸钠、硫酸、醋酸、甲酸、草酸等	漂白剂易分解，废水量大，BOD值约200mg/L，COD比较低，污染程度较小。碱性比较强，pH高达12～13，SS和BOD较低
4	染色	染料、烧碱、元明粉、保险粉、重铬酸钾、硫化钠、硫酸、吐酒石、苯酚、表面活性剂等	水质复杂，变化多，色度一般达400～600倍，碱性强，pH在10以上，COD较高，BOD较低，可生化性较差
5	印花	染料、尿素、氢氧化钠、表面活性剂、保险粉等	废水中含有大量染料、助剂和浆料，BOD和COD值较高，BOD约占印染废水总量的15%～20%，氨氮含量高，污染程度高
6	碱减量	对苯二甲酸、乙二醇等	pH高（＞12），有机物浓度高，COD可高达每升90000毫克，高分子有机物及部分染料很难降解，属高浓度难降解有机废水
7	洗毛	碳酸钾、硫酸钾、氯化钾、硫酸钠、不溶性物质和有机物、羊毛脂等	废水呈棕色或浅棕色，表面浮有一层含各种有机物、细小悬浮物及各种溶解性有机物的含脂浮渣

印染生产过程中使用的染料、助剂等化工原料种类非常多，印染废水水质差别很大，典型印染废水的主要成分见表8-6。

典型印染废水的主要成分 表8-6

序号	染料种类	废水污染物主要成分
1	活性染料	染料、烧碱、小苏打、元明粉、表面活性剂
2	分散染料	染料、分散剂、保险粉、表面活性剂
3	直接染料	染料、食盐、纯碱、表面活性剂
4	酸性染料	染料、硫醋酸、硫酸、元明粉、表面活性剂
5	阳离子染料	染料、元明粉、醋酸钠、醋酸铵、纯碱、表面活性剂
6	硫化染料	染料、硫化碱、纯碱、元明粉
7	还原染料	染料、保险粉、纯碱、元明粉、红油
8	纳夫妥染料	染料、醋酸钠、烧碱、盐酸、亚硝酸钠、表面活性剂

印染废水中污染物大多是难降解的染料、助剂和有毒有害的重金属、甲醛、卤化物等。根据危害程度可以把纺织印染废水中主要污染物分为5级：1级最轻微，主要是无机

污染物；2级为中等至高浓度 BOD，但属于易生物降解类污染物；3级包括染料和聚合物，难以生物降解；4级为难降解复杂有机物，中等浓度 BOD；5级最严重，特种有毒污染物，BOD 浓度很小，不能用传统生化法处理。印染废水中的污染物的危害程度见表 8-7。

印染废水污染物危害等级 表 8-7

序号	污染物种类	污染物成分
1	无机物	酸、碱、盐、氧化剂
2	易生物降解有机物	淀粉浆料、尿素、植物油、脂肪、蜡质、可简单分子表面活性、低分子有机酸（甲酸、乙酸）、还原剂（硫化物、亚硫酸盐）
3	难生物降解有机物	浆料、合成高聚物整理剂、硅酮
4	难降解复杂有机物	羊毛脂、聚乙烯醇浆料、淀粉醚和脂、无机油、拒生物降解的表面活性剂、阴离子型和非离子型表面活性剂
5	特种有毒污染物	甲醛、N-羟甲基反应物、阳离子缓染剂和柔软剂、有机金属、络合物、重金属盐（铬、铜、汞、镉、锑）

3. 印染行业新工艺和清洁生产实施策略

（1）印染行业新工艺和新技术

印染行业的清洁生产陆续开发了新的技术，如生物酶法前处理、丝光淡碱回收技术、小浴比染色技术等，有效促进了纺织印染行业清洁生产水平的提高，减少了污染物的排放。

1）前处理环节

① 生物酶前处理技术

采用生物酶前处理技术替代传统碱处理工艺，可提高退浆率，提高前处理织物的品质和经济效益。可节约大量助剂，减少能源消耗，降低前处理成本 15%～25%，经济效益显著。且污水中的 BOD/COD 比值增大，提高了污水的可生化性，降低了污水处理难度，有利于污水稳定达标排放。

② 丝光淡碱回用轧槽与封闭式循环丝光技术

传统丝光工艺中，烧碱及水、电、汽消耗大，丝光碱液的渗透和均匀度差，易造成碱污染。采用丝光淡碱回用轧槽、封闭式循环丝光技术、自动测配碱及淡碱分流回收利用系统，可显著降低丝光过程中的物料消耗及能源损耗。常州国泰东南印染有限公司采用自动测配碱及淡碱分流回用系统改造国产丝光机，一台丝光机每天可回收 80g/L 左右的淡碱约 30t，扣除未改造前回收量每天可节省 360g/L 浓碱 4t，可减少浓碱使用量 1/5 左右，可节省资金 55 万元/a。

③ 高效短流程印染前处理技术

传统的前处理练漂工艺分为退浆、煮练、漂白三步，不仅工艺路线长，耗水多，耗时长，也给后道工序的生产造成影响。另外，大多数前处理采用碱退浆，从而造成废水 pH 过高，生化处理困难。鉴于此，可根据不同品种和要求，将前处理退、煮、漂三步常规工艺改进为高效短流程工艺。目前使用效果较好的有冷轧堆印染技术，包括轧卷堆—烟碱处理—水洗三阶段，节省了大量水洗过程，对纺织印染行业节约用水、减少污染物排放具有重要意义。

2）染色环节

① 低浴比染色技术

低浴比染色技术是指降低染色过程布料与水耗的比例。低浴比染色技术通常是指使用气流染色机，或者低浴比的溢流染色机进行染色，可将 1∶（10～15）浴比降至 1∶5 或以下。可节省染化料 30％，节省用水量 40％，节省盐碱 50％，而且还可以降低热能的消耗，染出的布匹无褶皱，提高了产品质量。

② 涂料连续轧染技术

采用涂料着色剂和高强度粘合剂制成轧染液，通过染色、烘干、烘焙即可得成品。对于常温自交联胶粘剂，不需要焙烘即可固着在织物上。与传统染料染色工艺相比，可节约染料 20％，氢氧化钠 95％，中性电解质 100％和助剂 50％以上，可减少印染废水排放 70％以上。每加工 100 万米织物，可减少排放废水 1.2 万 t；COD1.2t，氨氮 0.18t；节电 31％、节汽 30％、节水 50％；同时可提高产能 10％。

③ 无盐低盐活性染料染色技术（又称为阳离子改性技术）

通过对棉纤维进行改性，增加了活性染料与纤维的吸附力，可以显著提高活性染料的上染率，甚至实现无盐染色。在减少电解质（盐类）的浓度，或者不使用电解质（盐类）都可以达到棉纤维与活性染料结合的目的。减少了染色废水的电解质浓度，不仅有利于环境，也有利于废水的回用。

④ 超临界 CO_2 液化染色技术

以超临界 CO_2 代替水作为介质进行染色，在高温低压的状态下，染料在 CO_2 液体中溶解度大，扩散速率快，很快进入纤维，又因为二氧化碳分子与染料分子作用力小，进入纤维的染料与纤维结合后不易解析下来，因此，能大大降低染色后残留液中染料的量，且无废水排放，减少污染。

3）印花环节

① 涂料印花技术

按常规印花布百米工艺耗水平均 3.5t 计，涂料印花工艺每百米可节约用水 2.5～3t，年产 100 万 m 涂料印花布，可节水 2.5～3 万 t，且节省蒸汽约 100t。

② 自动印花调浆系统

与传统印花调浆方式相比，自动印花调浆系统可使机台的开机率提高 50％；残浆利用率达 85％～94％，色浆利用率提高 10％～12％；因全自动操作精确，重现性高，产品一等品率提高 10％～20％；因采用全自动搅拌机及自动输送带，改善了操作环境，调浆车间所需员工数减少 30％～35％。

4）后整理环节

① 泡沫整理

采用泡沫整理可使拉幅机的运行车速从目前的 110m/min 提高至 250m/min，从而使生产率提高 130％，在减少水耗和废水处理方面有明显的优势。

② 纤维素酶后整理

纤维素酶可用于棉、Tencel（天丝）、粘胶、黄麻、亚麻及其混纺织物的生物整理。用于棉织物，可使织物柔软、光滑，减少起毛现象；用于 Tencel（天丝）和粘胶，可提高织物光滑度，增加悬垂性，具有独特的手感和视觉；用于黄麻和亚麻，可增加漂白白度，降低硬挺度和减少刺痒感。由于酶整理不需进行化学处理，既节能，又减少了废水污染，还提高了整理效果。

印染行业工艺过程清洁生产新技术如图8-6所示。

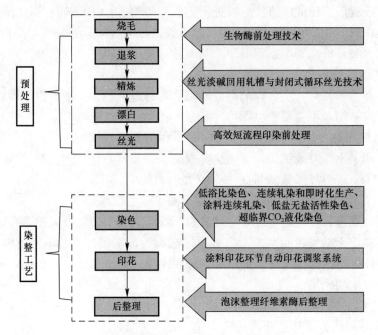

图8-6　印染行业工艺过程清洁生产新技术

（2）浙江富润印染有限公司的清洁生产

浙江富润印染有限公司具有健全的清洁生产组织结构，实施全公司能源审计过程和全过程的清洁生产工艺。该企业连续多年获得诸暨市清洁生产示范企业称号。

富润印染有限公司从生产过程中的各个方面，全面系统地提出全公司清洁生产方案，主要项目有：

1）定型机废气余热回收利用。利用定型机排出的高温废气采用国际上最新的高新技术"超导热技术"，通过定型机废气余热高效回收装置吸收40%～70%的热量回补定型机，达到节约能源的效果及排放废气的除油效果。实施后10台定型机可回收热量250万kcal/h，可节约煤3650t/a。

2）锅炉烟道气余热利用。印花厂冷凝水池热水用作余热蒸汽发生器用水，锅炉烟道气余热通过交换器产生蒸汽，三台蒸汽发生器可产生蒸汽1.8t/h，年可产生蒸汽10800t，可节约费用183.6万元/a。

3）淡碱回收。丝光时采用250g/L以上的浓碱液浸轧织物，丝光后产生50g/L的残碱液。通过采用过滤（去除纤维等杂质）、蒸浓（三效真空蒸发器）技术，使残碱液浓缩至260g/L以上，再回用于丝光、煮练等工艺。可节约浓碱7500t/a，减少废水排放3.2万t/a，并改善废水pH、降低COD含量。

4）采用气流染色机替代大浴比染色机。淘汰国产高能耗、大浴比的绳状染色机8台和高温溢流染色机2台，以立信低浴比气流染色机替代，节约用水10.8万t/a，节约用汽9000t/a。

5）实施再生水循环利用。将处理达标的废水一部分直接回用于印花厂网框导带冲洗，另一部分经石英砂、活性炭深度处理后回用于生产洗布，提高资源利用率，节约用水 40 万 t/a，减少污水排放 32 万 t/a，削减 COD 排放量 19.32t/a。

富润印染有限公司通过实施清洁生产，年累计节约浓碱 7500t，节约电能 204.99 万度（折合标准煤 717.5t），节约煤炭 5660t（折合标准煤 4042.9t），节约蒸汽 6.05 万 t（折合标准煤 6074.2t），节约水 64.7 万 t，总计节约资源、能源、水共折合标准煤约 10834.6t。节约各类染料助剂量难以量化。同时，大力削减了污染物排放量。持续清洁生产技术改造投入资金 1330.57 万元，产生经济效益 1895.57 万元/a。另外，通过持续清洁生产技术的改造在提高作业安全性、降低劳动强度、提高劳动效率、提高产品质量、提高管理水平等都有促进作用；同时，提高了企业的知名度，获得了环境、社会及经济效益的"三丰收"。

4. 印染废水治理技术及改进措施

（1）印染废水特性

印染废水通常呈现碱性强，色度深，悬浮和絮状污染物含量高的特点，呈现出以下处理难点：

1）COD 难去除。印染生产中使用的助剂（渗透剂、助染剂等）95％以上滞留在废水中，水质 BOD/COD 比值通常较低，导致印染废水可生化性差。多变和高浓度的染料和助剂也使活性污泥难以驯化生长，造成废水处理效率低，COD 出水超标等问题，如何提高 COD 去除率，是印染废水处理亟待解决的难题之一。

2）废水难脱色。印染废水中含有的染料品种多，结构复杂，又由于国产染料上染率较低，印染企业一般都会超量投加染料，导致染色后废水中残留染料浓度大，色度高。对于染料废水的脱色，关键步骤在于破坏其发色基团的结构；而提高印染废水的可生化性，提高其 BOD/COD 比值，则要依靠芳香环的裂解。然而，何种处理技术能够同时解决色度脱除和难降解物质降解的技术难题；在处理过程中，各类污染物又遵循何种降解规律，是亟待解决的理论和技术问题。

3）废水排放量大，威胁水环境安全。高毒性印染废水进入水体环境，在水生生物体内富集，染料降解产物可能比母体化合物更具生物毒性，威胁人类和生物的生命和安全，因此，降解产物控制在何种状态，也是理论和技术面临的双重考验。

4）缺乏针对污染物分类的处理工艺系统技术。根据废水水质及污染物种类，选择适宜各类印染废水的经济可行的处理工艺是当前工业废水处理界的重要任务。

综上，印染废水传统工艺存在着总体效率低，废水中的特征污染物，如染料、助剂和盐去除效果不佳等弊端，迫于严苛的达标标准排放压力很大。各企业应在废水中有价值资源的回收和循环利用上寻求突破口。

（2）印染废水中的资源回收

印染废水中的许多物质，如聚乙烯醇、对苯二甲酸、染料和碱等，若能回收利用，不但可节省资源和成本，创造经济效益，还能提高废水可生化性，提高后序工艺处理效率。

1）聚乙烯醇回收的潜力：聚乙烯醇（PVA）是一种重要的上浆剂，具有优良的成膜性和粘附性，且易与其他浆料相容。我国纺织行业每年用作上浆剂的 PVA 大约在 3 万 t 左右，而退浆废水中一般含有 1％左右的 PVA 浆料，若不进行处理，将会造成严重的环境污染。采用超滤膜技术，可将 PVA 含量 1％的废水浓缩成 10％的浓缩液，回用到棉布退浆工序中；

采用硼砂为凝结剂的化学凝结法可回收 PVA 质量分数为 15％～20％的块状 PVA 产品。

2）对苯二甲酸回收的潜力：碱减量废水是涤纶纺真丝碱减量工序产生的，主要含涤纶水解物对苯二甲酸、乙二醇等，其中对苯二甲酸含量高达 75％。目前常用的对苯二甲酸回收方法有碱析法和酸析法，常用的提纯方法是混凝沉淀净化提纯和活性炭吸附净化提纯，可回收对苯二甲酸 70％。

3）染料回收的潜力：目前，印染行业一般染料的上染率仅为 70％～80％，剩余的染料都存在于印染废水之中，是废水中色度和有机物的主要贡献者。回收印染废水中的染料可以直接循环进入生产工艺，有利于后续工艺净化印染废水，实现水资源回用。采用超滤法处理染料废水，同时脱色率达到 95％～98％，染料回收率大于 95％。采用超滤中空纤维膜分离分散染料、还原染料等不溶性染料，脱色率可达 99％以上；还可使含染料的浓缩液直接回用，透过液可作为中水再利用。

4）碱回收的潜力：烧碱是印染企业中消耗最大的化学试剂，大量碱性物质存在于出水中导致印染废水呈现高 pH 的特点，丝光废水 pH 值在 12 以上，NaOH 含量 3％～5％；碱减量废水中也含有大量碱，pH 通常大于 12；丝光工段产生的丝光废碱浓度较高，约为 6％左右。回收印染废水中的碱，既可直接回用于生产，实现减污增效，又可以降低后续工艺调节 pH 时中和剂的使用量。采用蒸发法回收印染废水中的碱，可以制得碱浓度 30g/L 以上的浓缩液，按要求稀释后可直接用于后续工序所需的碱液，循环利用；采用超滤技术可从废水中回收 95％的碱液，使产品符合丝光工艺回用标准。

8.1.3 煤化工行业

1. 产业发展及污染现状

煤化工是煤化学工业的简称，是指以煤为原料经过化学加工实现煤综合利用的工业。中国目前煤炭储量约为世界总储量的 13.3％，石油和天然气仅分别占世界储量的 1.0％和 1.7％，表 8-8 为我国能源结构。我国"富煤缺油少气"的资源特点决定的"石油替代战略"必将驱动煤化工的快速发展。

我国的能源结构 表 8-8

	能源种类	煤（百万 t）	石油（十亿桶）	天然气（万亿 m³）
储量	世界总探明可采储量	860938	1668.9	187.3
	中国探明可采储量	114500	17.3	3.1
	中国所占比例	13.30％	1.00％	1.70％
产量	世界总产量	3845.3	86152	3363.9
	中国产量	1825	4155	107.2
	中国所占比例	47.50％	5.00％	3.20％
消费量	世界总消费量	3730.1	89774	3314.4
	中国消费量	1873.3	10221	143.8
	中国所占比例	50.20％	11.70％	4.30％

2013 年我国原煤总产量为 36.8 亿 t。《煤化工产业中长期发展规划》显示，2006～2020 年，中国煤化工总计投资 1 万亿元以上。仅煤制气项目，目前获得国家发改委核准的位于新疆伊宁、赤峰克什克旗、辽宁阜新、内蒙古鄂尔多斯共 4 个项目，总能力为 212 亿

m³ 煤制气，总投资 995 亿元。

然而，煤化工行业生产技术落后、能源与资源消耗高、水环境污染一直是制约煤化工产业发展的三大问题。表 8-9 为煤化工产品水耗及能耗指标。煤化工废水治理呈现废水排放量大，污染物浓度高，处理难度大，运行成本高的态势。我国煤化工行业蓬勃扩张，国家对工业生产的排污要求也不断加强。煤化工废水的有效处理一直是制约煤化工产业发展的瓶颈。

表 8-9

煤化工产品水耗及能耗指标

类型	水耗	能源转化效率	综合能耗
间接液化	11t/t 产品	42%	4t 标煤/t 产品
煤制天然气	6.9t/1000m³	52%	2.3t 标煤/1000m³
MTO	22t/t 产品	35%	5.7t 标煤/t 产品
煤制合成氨	6t/t 产品	42%	1.5t 标煤/t 产品
煤制乙二醇	9.6t/t 产品	25%	2.4t 标煤/t 产品
低品质煤提质	0.15t/t 产品	75%	

我国煤炭资源和水资源呈现逆向分布，昆仑山—秦岭—大别山线以北地区煤炭资源量占全国总量的 90% 以上，而水资源仅占全国总量的 21%。全国总煤炭资源的 67% 左右都集中在山西、陕西、河南、宁夏和内蒙古等省和自治区，而这些区域降雨量小，大多属于水资源匮乏的地区。水资源缺乏地区往往也面临地表水环境容量有限的问题，有些地区甚至没有纳污水体。一个大型煤化工企业的用水量相当于整个城市用水量的数倍。煤化工行业消耗的水很大一部分变成工业废水，如果直接排入受纳水体会对周围水环境造成较大污染和破坏，进而使可利用的水资源量更加紧缺。煤化工行业废水的合理处置和循环利用对行业的稳步快速发展具有重大现实意义，而成功回收煤化工生产过程中的能源和资源，将成为保障国家能源安全、改善能源消费结构的重要战略。

2. 污染物来源及性质

煤化工行业按照产品分类，主要包括煤制油、煤制二甲醚、煤制气、煤制烯烃以及煤制乙二醇等。由于末端产品和生产工艺的不同，产生的废水水质也有很大差异。煤化工废水产生量大，成分复杂，除含有铵盐、硫氰化物、硫化物、氰化物等数十种无机物外，还含有酚类、单环及多环芳香族化合物，含氮、硫、氧的杂环化合物、吡啶、咔唑、联苯等多种有机化合物，且部分有机污染物很难降解；此外，废水色度高，基本呈褐色，煤化工行业难降解废水水质见表 8-10。如果这些高毒性的物质不加以处理或处理程度不够，排放到环境中，会带来严重的环境和生态风险，同时会导致水体污染、土壤污染等环境问题，甚至造成大范围的生态系统破坏。

表 8-10

煤化工行业难降解废水水质

污染物类别	含量（mg/L）	污染物类别	含量（mg/L）
总酚	3000~6000	挥发酸	1000 左右
挥发酚	2000~3000	氨氮	3000~9000
非挥发酚	1000~3000	硫化物	100~300
COD	20000~30000	总油	200 左右
pH	9~10	氰化物	100~200

以焦化废水为例，典型的工艺流程及各环节排污情况如图 8-7 所示。

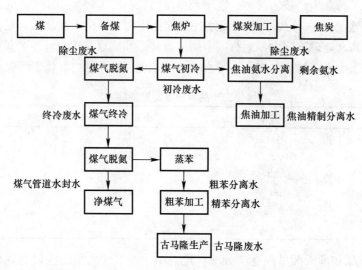

图 8-7 焦化生产工艺流程及废水来源

废水主要有三个来源：

（1）煤高温裂解和荒煤气冷却产生的剩余氨水废液，是废水的主要来源，其污染物组成复杂；

（2）煤气净化过程中煤气冷却器和粗苯分离槽排水等产生的废水，这部分废水所含污染物浓度相对较低；

（3）煤焦油的分流、苯的精制以及其他工艺过程所产生的废水，此部分废水量较小，污染物浓度也较低。

3. 煤化工清洁生产技术及实施案例

山东兖矿煤化工公司（兖矿国泰）在煤气化发电与甲醇联产系统中，实行了整体煤气联合循环发电（IGCC）系统。该系统与同规模常规蒸汽轮机电站供电煤耗和污染物排放比较见表 8-11。而表 8-12 为煤制甲醇集成 IGCC 与煤制甲醇配常规蒸汽轮机自备电站的能耗和污染物排放比较。通过采用先进的洁净煤气化技术、多联产工艺、洁净煤发电等技术，兖矿现有生产企业每年可以回收利用 $CO_2$109.34 万 t，减少 CO_2 排放 54.89 万 t，回收硫磺 7 万 t，90%生产污水回用，维护了生态环境，为实现煤炭资源型区域可持续发展创造了条件。

IGCC 与常规电站供电煤耗及污染物排放比较   表 8-11

名称	IGCC	同规模常规蒸汽轮机电站	600MW 常规	减排率（%）
供电标准煤耗（gce/kW·h）	311	415	324	25.06
SO_2 排放量（g/kW·h）	0.282	1.743	1.361	83.82
烟尘排放量（g/kW·h）	未检出	0.218	0.170	—
NO_x 排放量（g/kW·h）	1.077	1.961	1.531	45.08
CO_2排放量（g/kW·h）	919	1065.2	831.6	13.73

甲醇集成 IGCC 与煤制甲醇配常规蒸汽轮机自备电站的能耗和污染物排放比较　表 8-12

项目	煤制甲醇集成 IGCC	同规模常规蒸汽轮机自备电站	节煤量与减排量	节能减排率（%）
每年耗标煤（10^4 tce/a）	57.9	65.4	7.5	11.47%
每年 SO_2 排放量（t/a）	121.8	753	631.2	83.82
每年烟尘排放量（t/a）	—	94.2	0.170	—
每年 NO_x 排放量（t/a）	465.3	847.2	381.9	45.08
每年 CO_2 排放量（10^t/a）	41.4	63.0	21.6	34.30

4. 煤化工废水治理技术及改进措施

煤化工废水中的主要有机污染因子是煤炭在高温条件下产生的酚、氰、多环芳烃等，同时煤化工废水还会释放出氨氮，是一类典型的难降解工业废水。高浓度的酚氨会严重抑制水中其他污染物的降解，影响工艺的运行效果。因此通常采用物化法作为预处理工艺，回收一部分酚氨，而后采用生物法去除煤化工废水中的有机污染物。国内外煤化工废水的治理技术普遍存在着出水效果不理想、系统稳定性差和处理成本高等问题。虽然不断提出和尝试多种新的方法和技术，但仍存在一些弊端需要克服，如强化生产过程中间产品、副产品的回收，改善废水性状，就会有新的突破。煤化工行业中有价值的资源回收一般指的是对酚和氨的回收，酚氨回收工段处在煤化工废水处理的核心位置，酚氨回收效率的高低直接决定煤化工废水的最终处理效果。因此，酚氨回收既是煤化工废水达标排放的制约因素，也是资源化的主要环节。此外，水资源回收循环利用也是煤化工废水处理的重要环节。

（1）煤化工废水中酚的回收

煤化工废水中所含有的酚类物质可达每升数千毫克，具有极大的回收价值，而且高浓度的酚类物质会严重抑制后续生物处理工艺。几种不同酚回收方法的优缺点比较见表 8-13。

回收酚技术比较　　　　　　　　　　　　　表 8-13

方法	优点	缺点
溶剂萃取法	投资少，占地面积小；对酚类选择性较强，可回收有价值产品；工艺简单可行，抗冲击负荷能力强；能耗小	运行过程中萃取剂会有少量的流失且可能造成的二次污染
吸附法	对高浓度含酚废水、低浓度含酚废水均有较好的去除效果	处理成本高，再生过程能耗高；吸附剂损耗较大，高达 5%～10%
蒸馏法	工艺流程简单；运行成本低	对非挥发酚的去除效果较差
渗透蒸发法	装置简单、污染小、能耗低、分离系数大，单级选择性好	当通量小于 1000g/（$m^2 \cdot h$），分离物会发生相变
膜蒸馏法	具有较好的稳定性和渗透性能，苯酚的去除率可达 95% 以上	处理量小；能耗较大

（2）煤化工废水中氨的回收

煤化工废水中除了含有较高浓度的酚类物质，高浓度的氨氮也是该类废水可回收利用的资源之一。几种不同氨氮回收方法的优缺点比较见表 8-14。

方法	优点	缺点
汽提法	吸收氨的效率高	汽提塔内容易生成水垢，使操作无法正常进行
选择性离子交换化法	工艺简单、投资省、去除率高	适用于中低浓度的氨氮废水（<500mg/L）；再生液需进一步处理
空气吹脱法	工艺流程简单，处理效果稳定	吹脱塔在实际运行中塔板容易结垢；吹脱效率受温度影响较大
化学沉淀法	回收工艺流程简单、回收率较高	需要投入化学试剂，容易引起二次污染

（3）再生水回用

煤化工企业主要分布在我国北方，水资源紧缺，环境纳污能力也相对偏弱。采用膜处理和蒸馏技术，实现再生水回用甚至进一步实现煤化工行业废水"零排放"，降低煤化工企业对新鲜水的摄取量，对整个行业的发展具有极其重要的意义。

中国神华能源股份有限公司应用了"清污分流、污污分治、一水多用"的总体设计方案。按照不同废水的成分，分为含盐废水、催化剂废水、低浓度生活污水和高浓度废水，进行分质处理，处理后的净化水水质达到了锅炉用水等生产用水标准。除循环使用之外，还用于灌溉植物和养殖淡水鱼，废水几乎全部实现了再生回用。

8.1.4　粮食深加工行业

（1）产业发展及污染现状

粮食深加工的研究领域包括稻米、小麦、玉米、豆类、薯类等大宗农产品的深加工和副产品的综合利用。发展粮食深加工是调剂粮食产量，提高粮食利用率和附加值的有效途径。2010 年规模以上粮食深加工企业工业总产值 2.6 万亿元（占食品工业总产值近 40%），利税总额 2895.9 亿元。2015 年粮食加工业总产值达到 3.9 万亿元，形成 10 个销售收入 100 亿元以上的大型粮食加工企业集团。在我国未来 10 年的制造食品中，以粮食为基料的制造食品的比重将占 50% 以上，具有十分巨大的社会需求和市场空间。

我国玉米、小麦、薯类加工业布局示意见表 8-15。粮食深加工工业是典型的水耗巨大、污染物排放量大的行业，而且该行业的很多企业生产规模小、生产技术水平落后且能源资源利用率很低，它们将注意力放在产品收率上，许多企业忽视了能源的循环利用和资源回收，导致了巨大的末端治理压力，对环境的影响极大。如年产 2 万 t 规模的大豆分离蛋白企业每天要产生 3000 多 t 的深加工废水；玉米淀粉生产过程的用水量为 $5\sim13m^3/t$ 玉米，玉米深加工和精深加工产生的废水分别为 $4.67m^3/t$ 玉米和 $7.33m^3/t$ 玉米；马铃薯深加工的耗水量为 $15\sim75m^3/t$ 马铃薯。

粮食深加工企业分布状况　　　　　　　　　　　　　　　　　　表 8-15

食品加工业	地区			
玉米	东北（黑龙江、吉林、辽宁）	华北和中部（河北、山东、河南、山西、安徽、江苏）		西北（陕西、甘肃、宁夏）
小麦	京津（主导产品为小麦专用粉）	中东部（山西、陕西、河南、山东、湖北、安徽、江苏）（主导产品为高筋粉、中筋粉）	珠三角（广东）（主导产品为小麦专用粉）	西部（新疆、甘肃、内蒙古、青海）（主导产品为高筋粉）
马铃薯	黑龙江、辽宁	中部（河北、山西）	西部（陕西、甘肃、云南、贵州、内蒙古）	
甘薯	西部（四川）	中部（河南、安徽、湖北）		

为了实现我国粮食深加工行业的可持续发展，减少粮食工业污染源，需要针对我国粮食深加工行业生产实际情况展开物能代谢和环境污染负荷研究，尽量实现物质的闭合循环，有效利用行业废弃物，从而提高经济发展效率，减少环境影响，推动行业的循环经济发展。

（2）污染物来源及性质

目前国内的粮食深加工主要提取物是淀粉，因此根据淀粉的三种不同来源（玉米、小麦和马铃薯），对粮食深加工工业的污染来源及性质简介如下：

1）玉米深加工工业

玉米制淀粉一般工艺流程如图8-8所示。玉米制淀粉的废水来源主要集中在几个阶段，分别为清洗工段、纤维榨水工段、浓缩工段、蛋白压榨工段、浸泡阶段、胚芽清洗、渣皮清洗、麸皮挤压过滤阶段以及循环冷却系统。玉米深加工生产废水具有高COD、BOD_5、SS、NH_4^+以及水量大等特点，其中有机物主要为淀粉、糖、蛋白质等，除此之外，在浸泡阶段排出的废水中还含有一定浓度的SO_3^{2-}、SO_4^{2-}、Cl^-等离子。

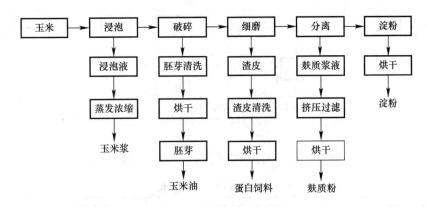

图8-8 玉米制淀粉一般工艺流程

2）小麦深加工工业

小麦生产淀粉废水主要由两部分组成：沉降池里的上清液和离心后产生的黄浆水。上清液的有机物含量较低，黄浆水的有机物含量较高。在生产中，通常将两部分废水混合后称为淀粉废水，集中排放。小麦淀粉废水主要含有淀粉、可溶性蛋白质、戊聚糖、纤维素、灰分、无机盐等。其中可溶性蛋白、戊聚糖等为具有高附加值的活性成分，如直接排放，不仅会造成资源的极大浪费，还会造成严重的环境污染。小麦生产淀粉工艺流程如图8-9所示。

3）马铃薯深加工工业

马铃薯淀粉生产废水的来源主要包括：土豆流送渠和洗涤废水；从筛网或离心机提取淀粉后的黄浆废水、薯浆脱水的压榨机和沉淀池排出来的蛋白质水；洗涤和淀粉精制中排出较稀的蛋白质水；冷凝器和真空干燥器的冷却水。马铃薯淀粉生产工艺用水点及耗水量如图8-10和表8-16。每生产1t马铃薯淀粉单位产品的耗水量约是玉米淀粉的6~8倍。各种原料粮食深加工废水水质见表8-17。

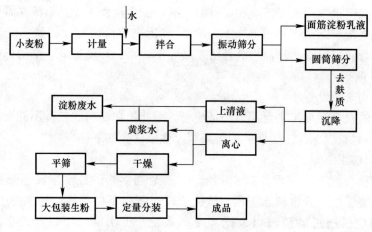

图 8-9　小麦生产淀粉工艺流程

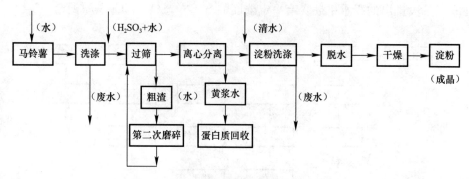

图 8-10　马铃薯淀粉加工的用水和排水点

马铃薯淀粉生产耗水量　　　　　　　　　　　　　　　　表 8-16

废水种类	加工马铃薯的耗水量（m³/t）	生产每吨淀粉的耗水量（m³/t）
流送渠水	5	20
洗涤水	2	15
来自提取设备	7.7	28
来自离心机	3	—
来自精制	1.6	2
来自薯浆压榨	—	2.2
总计	20	75

粮食深加工废水水质　　　　　　　　　　　　　　　　表 8-17

项目	COD（mg/L）	BOD$_5$（mg/L）	pH	SS（mg/L）
玉米	8000～30000	5000～20000	4～6	3000～5000
小麦	30000	18000	6	4000
大豆	30000	15000	4.5～5.5	—
马铃薯	1000～30000	—	酸性	1500

（3）粮食深加工清洁生产实施案例

粮食深加工行业主要提取物是淀粉，而淀粉的转化过程，尤以玉米为主的转化在行业中占据最为重要的位置。玉米中淀粉的含量为60%~70%，纵使玉米深加工企业对加工淀粉工艺技术的提取率为100%，仍有余下30%~40%的原料部分未被加工，所以需要下游产业进行充分利用。从综合利用的角度上来看，玉米深加工企业对副产物的进一步加工，不但符合循环经济、节约资源的发展思路，还可以进一步延长产业链，为企业增加经济效益。

长春大成集团是目前国内最大的玉米深加工企业，年加工玉米300万t。产品主要有淀粉糖、氨基酸、生物基化工醇、变性淀粉、蛋白及纤维饲料等几大系列一百多个产品；是世界最大的赖氨酸供应商，在生物发酵、生物化工及非粮原料多元化上具有世界领先的技术优势，仅次于美国ADM和嘉吉公司，是综合实力全球排名第三的玉米精深加工企业集团。该公司在传统粮食深加工工艺的基础上，采用新技术，实现废水脱盐软化水循环使用和原料的高效利用，提高了经济效益，减少了废物排放。

1) 淀粉糖水解液电渗析脱盐技术

长春大成集团改进淀粉糖生产工艺，采用离子交换脱盐＋电渗析脱盐技术，脱盐率达80%以上，生产每吨糖少用软化水约1.5t。每年减少废水排放15万t，COD减排675t。长春大成集团10万t/a淀粉糖水解液电渗析脱盐工程工艺流程如图8-11所示。

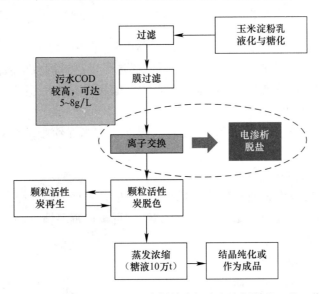

图8-11 长春大成集团10万t/a淀粉糖水解液电渗析脱盐工程工艺流程

2) 赖氨酸高效发酵—直接结晶工程

长春大成集团在传统的发酵法制备赖氨酸的基础上，开发出离子交换脱盐＋直接结晶工艺，在生产98%赖氨酸盐成品的基础上利用分离得到的母液和膜过滤得到的菌体制备65%赖氨酸。实现工艺系统废水和污染物近乎零排放，每年减排废水30万t，COD 1725t，节约数千吨液氨和盐酸。长春大成集团2万t/a赖氨酸高效发酵—直接结晶工程工艺流程如图8-12所示。

(4) 粮食深加工废水资源回收

粮食深加工工业相对于其他工业而言，所采用的原料都是粮食作物，产生废水污染因子主要是可生物降解的有机物，但是浓度较高。

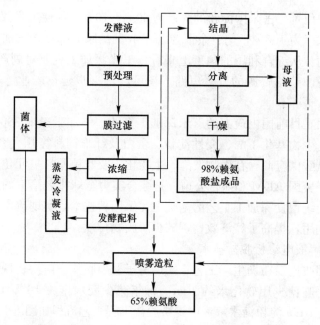

图 8-12　长春大成集团 2 万 t/a 赖氨酸高效发酵—直接结晶工程工艺流程

玉米等加工废水中含总糖为 0.3%～0.7%，粗蛋白为 2.1%，固形物为 5%～10%，粗纤维为 2%～3%，脂肪酸为 0.1%～0.3%，都是可以进行回收的宝贵资源，如果能够得到有效的回收利用，就是对可持续能源体系的贡献。

1) 单细胞蛋白回收的潜力

利用粮食深加工废水培养白地霉，不仅可以实现玉米淀粉废水的 COD 有效去除，还可以收获干燥蛋白质。

2) 多糖回收的潜力

向粮食深加工废水中添加出芽短梗霉菌和麦芽根，麦芽根中含有丰富的酶能够水解水中的淀粉使其作为生长因子，促使出芽短梗霉菌进行短梗霉多糖分泌。在适宜条件下，产糖量约为 13g/L 废水。

3) 微生物絮凝剂回收的潜力

近年来，微生物絮凝剂因具有可生物降解，且无二次污染等特点而受到广泛关注，但生产成本过高，限制了其大规模应用。因此，寻找廉价培养基并确定其最优培养条件具有重要的现实意义。利用粮食深加工废水驯化培养出复合型微生物絮凝剂，以期降低微生物絮凝剂的生产成本，达到废水中的物质资源回收的目的。

4) 能源回收的潜力

粮食深加工废水属高浓度有机废水，可采用厌氧—好氧结合的处理方法对其进行处理，不仅可有效去除污染物，还可以达到回收能源的目的。如小麦淀粉厂废水采用 EGSB＋A/O 工艺进行处理，COD、BOD_5 和 SS 去除率分别达到 98.7%、99.2% 和 94.3%，满足出水标准。同时，沼气经过净化提纯后，甲烷含量达到 95% 以上、硫化氢含量小于 20mg/m³，实现了沼气的高值利用。

通过将生物法与膜分离技术相结合提高再生水水质，实现了水资源的循环利用。

8.2 世界各国清洁生产与污染源头控制的经验

发达国家在工业污染减排及清洁生产推进方面的经验值得我国借鉴。

8.2.1 完善法律法规和制度

美国是世界上能源消耗量及二氧化碳排放量最大的国家。近年来，迫于全球气候变化、国内经济发展、人口增长、资源利用以及环境变化等问题带来的新挑战，美国政府更加重视工业生产污染减排政策。

美国的环境立法实施比较早，法制比较完善成熟，1864 年制定了《煤烟法》，1879 通过了《废弃物法》，1970 年制定《清洁空气法》，1970 年美国还实施了《国家环境政策法》，不仅如此，在此后的几十年里因时制宜，对《国家环境政策法》多次进行修订，制定相应的实施细则。2009 年美国颁布《2009 年美国清洁能源与安全法案》，提出在 2005 年排放量的基础上，到 2020 年减排达到 25%，到 2050 年减排达到 83%；明确对节能减排的技术投资到 2025 年将达到 1900 亿美元，其中能源效率和可再生能源 900 亿美元，基础性的科学研发 200 亿美元，从而进一步完善了环境节能减排的法律法规。

德国是欧洲国家中节能减排法律框架最完善的国家之一。德国的资源利用与环保立法分为联邦法律、州宪法和法律以及地方立法三个层次。预防原则、污染者付费原则和合作原则是德国制定节能减排法律法规的三项基本原则。1972 年的《废弃物处理法》、1986 年的《废弃物限制及废弃物处理法》、1995 年的《排放控制法》、1996 年的《循环经济与废弃物管理法》、2000 年的《可再生能源法》、2004 年的《国家可持续发展战略报告》、2005 年的《电器设备法案》等一系列法律法规的实施，在推动德国能源供应的可持续发展，节约资源等方面起到了积极的作用。

1984 年开始，德国还建立和发展了一个覆盖联邦各州的环境报告体制，政府的环保部门每年出版一部国家环保信息报告，各州政府也定期发布环保报告，保证了环保信息的及时公开，有助于民众和社会各界及时了解国家环境状况。德国的统计局还在 1989 年将环境经济因素加入到统计系统中，对政府的环境保护投资起到了指导作用。除此之外，德国的其他政府部门在制定本部门的相关政策时也将环境保护作为考虑的因素。

为了防止污染，节约能源，英国政府先后颁布过近百部有针对性的法律。自从 1909 年起，英国通过了多个控制工业污染的立法，具体为：先公布了《碱业法》、《制碱法》，随后公布了《工业发展环境法》、《空气洁净法》，接着又通过了《烟气排放法》和《环境保护条例》等。不仅如此，英国还制订了 78 个行业标准，以强制企业达到生产成本和治污费用的平衡。在 20 世纪 90 年代，英国政府先后通过了《水资源法》和《水工业法》，通过法律手段对污染水源者进行约束。此外，英国还出台了《家庭节能法》，对普通家庭的节能减排也上升到法律层面。英国政府还动用行政力量，为全国建筑更换节能灯，使照明发电的温室气体排放量减少了 70%。2007 年英国政府公布了《气候变化法案》，在该法案中，对降低能源消耗和减少二氧化碳排放做了具体的规定。并且成立了专门的气候变化委员会，该独立机构的成立，有利于为政府提供建议和指导，推进全国的节能减排工作。到 2020 年，英国境内二氧化碳排放量在 1990 年的基础上必须削减 26%～32%；到 2050

年，二氧化碳排放量必须削减至少 60%。《气候变化法案》还要求政府制定相应的预算，以确保节能减排目标的实现。英国政府的各类法律的出台为英国的节能减排提供了有力的保障，而且英国政府是第一个将节能减排目标写进法律的国家，可见英国政府节能减排的决心。

日本政府一直十分重视节能减排，日本是《京都议定书达标计划》的发起国，也是主要推动者。日本是一个资源匮乏型国家，国土面积小，人口密度大，所以日本特别重视资源的利用效率和环境保护。日本在节能减排方面的许多政策值得我国借鉴。

日本是重视法治的国家，在节能减排方面也制定了完善的法律法规体系。1979 年日本通过了《能源使用合理化法》（又称《节能法》），该法规对工商业进行了节能方面的指导，对建筑、机械等高耗能产业做了节能规定。2006 年，日本政府修订了《能源使用合理化法》，确定了对汽车、空调、冰箱、照明、计算机等 21 类产品的节能标准。日本的历届政府都把能源问题作为自己工作的重要组成部分。2006 年，日本编制了《新国家能源战略》（简称《战略》），阐述了八大与节能减排、新能源的开发利用有关的战略及措施，提出"制定支撑未来能源中长期节能减排的技术发展战略，优先设计节能减排技术领先基准，加大节能减排推广政策支持力度，建立鼓励节能减排技术的创新体制"的目标。此外，日本还制定了《关于促进利用再生资源的法律》、《合理用能及再生资源利用法》、《废弃物处理法》、《化学物质排出管理促进法》等一系列法律法规，通过这些法律的颁布和实施，有力地保障了日本的节能减排战略。

8.2.2　全社会民众的参与

德国政府特别重视在公众中节能减排知识的宣传，德国公众的节能减排意识是大家公认的。德国的环保教育从幼儿园教育就开始进行，一直延伸到中学、大学，形成一套完整的环保教育体系。此外，政府和环保机构还推出了各种有关环保节能的书籍和报纸，定期举办各种环保讲座，免费为市民提供节能减排方面的咨询。通过这一系列的手段，强化了市民的节能减排意识和环保责任感。在德国，经常有民众主动选择自行车、地铁或公交车等交通工具，以减少机动车的尾气对大气的污染。而且，德国民众在购买汽车时，都十分关注汽车的能耗，特别青睐小排量汽车。德国有许多"零能耗家庭"，这些家庭在装修房子的时候会选择隔热防冷性能好的窗户，从而减少用煤和用电。德国还有大量的非政府组织从事环保或节能方面的宣传，他们通过专业性的服务，弥补了政府组织的不足，在环境保护、节能减排方面发挥了积极的作用。德国有著名的"绿党"，以环境保护闻名，在德国的政坛影响力也很大，环保组织走上政治舞台，可见环保意识已经深入德国民心。

美国政府利用多种形式和媒体手段，积极组织开展形式多样的宣传、教育活动，如节能减排培训班、全民节能减排行动有奖征文、节能减排学术论文交流会、电视专题报道等多种活动，组织各单位开展节能减排知识竞赛、专题简报、环保人物评选、职工签名、金点子评比、知识讲座等丰富多彩的群众宣传活动，有力推动了资源节约型社会的建设。

8.2.3　推行可持续发展战略，并制定相应指标

英国是老牌的工业国家，第一次工业革命在英国爆发，在工业化的过程中，英国曾经

历过十分严重的环境污染。19世纪中后期的工业革命使得英国的经济发展迅猛增长，但工业革命也造成了前所未有的生态环境破坏。泰晤士河及英国境内其他河流水污染达到饱和状态，污染极其严重，鱼类和大多数水中生物濒临灭绝，地下饮用水污染严重，伦敦变成世界知名的"雾都"。不仅如此，工业化的高度集中，造成森林破坏严重，耕地面积不断减少，生态环境日益恶化。随着环境问题的日益严重和自然资源的缺乏，从19世纪晚期起，英国政府陆续推行了一系列保护环境的措施，英国的环境状况日益得到改善。如今走在英国城市的街道上，处处环境优美，很难想象这是一座工业城市，可见英国的环境保护措施是十分有效的。

英国政府在1994年制定了可持续发展战略——《可持续发展：英国的战略选择》，从此，英国的节能减排上升到国家战略层面，并且有了明确的文件。借鉴第一份发展战略的内容，1999年英国对《可持续发展：英国的战略选择》进行了修订，公布了第二份可持续发展战略，引入了具体的量化指标，进一步确定了经济、社会和环境同步发展的目标；在此基础上，英国政府于2005年又提出了第三份可持续发展战略，在该可持续发展战略中，对英国2020年的环保可持续发展方向进行了明确。与此同时，英国政府2007年还公布了新的环境可持续发展统计指标，将可持续发展的进展情况进行量化，详细介绍了英国社会68个领域的发展变化状况。在英国的可持续发展战略中，推行节能减排，营造美好社会环境是非常重要的内容。

8.2.4 强化对企业的约束和激励

英国政府对污染比较严重的企业和行业会进行约束，调整国家产业结构，同时对于绿色产业进行一定的奖励，以此激励企业的清洁生产。英国政府对于高耗能的生产型企业制定了相关的法规，按照"污染者支付原则"，规定由于生产企业造成的环境污染，按照对环境的破坏程度由生产企业承担损害费用。在这一政策的影响下，英国的钢铁产量由1970年的2831万t的历史高位降低到2006年的1388万t。对于对环境污染小的绿色产业，英国政府采取了一定的奖励政策，包括税收、信贷等优惠政策。例如，如果企业达到对政府承诺的减排标准，可以减征最高80%的气候变化税；政府设立了碳基金和减排基金，主要用于向中小企业提供节能减排设备改造，节能减排技术推广等应用。在节能减排上，英国政府对于企业所遵循的原则就是"谁破坏，谁付费，谁环保，谁受益"，这种策略对于引导企业节能减排起到了很好的效果。

2003年日本经济产业省对家电产品实施节能标识制度，主要包括电冰箱、空调、灯具、电视机、取暖炉、热水器等十类产品，对于节能标准达到100%以上的商品批准贴优良商品标志。节能标志的使用对于消费者选择产品具有一定的导向作用，极大地促进了企业对节能产品的开发。

8.2.5 支持新能源和可再生能源的开发利用

现在世界各国都在争夺能源，能源的争夺常常造成国家间的摩擦，严重的甚至导致战争。实际上，扩大外部能源已经越来越困难，现在唯一可行的就是尽可能提升能源的使用效率。

2005年美国政府制定了《2005美国能源政策法案》，该法案的通过意味着美国节能减排政策从主要依靠国外能源资源来保证能源安全，转变为以增加国内能源供给、节约能源，降低能源国际依存程度。这种"开源节流"并重的政策思路的转变形成了21世纪初期美国能源政策的诸多变化趋势。据美国能源信息署预计，美国可再生能源的生产将由2003年的2.12亿t标准煤增加到2025年的5.71亿t标准煤，年均增长1.5%，其消费水平将占美国总能源消费比重的10.7%。

英国也大力发展循环经济，鼓励新能源和可再生能源的开发利用。近年来，英国在风能、水能、太阳能等清洁能源的开发上加大投资。此外，政府还支持燃料乙醇等生物能源的推广应用。

8.2.6 利用经济手段

日本政府通过税收和信贷等多种手段引导企业节能减排。2002年日本对企业节能减排做出四项规定，这四项规定包括：增加试验研究费的特别抵扣制度；与试验研究费总额有关的特别抵扣制度；强化中小企业技术基础税制；研发设备的特别折旧制度。以其中的增加试验研究费的特别抵扣制度为例，该制度规定：企业年度试验研究经费金额比过去五年中最高三年的平均额有所增加时，其增加部分的15%可以从法人税中抵扣，但抵扣额不得超过应缴法人税的12%，以鼓励节能减排新技术的研发。此外，在日本，政府对于企业使用列入目录的111种节能减排设备，实行税收减免优惠。这些税收政策的实施，增加了许多企业节能减排技术的使用。

8.3 构建我国清洁生产和循环经济的工业体系

8.3.1 工业企业清洁生产基本内容

清洁生产战略是通过全过程控制，减少原料和能源的消耗，实现污染排放的减量化和无害化，提升末端治理技术，实现省能源省资源的可持续发展的目的。

清洁生产的基本内容包含清洁生产规划、清洁生产实施、清洁生产评价、末端治理、全过程控制和循环经济几层含义。

1. 清洁生产规划

对于企业的生产过程进行审核，鉴别出高能耗、高物耗、重污染的环节。具体过程包括：（1）审核使用的原辅材料是否有毒、有害，是否难于转化为产品，产生的三废是否难以回收利用等，能否选用无毒、无害、无污染或少污染的原辅材料；（2）审核生产过程、工艺设备是否陈旧落后、工艺技术水平、过程控制自动化程度、生产效率与国内外先进水平的差距等；（3）审核企业管理情况，从企业的工艺、设备、材料消耗、生产调度、环境管理等方面，找出因管理不到位而使原辅消耗量高、能耗高、排污多的原因与责任；（4）制订清洁生产的改造方案，从技术、环境、经济的可行性分析，充分考虑企业能承受的经济负担，所处区域污染物受纳容量和排放标准，政府政策扶持力度等各方面因素，以选择技术可行、环境与经济效益最佳的方案予以实施。

2. 清洁生产实施

针对工业企业的生产过程，主要从清洁原料和能源，清洁生产过程和清洁产品三个方面实施：（1）尽量少用、不用有毒有害的原材料，采用高纯、无毒或低毒的原材料；（2）加速以节能为重点的技术进步和改造，提高能源利用率；加速开发水能资源，优先发展水力发电；积极、稳妥地发展核能发电；开发利用太阳能、风能、地热能、海洋能、生物能等再生新能源；（3）减少或消除生产过程中的各种危险因素和有毒、有害的中间产品；采用少废、无废的生产工艺和高效的生产设备；组织物料的再循环利用；优化操作和控制；实现科学量化管理；（4）产品应具有合理的使用功能和使用寿命；产品本身在使用过程中以及使用后不含危害人体健康和生态环境的成分；产品失去使用功能后应易于回收、复用和再生；产品报废后应易于处理、降解；合理包装产品。

3. 清洁生产评价

对已经制订的清洁生产方案或者已经运行的清洁生产工艺需要一套评价体系，反应清洁生产实施的效果。评价指标原则上分为生产工艺与装备要求、资源能源利用指标、产品指标、污染物产生指标（末端处理前）、废物回收利用指标和环境管理要求六类。当前比较主流的是生命周期评价，评价从原材料采集，到产品生产、运输、销售、使用、回收、维护和最终处置整个生命周期阶段有关环境负荷的过程。

4. 末端治理技术

对于工业企业生产环节产生的不能回用于生产工艺的废物，需要采用适当的工艺，获取废物中的能源（沼气等）和资源（回用水等）回用到本企业的生产环节或实现企业、行业之间资源的相互补充和充分利用。对产生的废物进一步减量化和无害化，满足区域污染物排放标准，最终实现污染最小量排放。

5. 全过程控制

在工业企业原料、能源采购、产品生产、污染物治理和产品销售全过程贯彻"减量化、再利用、再循环"的循环经济理念。根据生产过程的物质和能量守恒原理，进行定量或定性地评价，判断系统的清洁生产水平，并找出系统内不满足清洁生产的环节，从而提出改进的措施或建议。以清洁生产和循环经济模式对企业进行建设或改造的流程如图8-13所示。

8.3.2 强化企业以清洁生产为目标的综合管理

我国大部分企业只注重产品竞争力，而没有注重成本竞争力；而一些能源和资源成本占生产成本比重不高的企业总认为，能源和资源成本可以通过产品价格回收。而实际上，能源和资源成本的降低会大大增加企业的竞争力。因此，必须加强以清洁生产目标管理为核心的综合管理。

1. 建立企业清洁生产全过程的管理机构和制度

清洁生产管理贯穿于生产经营全过程，涉及企业生产经营的各部门和各个环节，与产品开发决策的正确性、设计和工艺的先进性、原辅材料的质量以及管理的科学性等密切相关。哪一个环节管理不善，都会造成消耗量的上升，导致企业经济效益蒙受损失。做到事前计划、控制，事后评价、分析，总结经验，纠正不足，使企业内部清洁生产管理机制更具有科学性和活力，必须建立完善的管理体系和制度：（1）建立健全能源管理机构和企业的能源管理制度；（2）通过建立和完善企业内部节能减排的激励机制促进节能减排管理；（3）合理组织生产；（4）加强计量管理；（5）加强成本管理；（6）加强质量管理；（7）加强设备管理。

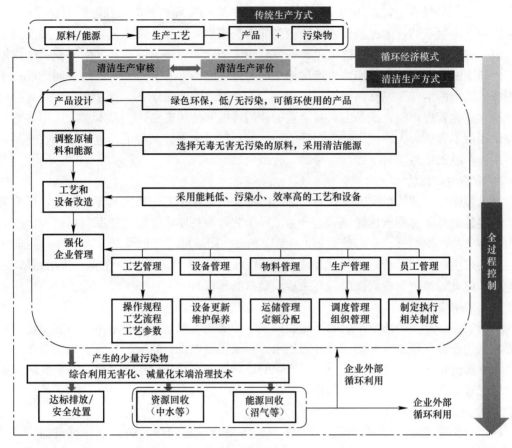

图 8-13　企业清洁生产和循环经济模式的建设流程

2. 确立清洁生产节能减排的目标

节能减排目标的制定不能保守，也不能冒进。目标的高低决定了节能减排工程的可行性和价值性。目标太高达不到，既浪费了人力、财力，又打消了员工的积极性，还有可能使企业错失生存发展的机遇；目标太低，起不到为企业带来经济效益的作用，没有实施价值。

掌握企业基本情况和同行业间企业生产水平的差异，确定企业清洁生产的代表性工段和潜力最大工段的产品能耗、物耗指标等数据，为确立清洁生产的目标和开展做准备。

分析产污原因，对比国内外同类企业的先进水平，结合本企业的原料、工艺、产品和设备等实际状况，确定本企业的理论产污水平；调查实际产污水平，分析污染治理状况；汇总国内外同类型工艺、同等装备、同类产品先进组织的生产、消耗、产污排污及管理水平，与本企业指标进行对照。

节能减排目标管理常见的方法有：（1）目标分解法。是根据企业总的节能减排目标逐层分解，来确定每个生产子系统、部门或员工需要实现的目标；（2）逐年递增法。是根据员工以往业绩制定一个递增百分比，从而确定下一阶段的目标。企业要成功运用逐年递增法，关键之处在于要恰当地确定这个递增百分比，因为百分比定得过高或过低都不会有激励作用；（3）上限平均法。一般是指将相同流水线或车间的前 1/3 节能减排效果优良者取平均值，作为被考核员工应实现的目标；（4）平均加合法。是指对同一岗位各个员工的业绩取平均值，再乘以一个改进系数，并以此作为被考核部门或员工的业绩目标；（5）浮动目标法。与前面 4 种方法不同，采用浮动目标法制定业绩目标时，其业绩目标不能事先确定，而是事后确定。所谓浮动目标法，就是将同一岗位所有员工上一年度的平均业绩乘以一个百分比或系数，并以此作为本岗位所有员工下一年度的业绩目标；（6）目标倒逼法。企业制定节能减排目标后，将指标倒推，层层分解到基层，和经济效益挂钩，迫使全体员工完成自身的节能减排分目标，从而达成企业的整体节能减排目标。

3. 目标考察

在企业实地考察方面，重点考察工艺中最明显的废物产生点和废物流失点；能耗和水耗最多的环节和数量；物料的进出口、物料管理状况；生产量、成品率和损失率；设备陈旧落后的部位，如管线、仪表、设备等；污染物产生及排放多、毒性大、处理处置难的部位，是否达到预定目标。

8.3.3 以技术进步促进节能减排

发展科学技术和自主创新，是节能减排最便捷、最经济、最可行的途径。我们不但要大量引进国外的先进技术，而且要推动自主创新，要把自主创新作为调整产业结构、发展循环经济，转变经济增长方式的中心环节。

1. 优化产品设计，加强对原料的深度利用，提高产品附加值

（1）优化产品配方，替代有毒、难降解的原材料；

（2）研发高稳定性产品，提高产品寿命，减少报废率；

（3）简化包装并使用再生材料；

（4）优化原料梯级加工路线，提高原料利用率；

（5）选择杂质少的原辅料和清洁的能源等。

2. 研发和推广重污染工段绿色生产工艺，升级生产设备

生产工艺运行过程是工业生产污染物的主要来源，因此源头控制污染物的途径主要在于改善生产设备、改进生产工艺，使生产过程中产生的废物减量化、资源化、无害化，尽可能地将过程中的废弃物再利用或消灭于过程中。制药、印染、煤化工、粮食深加工等相应的工艺改进关键技术为：

（1）制药行业可以从研发新型分离精制、催化合成、菌种选育等技术和优化设备布局、更换陈旧设备、减少设备能源损耗两方面着手。

（2）印染行业生产工艺可以采用高效前处理流程、无水或少水的染整加工技术、低能耗新型纤维及多组分纤维短流程染整技术以及新型光电催化性能加工技术等改进生产工艺，升级生产设备。

（3）洁净煤技术是煤化工行业实现污染物源头控制的核心和前提，故煤化工行业可以通过采用煤炭洗选技术、整体煤气化联合循环发电系统以及机械压缩循环蒸发零排放技术等关键技术实现污染物的源头减排。

（4）粮食深加工行业可以通过研发高附加值产品加工工艺、高效粮食净化、分离技术和先进产品深加工工艺等实现生产工艺的革新，达到污染物源头控制减排的目的。

3. 建立生产闭合圈，实现废物循环利用

闭合工艺系统可以有效地回收再利用损失掉的物料，使物料返回到生产工艺流程中作

为其他生产过程的原料加以应用或作为副产品回收，使生产过程尽可能地减轻对环境的危害；同时废物循环利用可以有效缓解"经济发展"和"环境污染"的矛盾，是企业实现清洁生产的重要举措。

8.3.4 建立我国生态工业体系

生态工业体系是指仿照自然界生态过程物质循环的方式来规划工业生产系统的一种工业发展模式。在生态工业体系中各生产过程通过物质流、能量流和信息流互相关联，一个生产过程的废物可以作为另一过程的原料加以利用。系统内各生产过程从原料、中间产物、废物到产品的物质循环，达到资源、能源、投资的最优利用。以通过不同企业、工艺流程和行业间的横向耦合及资源共享，为废物找到下游的"分解者"，建立工业循环系统的"食物链"和"食物网"。将传统生产活动的"资源消费产品—废物排放"的开放型（或单程）物质流动模式转变为"资源消费—产品—再生资源"闭环型物质流动模式，达到变污染负效益为资源正效益的目的，是循环经济和清洁生产的最高体现。可从企业内部、产业集中园区和国民经济体系三个层次实施生态工业体系战略。

1. 以企业内部的物质循环为基础，提高资源能源的利用效率、减少废物排放为主要目的，构建典型企业内部循环经济体系

20 世纪 80 年代末居"世界 500 强"第 32 位的杜邦公司，开始循环经济理念的实验。公司的研究人员把循环经济三原则发展成为与化工生产相结合的"3R 制造法"，改变了只管资源投入，而不管废弃物排出的生产理念。通过改变、替代某些有害化学原料，在生产工艺中减少化学原料使用量，回收产品的新工艺等方法，到 1994 年，该公司已经使生产造成的废弃物减少 25%，空气污染物排放量减少 70%。从而形成了在企业内循环利用资源，减少污染物排放的企业循环经济系统。

2. 以产业集中园区内的物质循环为载体，构筑企业之间、产业之间、产业园区之间的生态循环

通过产业的合理组织，在产业的纵向、横向建立企业间能量流、物质流的集成和资源的循环利用，形成循环型产业集群或循环经济园区，建立二次资源的再利用和再循环的生态工业体系。

（1）东北制药总厂产业园

东北制药总厂产业园以制药为核心建立了 VC—古龙酸—饲料加工厂加工饲料生态链和 VC—废酸—化肥厂生产化肥生态链。两个生态链相互间又构成了横向耦合的关系，并在一定程度上形成了网状结构。物流中没有废物概念，只有资源概念，各环节充分地实现了资源共享。使得一家企业的废热、废水、废物成为另一家企业生产第一种产品的原料或动力，其剩余物将是第二种产品的原料，若仍有剩余物，又是第三种产品的原料……若有最后不可避免的剩余物，则将其处理成对生命和环境无害的形式再进行排放。

（2）丹麦卡伦堡生态工业园区

目前，国际上最成功的生态工业园区是丹麦的卡伦堡生态工业园区。截至 2000 年，卡伦堡工业园已有 6 家大型企业和 10 余家小型企业，它们通过"废物"联系在一起，形成了一个举世瞩目的工业共生系统。此外，卡伦堡市区有 2 万居民需要供热、蒸汽和水。这些企业与政府间建立了颇为创新的生态共生关系，他们通过市场交易共享水、气、废

气、废物等，并实现经济利益的共享，如图 8-14 所示。

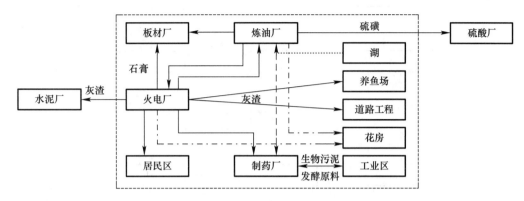

图 8-14　丹麦卡伦堡生态工业园区

在能源和水流方面，阿斯内斯火力发电厂工作的热效率约为 40%。为回收能量，1981 年开始用其新型供热系统为卡伦堡市区和诺沃诺迪斯克制药厂和斯塔托尔炼油厂供应蒸汽。这一举措替代了约 3500 个燃油炉，大大减少了空气污染源。阿斯内斯电厂使用附近海湾内的盐水，以满足其冷却需要，这样减少了对蒂索湖（Tisso）淡水的需要，其副产品为热的盐水，其中一部分可供给渔场的 57 个池塘。

在物流方面，制药厂的工艺废料和鱼塘水处理装置中的淤泥用作附近农场的化肥。水泥厂使用电厂的脱硫飞灰；阿斯内斯电厂将其烟道气中的 SO_2 与磷酸钙反应制得硫酸钙（石膏），再卖给济普洛克石膏墙板厂，能达到其需求量的 2/3；炼油厂精炼工序的脱硫装置生产纯液态硫，再用卡车运到硫酸制造商 Kemira 处；诺沃诺迪斯克制药厂的胰岛素生产中的剩余酶被送到农场做猪饲料。

1999 卡伦堡生态工业园区使用民用下水道淤泥作为生物修复营养剂分解受污土壤的污染物，这是城市废水的另一条物流的有效再利用。

这个循环网络为相关公司节约了成本，减少对该地区空气、水和土壤的污染。应该说，卡伦堡园区实际已基本形成了一种工业共生体系，这一体系体现了其环境优势和经济优势，减少资源消耗，减少造成温室效应的气体排放和污染，使废料得到重新利用。卡伦堡共生体系为 21 世纪新的工业园区发展模式奠定了基础。

3. 以整个社会的物质循环为着眼点，构筑包括生产、生活领域的社会大循环

统筹城乡发展、统筹生产生活，通过建立城镇、城乡之间、人类社会与自然环境之间的循环经济圈，在整个社会内部建立生产与消费的物质能量大循环。包括生产、消费和回收利用，构筑符合循环经济的社会体系，建设资源节约型、环境友好型的社会，实现经济效益、社会效益和生态效益的最大化。

贵港国家生态工业（制糖）示范园区是以贵糖（集团）股份有限公司为龙头，建立以甘蔗制糖为核心的甘蔗产业生态园（如图 8-15 所示）。

生态甘蔗园是全部生态系统的发端，它输入废料、水分、空气和阳光，输出高糖、安全稳定高产的甘蔗，保障园区制造系统有充足的原料供应。

制糖系统是整个生态工业园的支持主体。通过技改，实行废物的综合利用。在生产出普通精炼糖的同时，也生产出高附加值的有机糖、低聚果糖等产品。2005 年完成制糖新

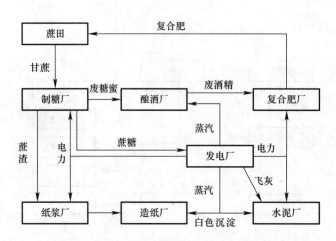

图 8-15　贵港国家生态工业（制糖）示范园区产业链

工艺、新技术综合改造工程，使现有碳酸法制糖工艺的滤泥排放量减少 1/2，并大幅减少了滤泥中的有机物，增加了碳酸钙含量，滤泥排除后可直接用于烧制水泥熟料，彻底消除滤泥对江河的污染。

酒精系统通过能源酒精工程和酵母精工程，有效利用甘蔗制糖副产品—废糖蜜，生产能源酒精和高附加值的酵母精产品。糖蜜发酵过程中，产生的大量 CO_2 气体可以用于生产轻质碳酸钙，实现资源利用，避免温室气体大量排放。

造纸系统通过造纸工艺改造和扩建工程，充分利用甘蔗制糖的副产品——蔗渣，生产出高质量的生活用纸及文化用纸和高附加值的 CMC（羧甲酸纤维素钠）等产品。

热电联产系统通过使用甘蔗制糖的副产品——蔗髓，替代部分燃料煤，热电联产为园区供应生产所必需的电力和蒸汽，保障园区生产系统的动力供应。实现固体废物资源化利用，并且蔗髓燃烧过程不存在 SO_2 污染，经济效益和环境效益均好。

环境综合处理系统为园区制造系统提供环境服务，包括废气脱硫除尘，废水处理回收烧碱及纸纤维，并提供再生水以节约水资源。水资源在园区内做到清污分流，循环使用或重复多层次使用，从而提高水利用率，减少了从河流里抽取的一次水量和排出园区的水量。利用酒精废液生产甘蔗专用复合肥工程的实施，实现酒精废液的全部资源利用，解决了酒精废液问题，又为种植甘蔗提供必要的肥料。

贵港国家生态工业（制糖）示范园通过副产物、废弃物和能量的相互交换和衔接，形成"甘蔗—制糖—酒精—造纸—碱回收—水泥—碳酸钙—复合肥"这样一个多行业综合性的链网结构，使得行业之间优势互补，达到资源的最佳配置、物质的循环流动和废弃物的有效利用，将环境污染减少到最低水平，大大加强了园区整体抵御市场风险的能力。

8.3.5　发挥政府在建设企业循环经济和节能减排的指导调控及激励作用

因为市场配置资源的原则决定了市场主体必须追求经济效益最优，而政府作为社会公共利益的代表，能够突破单个市场主体追求经济利益的局限，从社会整体和长远的角度，制定出相应的宏观发展战略和衡量标准；政府可以充分、灵活地运用经济、法律和行政手段，对社会市场主体各种带有外部性的经济活动进行有效协调和调控，为企业循环经济和节能减排事业创造出一个良好的社会和法制环境，充分发挥政府在建设企业循环经济和节能减排中的指导、调控、激励作用。

1. 完善法律法规与行政管理

目前清洁生产和循环经济的内容已经写进《环境保护法》、《大气污染防治法》、《水污染防治法》、《固体废物污染防治法》、《可再生能源法》、《节约能源法》等法律中，特别是2003年1月1日起施行的《中华人民共和国清洁生产促进法》和2009年1月1日起施行的《中华人民共和国循环经济促进法》两部专门性法律，明确提出清洁生产和循环经济是我国经济发展的基本原则。但是法律、法规中相关制度之间缺乏协调性，执法主体模糊，处罚力度过轻，可操作性较差，严重形成了"有法不依，执法不严"的现象，并未发挥强大效力。这使得工业重污染行业排放污染负荷削减和环境改善效果不明显。整个工业系统和环境生态系统的矛盾依然突出，因此要整合完善现有众多有关环保、清洁生产的法律法规，建立关于清洁生产循环经济可操作性强的法律和法规体系。

2. 调整经济结构制定长远能源资源战略

从社会整体和长远的角度，制定出相应的宏观发展战略，调整经济结构，合理利用能源资源。不仅要满足当代人的需要，也能满足子孙后代的发展对能源资源的需要，能源资源的永续利用关系到代际公平。改变原料价格过低，产品价格过高，助长资源能源的浪费的现象；改变排污收费标准过低，致使很多企业宁肯接受罚款或交排污费，也不愿治理污染或推行清洁生产技术的怪象；健全资源核算制度，在国民收入核算中资源利用等的经济发展成本要在核算体系中显示出来，反映资源耗竭状况。使人们能进行经济发展成本与经济发展收益的比较，了解资源的浪费与短缺情况，增强环境资源意识。我国企业产值能耗之所以高，除技术水平和管理水平落后外，经济结构不合理也是重要的原因。经济结构包括产业结构、产品结构、企业结构、地区结构等。

结合发达国家的企业发展经验，企业结构中扩大生产规模是节能降耗的重要途径。中、小企业能耗较高，经济效益较差，所以应该有计划、有步骤地扩大企业的规模结构，缺乏竞争力的小企业应关、停、并、转、售。

3. 加强对企业的指导教育

现阶段清洁生产和循环经济的推广受限于中央政府和地方政府之间的利益博弈，地方政府 GDP 和环境保护之间的权衡，企业经济效益最大化和环保责任承担之间的选择等几重矛盾之中。企业对于清洁生产和循环经济缺乏准确的认识。当前国家和地方行政主管部门以及企业忽略清洁生产和循环经济给企业带来的长期经济利益，主管部门一味通过罚款，停产整顿甚至吊销营业执照等手段来推行，强迫企业就范；企业则一味消极淡漠，积极性不高。

加强对企业的指导教育会让企业明白，长远看来，清洁生产能更有效地使用原材料和能源、提高员工素质和管理水平，使企业在国内和国际上更有竞争力。实施清洁生产的污染预防措施是工业企业不减少经济利益的同时大量削减污染产生量、抑制环境恶化的最有效的方法，是推行循环经济的基础，是实现经济与环境协调发展的必由之路。清洁生产和循环经济的推广要求企业转变生产模式，本质上而言这与市场竞争机制对企业的要求具有一致性。企业可以通过提高生产过程中的资源转化率，增强市场竞争力来提高经营效益。因此，企业对清洁生产和循环经济的接纳本应具有一定的内在动力。

4. 加大企业清洁生产技术更新改造的资金投入

目前从总体上看，我国企业的能源技术和装备水平仍然很低，多数技术相对落后，能源效率水平与国际上的差距为 $10\sim20a$。节能减排投入资金少，资金和节能减排任务不匹配，是长期以来我国企业资金工作面临的一个主要问题。由于缺乏政府投资的有效支持，清洁生产技术改造资金主要由企业承担，企业作为节能减排投资的主体，投资能力较弱，也缺乏有效的融资途径，大量节能减排技改项目难以及时实施，很多好的节能减排新技术、新工艺、新产品难以得到推广和普及。这说明，投资缺失是我国清洁生产节能减排技术进步缓慢的症结所在。由此，必须加大企业节能减排技术更新改造资金投入：

（1）作为节能减排实施主体的企业首先要积极自筹资金，把推进节能减排战略放在企业自有资金用途的优先地位；

（2）逐步提高节能减排投资占政府预算内投资的比重；

（3）节能减排投资要更多地利用贷款贴息方式；

（4）选择一些特殊重要的、投资数额巨大的国家级节能减排项目，国家财政可采取直接投资的方式予以支持。

5. 引导公众参与

通过教育宣传加强公众可持续发展意识，形成绿色消费的普遍倾向。建立多层次、立体型推动清洁生产和循环经济模式，使其深入人心，构建人人参与，积极监督的体制，对于产业界形成强大的市场压力。

除政府监测部门和企业对清洁生产的检查评估外，需要有民间第三方机构对行业清洁生产、循环经济施行情况进行检查和评价；对于重点行业、"示范企业"定期考察，组织专家、公众参观。监督审核应设立单独的政策资金。

6. 出台鼓励绿色消费的税务征收政策

税收手段可通过调整比价和改变市场信号，影响消费形势或生产工艺，降低生产过程和消费过程中的污染物产生水平。

在投资方向上的税率优惠：在固定资产投资方向调节税中，对企业用于清洁生产的投资执行零税率，提高企业投资清洁生产的积极性，如建设污水处理厂、能源资源综合利用项目，其固定资产可以设定为零税率。在企业购置设备的过程中，降低那些清洁生产设备的增值税，加大清洁生产设备的采购；可以对投资清洁生产工艺技术和采用清洁生产工艺的企业，给予减税甚至免税的政策优惠。允许用于清洁生产的设备加速折旧，以此减轻企业负担，激励企业对先进技术的需求性和积极性。

在关税方面：对于出口的清洁产品进行退税，开拓海外市场；对于进口的清洁生产技术、设备实施免税，加快对国外技术的消化吸收。在企业购置设备的过程中，降低那些清洁设备的增值税，加大清洁生产设备的采购。

在营业税方面：对从事提供清洁生产信息、进行清洁生产技术和中介服务的机构采取减税政策，促进多功能全方位的政策、技术、信息服务体系的形成。

在消费税方面：对产品的生产工艺和生产企业的清洁生产水平进行评级。通过减免消费税收或税收处罚，促进经营者和引导消费者选择那些能耗低、环境附加值低的绿色产品，鼓励绿色消费。

第9章 农业面源污染控制

面源污染与点源污染相对应，指溶解态或颗粒态污染物从非特定的地点，于非特定的时间，在降水和径流冲刷作用下，通过径流过程汇入河流、湖泊、水库、海洋等自然受纳水体，引起的水体污染。农业面源污染是最为重要且分布最为广泛的非点源污染。狭义的定义是指在农业生产生活过程中，化肥、农药以及其他有机或无机污染物质，通过农田地表径流、农田排水和地下渗漏，形成的水环境的污染。广义的定义是指人们在农业生产和生活过程中产生的、未经合理处置的污染物对水体、土壤和空气及农产品造成的污染，涵盖土壤、水体、环境等整个农村生态系统。

国外学者对农业面源污染的研究表明：面源污染影响了全世界陆地面积的30％～50％，并且在全世界不同程度退化的12亿 ha 耕地中，约12％是由面源污染引起的。目前，农业面源污染已成为水体中氮、磷的一个主要来源。美国的面源污染占污染总量的2/3，其中农业面源污染所占比例为75％。荷兰来自于农业面源的总氮、总磷分别占水体环境污染的60％、40％～50％。

由于农业面源污染涉及范围大，分布区域广，污染分量小但总量极大，污染源极度分散，其治理难度远远大于工业污染。近20多年来，随着我国社会经济的迅速发展，我国农业面源污染问题日趋严重，沿海发达地区尤为突出。因此农业面源污染已经逐渐成为制约中国经济持续、健康和协调发展的障碍因子之一。

9.1 农业面源污染的特点、途径和危害

9.1.1 农业面源污染的特点

农业面源污染是由分散的污染源造成，污染物质来源于大面积、大范围，不能用常规处理方法得到改善的污染排放源。与点源污染相比较，农业面源污染具有时间、方式、数量的不确定性和多种污染复合排放的特征，其特点具体体现如下：

（1）分散性和隐蔽性。与点源污染的集中性相反，农业面源污染具有分散性的特征，它随流域内土地利用状况、地形地貌、水文特征、气候等不同而具有空间异质性和时间上的不均匀性。农业面源污染排放的分散性导致其地理边界和空间位置不易识别。

（2）随机性和不确定性。从农业面源污染的起源和形成过程来看，其与降雨过程、降雨时间、降雨强度密切相关。此外，面源污染的形成还与其他许多因素，如汇水面性质、地貌形状、地理位置、气候等也都密切相关。降雨的随机性和其他因素的不确定性，决定了农业面源污染的形成具有较大的随机性。

（3）广泛性和难监测性。由于农业面源污染涉及多个污染者，在给定的区域内它们的排放是相互交叉的，加之不同的地理、气象、水文条件对污染物的迁移转化影响很大，因

此很难具体监测到单个污染者的排放量。严格地讲，面源污染并非不能被具体识别和监测，只是由于信息和管理成本过高使其识别和监测遇到了障碍。但近年来，通过运用遥感RS、地理信息系统GIS等技术，可以对面源污染进行模型化描述和模拟，为其监控、预测和检验提供了有力的数据支持。

（4）滞后性和风险性。农业污染物质对环境所产生的影响过程是一个量的积累过程，因而农业面源污染是一个从量变到质变的过程，决定了其危害的表现具有滞后性。农业面源污染物质主要是对生态环境的强破坏作用，其危害表现的滞后性使各种污染物质对生态破坏的潜在风险性更大。

9.1.2 农业面源污染的途径

（1）农耕作业的污染途径

化肥污染的主要途径：农田施用的化肥随农田排水和地表径流进入江河湖海，超量使用的化肥长期在土壤中残留，化肥中的氮元素进入大气，从而污染水系、土壤和大气。

农药污染的主要途径：施用的农药不仅仅杀灭害虫，更会严重的危害土壤微生物、动物和土壤生态系统；残留在土壤、大气中的农药随雨水或灌溉水向水体迁移；农药生产加工和施用过程中向大气飘逸，向水体流失，这些都严重的危害土壤、水与大气环境。

一直以来有机磷农药被认为是一种污染较小的农药。因为有机磷农药大多数属于酯类，一般难溶于水（乐果、敌百虫除外），易溶于有机溶剂。在自然环境中易降解、残留时间短，对地下水污染的贡献小，并且对动植物体内酶的活性抑制性小（胆碱酯酶除外），易受酶的作用而水解。但通过对有机磷农药毒性的研究发现，有机磷农药具有烷基化作用，能使动物和人体产生中毒症状。施用的有机磷农药会随地表径流进入地表水，造成水体污染。土壤中的残留农药是农作物体内积累的主要来源，同时也会随雨水或灌溉水下渗，污染地下水。美国EPA统计了1971～1999年间所报道的有关地下水农药监测资料，共监测了有机磷农药72种，检出的有17种，均为用量大、使用广泛的品种，如乐果、对硫磷、甲基对硫磷、马拉硫磷、甲胺磷、久效磷、敌百虫等。这些有机磷农药随污水进入污水处理厂，在污水处理过程中，由于污泥的浓缩作用，造成有机磷农药在污泥中的积累。

农膜污染的主要途径表现在土壤的污染上，由于施用的农膜难以降解，残留于土壤中会破坏耕作层结构，妨碍耕作，影响土壤通气和水肥传导，对农作物生长发育不利。

（2）畜禽养殖的污染途径

此类污染途径主要表现在畜禽养殖场排放的废渣，清洗畜禽体和饲养场地、器具产生的污水及恶臭等造成水质污染、场区附近空气污染、环境致病因子增多、土壤污染和农作物受害等。

（3）村落废弃物的污染途径

此途径主要是人居及家畜粪便、厨余等有机废弃物四处堆放，在雨水的冲刷下大量的渗滤液排入水体，或被直接冲入河道，从而形成更直接、危害更大的面源污染。

9.1.3 农业面源污染的危害

农业生态系统是生态、社会和经济的复合系统，包括农业系统和环境系统。因此农业面源污染可以分为生态影响、社会影响和经济影响。生态影响主要包括两个方面，一是由于水体污染所造成的生态损失，包括水体富营养化和水体酸化等；二是由于土壤污染所造成的生态损失，包括大气污染、温室气体、土壤污染及流失等；经济影响则包括由于水体和土壤的污染造成对种植业、渔业和畜牧业的经济损失，体现为作物产量下降、品质降低，鱼类减产等；面源污染的社会影响比较复杂，它包括由于地下水硝酸盐污染导致的饮用水水质恶化和由于土壤污染导致的食品安全等问题对人类健康和野生动植物生存造成的威胁等。

在世界各国面临的农业面源污染问题中，化学农药、化肥的不合理使用，人畜禽粪便和污水的无害化处理滞后是引起农业面源污染的主要原因。而在我国，在农业面源污染的诸多成因中，化学肥料、化学农药、人畜禽粪便及养殖废弃物、未得到综合利用的农作物秸秆、农膜地膜、生产和生活污水等都是造成污染的重要因素，主要污染物是重金属、硝酸盐、有机磷、病毒、病原微生物、寄生虫和塑料增塑剂等。

（1）大气污染

温室气体的种类，包括 CO_2、CH_4、N_2O、HFCs、氟碳化物 PFCs、六氟化硫 SF_6 六类。农业生产过程中产生 CO_2、CH_4、N_2O 等温室效应气体。所施用的氮肥会使土壤中的含氮量增加，氮经由土壤的硝化作用及脱氮作用产生 N_2O 排放到大气中，产生温室效应。该气体不同于一般氮氧化物，可长存于大气中达一个世纪，或更久而不消失。除造成温室效应外，N_2O 与水结合形成 NO，最后与臭氧反应还原，会破坏阻隔辐射线的臭氧层。臭氧层遭受破坏之后，来自太阳的强烈紫外线将直趋地面，给地面上的万物带来重大影响。空气中喷洒农药只有 10%～20% 的利用效率，其余则溢散至空气中，或沉降到土壤或水体。农药产生的空气污染中，30% 来自空气喷洒，40% 来自植物及土壤吸收水中所含农药，经化学反应后汽化为气体而产生。另外醋酸、福尔马林等农用药品及肥料具有强烈的挥发性，在使用中或施用后，会造成当地或局部区域的空气污染。

（2）土壤污染

农药及化学肥料中常含有铜、汞、砷、锡等重金属及其他非金属离子。这些重金属在土壤环境中迁移性小、残留度高，几乎完全累积在土壤中，导致土壤中重金属含量过高，加速土壤酸化及盐分积累。而植物长期吸收后，将造成作物的金属含量增加，导致作物枯萎、减产。氮肥可经化学反应途径，引起酸雨，间接造成土壤酸化及农业设备腐蚀等危害。土壤酸化也可以影响土壤中微生物的活动，当土壤酸度增大时，许多对植物生长有益的微生物，如固氮根瘤菌、硝化菌都会受到抑制。土壤酸化的地区，森林土壤中有机质的分解会显著减慢，当 pH 低于 4.0 时，硝化作用完全停止。通常情况下，酸性沉降物也可影响土壤中脱氮过程的速度和最终产物的组成。

（3）土地生产力下降

分解较慢的化肥和农药的残留物，可能会对下一期作物产生危害，抑制作物生长。另外氮肥施用过量使土壤酸化，对作物生长和生态环境可产生一系列直接和间接的后果。土壤酸化会不断使土壤中输入带正电荷的氢离子，它可以被吸附到土壤胶体表面，使土壤胶体所带的负电荷减少，吸附阳离子养料的能力降低。另外化肥及农药的使用，危害土壤中无脊动物，如蛆等，其生存量减少将会降低土壤的透气性，影响土壤结构及化学性质。长期或大量使用同一种农药，极有可能消灭土壤中的生物族群，此族群若与土壤肥力有关，则不利于土壤肥力的恢复。

（4）水体污染

施于土壤中的化肥和农药仅有少部分为植物所吸收，其他部分随农田径流排入水体，使缓流水体富营养化，使地下水总氮增高，丧失水体功能。根据中国科学院南京土壤研究所的研究显示，每年我国有 123.5 万 t 氮通过地表水径流进入江河湖泊，49.4 万 t 进入地下水，299 万 t 进入大气。长江、黄河和珠江每年输出的溶解态无机氮达 9715 万 t，其中 90% 来自农业，而其中氮肥占 50%。

9.1.4 世界化肥产量及使用状况

世界上化肥种类主要包括氮肥和磷肥。其中，氮肥消费量约占全部化肥消费量的 60% 左右。近年全世界化肥年消费量达 1.5 亿 t，详见表 9-1。

世界化肥消费量（万 t/a，折纯养分）　　　　　　　　　表 9-1

	2008～2009	2009～2010	2010～2011	2011～2012	2012～2013
化肥	15700	14500	15200	—	14800
氮肥	9460	9600	9783	—	9949

从世界化肥消费趋势看，中国、南亚、拉美、非洲等地区的化肥消费量将持续增长，西欧、日本等地区化肥消费量将逐步下降，亚洲地区仍然是世界化肥最活跃的市场，占有 50% 的份额。中国已成为世界第一大化肥生产大国与消费大国，其中尿素产量占世界总产量的 31%，消费量占 29.7%。

世界化肥生产主要集中在具有原料优势的国家，其中世界氮肥产量占总化肥产量的比重超过 60%，主要集中在俄罗斯、中东、中国和中南美洲；磷肥产量占 22%，主要生产国家和地区是美国、中国、非洲和中东；钾肥产量占总产量的比重不到 18%，主要集中在加拿大、俄罗斯、以色列和约旦，其中加拿大和苏联地区占世界钾肥总产量的 60% 左右。

近年来，世界化肥市场总体供需基本平衡，据联合国粮农组织（FAO）、联合国工业发展组织（UNIDO）和世界银行等组织预测，亚洲每年平均缺氮肥 800～900 万 t（折纯养分），缺磷肥 600 多万 t（折纯养分），缺钾肥 450 万 t（折纯养分），欧洲、非洲和大洋洲地区的大部分国家缺钾肥和磷肥。

据国际化肥工业协会（IFA）预测，世界化肥消费将保持缓慢增长的势头，年增长速度平均为 2.3%。

9.2　我国农业面污染的现状

我国两千年的农耕文明，是自给自足的农业循环经济的文明。人们的食物、衣物都来源于农田；居家的排泄物、厨余垃圾、禽畜粪便也都经沤肥发酵回归农田作为肥料，实现了农田生态系统的循环和平衡。而我国现代农业废弃了天然有机肥料，无度施用人工无机化学肥料，带来了农田生态系统的失衡和自然环境的污染。

9.2.1　化学肥料的污染

1. 我国农业肥料结构的历史演变

新中国成立初期农业肥料还全部是农家肥和城市人居肥源。20 世纪 50 年代初开始施用化肥，全国施用化肥量仅 1 万 t，而 1990 年化肥量达 2590 万 t，2002 年达 4412 万 t，2007 年化肥施用量达 5107 万 t，2010 年增加到 8766 万 t，至 2014 年骤增到 16000 万 t，占全世界平均消费量的四分之一，单位面积的施用量达 $400kg/hm^2$，远远超过国际上为防止水体污染而设置的化肥使用安全上限（$225kg/km^2$）。现今，我国耕地面积占世界的 8%，却消费了世界 35% 的化学肥料。新中国成立六十多年里，我国农业肥料结构经历了从完全施用有机肥到以有机肥为主化肥为辅，再到以化肥为主和完全依赖于化肥的变化。城市污水处理厂污泥、生活垃圾随意丢弃，农村人居粪便、禽畜屎尿随意弃置，不用于农业肥料，造成河流水质污浊、湖泊富营养化，局部地域的土壤污染和大气污染。现今全国有 200 多座城市被污泥和垃圾所包围。

目前中国每年化肥的施用量为 16600 万 t，化肥进、出口数量基本持平。也就是说，中国化肥工业每年提供给农业的肥料实物总量为 16600 万 t。其中，氮肥 9300 万 t、磷肥 1500 万 t、钾肥 500 万 t、复合肥 5300 万 t。

我国既是世界上最大的化肥使用国，也是最大的农药使用国，而且用量呈上升趋势，使用化肥的强度平均每公顷达 400kg（太湖流域曾高达 600kg）。据世界粮农组织（FAO）统计分析，平均每公顷耕地化肥施用量，美国为 110kg，德国为 212kg，日本为 270kg，英国为 290kg。我国氮肥单位面积施用量超出世界平均水平的 2.05 倍，磷肥单位面积施用量每公顷是世界平均水平的 1.86 倍，均超出化肥安全使用上限。据农业部门的调查，由于多数农民无法掌握科学的施肥技术，化肥有效利用率仅为 30%～40%（发达国家为 60%～70%），有些地区的蔬菜、花卉、水果的氮、磷肥利用率仅为 10%。

中国是一个农业大国，肥料在农业生产，特别是在确保粮食数量和质量安全方面具有重要意义。目前，我国是世界上最大的化肥消费国，农作物的增产约 40% 依靠化肥。全国耕地保有量为 1280 万 hm^2，粮食总播种面积在 1067 万 hm^2 以上，由此测算全国每年肥料总需求量（商品实物量）将近 20000 万 t，总价值约合人民币 6000 亿元。据统计，每生产 1t 尿素，需要消耗煤炭 1555kg，消耗电 1033kW·h，消耗天然气约 $1000m^3$。

在肥料配比上，全国氮、磷、钾施用比例约为 100：45：17，化肥配比结构呈现氮肥用量偏高，钾肥用量偏低，无机化肥过多，有机肥太少的特点。不合理的肥料配比容易造成土壤酸化、地力下降等问题，化肥营养元素在土壤中的富集和流失构成了农业面源污染的最重要部分。

受施肥方式、施肥结构和氮磷钾养分比例等因素的影响，我国的化肥利用率很低，氮、磷、钾分别仅为 30%～35%，10%～20% 和 35%～50%，大约相当于发达国家的二分之一。剩余的部分除以氨和氮氧化物的形态进入大气外，其余大都随降水和灌溉水进入水体，导致地下水中氮磷物质含量增高、江河湖泊富营养化，成为水环境的主要污染源。并使相当一部分地区生产的蔬菜、水果中的硝酸盐等有害物质残留量超标，直接威胁人们的身体健康。

在有机肥投入上，1949 年为 443 万 t，到 2002 年增加到 1976 万 t，增加了 4.46 倍，但同时无机养分投入量从 1949 年的 0.4 万 t 增加到 2002 年的 4412 万 t，增加了 11030 倍。有机养分投入比重持续下降，依赖无机养分投入的直接结果是土壤肥力下降、质量衰退，进而影响单位耕地粮食综合生产能力。不断地增加化肥投入强度和密度，达到增产的极限，结果只会导致化肥流失量增加，使得农业面源污染日趋严重。

2. 长年依赖于化肥的农田土壤退化

耕地是农业生产的基础，是最宝贵的农业生产资料，是农业持续发展的重要保障。但由于长期重化肥轻有机肥，我国土壤中的有机质含量严重持续下降，全国耕地有机质含量平均已下降到 1%，明显低于欧美国家 2.5%~4% 的水平。长期过量使用化肥，拒绝营养成分均衡的有机肥，长期重氮肥，轻磷肥和微肥，造成了土壤中养分的不平衡。全国缺钾耕地面积已占 56%，有一半以上的耕地缺乏微量元素，有 20%~30% 的耕地氮养分过剩，加速了生态恶化，并直接影响农产品的质量安全和人们的身体健康。制约了优质、高产、生态农业的可持续发展，是我国长久粮食安全的隐患。

长期使用化肥，会使土壤缺乏有机质，土壤退化、沙化而造成土壤流失。从 20 世纪 50 年代初 11600 万 hm^2 增加到 2013 年 36700 万 hm^2，我国水土流失面积已占全国总面积的 38%。由于水土流失等原因，农田耕作层变浅，目前长江流域不少稻田土壤耕层厚度只有 13~16cm，与高产稻田土壤要求的耕层厚度 16~20cm 相差 3~4cm。此外，由于土壤缺乏有机质，缺少腐殖质，土壤板结通气性变差，丧失了保水和保肥的性能，肥力下降。

3. 生产化肥的磷矿资源将在百年内枯竭

目前世界上磷灰石储量约 $1.7×10^{11}$ t，磷矿年产量为 $1.0×10^9$ t 以上，且呈增长态势。世界上 76% 的磷矿石用于化肥生产，化肥的需磷量又以 8% 的速度递增，由此可得，全球磷矿储量仅能持续 100 年。

欧盟的磷工业原料 50% 来自污水处理厂，瑞典从 2010 年起已有 75% 的磷工业原料来自于污水处理厂。我国城市污水处理厂污泥中 TP 含量为 15~30kg/t 干泥，从污水污泥中回收磷作为农业肥料是我国农业可持续发展的必然选择。

9.2.2 禽畜养殖业的污染

在农业面源污染的诸多因素中，畜禽养殖业已经成为农业面源污染的主要来源。据环境保护部对全国规模化畜禽养殖场污染情况的调查，2006 年以来我国禽畜生产总值占农、牧、林、渔业生产总值的 30%，2013 年我国猪、牛、家禽存栏量分别达到 4.7 亿头、1.1 亿头和 53.5 亿只，全国畜禽粪便产生量为 30 亿 t，而同期我国各工业行业的工业固体废弃物为 15.2 亿 t，畜禽粪便产生量是工业固体废弃物的 2 倍。部分地区如河南、湖南、江西等地，这一比例甚至超过 4 倍。2010 年畜禽粪便进入水体产生的化学需氧量（COD）已经超过全国工业废水和生活污水 COD 排放量之和，达到 2.49 亿 t。近年来，随着我国居民消费能力的增强和食物消费结构的升级，人们对肉、蛋、奶等畜禽产品的需求迅速增长，是一个不可逆转的消费趋势。这种趋势的必然结果是畜禽饲养量将迅速增长，相应的污染物排放量也会快速增加。同时，畜禽养殖业向高度集约化、专业化、区域化方向发展，畜牧业面源污染在许多地区表现出了大点源污染与区域面源污染并存的特点。2010 年，人畜禽粪便排放总量达 45 亿 t，由此产生的环境问题日益突出。未来，工业和城市生活污水对水质污染的影响将逐渐减小，而我国畜禽养殖业在稳定发展的同时，污染也会加剧恶化。如果不采取有效措施，由畜禽养殖业导致的面源污染将日益凸显，生态破坏和环境污染问题将成为制约农村和农业可持续发展的最为重要的因素。这是畜禽养殖业发展与资源环境压力之间的矛盾，是经济发展与环境保护之间矛盾的具体体现。

随着科学发展观、新农村建设、和谐社会等战略部署的提出，农村畜禽养殖污染防治工作被逐渐纳入政府的重要议事日程。2005年12月，国务院颁发了《关于落实科学发展观加强环境保护的决定》，明确提出"积极发展节水农业与生态农业，加大规模化养殖业污染治理力度"。2006年10月，国家环保总局颁布了《国家农村小康环保行动计划》，把防治规模化畜禽养殖污染作为行动计划的重点领域。同年，农业部围绕社会主义新农村建设，启动实施了畜牧水产业增长方式转变行动和生态家园富民行动，推行健康养殖方式，加强生态环境保护和资源合理利用，开发农村清洁能源，治理农业面源污染。在畜牧业稳定发展的同时保护好生态环境，确保畜牧业可持续发展是当前及今后一个相当长的时期行业内的一项基本工作内容。因此如何采取有效的措施控制畜牧业面源污染，促进畜牧业的可持续发展是一个紧迫的问题。此外，农牧村落的人居和家畜的粪尿也是农业面源污染的重要来源。

农业面源污染是既点源污染研究之后兴起的又一个国际环境问题研究的活跃领域。由于信息不对称和高度不确定性的存在，面源污染具有分散性、隐蔽性、随机性、不易监测、难以量化等特征，使得对其研究和管制具有较大的难度。甚至在发达国家，与对点源污染控制的研究相比，对面源污染控制的研究还是相当有限的。

1990～2010年全国畜禽粪尿产生量及其有机物（COD）和营养物质含量见表9-2。表9-3、9-4、9-5分别为1990～2007年全国主要省市禽畜养殖业粪尿产生的COD、TP、TN的总量；表9-6则是2007年禽畜养殖业粪污排放到水体污染物与工业废水、生活污水的比较。从表9-2～表9-6可见禽畜养殖业对水环境污染的严重性。

全国历年畜禽粪尿产生量及其营养物含量　　表9-2

	1990	1995	2000	2005	2006	2007	2010
粪尿产生量（亿t）	22.5	28.3	31.55	30.80	30	30.30	45
COD（万t）	4414.43	5554.86	6187.42	6082.94	5880.78	5947.41	8832.62
TN（万t）	1077.73	1369.11	1518.50	1495.12	1442.16	1459.99	2157.90
TP（万t）	268.38	338.96	445.59	459.88	447.29	446.77	663.52

1990～2007年我国畜禽养殖粪尿产生量中的COD总量（单位：万t）　　表9-3

地区	1990	1995	2000	2005	2006	2007
全国	4414.43	5554.86	6187.02	6082.94	5880.78	5947.41
北京	14.00	16.23	17.42	17.29	15.26	14.29
天津	6.71	10.13	13.67	23.86	22.89	14.12
河北	129.24	250.84	300.29	365.69	363.35	217.92
山西	65.34	93.87	83.35	81.39	85.74	51.41
内蒙古	134.44	148.58	141.98	202.93	217.79	205.48
辽宁	91.99	148.16	128.19	160.87	171.77	155.18
吉林	72.53	134.17	140.27	168.42	182.48	188.80
黑龙江	91.98	184.78	165.19	200.27	212.48	192.94
上海	13.76	12.09	12.98	9.11	7.75	7.91
江苏	111.82	133.60	117.50	115.24	110.33	89.10
浙江	82.62	76.23	61.60	68.99	63.34	56.34
安徽	188.81	253.19	231.44	210.48	153.27	102.96

地区	1990	1995	2000	2005	2006	2007
福建	77.83	85.87	82.17	91.74	90.48	79.20
江西	155.91	190.82	177.69	169.22	162.55	124.47
山东	224.53	448.75	392.39	413.94	355.09	281.58
河南	312.56	451.43	520.73	583.29	618.61	468.63
湖北	188.66	222.31	200.06	218.74	212.38	191.01
湖南	235.93	273.28	301.83	370.09	361.59	287.47
广东	218.81	223.73	203.82	197.18	199.60	166.18
广西	260.10	316.81	348.28	330.85	308.99	205.04
海南	44.14	51.13	53.16	55.09	54.30	35.41
四川+重庆	573.47	628.33	608.03	701.39	693.74	603.83
贵州	213.36	240.58	252.81	295.12	311.37	203.91
云南	294.44	310.27	341.34	330.34	326.08	303.68
西藏	133.66	142.40	139.06	165.92	170.62	163.20
陕西	102.29	116.17	97.98	118.07	115.74	85.69
甘肃	117.76	130.45	117.10	156.80	148.47	137.51
青海	145.46	136.96	109.34	113.71	109.63	121.88
宁夏回族自治区	11.54	18.65	22.62	32.58	34.28	29.70
新疆	100.76	105.08	118.26	155.43	155.88	116.99

1990～2007 年我国畜禽养殖粪尿产生量中的 TP 总量（单位：万 t）　　　表 9-4

地区	1990	1995	2000	2005	2006	2007
全国	268.38	338.96	445.59	459.88	447.29	446.77
北京	0.98	1.13	1.27	1.24	1.06	0.95
天津	0.52	0.68	0.89	1.45	1.39	0.82
河北	9.40	16.09	19.71	24.00	23.71	14.63
山西	4.69	6.54	6.34	6.19	6.63	4.27
内蒙古	12.97	14.50	14.80	21.48	22.50	20.65
辽宁	5.59	8.53	7.56	10.46	10.62	9.47
吉林	4.05	7.08	7.23	8.52	9.17	9.94
黑龙江	5.12	9.93	8.99	12.32	12.62	11.09
上海	0.91	0.84	0.91	0.62	0.52	0.49
江苏	8.59	10.74	9.40	9.55	9.27	6.38
浙江	5.29	5.05	4.22	4.69	4.30	3.72
安徽	10.03	13.48	13.32	12.96	9.80	6.92
福建	4.35	4.97	4.81	5.54	5.49	4.87
江西	8.12	10.06	9.39	8.89	8.52	6.79
山东	15.92	31.38	25.32	28.27	24.25	19.81
河南	17.60	26.61	31.99	38.25	40.28	28.21
湖北	10.37	12.41	10.79	12.31	12.14	11.05
湖南	12.90	15.43	17.18	21.68	21.24	17.10
广东	11.25	11.62	10.65	10.53	10.73	9.41
广西	12.72	15.93	18.29	17.45	16.11	11.14

地区	1990	1995	2000	2005	2006	2007
海南	2.19	2.57	2.76	2.89	2.87	1.93
四川＋重庆	32.86	36.32	35.32	41.31	40.95	36.33
贵州	10.60	12.10	13.09	15.24	16.19	10.54
云南	15.95	16.84	18.87	18.60	18.35	17.01
西藏	9.28	9.85	9.48	10.66	10.86	10.56
陕西	6.48	7.26	6.16	7.79	7.78	5.97
甘肃	8.00	8.65	8.04	10.6	10.43	9.87
青海	9.69	9.5	8.31	8.78	8.65	8.47
宁夏回族自治区	1.27	1.53	1.96	2.62	2.54	2.18
新疆	10.67	11.31	13.4	16.54	16.58	13.68

1990～2007 年我国畜禽养殖粪尿产生量中的 TN 总量（单位：万 t） 表 9-5

地区	1990	1995	2000	2005	2006	2007
全国	1077.73	1369.11	1518.50	1485.12	1442.16	1452.99
北京	3.15	3.54	4.08	4.20	3.69	3.36
天津	1.76	2.62	3.14	5.43	5.09	3.14
河北	32.70	63.51	77.49	93.52	92.83	56.06
山西	19.01	26.53	25.15	24.51	26.20	15.58
内蒙古	49.39	53.75	53.39	79.90	84.57	78.76
辽宁	20.16	33.22	29.02	40.16	41.38	36.93
吉林	17.36	32.20	34.24	41.75	45.21	45.17
黑龙江	21.90	44.20	40.01	51.49	52.68	47.89
上海	2.72	2.48	2.67	1.84	1.60	1.55
江苏	25.73	32.64	27.55	28.24	27.48	18.31
浙江	16.47	15.27	12.67	13.78	12.59	10.65
安徽	44.07	60.21	54.81	49.76	37.07	23.58
福建	16.03	17.62	16.66	18.42	18.08	15.14
江西	32.67	39.94	37.66	36.43	34.91	25.66
山东	61.02	128.44	103.44	110.32	94.62	73.50
河南	78.11	115.01	132.63	153.50	160.77	111.40
湖北	39.70	47.14	43.49	47.12	45.02	40.28
湖南	48.00	55.87	63.14	78.79	76.80	59.67
广东	46.24	47.06	42.73	40.75	40.97	32.60
广西	57.99	69.76	75.31	71.72	67.87	43.28
海南	10.04	11.91	12.36	12.62	12.43	7.84
四川＋重庆	122.39	135.42	134.69	155.98	154.89	134.54
贵州	48.52	54.54	57.55	67.97	71.23	45.74
云南	69.11	72.12	79.97	77.47	76.12	70.54
西藏	42.96	45.67	44.19	50.98	52.16	50.38
陕西	25.84	29.21	25.56	31.82	31.91	21.93
甘肃	33.46	36.33	33.79	45.38	43.39	41.37
青海	45.15	43.37	36.44	38.26	37.34	38.71

地区	1990	1995	2000	2005	2006	2007
宁夏回族自治区	4.51	6.01	7.50	10.61	10.69	9.33
新疆	41.55	43.52	50.89	63.70	63.77	51.44

2007 年畜禽粪污和工业、生活污水对水体环境影响的比较（单位：万 t）　表 9-6

地区	畜禽粪便 COD量	工业污水 COD量	生活污水 COD量	地区	畜禽粪便 COD量	工业污水 COD量	生活污水 COD量
全国	1784.22	511.06	870.75	河南	140.59	30.45	38.94
北京	4.29	0.66	9.99	湖北	57.30	16.05	44.09
天津	4.24	3.07	10.66	湖南	86.24	25.72	64.64
河北	65.37	32.83	33.91	广东	49.85	28.06	73.68
山西	15.42	15.90	21.53	广西	61.51	60.77	45.54
内蒙古	61.64	13.09	15.68	海南	10.62	1.29	8.85
辽宁	46.55	25.82	36.95	四川＋重庆	181.15	38.74	63.48
吉林	56.64	16.55	23.45	贵州	61.17	1.84	20.86
黑龙江	57.88	14.26	34.54	云南	91.10	9.79	19.21
上海	2.37	3.38	26.06	西藏	48.96	0.09	1.45
江苏	26.73	27.83	61.31	陕西	25.71	17.42	17.06
浙江	16.90	26.43	29.97	甘肃	41.25	5.03	12.39
安徽	30.89	13.99	31.10	青海	36.56	3.82	3.76
福建	23.76	9.11	29.21	宁夏	8.91	10.84	2.87
江西	37.34	11.14	35.73	新疆	35.10	16.70	12.25
山东	84.47	30.39	41.59				

由表 9-6 可知，2007 年全国畜禽粪便流失进入水体的 COD（化学需氧量）就达到 1784.22 万 t，远远超过 2007 年全国排放的工业废水中化学需氧量排放量 511.06 万 t 和全国排放的生活污水中化学需氧量排放量 870.753 万 t，甚至超过两者之和。畜禽粪便流失污染地表水已成为一些河段最大的污染源。由此可见，畜禽养殖所产生的粪便污染物对水体环境污染造成的潜在威胁是巨大的，如果不加以监管并进行合理处置，将对我国农村生态环境造成严重影响。

事实表明，人畜禽粪便的流失已对部分区域的环境质量造成了严重影响。据上海市环境局开展的《黄浦江水环境综合整治研究》的结果表明：1995 年黄浦江水系流域禽畜粪尿产生量 640 万 t，其中有机质含量占 40%，可形成 COD27.4 万 t，BOD8.56 万 t；含 NH_4^+-N2.49 万 t，TN 13.6 万 t，TP 1.25 万 t。这些宝贵的肥源，由于禽畜养殖场没有适当处理和处置，没有回收循环利用，致使有 30% 流入黄浦江水系，增加了江水 COD 负荷 8.22 万 t，BOD 负荷 2.66 万 t，NH_4^+-N 0.75 万 t，TN 4.08 万 t，TP 0.38 万 t。当年畜禽粪尿对江水的污染负荷量占黄浦江流域总负荷量的 36%，相当于上海市区上游乡镇居民污染负荷和乡镇工业污染负荷的总量，详见表 9-7 和表 9-8。

1995 年黄浦江水系畜禽业"污染物"产生量及入江的污染负荷（单位：万 t）　表 9-7

	COD	BOD	NH_4^+-N	TN	TP
有机物及营养盐产生总量	27.4	8.56	2.49	13.6	1.25
流入江水中的污染负荷	8.22	2.66	0.75	4.08	0.38

1995 年黄浦江水系上游地区与市区的污染负荷比值（%）				表 9-8
上海市区	水系上游地区			合计
	畜禽养殖业	居民生活	乡镇工业	
34.2	36	23.8	6	100

从表 9-7 和表 9-8 可以明确，市区上游区域的面污染已经大大超出了上海市区本身对黄浦江的污染，而其中主要是畜禽养殖业的污染。

随着我国畜牧业的发展，畜禽粪便资源量必然随之增多，如果不能将其尽可能多地用于农业，而弃置不用，不仅增大了对化肥的需求，而且还会对大气、水和土壤环境造成日益严重的污染。

人畜禽粪尿是宝贵的有机肥源畜禽粪尿含有大量的有机质和丰富的营养物 N、P、K 及微量元素，和污水处理厂污泥一样，可以改善农田土壤结构，供给植物生长要素和能量，是天然的有机肥料。

我国农民自古以来就有利用人畜禽粪尿作农业肥料的传统，作为农田肥力的重要来源。20 世纪 50 年代之前，我国各地小型畜禽养殖场中，畜禽粪尿都以固态粪方式收集、储存，作为肥料施入土壤；60 年代之后，随着大型养殖场的建立，大力采用水力清除方式，形成了大量液态粪。同时化肥工业的发达，各种速效化学肥料出现在农民面前，使农家肥受到了冷落，于是液态粪成了废弃物，堕落成为水域污染源。

2010 年我国畜禽业粪尿产生量达 45 亿 t，含营养元素资源量为：氮 0.225 亿 t，磷 0.07 亿 t。相当于尿素 0.49 亿 t 或碳酸氢铵 1.32 亿 t，过磷酸钙 0.8 亿 t。回归农田是巨大肥料资源，流失于自然环境则是灾难性的污染，不可掉以轻心。

9.3 国际上畜禽养殖业管理与粪污处置

自 20 世纪 50 年代起，发达国家的畜禽养殖业开始向规模化、集约化方向发展，但规模化养殖在带来规模效益的同时也带来了负面效应。由于大规模的畜禽养殖场每天都有大量的粪便及污水产生，因而造成了严重的环境污染。与此同时发达国家也在畜禽业管理和人畜禽粪便资源化利用方面做了大量的工作。

9.3.1 美国畜禽养殖业管理与粪污处置

美国约有 64% 的国土面积为农业经营，畜牧业产值约占农业总产值的 48%，美国被公认是水污染防治政策完备、管理措施到位的国家，其在畜禽养殖污染防治方面的经验具有借鉴意义。

（1）较为完善的环境保护政策体系

美国在畜禽养殖污染防治方面形成了联邦、州、地方三级政策体系。联邦层面在总的法律条文中进行概括性陈述，如《清洁水法》、《联邦水污染法》、《动物排泄物标准》等；各州制定相关政策，比联邦政策更加严格和具体，如艾奥瓦州规定牲畜数量达到 200 个单位可采用厌氧粪池作为粪便贮存设备，采用地上粪便储存池技术，饲养 2000 个畜牧单位以上的企业需要申请建筑许可证；在地方层面，城市和县级政府的地方性发展规划、土地使用计划要对畜禽饲养数量控制提出一系列具体要求，地方区划把畜牧企业规模与土地面积紧密联系起来，以保证有足够土地用于处理人畜禽粪便。

美国通过立法将养殖业划分为点源性污染和非点源性污染进行分类管理。只要养殖场被认定为点源污染，就必须遵守排污许可证制度，获得联邦环保署（EPA）或州、地区、部落颁发的排污许可证，否则即为非法。非点源污染主要通过采取联邦、州和民间社团制订的污染防治计划、示范项目，良好的生产实践推广、生产者的教育和培训等综合措施来科学合理地利用养殖废弃物。

（2）注重农牧结合发展模式

美国非常注重通过农牧结合来解决畜禽养殖污染问题。美国大部分大型农场都是农牧结合型的，从种植制度安排到生产、销售等各方面都十分重视种植业与养殖业的紧密联系。通常农场主根据养殖规模所产生的粪便量来安排种植规模，而种植所产生的作物秸秆等又被用于养殖饲草或饲料，养殖场的人畜禽粪便干燥固化成有机肥归还农田，养殖业与种植业之间构成饲草饲料、畜禽、粪便肥料3种物质的生态循环体系，形成相互促进、相互协调、相互循环，既防止环境污染又提高土壤肥力的农牧结合模式。

（3）畜禽养殖业粪污的生态处置

美国的养殖业工厂化、专业化、规模化程度都很高，由于美国政府及公众的环境保护意识都很强，所以美国十分重视在养殖业中实行严格的反污染措施。养殖场的动物粪便或通过输送管道或直接干燥固化成有机肥归还农田，既防止环境污染，又提高了土壤的肥力。此外，美国还对粪便的土地利用做出了限制，对土地施用粪便标准提出了如下指导性意见：第一年每亩地施用氮肥的最大数量不得超过400磅；以后每年氮肥的施用量应控制在250磅以下；每亩地磷肥的施用量不能超过作物所能吸收的水平，对牲畜粪便的土地利用操作方法也都有详细规定。

（4）高额的财政补贴

美国政府给畜禽养殖企业提供资助的一个基本渠道是1996年《联邦农业促进和改革法案》确立的环境质量激励项目（EQIP）。项目的首要目标就是为生产者实现提高农产品产量和环境质量的双重目标提供资金和技术方面的支持。这些资金被用来资助农民投资进行水质、土壤和其他环境要素的保护项目，其中畜禽粪便污染防治项目占了相当大的比例，2002年和2008年《农场法案》都要求项目60％的资金支出用于解决畜禽养殖业造成的水土资源污染问题。

除了工程性支持外，教育和培训也是重要的支持手段。为了提高新农牧场主、青年农民和农业雇工的生存竞争能力，政府在教育和推广服务中给予了特殊关注，如对上述人群提供各种援助的同时，为开展新农牧场主培训、教育、技能拓展和技术援助服务的机构提供资金支持。

9.3.2 欧洲畜禽养殖业管理与粪污处置

欧盟拥有农牧混合发展的历史传统和现代技术，畜牧业非常发达，同时其农业环境保护政策涉及范围广、支持力度大、农民和消费者环保意识强，畜禽养殖管理在世界上处于领先地位。

（1）完善的农业政策

欧盟共同农业政策（CAP）、良好农业规范（GAP）的实施，对于欧盟环境质量的改善、居民食品质量的提高、农民收入的增加以及世界范围内的环境合作的开展都具有积极意义。其中，CAP 的标准主要针对农产品生产的种植业和养殖业，分别制定和执行各自的操作规范。鼓励减少农用化学品和药品的使用，关注动物福利、环境保护、工人的健康、安全和福利，从而保证农产品生产安全。欧盟各国都严格按照欧盟及本国制定的相关法律、法规执行对畜禽废物的管理，不同国家的管理措施和执行标准略有不同。

在畜禽养殖废弃物的管理上，欧盟出台了一系列政策法规、管理规定和生态补偿标准等。涵盖了生态环境、食品质量安全、动物健康及福利标准各个方面，将与畜禽养殖业相关的每个环节有机地联系在一起，促进畜牧业和农业相结合。详细规定了畜禽粪便和有机肥施用量、施用时间、某些粪便储存时间的最低限度等要求；要求牲畜饲养选址适宜，既要避免地貌、环境对家畜的不利影响，又要避免对牧草、饲料、水和大气的物理、化学和生物污染。通过养分的有效循环避免废弃物清除、养分流失和温室气体释放等许多环境问题。对牲畜购买、育种、损失、饲喂、畜产品销售、粪尿处理处置等环节都要有按期记录，并定期回顾和更新最初管理计划等。

（2）合理的布局与污染防治

欧盟各成员国规定了每公顷动物单位载畜量标准、畜禽粪便废水用于农用的限量标准和动物养殖密度标准，限制养殖规模的扩大。如荷兰立法规定每公顷 2.5 个畜单位，超过该指标的农场主必须交纳粪便费；英国的畜牧业远离大城市，与农业生产紧密结合，为了让人畜禽粪便与土地消化能力相适应，英国限制建立大型畜牧场，规定 1 个畜牧场最高头数限制指标分别为 200 头奶牛、1000 头肉牛、500 头种猪、3000 头肥猪、绵羊 1000 只、蛋鸡 7000 只；德国规定每公顷土地上家畜的最大允许饲养量分别不得超过牛 3～9 头、马 3～9 匹、羊 18 只、猪 9～15 头、鸡 1900～3000 只、鸭 450 只。

在最初的农村规划布局时，均需要请有资质的机构来进行选址设计、成本和收益测算、企业经营和环境风险的评估等，并且配套有全面的数据、图表统计资料加以辅证。场区布置要求考虑准确的坡度、土壤类型、地表水位置和水供应等因素，以确定部分地区不能应用人畜禽粪便和养殖废水作为肥料时，确保畜禽排泄物处理设施远离水源并且得到安全的处理处置。如果没有足够的土地来消化畜禽粪尿，规模化的畜禽养殖场则必须有一定的粪污处理设施，对畜禽养殖产生的废弃物进行妥善处理和处置，或者将剩余的粪便转移到另外的农场或者公共废弃物处理加工厂等进行再处理，由畜禽养殖场交纳一定的处理费用。

（3）积极的环境补贴

欧盟除不断加强行政监管之外，在经济上实行农业环境补贴，将农业补贴与环保标志挂钩。对减少化肥使用、扩大生态农业耕作、使用有利于环境和资源的生产技术给予补贴，并大幅度增加用于环保措施的资金。补贴的方式基本上都是政府通过某一项目的实施支付给农场主，并且项目的实施具备一定延续性。

9.3.3　其他发达国家畜禽养殖业管理与粪污处置

1. 加拿大

在加拿大养殖场如何处理动物粪便是有规可循的。首先，对于牛、羊等吃草动物的粪便，一般留在养殖场内进行循环处理，最简单的办法是处理成有机肥料。如果是大的养殖场，还可以处理成再生饲料。加拿大的畜禽养殖业环境管理技术规范对畜禽养殖场的选址及建设、人畜禽粪便的储存与土地使用进行了严格细致的规定。例如，加拿大要求养殖场必须有充足的土地对人畜禽粪便在规定的面积范围内进行消化，并要求在一定的土地范围内使用完。如果本农场没有充足的土地消化产生的粪便，必须与其他农场签订使用人畜禽粪便合同，以确保产生的粪便能得到全部利用。由于加拿大对养殖业污染的治理以人畜禽粪便的土地消化利用为主，禁止将畜禽养殖场的污水排放到河流中，均需土地消化，所以无需花费大量的资金在污水处理上。根据牧场规模不同，对粪便施放的要求也不同。如：饲养30头以下母猪（或500头肥猪），可随时把粪便直接撒到地里；30～150头母猪就要每2周撒施1次；150～400头母猪的规模要有储粪池，每半年撒施1次；400头以上规模则要建化粪池，每年只能撒施1次。

2. 德国

德国通过开展对人畜禽粪便堆肥过程的控制参数，配套机械装置，发酵菌株选育，生产工艺等的研究，掌握了有氧发酵堆肥法生产有机肥的关键技术，目前在全国普及推广了有氧发酵堆肥法。将人畜禽粪便进行腐熟，制作有机肥，然后在大田施用。既减少了人畜禽粪便的污染，又降低了人畜禽粪便直接使用造成作物"烧苗"现象的发生。德国政府非常重视生物能源的利用，在生物能的生产、利用、废料处理等方面都有领先的技术和实践。德国利用养殖场粪便等废弃物发酵生产沼气，沼气用于发电和供热，除解决了能源问题外，还增加了农场主收入。2010年，德国农业实体经营收入中约三分之一从非传统农业途径获得。而从可再生能源生产增加的收入，占非传统农业收入的42%。尽管净化的沼气由于加热值过高不适用于天然气输气管道，但是目前德国已经开始向主要天然气生产厂家供应浓缩沼气，并将覆盖整个欧盟范围。有研究报告认为德国沼气发展的速度迅猛，到2020年，德国生产的沼气比整个欧盟2008年从俄罗斯进口的天然气还要多。

3. 法国

法国采用先进的堆肥发酵技术，接种高速高效发酵菌剂，使秸秆纤维素迅速分解转化，各种病原菌、杂草种子和蛔虫卵等均被杀死，可生产稳定性较强、养分种类齐全的生物有机肥。秸秆与粪便生产的生物有机肥含有作物生长所需的氮、磷、钾等大量元素，又含有硫、钙、镁、锌、硼、钼、铜和铁等中微量元素，而且大多以有机形态存在。既可满足作物生长需要，还可提高作物对不良环境的适应能力。与化肥相比，有机肥具有不偏肥、不缺素，稳供、长效等特点，既可完成秸秆废弃物的无害化处理，又可以通过生物有机肥增产增效，实现生态效益和经济效益的统一。一般情况下，施用这种肥料可以提高作物产量5%～20%。由于有机肥肥料利用率较高，氮素可以达到70%～80%，磷素可以达到80%～90%。因此与化肥相比，在保证同样产量的情况下，可以减少肥料施用量达3成到4成。

通过沼气池的建设将秸秆、人畜粪便等有机废弃物转变为有用的资源进行综合利用，并与庭院种植、养殖等结合起来，实现农业和农村废物循环利用以及环境的改善。秸秆、粪便用作沼气发酵原料，所产沼气可以用于农户家庭的炊事和照明燃料，剩余的沼渣和沼液作为肥料用于农业生产，形成了以沼气为纽带的能流、物流健康循环，资源高效利用，综合效益明显的生态农业模式。法国主要推广应用"四位一体"模式，把猪圈和沼气池建在种植蔬菜的日光温室中，既解决了沼气池越冬问题，又可为生猪补充能量，为温室增温，为蔬菜提供优质有机肥。

4. 日本

日本人多、山多、农田少，虽然能源资源匮乏，但却有着较丰富的可再生能源资源，而且利用推广越来越广泛。

生物质能主要来自农作物秸秆和人畜禽粪便，农作物秸秆一般一部分被用来还田，另外一部分被直接用于燃烧发电。1999 年全日本农作物秸秆约 5000 万 t，人畜禽粪便排放量 9400 多万 t，作为能源的利用量达 200 万 t 油当量，全部用来发电，总发电量近 100 亿 kW·h。

人畜禽粪便主要通过堆肥发酵的方式加以处理，然后用于还田。对于不同类型的畜禽而言，粪便处理的方式略有不同。肉用牛和鸡粪将被直接用来进行堆肥，经过发酵和干燥等处理以后，作为还田的有机肥料。而奶牛和猪粪将首先采取固液分离的措施将固体粪和尿液分离，对于固体粪将使用与肉用牛和鸡粪相同的堆肥处理方法，并最终以有机肥的形式还田；而对于液体尿，则通过好氧生物处理方法，使其达到废水排放标准，最终排放到附近的河流或湖泊中。

日本广泛采用了堆肥方式处理人畜禽粪便，取得了良好的效果：

（1）人畜禽粪便在堆肥过程中，由于微生物发酵产生的温度（60~80℃），可以有效地消灭人畜禽粪便中各种病原体和寄生虫卵的存活；

（2）经过堆肥发酵后，粪便中可以产生一些易于植物吸收的营养物，避免农作物繁育障碍，促进农作物生长；

（3）堆肥发酵过程中所产生的热量，可以杀灭人畜禽粪便中杂草的种子，避免施用以后杂草的滋生；

（4）经过合理有效的堆肥处理，还可以减轻粪便的恶臭对空气的污染，并且便于长途运输和储存；

（5）堆肥后粪便中的有机质极易分解，因此可以降低施用后对地下水所造成的污染。

5. 韩国

韩国目前已形成养殖场和废物处理场一体化的流程，在养殖场内就对各种粪便进行分类，对那些能直接发酵的粪便就以堆肥的形式生产有机肥料。全国有 85% 的人畜禽粪便得到了资源化利用。其中，用作堆肥的占 79.8%，另有 6.3% 用于产生沼液、回收生物燃气用于发电。对一些不能直接利用的废弃物，出场前要高温杀菌，收集在专用储池里，由废物处理场的专车统一运走，进行层层分解，分别提炼出所需的物质，比如含有大量纤维沉淀物的部分，会回收进入造纸厂进行纸张的加工。

9.4　我国农业面源污染控制方向

9.4.1　我国畜禽养殖业发展趋势

生态循环利用是我国畜禽养殖的方向，遵循生态学原理和循环经济原则，结合地区的自然环境和经济状况，建立生态农业工程，以实现资源的循环利用，达成生态环境的平衡。

（1）畜牧业与农业种植业相结合，发展生态养殖

畜牧养殖应充分考虑土地的承载力，养殖业和种植业紧密结合。农业秸秆作为饲草和

饲料；畜禽粪尿作为农田肥料，以种促牧，以牧带种，种养平衡，形成系统完整的循环生态农业体系。

（2）生产堆肥产品，建设畜禽粪尿堆肥场区域性大规模养殖场产生的粪尿当地难以消化时，必须建设畜禽粪尿堆肥场。生产堆肥产品，运到外区域的农田使用。

畜禽粪尿另一种生态处置是生产沼气，同时回收能源与有机肥料。沼气工程是我们国家一直推广使用的，开始时是以农户为单位。随着新农村建设的推进，相对一家一户的沼气池，集约养殖规模养殖场的沼气工程更具有可操作性。我国目前制定了一些法规政策来支持生物质能的开发与推广。国家制定的能源长期战略中，也把可再生能源摆到了优先发展的位置。2006年1月1日正式实施的《可再生能源法》规定"国家鼓励清洁、高效地开发利用生物质燃料，鼓励发展能源作物"，这是生物质能源发展的重要政策保障。

沼气工程的环境效益体现在两个方面：一方面，通过对人畜禽粪便进行厌氧消化，减少了人畜禽粪便对土壤、水体和空气的污染，对社会和环境保护作出了贡献；另一方面，沼气热利用或用沼气发电可以替代常规电力，沼液沼渣可作农业肥料，减少了自然环境污染，也完成了营养素的循环。在我国南方地区主要推广应用"猪—沼—果"模式，实现建沼气池、猪（牛、鸡）养殖、果（菜）生产地有机结合。既有效解决了秸秆、人畜粪便等废弃物的处理问题，又达到了节约成本、增加收入的目的。

（3）加强畜禽养殖业粪尿资源管理法规体系建设

对养殖业每一个环节的管理都要有规定和规范，并联系起来成为法规体系。对种植土地上畜禽承载量，粪尿有机肥施用量，施用时间，土壤标准都应该有所规范；对粪尿储存方式、处理与处置方式、堆肥产品质量等都应有所规定并明确责任主体，以促进畜禽粪尿生态循环利用的最大化，保护农牧土地的生态平衡，防止环境污染。

（4）加大生态循环资金支持

对养殖场建设粪尿处理处置工程，对于减少化学肥料发展生态农业的地区都应给予一定资金补贴。

9.4.2 变革农业肥料结构

从60年代以来，我国化肥施用量逐年增加，有机肥施用量迅速减少。表9-9是我国主要流域耕地N、P肥的使用变化。

20世纪60年代以来我国主要流域N、P使用量（kg/hm²）　　　　表9-9

来源	20世纪60年代		20世纪80年代		目前	
	N	P₂O₅	N	P₂O₅	N	P₂O₅
化肥	5	1	135	22	368	154
畜禽粪便	19	11	101	56	128	74
农村农家肥	29	8	49	13	56	15
总量	53	20	285	91	552	243
化肥∶畜禽粪便∶农家肥	1∶4∶5	1∶5∶4	5∶4∶2	2∶6∶2	7∶2∶1	6∶3∶1

现今平均每公顷耕地施用化学肥量达400kg/hm²以上，农业生产几乎全部依赖化肥。长期并逐渐增加单位耕地面积化肥施用量，作物的增产已到极限。施用的化肥量只有30%～40%被作物吸收，而其余60%～70%被雨水径流携带，污染地下和地表水体，是地

下水总氮超标，缓流水体富营养化的主要贡献者。

　　长期重化肥轻有机肥，使我国土壤中有机质含量持续严重下降。由于缺乏有机质和腐殖质，土壤板结、通气性变差，丧失了保水和保肥的性能，土壤肥力下降，进而导致土壤退化、沙化而流失。从 20 世纪 50 年代起，我国水土流失面积由 1.16 亿 hm^2 增加到 2013 年 3.67 亿 hm^2，已占全国领土面积的 38%。

　　农田生态系统属于开放型的生态系统，农田生长出来的产品都为人类所利用。人类社会的排泄物粪便和厨余垃圾都进入了人工分解系统——污水处理厂、垃圾填埋场和污泥焚烧厂。而这些人工系统又把营养物质集中暴露在某些地域、水域或释放于大气，造成了土地污染、水域污染和大气污染，同时又切断了农田能量与营养物质的生态循环。

　　植物需要的大部分物质来自土壤和肥料，而污泥中聚集了植物所需的养分和微量元素，这就使得污泥应作为有机肥施用于土地，增加土壤肥力、促进作物的生长，可以解决滥施化肥造成的土壤肥力下降及用地和养地的矛盾。污泥中含有腐殖化的有机质，它们的主要作用是改善土壤的物理、化学环境条件和结构状况，使土壤的保水、保肥性能和通透性得以提高。因此污泥除了作肥料使用外，还可以用作土壤改良剂。施用污泥不但可以改善土壤，而且通过土壤的自净作用（包括生物降解、化学络合、氧化—还原，物理吸附等），使污泥中大部分有机物矿化和腐殖化，抑制一些土壤中致病生物的生长并使其失活，同时还可以限制重金属的迁移、扩散与生物可利用特性等。

　　我国农民自古以来就有用畜禽粪便作农家肥的传统，畜禽粪便中含有大量有机物及丰富的氮、磷、钾等营养物质，是农业可持续发展的宝贵资源。数千年来，农民一直将它作为提高土壤肥力的主要来源，一直采用填土、垫圈或沤肥堆肥方式将人畜禽粪便制成农家肥施用于农田。随着农业技术的发展，各种化肥以其快速肥效的优势，大批量地出现在农民面前，对农家肥的施用造成了巨大的冲击。因此出现了大量的畜禽粪便从宝贵的肥源沦落为污染源，危害农村和流域自然环境。长期施用化肥造成的土壤板结现象日趋严重，同时化肥中含有的有害化学物质在农作物中残留造成了食品安全隐患。恢复畜禽粪便在农田生态系统物质循环的本来地位是农业可持续发展的战略需求。畜禽粪便中混入的病原菌、虫卵、杂草种子等有害物质可以通过规范化的堆肥技术，在将畜禽粪便中有机无机营养物转化为易吸收的形态同时，也杀灭了病原菌、虫卵、杂草种子等有害物质，成为安全稳定的有机肥料后，才送还给农田。

　　畜禽粪便堆肥化技术与生态农业模式结合才能产生事半功倍的效果。在完善和发展畜禽粪便资源化技术的同时，遵循生态学原理和循环经济的要求，结合具体地区的自然环境与经济发展状况来建立生态农业工程和区域发展模式，并根据不同的生态模式来建立相应的示范基地，力争实现资源的可持续利用和生态环境的改善。

　　污水污泥、生活厨余垃圾、畜禽养殖业、农家肥都是来自于农田，是农田生态物质与能量循环的一个环节。这些物质经过堆肥发酵制成有机肥料施用于农田，是自然规律使然。改善农田肥料结构，减少化肥用量，增加有机肥施用量是削减农业面源污染，保护耕地安全和人民健康的重要措施。建立农田系统物质和能量的循环与平衡是农业可持续发展和维系水环境健康的需要，是人类可持续发展的重要方面。

第 10 章　建立循环型社会和循环型城市

10.1　地球环境与低碳社会

10.1.1　地球家园

大约在 40 多亿年前，地球在浩瀚的宇宙中诞生了。火热的地球在自己的轨道上围绕着太阳运动，但完全没有生命。那时地球外部空间的大气层中弥漫着 CO_2 和水蒸气。数亿年之后，地表变冷过程中水蒸气凝结成水，渐渐地原始海洋出现了。由于海水吸收大气中的 CO_2，致使大气层中的 CO_2 开始稀薄。在至今 36 亿至 37 亿年间，大气的成分演变为 N_2、NH_4、H_2、CO_2、CH_4 和水蒸气，但完全没有氧和臭氧，太阳光直射到地表，紫外线穿过水层，阻止了生物的出现。又经过数亿年，无数未知的有机、无机化学反应合成了有机物。有机物能吸收紫外线，数亿年后地表面海洋中渐渐有了生命诞生的环境。

距今 10 亿年前，在地球海洋深处没有紫外线的局部环境中，最初的生物、无氧呼吸的厌氧微生物、细菌和原始单细胞的藻类诞生了。由于藻类能够进行光合作用，氧被释放出来，因此地球发生了巨大的变化。随着海洋中溶解氧的增加，大气中也渐渐有了溶解氧。好氧微生物也繁育了，促成了其向多细胞微生物的进化，随之出现了高效能的生物。大气中氧浓度的不断增加，逐渐形成了臭氧层。产生于海底的生物向海面扩张，然后其生息的场所又进入河川、湖泊。这样至今 4.5 亿年前，海中绿色植物的某一种登临大陆成功，就成为现今 50 多万种植物的祖先。现代大气的成分为：$N_2 78.1\%$，$O_2 20.9\%$，$CO_2 0.04\%$。二氧化碳由地球初始时期的绝对优势，退居到比例最小的地位。

现今在地球上居住着已知的生物 150 万种，如将未知的统计在内将约有 1000 万到 3000 万种。原始的单细胞藻类现今演变为蓝藻，它们是人类和所有生物必需的氧和臭氧层的缔造者，是创造地球上生物良好生态条件的祖先。氧和臭氧层都是数亿年来生物祖先的遗产。人类出现至今不超过 50 万到 100 万年，从地球生命的历史观来看人类是最新的物种。

10.1.2　地球环境问题

21 世纪是环境的世纪，是人类与环境相协调的世纪。所谓环境就是包围着人类和生物的外界，是人和植物、动物及一切生物共同生息的场所。自人类产生 100 万年以来，绝大多数时期，人虽然是生物链的顶端，但也是生物系中的一员，和一切生物一起与地球环境相适应。人类和生物受环境强烈的影响，它们从环境中摄取能量和营养，但也对环境产生了深刻的影响。生物之间，人类与其他生物之间也相互作用和影响着，从而构成了和谐的地球生物圈。

自产业革命以来，人们信奉人是地球的主人，最大限度地开采化石能源及一切资源，最大限度地发展生产，攫取利润。追求利润的最大化是人们唯一的目标。于是城市化、产业化、人口剧增带来了无度消费和大量废弃，人类对环境和其他生物给予了强烈的影响。近年来，世界范围内的酷热、飓风、洪水显著的增加；永久性冻土和冰河在缩小，全球变暖，海面上升，珊瑚礁退化；生物系急剧变化，一些动植物面临灭绝之灾。这些由于全球范围内环境破坏所引发的全球变暖、臭氧层破坏、酸雨、野生动物减少、热带雨林退化、海洋与水环境污染、大气污染、气候异常等诸多地球环境问题已凸显在人类面前，他们之间又相互联系，错综复杂。随着现代科学的发展，环境问题也越来越复杂并伴随着诸多不确定的因素，然而当人们明晰了这一切并开始反思醒悟的时候已经为时过晚。

1. 全球变暖及其危害

地球被大气层包裹着，当太阳光穿透大气层辐射到地面，大部分被地表反射回去，散失于太空。其中一部分热量（紫外线）被大气层中的 CO_2、CH_4 和 H_2O 等微量气体所吸收，再反射回地面，才形成了适宜生物生存的气候条件。现在地球平均气温为 15℃，如果没有大气层的存在，地球温度立刻就降低到 -18℃，是极少数生物能生存的环境。如同玻璃房的温室一样，大气层中有保暖作用的气体称为温室气体，它们的保暖作用称为温室效应。

温室气体（Greenhouse gases，GHGs）有：CO_2、CH_4、N_2O、氟利昂、对流层中臭氧、水蒸气等。其中数量占绝大多数的是 CO_2。

近年来地球气候有变暖的趋势，冰川和永久性冻土减少，海面上升，成为地球最主要的环境问题，毫无疑问诱因就是 CO_2。气象专家的研究结果指出，如果全球气温上升 1℃，脆弱的生态系统就会受到明显的影响；上升 2℃ 至 3℃，就会产生全球规模的环境破坏；如果上升 3℃ 以上，地球的气候变化规律就会被打破，海洋深层的循环运动就会停止……还有其他更可怕的事件发生。所以控制地球气温上升在 2℃ 以内，是全球变暖的危险极限，是人类控制温室气体排放量的目标。

产业革命前大气层中 CO_2 的浓度为 280ppm，在经历了 300 年的工业化、城市化的历程之后，现今大气中 CO_2 的浓度超过了 370ppm，全球已显现了变暖的迹象，而且大气层中 CO_2 的浓度还正以每年 1.5ppm 的速度上升。为保持地球气温上升幅度在 2℃ 之内，大气中的 CO_2 浓度需要控制在 475ppm 之下，按现在的生活、生产方式，预计在不到 100 年的时间里，就要超过此值。为此，大力削减全球温室气体的排放量是当前各个国家和全人类维持地球生命环境的要求。

2. 应对地球气候变暖的社会与技术革命

全球气候变暖是人类生活和生产活动的结果，要防止地球气候变暖也必须进行生活方式和生产技术的革命，构筑低水平温室气体排放的生产和生活机制，给子孙留下一个可生存的空间。

（1）能源革命

产业革命 300 年以来，全世界各国争先开发了化石能源——煤和石油。在这些化石燃料燃烧过程中，人们利用了几亿年来地球上古生物贮存的太阳辐射能量，取得了巨大的经济效益，与此同时也释放了几亿年里化石燃料中所固化的 CO_2。而产业革命至今，大气层中 CO_2 浓度的变化是全球气候变暖的主要原因，因此能源革命是防止气候变暖的必要条件。

1）以生物质能源代替化石能源

利用生物质能源代替化石能源，能有效削减 CO_2 发生量，是防止全球变暖的重要战略。

生物质能源主要产生于农村，农村不但是人们的食物生产基地，也是生物质能源的宝库。家畜粪尿、秸秆、蔬菜根叶、种子外壳等农作物废弃物都是生物质能源的原料。

城市是生物质的集中消费地，为保持人类与环境和谐，必须建立省能源、省资源的环境友好型社会和资源循环型社会。城市产生的污水、污泥、有机垃圾、食品工业废料等都贮存着丰富的生物质能源。

如果将农村和城市废弃的大量生物质作为宝贵的能源、资源来回收利用，人类社会就又回到了资源循环的经济状态中。人类就会从地球与自然的毁灭者重新成为地球生物圈中的一员。

2）太阳能和风能等的开发利用

地球上的一切能量都来自于太阳的辐射，来自于太阳能。利用太阳能和风力发电，作为采暖的热源和机械动力是最有效最彻底的能源革命。

（2） CO_2 回收、贮存和隔离技术的开发

几百年来，人类已经释放了太多的化石燃料中固化的 CO_2，而且由于生物质、太阳能和风力能源的研发和应用普及还需要一定的时间，在近几十年甚至更长的历史时期内，化石燃料还要继续大量使用。为保持大气中的 CO_2 浓度不再增长，CO_2 的回收、贮存和隔离技术的研发、产业化与普及应用就显得意义重大。

（3）环境工程技术的革新

一方面，CO_2 是大气污染的主要贡献者，是地球暖化的原因所在；另一方面，CO_2 也是维持现今气候条件和植物营养源不可缺少的气体。除了 CO_2 外，温室气体还有许多种，而且他们的温室效应更明显。假如 CO_2 的吸热率为 1，相对而言 CH_4、N_2O 则为 21 和310，吸热能力大即温室效果更强。在污水处理、垃圾与固体废弃物处理过程中，CH_4 和 N_2O 往往是产生量最多的气体，为此控制和开发低温室气体排放的工艺，对降低温室效应会有所贡献。

城市水系统健康循环，节制社会用水量，污染物源头分离，污水再生、再利用与再循环，城市物质流植物营养素的循环利用与生物质能源回收都是低碳、低温室气体的环境技术。在这方面的点滴进步都是对人类和地球的巨大贡献。

（4）建立低碳的生活方式

最近几年来由家庭、机关团体、服务业排出的温室气体显著增长，这是人们进入能源浪费型生活方式的直接结果。在人们保持高质量生活水平的同时，不要忘记了地球环境意识，养成省资源、省能源的好习惯。

城市黑夜"亮化"如同白昼的能耗，人们出行方式改变的能耗，空调、采暖、家用电器的能耗都是十分惊人的。在我们的城市里能不能让孩子们在夜晚看到天上的星星？每幢大厦的室内温度在严冬和酷暑是否可保持适宜（冬天 18℃，夏天 28℃），或者更节约一些？在我们更新家电和卫生洁具的时候，可否优先考虑节能、节水的条件？这些都是低碳生活方式的点滴。目前全国共 16 亿人口，全世界共 70 亿人口，综合起来就是大贡献。

10.1.3 建立脱温暖化社会

近几年来，世界各地气候的异常变化，说不定是自然之神对人类的最后警告。由于人

类奔跑于经济复苏和开发，1997年，《京都议定书》中各经济大国关于削减温室气体排放量的承诺尚未实现。2009年12月在哥本哈根召开的"《联合国气候变化框架公约》缔约国大会"，将气候问题推到了前所未有的政治前沿，虽有120多个国家首脑到场，全球数十亿人关注，但是经过大会两周的讨论之后，得出的却是几乎毫无约束性的温室气体排放量削减承诺，地球环境恢复的希望仍然渺茫。但是人类应清醒地认识到，防止地球气候温暖化是人类面临的生死存亡问题，应是各国不可推卸的国际义务。

10.2 建立循环型社会和城市

20世纪中后期，世界范围内资源短缺与环境恶化问题日趋严重，人们对人与自然、发展与环境的问题进行了广泛的讨论，提出了新的人与自然和谐的思想——可持续发展。

今天它作为解决环境与发展问题的唯一出路而成为各国的共识。确认经济发展、社会进步与环境保护相互联系、相互促进，共同构成可持续发展的三大支柱。实质上，可持续发展思想的提出是对人类社会原来所采用的不可持续的生产和消费模式的反思和检讨，是对人与自然、人与社会关系的重新定位。它是人类在几千年的发展过程中正反两方面的经验教训总结，是全人类先进思想的结晶，是人类永续生存和发展的根本之道。

随着可持续发展战略的实施，越来越多的人意识到实现经济可持续发展的关键在于经济发展方式的转变。同时，地球所拥有的资源与环境承载力的有限性，客观上也要求我们转换经济增长方式，用新的模式发展经济；要求我们减少对自然资源的消耗，并对被过度使用的生态环境进行补偿。变直线型经济增长方式为循环型经济增长方式。所谓循环经济，是对物质闭环流动型经济的简称，是以物质、能量梯次和闭路循环使用为特征的一种新的生产方式。循环经济涉及物质流动的全过程，它不仅包括生产过程也包括消费过程。它的本质是人类生产发展方式的变革，是一种生态经济，把清洁生产、资源综合利用、生态设计和可持续消费等融为一体，运用生态学规律来指导人类的经济活动。

循环经济以"3R"原则——减量化原则（Reduce）、再使用原则（Reuse）、再循环原则（Recycle）作为最重要的行动原则。在技术层次上，循环经济从根本上改变了传统经济发展模式"资源—产品—污染排放"单向开放型流动的线性经济。它以"低开采、高利用、低排放"循环利用模式代替"高开采、低利用、高排放"直线模式，真正实现了经济运行过程中"资源—产品—再利用资源"的反馈式流程。通过物质的不断循环利用来发展经济，使经济系统和谐地纳入自然生态系统的物质循环过程中，实现经济活动的生态化，只有建立起循环型社会和城市，人类才能持续发展。

10.2.1 建立农田生态系统物质与能量的平衡

1. 农田生态系统的物质循环

自然物质循环的典型是植物营养素（N、P、K等）的循环。地球上已知的生物物种大概有150万种，其中20%是水生生物。每种生物都不是独立生存的，他们都是在生产者、消费者、分解者的营养素循环中与其他物种相依存而繁育、生息不止的。图10-1是植物营养素在自然中的循环。从图10-1中可见，在太阳光能量的补给下，绿色植物吸收土壤中N、P、K等营养成分，利用CO_2和水来合成有机物质，增长繁育自身，为草食动物生产食料，组成了草食动物、肉食动物的食物链。枯萎的植物和动物的排泄物以及他们死亡后的肢体又被微生物所分解，重新产出植物营养素 N、P、K 等供给绿色植物利用。明示了在太阳光的照射下植物营养素在绿色植物（生产者）、动物（消费者）、微生物（分解者），再到绿色植物的反复不断的循环。

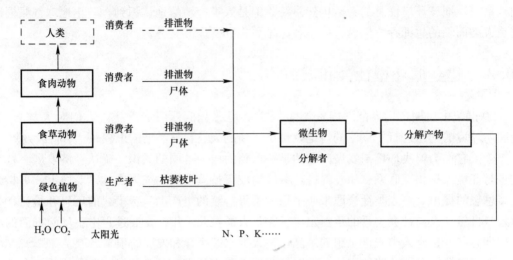

图 10-1　农田生态系统的物质循环示意图

2. 人类是循环链中的一环

在人类产生后的几百万年间，人类是食物链中的最终端，但是人类基本没有破坏植物营养素的自然循环，人类也是植物营养素循环链中的普通一环。

自从 18 世纪人类社会生产力发达以来，尤其是 19 世纪水冲厕所普及以后，人类社会的核心城市另辟了植物营养素的开路循环。农田生态系统属于开放性的生态系统，农田生产的产品都为人类所利用。人类社会的排泄物、粪便和厨余垃圾，进入了人工分解系统——污水处理厂、垃圾填埋场和焚烧厂，而这些人工系统又把营养物集中暴露在某些地域、水域或释放于大气，造成了土地污染、水域污染和大气污染。同时切断了农田能量与营养物质的生态循环，如图 10-2 所示。农田土壤营养的贫乏不得不大量使用无机肥料（化肥），由于化肥便捷、肥效快，作物高产，造成了农民对化肥的依赖。

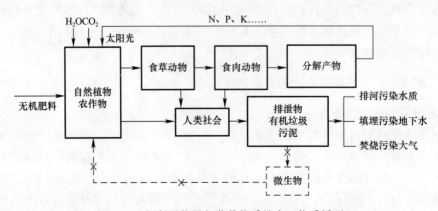

图 10-2　切断了能量与营养物质的农田物质循环

226

化肥的农业是不可持续的，时至今日我们应从物质循环的视点认真研究农业肥料的循环。

3. 重新建立农田生态系统物质与能量的平衡

长期以来社会物质流的循环都是健康的，人们把人畜排泄物、有机垃圾、作物秸秆等都用作农家堆肥的原料，回归到农田，然而由于土壤的贫瘠而逐渐增大化肥单位面积的施用量，作物的增产已到极限。施用的化肥量只有30%～40%被作物吸收，60%～70%被雨水径流挟裹，污染地表和地下水体，是地下水总氮超标，缓流水体富营养化的重要贡献者。

遵循生态学原理和循环经济原则，城市污水污泥、厨余有机垃圾、畜禽粪尿都要经消化、堆肥分解为植物营养素和腐殖质回归于农田。使人类社会再融入自然植物营养素循环之中，重新建立农田生态系统物质与能量的平衡。

10.2.2 建立工业生态体系

依据可持续发展和循环经济的理念，工业点源应以预防污染物产生为主、末端处理为辅、资源循环利用为根本。通过实施清洁生产，强化生产和末端治理过程中资源和能源回收，预防不必要的污染产生，削减污染负荷。进而建立生态工业体系，实现社会、环境、经济之全方位效益。

生态工业体系是工业循环经济的最高境界，是仿照自然界生态过程物质循环的方式来规划工业生产系统的一种工业发展模式。将传统活动的"资源消费—产品—废物排放"的开放（或单程）物质流动模式转变为"资源消费—产品—再生资源"闭环型物质流动模式，达到变污染负效应为资源正效应的目的。要从企业内部、产业集中园区和国民经济体系三个层次实施循环经济战略。在生态工业体系中，各生产过程通过物质流、能量流和信息互相关联，一个生产过程的废物可以作为另一个过程的原料加以利用。通过系统内各生产过程从原料、中间产物、废物到产品的物质循环，达到资源、能源、投资地最优利用。通过不同企业、工艺流程和行业间横向耦合及资源共享，为废物找到下游"分解者"，建立工业循环系统的"食物链"和"食物网"。

10.2.3 建立城市生态体系

联合国环境规划署伊丽莎白曾说："城市的命运不仅决定一个国家的命运，而且决定我们所居住的整个地球的命运。"城市生态体系的核心是水资源流、物质流和能源流的健康循环。就物质流而论，主要是城市食物的输入和排泄。

人居屎尿和生活有机垃圾，如果能通过微生物分解，产生营养素 N、P、K 等，再供生产者农作物生产食物，供人们消费，这样人们的食物消费就可以闭合循环了。人类就又回到了自然生态的生物系之中，人类社会就有了持续发展的前提。

1. 厕所革命

将人居排泄物视为宝贵资源而不是废物，使水资源和植物营养素在人类社会以闭合的回路进行循环，使有限的水资源和营养物质可持续为人类服务。厕所是城市排水系统和人居卫生系统的首端，19世纪水冲厕所的革命，改善了城市卫生条件，为人类的发展作出了历史贡献。但现代人口膨胀，并向大城市集中，水冲厕所已成为水环境的主要污染源。百年来城市污水处理的主导工艺不断发展，从好氧活性污泥法、厌氧生物膜法、厌氧好氧生物技术一直到反硝化除磷和厌氧氨氧化，其去除对象多半是水冲厕所带来的有机物和氮、磷等污染物。如果将水冲改为气冲或真空抽吸，以卫生、安全、经济的生态厕所替换水冲厕所，那么就为城市排水系统的源头分离和人居生态卫生系统解决了上游技术设备。为人居生态系统的革命开辟了道路，可以预言生态厕所的革命将为人类的持续生存和发展作出历史性的贡献。

2. 垃圾分拣与循环利用

我国生活垃圾的主要成分是厨余垃圾，包装容器垃圾随着市场经济发展也越来越多。因此，首先要实现严格的垃圾分类收集和储运制度，把厨余垃圾和其他生活垃圾分离出来。厨余垃圾来自于炊事原材料残渣、蔬果根叶、剩菜剩饭，含有大量有机物和碳源，同时含有丰富的氮、磷、钾营养元素。和污水处理厂污泥一样来自于农田生态系统，应与污水处理厂污泥一起进行堆肥后回归农田，达成农田生态的循环和平衡。

人类是地球上自然生态系中的一员，居于生态食物链之顶端，有把握和利用自然规律的能力。但却不可违反生态规律，竭泽而渔，而应自觉地服从自然规律，维护生态系平衡。人类的生产与生活只能限定于自然生态平衡之中。循环型城市将在流域城市群中和其他城市一起重复和循环利用一条江河水，共享流域资源，而不污染下游城市，为人类社会的可持续发展作出巨大贡献。

10.3　循环型城市水系统是建立循环型城市的基础

10.3.1　城市排水系统发展史

迄今所知中国最早的排水系统，可以追溯到数千年前。河南淮阳平粮台龙山时代城址出土了距今 4000 多年前，埋于地下的一组陶质排水管道。可见，我国古代很早就发明了排水系统，而且发展速度很快。据估算，明清北京城内的河道密度为每平方公里 1.07km，全城水系总容量超过 1935 万 m^3，蓄水容量为 $0.32m^3/m^2$，分别是唐代长安城的 2.4 倍、3.3 倍和 4.5 倍，这也是北京城罕有洪涝灾害的主要原因。可以说，元大都和明清北京城在排水系统上的设计建设，是积淀千年的中国古代都城排水智慧的高度结晶。

直到 19 世纪，世界各国城市排水系统的功能都只是完成排除城区雨水、防止内涝的任务。19 世纪 30～50 年代，由于人口密集，城市卫生条件恶劣，霍乱、伤寒等流行病蔓延整个欧洲，成千上万人失去了生命，于是 18 世纪发明的水冲厕所在 19 世纪中期开始广泛使用。水冲厕所改善了城市居民的卫生条件，城市用水量迅速增加，才准许污水排入下水道，城市排水系统的功能发展为排除雨水、污水到城区以外，维系居民良好的卫生条件。但是城市居民的舒适生活条件是以牺牲河流水质为代价的，莱茵河曾一度成为欧洲最大的下水道。

到 20 世纪 20 年代，由于河流的普遍污染，伤寒等疾病又流行于人间。人们开始建立城市污水处理工程，并且污水处理深度和去除的污染物随年代的推移不断增加。城市排水系统的功能发展为雨水、污水的收集、处理与排除，改善城区生活卫生条件和防止水系污染。

10.3.2　城市排水系统功能的变革

近半个世纪以来，人口和城市化率骤增，水短缺、水污染、水危机在各地区显现。排水系统功能需要再次变革，它的功能应升华为：

（1）城市水资源流循环利用的枢纽。污水经深度处理净化得以再生，再生水回用于工业、农业、景观、小溪，为都市提供稳定的第二水资源，用较少的新鲜水就可以满足城市的用水之需，从而维持社会用水的健康循环。

（2）流域内水资源重复利用的枢纽。再生水作为优质的排放水，不但不会污染下游水体，同时又是下游水资源的一部分，每个城市的排水系统都是实现流域内城市群间水资源重复利用的枢纽。

（3）营养物质循环的枢纽。污水处理厂污泥经堆肥制成肥料，遵循农田生态系统循环平衡规律，将能量和营养物质 N、P 等回归农田，是土壤肥力循环的枢纽。

（4）物质与能源回收的基地。都市物质消耗代谢产物都进入排水系统然后转入污泥当中。其中有大量的有机物质可以回收可观的能源，消化池沼气有效的利用和发电可以补充污水处理能源，在世界各地都有实践。未来污水处理工艺应是碳氮两段法：首先对污水中的有机物进行分离，分离出的污泥通过厌氧消化产生 CH_4，或对污水直接进行厌氧处理产能，分离后含有氨氮的污水通过主流厌氧氨氧化进行脱氮。按照 KartalB 等人的理论估算，处理 1 人口当量的污染物将产生 24W·h 能量，从而使污水处理厂真正成为"能源工厂"。

回收各种工业废水中的贵重物质，是工业循环经济的重要组成部分。污水再生水厂作为物质与能源的回收基地，在城市物质流循环中的重要作用不可忽视。

10.3.3　构建循环型城市水系统的模式

人类在经历了几千年农耕时代和现代的快速发展之后，越来越清晰地认识到，解决资源短缺和可持续发展问题的唯一出路是建立循环型社会，实现水的健康循环，建立循环型城市水系统是循环型社会的基础。在循环型城市水系统中不仅要有安全可靠的供水系统，有完善的污水再生利用系统和污泥回归农田的系统，还要有物质与能源回收的系统，使农田生态系统物质和能量得以平衡，城市物质流得以循环。自然水从采取到排入下游水体之前，已被高效利用多次，排放的也是高质量的再生水，并通过高质量再生水将社会用水循环与自然水文循环和谐地联系起来。循环型城市给水排水系统的模式如图 10-3 所示。

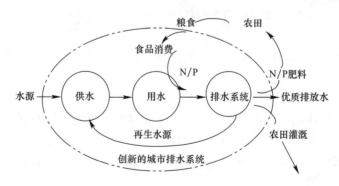

图 10-3　循环型城市水系统的模式

这是在一个流域内城市群间上、下游共享水资源，兼顾人类和河流生态用水，充分体现着流域水资源利用的公平性、共享性和人与自然的和谐，能保证河流生命和富有活力的生态系统。

循环型城市水系统的模式保证了每个城市均可在自己城区附近的河段取水,并把高质量的排放水送给下游城市作为水资源。

建立循环型城市水系统是实现人类社会用水健康循环所必须,也是人类可持续发展和循环经济所必须。

10.3.4 创立循环型城市水系统的策略和建议

(1) 建立系统的城市水系统健康循环法律法规

政府有关管理部门应通过必要的立法和行政权力推动城市水系统健康循环策略的实施。目前还缺乏对于污水再生回用的一系列相关管理的法律法规,因此应尽快建立可操作性强的污水回用法律法规。这些法律包括:1) 自然风景河流法;2) 生物肥料法;3) 节制用水法;4) 污水深度处理与再生水利用法;5) 城市雨水利用法;6) 城市固体废弃物资源回收法等。

通过法律途径促进循环型城市的建设和高效水管理机制的形成,是城市水系统健康循环策略得以顺利实施的前提和基础,也是我国污水再生回用事业得以健康发展的最有力保障。

(2) 实行绿色 GDP 核算制度

一直以来,人们都是利用 GDP 的增长作为社会经济发展的综合指标。但是传统经济学观点的 GDP 增长只是反映了产出的数量,而没有考虑生态环境的投入和生产活动带来的环境问题。这种计算方法没能真正反映经济总量的净增加值,更有甚者,反而会加剧城市对资源、环境的掠夺性破坏。根据世界银行发表的中国环境报告测算,每年环境污染给中国造成的损失达 540 亿美元,占全国 GDP 的 8%,几乎抵消了我国的年经济增长量。

因此,迫切需要发展一种包括生产造成的环境污染和生态环境成本在内的 GDP 计算方法,促进和提高全社会对污染防治和生态环境恢复的意识。

(3) 将污水再生回用率、污泥农田循环利用率作为地方政府政绩的重要考评条件

将城市污水深度处理再生利用率和污泥农田循环利用率作为现代化都市的考核指标之一,作为考核政府工作政绩的一项重要内容。从行政角度使各级地方政府重视水资源、物质资源和能源的循环利用。

(4) 合理利用市场对资源配置的支配作用

利用经济杠杆的作用建立合理的水价体系,使合理使用不同水质的水资源与人们的直接经济利益有机结合起来,积极引导用户使用再生水;对再生水回用和节制用水实施积极的财政政策。

(5) 优化城市水系统管理体制

城市水系统的健康循环要求城市对供水系统和排水系统进行统筹管理,要求水资源流和物质流都切实实现循环利用,共同推进水污染防治、水环境恢复、水质保持与改善工作。因此,优化城市水系统的管理体制是建立城市水系统健康循环的必要条件,是政府部门加强宏观调控和引导的有效方式。

第 11 章　流域水环境与水资源综合管理

流域是径流之域，是河流、湖泊汇集降雨径流的地理单元。流域边界是大陆自然地势、地形、地貌所造就的。

流域水环境是指全流域内水文循环的降水径流、水域水量水质、水域内各种生态系统的总和，是流域内万物生长繁育的水生态环境。

流域水资源来源于流域内的降水和径流，流域内积极参与自然水循环，年年得以更新可供长期取用，具有良好水质的淡水水体是人类可利用的水资源。而且，流域水资源并非人类社会的独占资源，需要与生态环境共享，才能获得可持续的水环境和水资源。

《不列颠百科全书》中的条目定义："自然界一切形态的水（液态、固态、气态）都是水资源。"在现代科学技术的手段内，还远远没有达到，也许永远达不到。

地球上的水在太阳能和地心引力的驱动下，在水圈、大气圈、岩石圈、生物圈内作往复不断的循环运动，形成了水的自然水文循环。地球大陆的降雨径流是水自然循环的一个环节，每年仅有的 4.7 万 km^3 大陆径流，是人类水资源和生态环境的总量。流域内的城市、工业、农业要在径流内取水供生活、生产之需，用过的水经处理后又排回自然水体，就构成了流域的社会水循环。

由于流域内水资源是有限的、稀缺的，所以水环境是脆弱的。如果社会水循环调度不当，过分取水，挤占生态用水，大量排泄污水，抛弃废物，就会使径流干涸，水体污染，流域水生态环境就会遭到破坏，人类就会遭到不可持续发展的报复。因此社会用水要有节制，要创建流域内健康的社会水循环，其标准是社会用水不挤占生态环境用水，社会水循环不损害水域的水体功能，不破坏流域自然水循环的规律。流域内上下游、左右岸共享水生态文明。

"君住长江头，我住长江尾"，一条河水通常要流经多个省市，如何发挥有限水资源的效应，保障人民群众生活和生产；如何保护流域的水生态环境，保护水域的水质；如何做到上、下游用水公平；又如何为子孙后代留下碧水蓝天。这一切都要依赖现代社会的智慧，管理好流域的水资源和水生态环境。

11.1　流域水资源与水环境管理的基本原则

1. 生态环境用水优先原则

水是人类生活、生产的支柱。人们的生活和从事农耕、畜牧、工业生产活动都需要具有稳定的水量和良好水质的水源。人类生存于自然环境之中，是自然生态系统中的一员，离开自然生态系统人类也将无法生存。然而水也是生态系统的支柱，为各种生物的生存繁衍提供物质、能量和环境。没有水也就没有了生态系统。所以，生态环境用水和河流的生态基本流量也是人类的需求。生态系统的损害，终究要殃及人类社会。保证天然生态系统的需水量和水质以维持生态系统的稳定和健康是流域管理的优先原则。

正如《都柏林宣言》指出："水资源的有效管理要求有一种将社会经济发展与自然生态保护联系起来的整体处理方法。"流域水环境和水资源综合管理的核心就是力求在解决社会经济发展用水的同时，保障生态环境的用水要求，使得生态环境得以保护和稳定，使社会经济和生态环境可协调发展，水资源可持续利用，实现流域内的人水和谐。

2. 社会公平原则

水资源是公共资源，《中华人民共和国水法》（后称《水法》）规定水资源属于国家所有。流域上、下游所有居民都有获得人类生存所必需的水资源的基本权利。

任何一个流域都不可避免地存在着水需求冲突，例如生活用水、灌溉用水、工业企业用水、发电用水、生态用水、休闲娱乐用水之间的矛盾以及排污、更改流态等导致的上下游的矛盾。水资源水环境管理就是权衡协调利益冲突，保障社会公平、保障人人都能获得生存和发展所需要清洁水资源的基础权利。以各种补偿机制，保护贫困地区和弱势群体利益。这关系到区域之间的公平，也关系到代际之间的公平。

公众参与流域管理是各方利益公正平等的保障。为此，需要建立信息公开和决策透明制度，使公众了解流域水资源的现状，参与水资源开发、利用和保护，参与水资源水环境管理的全过程，才能保障水资源开发利用和保护的合理性和科学性，才能使利益相关方有机会维护自身和后代的利益。

3. 经济发展的原则

流域水环境、水资源管理的重要原则是遵守自然规律，在确保河流、湖泊等水域生命健康的前提下，来满足社会经济发展的用水需求。流域水环境、水资源综合管理的核心就是力求在解决社会经济发展用水的同时，保障生态环境用水的需求，保证生态环境的健康和稳定。根据社会经济发展的要求，以供定需、以水定城市规模、以水定区域规划、以水定经济结构和生产布局。实行水资源总量控制和定额管理。在流域内实行各种水源的统一优化配置，做到合理用水、节制用水，发展节水型农业和工业，力求水资源与其他资源合理配置获得最大的水资源利用效率。使社会经济发展与生态环境相协调，实现人与自然的和谐。

11.2 我国水资源与水环境管理的演变过程和现状

1. 我国流域管理的演变过程

（1）计划经济时期（1949～1978）

计划经济时期以省级和地市政府为主体，推进水资源开发利用工程项目。虽然水利部先后成立了长江水利委员会（1950年2月）、黄河水利委员会（1949年6月）、淮河水利委员会（1950年成立，1990年更名）、珠江水利委员会（1979年）、海河水利委员会（1979年11月）、松辽水利委员会（1982年）和太湖流域管理局（1984年12月）7大流域机构，但这些流域机构主要负责本流域内水资源的规划和管理，侧重于水量方面，绝少涉及水环境和水域污染控制的管理。并且与地方政府之间没有明确的责任分工，没有主次关系。实际上，是各地方政府按着本身的经济发展需求决策水资源开发且以行政计划方式确立各地用水指标，而水域污染无人问津。

（2）计划市场经济转换时期（1978~2002）

20世纪80年代以后，我国的水污染日趋严重，引起了社会各界的关注，也成为流域水管理的新问题。长江、黄河等7大流域机构先后成立了水资源保护局，并自1983年起与国家环保部门实行双重领导，这是流域管理工作新的进展，把水环境保护的任务列入流域管理的内容，进入了既管水量、又管水质的新阶段。

1988年颁布的《水法》中规定"国家对水资源实行统一管理与分级部门管理相结合的制度。国务院水行政主管部门负责全国的统一管理工作。国务院其他相关部门按照国务院规定的职责分工，协同国务院水行政主管部门负责有关的水资源管理工作。县级以上地方水行政主管部门和其他部门，按照同级政府的职责分工，负责有关的水资源管理工作。"形式上是统一管理与分级、分部门管理相结合的水资源管理制度，实质上还是以区域为单元的水资源管理制度。

在此期间，还在流域委员会内设置了由水利部和环境保护部共同管理的流域水资源保护局，监测和保护水域水质。探索流域内各省、市主管领导联席会议制度，开始由单纯水资源管理向水资源与水环境综合管理方向迈进。

但还是将地下水、地表水，城市用水和农业用水由各级政府不同部门来管理，形成了"九龙治水"的格局，各自为政，没有统一的流域管理制度和长远规划，不利于水资源的开发和有效利用，不利于水生态环境的保护。

（3）市场经济时期（2002~至今）

2002年我国修订的《水法》中规定"国务院水行政主管部门负责全国水资源统一管理和监督工作。国务院水行政主管部门在国家确定的重要江河、湖泊设立流域管理机构，在管辖的范围内行使法律、行政法规规定的和国务院水行政主管部门授予的水资源管理和监督的权力。县级以上地方人民政府水行政主管部门按照规定的权限负责本行政区域内水资源的统一管理和监督工作。"

这一时期确立了流域管理与行政区域管理相结合的管理体制，确立了水利部和流域委员会在全国和流域水资源管理的地位，但还没有涉及流域水污染、水域水质、水资源可持续利用等水环境的综合管理。实际上并没有建立起能代表中央和地方，代表流域长期根本利益的权威管理机制。只是在流域水资源统一管理上，在解决跨区域、跨部门水事矛盾上发挥了一定作用。

目前，相关部委和各流域都在探索着水质目标管理、功能分区、生态修复、总量控制等相关技术，开始制定水污染防治规划，又向水量与水质，水资源与水环境综合管理的方向前进了一步。

2. 现行流域管理的主要问题

（1）水资源管理与水环境管理，水量与水质分割

我国流域管理体系如图11-1所示。

水利部负责全国水资源统一管理和监督工作，在七大水系派出了流域管理机构（流域委员会），在水利部授权下行使流域内水行政管理权。环保部负责全国环境（含水环境）的统一监督工作，并向华南、西南、东北、西北、华东、华北六大区域派出督查中心，负责跨流域、跨行政区划的环境管理。水利系统通过流域管理机构在一定程度上推行流域水资源管理，环保系统实行以区域为核心的水环境管理。流域水管理的两大部门各有自己的

管理定位。流域的水资源规划和水环境规划的制定与实施，是两大部门基于不同的出发点和目的来进行的。水利部与环境保护部之间，七大水系流域委员会与环保六大区域督查中心之间，缺失协调机制，各自为政，没有必要的沟通。水利管水量，环保管水质，造成了水资源管理与水环境管理，水量分配与水污染控制呈现明显的分割状态。没有水质与水量，水资源与水环境的两位一体的融合，没有充分考虑本流域自然水文循环与社会水循环的融合，甚至各方存在着冲突和矛盾。不能从根本上遏制水资源的无度开发和流域水环境的污染，导致流域水环境不断恶化，带来水资源的短缺，甚至影响了流域的生态平衡和人民生活质量的提高。

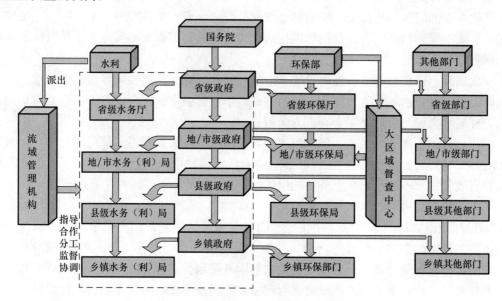

图 11-1 我国现状流域管理体系结构

（2）流域与区域，各级政府部门之间职责不清

我国流域管理机构和其职能见表 11-1。

流域水环境与水资源综合管理部门及其职能 表 11-1

部门	主要职能
水利部及各级水行政主管部门	负责本辖区水资源统一管理和监督工作
流域机构	代表水利部行使所在流域内的水行政主管职责
环境保护部门	负责水污染防治及水环境保护统一监督管理工作
区域环境保护督查中心	环保部设立了西北、西南、东北、华北、华东、华南 6 个中心，解决跨流域、跨行政区划的环境问题
各级发展和改革主管部门	负责审查水中长期供求计划，会同同级水行政主管部门制定年度用水计划
建设部门	指导城市供水节水/城市规划区内地下水开发、利用和保护
国土资源部门	负责地下水的监测，监督防止地下水过量开采
卫生部门	负责饮用水安全
交通部门	负责水上的航运与交通

　　流域管理机构与区域管理机构分别代表国家部委和地方政府行使职权，不存在行政上

234

的隶属关系，只存在着业务上的指导与被指导、监督与被监督的关系，分别在宏观上和具体微观上实施流域管理，实际上往往是流域服从于区域。另外在政府各横向部门之间，流域水资源归属于交通、水利、环保、市政、园林和林业多部门分工管理，每个部门的管理职责多重复和交叉。造成流域内、上下游、左右岸、干支流在水量调配、防洪抗旱、排涝治污以及水土保持、河道航运等方面，因地区、部门之间的利益冲突，出现管理混乱现象，以致造成重大失误。

（3）流域径流水量、水质、排污等计量、监测及信息化系统很不完善

流域有关水文、水质、气象等多信息的计量和监测，各部门都有自己的系统，但流域计量与监测设备又十分缺乏，设备现代化、自动化水平较差，有限的数据的可靠性还有待提高。又加之监测数据不能共享，形不成合力，相互交叉，相互矛盾，使得流域水资源、水环境规划没有良好的信息情报支持。

（4）流域管理理念尚需进一步端正

在"人定胜天"的二元论思想影响下，流域在防洪与发电，生态环境用水与社会用水，农业灌溉与工业用水，洪水调蓄与分洪的许多矛盾方面，多半顾虑经济利益，最大限度地向自然索取，以达到利益"最大化"，因之，往往酿成长久的失误。

在流域水污染防治方面，轻源头控制，重末端治理，甚至仅就河流湖泊本身的水质、底泥进行整治修复。没有把足够力量放在污染源的控制和治理方面。对待点源与面源污染治理上，重点源轻面源，至今对广泛的面源污染少有人研究，基本没有治理方案和技术。农业面污染受到土壤、肥料、农药、气候和地形的影响，具有广泛性、随机性和滞后性，是湖泊富营养化、地下水总氮污染、河流污染的重要源头。实际上至今面源污染，尤其是农业面源污染对水域的污染已超过城市和工业的点源污染，是流域污染防治和生态文明建设面临的重大挑战。

（5）缺乏公众参与和社会监督

公众参与到有关水资源水环境立法和管理过程中，会提高管理的效率和效果，防止管理机构的失职和腐败；利于健康水环境的维护和恢复，利于水资源的可持续利用。但现存的管理模式没有给予民众知情权、发言权和监督权。民众也缺失水资源与水环境的意识，政府、流域管理机构以及媒体也缺乏向群众宣传的力度。

（6）流域管理的法律和法规体制不健全

我国现行的两部关于水的重要法律《水法》和《水污染防治法》，分别由水利部和环保部（原国家环保总局）起草制定，立法内容缺乏协调性和可操作性，多有冲突和矛盾之处。而且都没有明确流域管理机构的法定地位，职责范围和管辖范围。没有明确流域管理机构和区域水行政主管部门之间的关系，没有主体机构和从属关系，因此难以协调配合。

同时，缺少流域立法和相应的流域管理条例，流域和区域管理职责不清。在水资源、水环境具体管理过程中缺乏相应的实施细则和指南，不能形成流域综合管理的法律、法规体系。现行法律法规的操作性弱，立法上政出多门、职责不清，做不到依法管理，在理解运用过程中易产生歧义和误解。水资源管理分管部门从部门利益出发，往往互相争夺审批、发证、收费、处罚、解释等权限。

我国流域管理没有有效的监管机制。流域水资源管理、开发、利用各环节是分散决策，没有形成合力。

（7）资金投入不够

相对于经济的快速发展而言，流域计量监测系统的建设资金、流域水污染治理的资金投入远远不够，同时水价以及污染治理收费也处于较低水平。造成流域管理的基础设施建设不足，运行不正常，也不能有效激励用水户节制用水和污染物的源头削减。

3. 我国流域综合管理模式的雏形

流域是一个完整的"资源环境—社会经济"复合生态系统，是自然水文循环和社会用水循环的独立地理单元。流域管理体制直接关系着流域的生态文明建设和可持续发展。当前我国几大流域日益严重的水资源短缺，水环境恶化等重大问题，已对国家经济的可持续发展构成巨大的威胁。流域上、下游之间，人民生活与工农业及生态之间，地区之间的用水和防污的矛盾日趋尖锐。这和水资源与水环境的管理割裂有关。水资源的水量与水质密不可分，从哲学意义上讲没有质就没有量。丧失了饮水水源标准的水体，水量再大，也不是水资源。因此水质与水量，水环境与水资源是一个事物的两种表述。水环境的基础就是水资源，水资源也依赖于健康的水环境而存在。流域水资源短缺会降低水环境的容量，会加剧水环境的退化；流域水质的恶化，也会加剧水资源短缺的矛盾。为协调各方之间用水矛盾，保证国民经济各部门之间、地区之间的协调发展，树立科学的流域综合管理模式具有重大的现实与长久意义，是流域社会经济发展的内在需求。在我国七大流域管理机构和六大环境督查中心的工作实践中，也涌现出了一些流域综合管理模式的萌芽。

（1）黄河流域

黄河流域是中华民族发祥地，黄河是我们的母亲河，流经青海、四川、甘肃、宁夏、内蒙古、陕西、山西、河南、山东等九个省区，在山东垦利县流入渤海，全长 5464km，流域面积达到 79.5 万 km^2 以上，总面积占全国土地面积的 8%，是我国的第二长河。据 1990 年资料统计，黄河流域人口 9781 万人，占全国总人口的 8.6%，耕地面积 1.79 亿亩，占全国的 12.5%。黄河有着水少、沙多等不同于我国其他流域的显著特征，黄河流域还存在着水资源紧缺，水环境污染严重等一系列问题。

黄河水利委员会会同流域 9 省编制了《黄河流域综合规划》（2012～2030），2013 年 3 月得到了国务院的批复。该规划在明确维持黄河健康，谋求黄河长治久安，支撑流域社会经济可持续发展的目标指导下，特别注重了水资源的节约和保护、黄河水沙调控和防洪减淤体系的建立和水土流失防治体系的建立。规划是流域内各省市地区今后共同遵照的治理、开发和管理黄河的纲领性文件。

在黄河流域还成立了水利部和国家环保局联合领导的黄河水资源保护局，具体负责黄河水质的监测工作。

（2）太湖流域

太湖流域以太湖平原为主，属于长江中下游平原的一部分，河网密布，湖泊众多。太湖流域面积 36900km^2，行政区划包括江苏省苏南地区，浙江省的嘉兴、湖州二市及杭州市的一部分，上海市的大部分。其中江苏省占 52.6%，浙江省占 32.8%，上海市占 14%，安徽省占 0.6%。太湖流域以平原为主，占总面积的 4/6，水面占 1/6，其余为丘陵和山地。三面临江滨海，西部自北而南分别以茅山山脉、界岭和天目湖与秦淮河、水阳江、钱塘江流域为界。流域自然条件优越，水陆交通便利，既是我国人口密集、经济发达的地区，也是生态环境脆弱的地区。太湖流域人口 3600 万人，占全国人口的 2.9%，其中农业人口 1915 万，非农业人口 1698 万，人口密度为 978 人/km²，为全国平均人口密度的 7 倍，是我国人口最集中的地区之一。随着城镇化的进程，太湖流域人口正由农村向城镇迁移，且速度不断加快。太湖流域 2000 年的生产总值达 9941 亿元，占全国的 10.3%，占有重要地位。全国综合实力百强县中，太湖流域占 20 名（占流域县数 2/3），且前十强中占七名。上海市和江苏省的无锡市、张家港市，人均 GDP 超过 3000 美元，已达到中等发达国家水平。太湖流域地处我国经济、文化中心，但随着城镇化的进程，生态环境愈发脆弱。太湖流域典型河网区，上下游、左右岸关系错综复杂，水事问题利益协调难度大。

"十一五"期间，太湖流域建立了各部门合作协商的管理机制，实行省际联席会议制度，探索建立由流域机构牵头召集环太湖省、市政府联席会议制度。共商环太湖地区流域水环境治理的问题和矛盾，探索建立跨省市上下游水资源保护联动机制和深化水资源保护、水污染防治合作机制。统筹协调太湖流域水环境综合治理的各项工作，指导相关专项规划的制定和实施。

率先出台了《太湖流域管理条例》，开创了我国流域性综合立法的先河。该条例旨在加强太湖流域水资源保护和水污染防治，保障防汛抗旱任务的完成以及生活、生产和生态用水安全，改善太湖流域生态环境。对于流域机构与流域内各省市在治水护水的深化协作方面有指导性作用。

制定和实施了《太湖流域水环境综合治理方案》，分解落实了各项任务和措施，提出年度计划；加强监督检查，定期评估和通报《太湖流域水环境综合治理总体方案》执行情况；协调解决流域水环境综合治理工作中的重大问题，推动部门、地方之间的沟通与协作；是我国流域综合立法和综合管理的雏形。

（3）海河流域

海河流域总面积 31.8 万 km²，包含天津、北京、河北、山西、山东、河南、内蒙古和辽宁 8 个省、自治区、直辖市的全部或部分地区，如图 11-2 所示。其中，北京、天津全部属于海河流域，河北省 91%、山西省 38%、山东省 20%、河南省 9.2% 的面积属于海河流域，内蒙古自治区 1.36 万 km² 和辽宁省 0.17 万 km² 属于海河流域。1998 年流域总人口 1.22 亿，占全国的近 10%。1998 年流域国内生产总值（GDP）8600 亿元，占全国的 11%，人均 GDP7000元，高出全国平均水平（6270 元）的四分之一。工业总产值 1.37 万亿元。海河流域具有发展经济的技术、人才、资源、地理优势。海河流域地处我国政治、经济、文化的中心，但水生态环境也随着经济社会发展而日益恶化，同时水资源短缺，水生态污染，地下水超采等问题也限制了城市建设与发展。

图 11-2　海河流域范围图

海河流域在环保和水利部门间建立了良好的合作机制。开发了海河流域水资源与水环境综合管理系统平台（KM），为流域综合管理进行了示范。充分利用 3S（GIS/GPS/RS）技术，形成一个流域水资源与水环境管理信息的存储、管理和共享中心，主要包括数据整理与传输、基础平台、数据库、业务管理系统、系统开发标准与规范、系统安全体系、人员培训与运行维护等，如图 11-3 所示。KM 系统的开发应用为流域综合管理进行了示范，实现了水利、环保部门信息资源的共享，水量、水质的统一管理和取水许可与排污许可的综合管理。

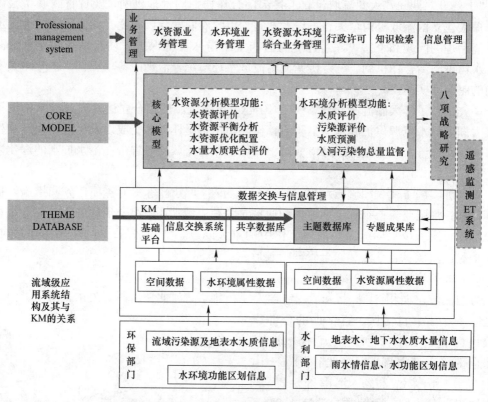

图 11-3　海河流域知识管理系统（KM）平台

编制了《海河流域水资源与水环境综合管理战略行动计划（SAP）》、《市区县多级水资源与水环境综合管理规划（IWEMPs）》，创新提出以耗水管理为核心的总量控制思路，并在水污染防治政策法规、机制建设、产业结构调整、水生态修复等方面提供了建议，并进行了水资源功能区和水环境功能区的整合。

以上内容表明了流域综合管理的内在要求。

11.3　国外流域管理模式分析

近 20 年来随着水资源、水环境管理一体化理论的提出，越来越多的国家和流域实施以流域为基本单元的水管理框架。保持良好的水质与更加丰富的水生态环境是流域管理的核心目的，多采取集权与分权相结合的模式。

2000 年，欧盟颁布了《水资源管理框架指导方针》，要求 27 个成员国都要制订流域管理计划，明确提出以流域为管理单元实施水资源管理。《指导方针》指出应当明确流域管理机构的法律和行政地位，明确流域管理机构与其他承担水资源相关职责的机构之间的关系，以便发挥流域机构在水资源管理中的作用。该《指导方针》是欧盟在水资源行政管理体制上的立法革新和基本政策。英国在欧盟《水框架指令》和本国《水法》体系下，制定实施流域综合规划，执行最严格的水环境保护标准，鼓励引导利益相关者参与。

德国采用"流域立体化管理"的流域水资源管理体制，将河流和湖泊分段，由私人或团体组织治水联合会对所属流域进行综合环境管理，对于莱茵河、易北河之类的大河管理，则有更正式的协调平台。

1. 欧盟—莱茵河

莱茵河发源于瑞士，全长 1320km，流经瑞士、列支敦士登、奥地利、法国、德国及荷兰 6 国。流域面积 18.5 万 km²，平均流量 2200m³/s。莱茵河是水量最丰富的河流之一，在欧洲河流中占有重要的地位。由于具有良好的水流条件，常年自由航行里程超过 700km，是世界上最繁忙的航道之一。

早在 1950 年，莱茵河交界的国家（瑞士、法国、卢森堡、德国和荷兰）就已经联合起来，致力于寻求解决莱茵河水污染的途径。于是保护莱茵河国际委员会（ICPR）因此而诞生。ICPR 秘书处位于德国科布伦茨，编制 9 人，每年预算 80 万欧元。1963 年，在 ICPR 框架下签订了合作公约，奠定了此后共同治理莱茵河的合作基础。当时 ICPR 的主要任务为：对莱茵河的污染进行详细的分析（性质、程度和来源）和对结果进行评估；提出保护莱茵河的行动计划；制定国际公约。其他非政府组织，如莱茵河流域国际水事工作小组（IAWR）关注一些专门问题，与 ICPR 进行合作。1976 年，欧洲共同体加入这个协定，使 ICPR 在欧洲更具广泛性。同年，该委员会又先后通过了防止化学物质污染莱茵河协定以及防止氯化物污染莱茵河协定，逐步开始了莱茵河的污染治理工作。ICPR 采用部长会议决策制，由每年定期的部长会议做出重要决策，明确委员会和成员国的任务，决策的执行是各成员国的责任。ICPR 下设 3 个常设工作组和 2 个项目组，进行委员会决策的准备和细化，分别负责水质监测、恢复重建莱茵河流域生态系统以及监控污染源等工作。委员会常设的秘书处负责委员会的日常工作，每年仅召开各类会议就达 60 多次。各部门相互协调，先后实施了诸如莱茵河地区可持续发展计划、高品质饮用水计划、莱茵河防洪行动计划等项目，并采取了拆除不合理的航运、灌溉及防洪工程，重新以草木替代两岸水泥护坡，以及对部分裁弯取直的人工河段重新恢复其自然河道等措施。此外，委员会还制定了相应法规，强制对排入河中的工业废水进行无害化处理，减少莱茵河的淤泥污染，严格控制工业、农业、交通、城市生活污染物排入莱茵河并防止突发性污染。目前 ICPR 的主要目标和任务包括五个方面：莱茵河生态系统的可持续发展；保证莱茵河水用于饮用水生产；河道疏浚，保证疏浚材料的使用和处理不引起环境危害，改善河流沉积物质量；防洪；改善北海和沿海地区水质。除了 ICPR，在莱茵河流域国际合作框架中，还有莱茵河水文委员会、保护摩泽尔和萨尔河国际委员会、莱茵河流域水处理厂国际协会、保护康斯坦斯湖国际委员会及莱茵河航运中心委员会等国际组织，这些组织间虽然任务不同，但会相互交流信息，保持固定的联络机制，共同为莱茵河的水资源开发利用和保护作出贡献。

2. 法国—罗讷河

法国《水法》中明确指出"实行以自然水文流域为单元的流域管理模式"，将水资源的水量、水质、水工程、水处理等进行统筹管理，管理机构分国家、流域和地区三个层面，如图11-4所示。

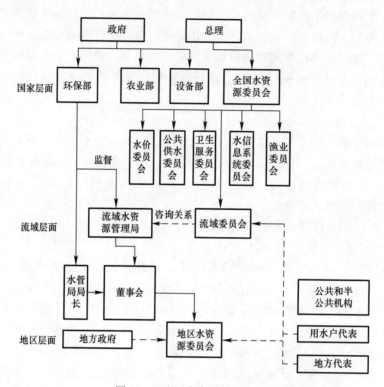

图11-4 法国水资源管理框架

全国水资源委员会由水用户、水协会、各地管理机构及政府部门的代表、专家、流域委员会主席，还有公共供水、卫生服务、渔业、水信息系统等委员会代表所组成。在国家层面，由总理提名的一名议会议员负责主持全国水资源委员会。全国水资源委员会负责提供国家水政策咨询，为法律草案、法令、改革、政府行动计划草案提供建议。

在流域层面，按河流水系分为六大流域，任何一个流域，其流域委员会（RBC）都由当地民选官员主持，组成人员包括当地政府（40％）、水用户和水协会（40％）以及各地（20％）的代表，流域委员会是流域水利问题的立法和咨询机构。另设流域水资源管理局负责具体管理工作。水管局局长由国家环保部委派，流域水管局的董事会为水管局领导层，从流域委员会成员中选举产生地方代表及用水户代表参加董事会，并占领导成员比例的2/3，董事会对水管局进行管理。水管局作为董事会的执行机构，主要职能为：征收用水及排污费，制定流域水资源开发利用总体规划，对流域内水资源的开发利用及保护治理单位给予财政支持，资助水利研究项目，收集与发布水信息，提供技术咨询。

在地区层面：地区水资源委员会（LWC）负责实施水资源开发管理总体规划，并准备水资源开发管理计划（SAGE）。地区水资源委员会包括当地政府（50％）、水用户和水协会（25％）以及本省（25％）的代表。地区水资源委员会可以通过当地公共流域部门或其他当地机构实施这些计划。市级机构也会承担次流域研究或工作的任务。

240

罗讷河是法国第二大河，发源于瑞士的阿尔卑斯山，注入地中海，流域面积 9.9 万 km²，河长 812km，全长 812km，其中在法国境内长 500km，流域面积为 9 万 km²，如图 11-5 所示。罗讷河流域是法国重要的政治、经济、文化中心区域，水上交通、农业灌溉发达，工业发展对法国经济有着重大意义。

法国国会于 1921 年通过立法确定从水电、航运、农业灌溉方面进行罗讷河流域综合开发治理。从法律上规定了罗讷河治理必须遵从综合利用的方针。

1933 年成立了由国营和私营机构组成的罗讷河公司（CNR），1948 年成为罗讷河国立公司（国有控股）。罗讷河公司在履行职责时是以所有者、承包者和管理者的统一身份出现，职责是开发罗讷河的水电、航运、灌溉、旅游、环境保护、污水处理工程，以及与水面和河岸有关的开发工程。

目前公司有 320 个股东，包括与流域开发有直接关系的地方政府、公共和半公共机构，如国家电力公司和国家铁路公司等。公司设置董事会，董事会主席属政府内阁成员，一般由政治家担任。董事会由 30 人组成，政府有关部门代表 7 人，股东代表 5 人，职工代表 5 人，专家 5 人，受益地区代表 8 人。董事会下设总经理，负责公司的日常工作。罗讷河公司接受罗讷河流域委员会的咨询和监督。罗讷河国立公司具体的组织结构，如图 11-6 所示。

图 11-5　法国罗讷河流域示意图

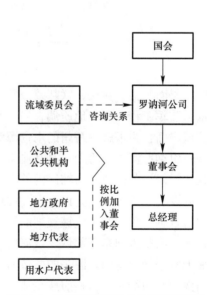

图 11-6　法国罗讷河国立公司组织结构

罗讷河流域委员会由 124 位成员组成，其中地方政府代表 48 位，大的用水户代表 48 位，中央有关政府部门公务员 22 位，专家代表 6 位。为各种用水户的利益开展调查研究、编制计划、提出建议等工作。流域委员会以投票表决的方式确定各种事项，超过半数同意的事项即获得流域委员会通过，向法国罗讷河国立公司提出咨询意见，委员会每六年进行换届选举。

经过八十余年的开发治理工作，法国罗讷河公司进行流域水电和航运资源的开发与管理，带动了整个流域的总体开发治理及水资源的综合利用，将罗讷河流域治理成了世界上少有的美丽的富饶之地，是世界公认的流域综合开发与管理的成功范例。

世界上有近 20 个国家参照了法国的水资源管理模式，其以自然流域为单元的水资源的综合管理体制为更多国家提供了借鉴经验。

3. 美国—田纳西河

美国是个联邦制国家，水资源属州所有。在水资源管理方面，美国流域内资源的管理是相对独立的系统，州内流域采用区域水资源管理，州际流域则采用基于流域的统一管理，如图 11-7 所示。

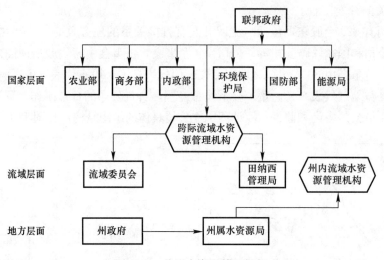

图 11-7　美国水资源管理框架

国家层面：根据宪法，联邦政府负责制定水资源管理的总体政策和规章，相关部门有农业部、陆军工程兵团、地质调查局、水土保持局、环境保护局等。

流域层面：为了解决跨州的水资源管理问题，设置流域水资源管理委员会作为州际管理机构；田纳西河流域管理局是其典型案例。

地方层面：各州政府对辖区内的水和水权分配、水交易、水质保护等拥有大部分的权力，州内设有水资源局，并设有水资源理事会和流域规划委员会。水资源理事会包括政府各部门的首脑，负责制定流域规划的原则和标准；而流域规划委员会是协调性组织。

田纳西河是美国东南部俄亥俄河的最大支流，发源于阿巴拉契亚山的中南部西维吉尼亚与北卡罗来纳州境内。源头的两条河流——霍尔斯顿河与弗伦芬布罗德河，大致由东北流向西南，在田纳西州原州府所在地诺克斯维尔汇合后称为田纳西河。流经七个州，全长1600km，流域面积约 10.6 万 km²，大部分位于田纳西州境内。

20 世纪 30 年代，为改善田纳西河流域的水运条件，综合开发河流功能，在罗斯福总统"有计划地发展地区经济"的思想指导下，成立了一个国有、跨州、综合开发利用田纳西河流域自然资源的管理系统——田纳西河流域管理局（以下称 TVA）。

田纳西河开发和治理的主导思想是：纵观全局，打破行政界线，对流域统一规划，进行全面的治理开发。据 TVA 称，田纳西流域已经在航运、防洪、发电、水质、娱乐和土地利用 6 个方面实现了统一开发和管理，其综合管理的经验可以归纳为以下几条：

TVA 的管理机构由决策机构 TVA 董事会和具有咨询性质的地区资源管理理事会组成。董事会由主席、总经理和总顾问组成，行使 TVA 的一切权力，董事会 3 名成员均由总统提名，经国会通过后任命，直接向总统和国会负责。目前，董事会下设一个由 15 名高级管理人员组成的"执行委员会"，委员会的各成员分别主管某一方面的业务。委员会内设立水利管理处，电力处，环境保护处，森林、渔业和野生动物处，航运和工业发展处，工程建设处，财务和营业处，支流区域发展处，农业和化肥发展处，地方发展处 10 个部门，各部门之间协调合作。田纳西河流域管理局具体的组织结构，如图 11-8 所示。

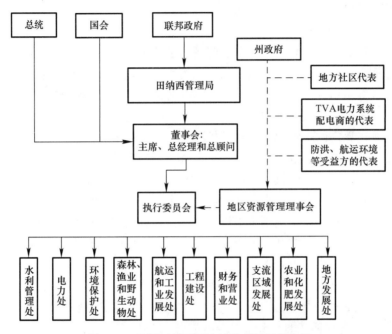

图 11-8　美国田纳西河流域管理局组织构架

地区资源管理理事会对 TVA 的流域自然资源管理提供咨询性意见，目前约有 20 名成员，包括流域内 7 个州的州长指派的代表，TVA 电力系统配电商的代表，防洪、航运、游览和环境等受益方的代表，地方社区的代表。"执行委员会"中主管河流系统调度和环境的执行副主席被指定为代表参加理事会。理事会每届任期 2 年，每年至少举行两次会议，理事会通过投票获多数即可予以确认，每次会议的议程提前公告，并正规记录在案。公众可以列席会议。同时，也尊重少数省的意见，他们的意见也被转达给 TVA。

TVA 拥有高度自治权，既享有政府的权威性，同时又有私人企业的灵活性和主动性。法律赋予 TVA 全面开发该流域资源的广泛权力，一方面负责流域防洪、发电、航运、灌溉水利工程建设等综合开发和治理的任务；另一方面可以使其跨越一般的程序，直接向总统和国会汇报，甚至有权修正或废除地方法规，并进行立法，从而避免了一般政治程序和其他部门的干扰。

TVA 对流域内各种自然资源进行规划、开发、利用和保护，有一个统一的目标是发展地区经济，对流域进行综合开发和管理，他们将多方面的专家如水资源专家，发电专家，航运专家，农业专家，林业专家，地区经济专家等放在同一机构工作，先进行各自专业的分析和研究，然后在董事会领导下进行综合地研究，发挥各专业的系统效应，实现流域内资源的最有效利用。

TVA 广泛宣传增强民众的水意识，使社区和民众参与治水，为社区和民众提供技术和信息服务，帮助当地居民发展多种经营，并通过开发水运、水上休闲、创造就业等让当地民众共享治水成果，获得社会公众的广泛支持。

经过 80 年的开发建设，TVA 在流域航运、防洪、发电、水质、娱乐和土地利用 6 个方面发挥了巨大作用，全流域人均收入增长了 44 倍，而同期美国国内人均收入增长了 19 倍。田纳西流域经济上取得重大发展，也治理和保护了该流域的环境，促进了社会和生态环境相互协调，其管理模式已成为跨州流域水资源管理的一种成功模式。

4. 加拿大—格兰德河

根据加拿大宪法，联邦政府对于联邦所属的土地、领地，包括国家公园及印第安保留地中的水资源拥有主权；联邦政府负责水资源的综合管理，其职能主要由环境部、渔业与海洋部、农业部等承担。国会在商业航行和内陆河流的渔业保护领域具有至高无上的立法权，该权力覆盖了绝大多数的大型河流。

省政府对其边界内的水资源拥有管理权和对于各种水事务的立法权，包括在民用和工业供水、污染防治、非核热电和水电开发、灌溉和娱乐等涉水领域有立法权。省级政府成立专门负责流域水资源管理的机构。流域水资源管理的日常工作基本由流域水委会承担。

加拿大在规划、管理和开发水资源的过程中十分注意节约和保护水资源，对包括水生和陆生资源在内的整个生态系统给予了极大关注，并且更加重视对地下水资源的管理。加拿大的水行政主管部门在积极开展水资源可持续利用意识的公众教育的同时，也积极让社会各阶层成员参与水管理决策，大力推动水管理决策信息的社会化。

格兰德河位于加拿大南安大略省，起源于邓多克，向南延伸注入美加边界的伊利湖，河长 298km，流域面积约 0.68 万 km^2，是加拿大南安大略省南部最大的流域。该流域约 87 万人，流域范围内有基其纳—滑铁卢、圭尔夫、剑桥和布拉德福德等城市。

1932 年该流域内 8 个市政当局成立了格兰德河保护委员会。1948 年该机构进行合并和改组，成立了格兰德河谷保护机构，如图 11-9 所示。在此基础上，进一步合并和改组，成为格兰德河保护权威机构。该权威机构有 26 名常任成员，由上下游的市政府任命，使得流域内各市政府和相关利益团体，建立持久信任的合作伙伴关系，形成了一个保护流域的共同体，其工作运行方式如图 11-10 所示。在制定流域水管理计划和政策时，充分考虑各方意见，把资源、环境、社会和经济作为整体来考虑。机构每年拿出资金的 1/3 用于流域水环境与水资源教育。

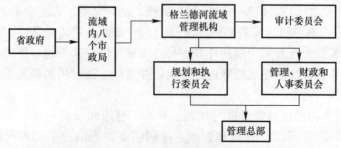

图 11-9　格兰德河保护权威机构组织结构

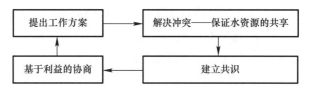

图 11-10　加拿大格兰德河权威机构运行方式

加拿大的可持续水管理将水与社会、经济等联系在一起，将水管理与土地、森林等环境资源的管理联系在一起，水管理决策部门做出科学的水管理决策将有赖于越来越多学科的信息支持。格兰德河流域保护权威机构拥有流域水系及开发利用真实可靠的数据、适当的技术和分析技能，每年通过年度报告指出当年流域管理的现状，并为问题识别、确定范围以及寻找解决方案提供了重要的信息支撑。

1946 年出台的安大略省保护职权法案是格兰德河流域综合管理的政治和法律基础，经过八十多年开发和保护，加拿大格兰德河流域近 78% 的土地已经成为富饶的农业区，区域经济高度发展，格兰德流域 1992 年被命名为加拿大遗产河流，因其美丽的自然景色、多样的文化而享盛誉。

5. 国际流域管理的特点

世界欧美各国各流域管理的机构各有不同，但是他们的内涵却不谋而合，有共同之处。

（1）流域管理机构具有明确的法律地位

流域管理触及一些地方或区域的暂时利益，容易与地方造成交叉和矛盾，管理机构在流域的水量、水质以及水利等方面的管理都具有明确的法律地位和相应的权力。欧美国家经过长期的努力，各国都建立了全面的水资源和水环境法律体系，而且特别强调法律的严格实施。通过制定有高度权威的法律法规，为流域管理奠定了坚实基础。赋予流域管理机构必要的行政执行权力和管理权，使它们对水资源水环境的综合管理有明确的法律地位和相应权力，在法律上明确规定江河流域管理与行政区域管理的主次关系，职责分明，相互配合，使得流域管理机构行使水管理权有法可依。

（2）流域管理机构的权威性

欧美流域管理机构不是国家某个部门的派出机构。管理机构的组成人员，有中央涉水各部门代表、流域内地方政府代表和民间水协会及居民代表参加。这些人员代表国家和流域的长远利益，纵观全局，打破行政界限，处理为水环境健康、水资源可持续利用和流域社会经济持续发展而综合规划和管理流域水资源和水环境保护事务。流域管理机构不但具有法律地位，而且代表流域和流域内各方面的长远利益，具有权威性。

（3）建立了有效的公众参与和监督机制

由于河流的防洪、发电、保护、供水等功能与民众生活息息相关，流域管理与千万户利益相连，只有得到流域内全社会民众的支持和配合，流域管理才能充分发挥效能。所以世界各国都十分注重流域管理中的公众参与，充分满足公众的知情权，并鼓励公众参与流域治理。只有提高公众的水资源意识，并使其自觉和主动地参与保护和恢复行动才能真正实现水资源的可持续利用和水环境的健康。

国外许多政府机构、流域机构、水企业等都有主管宣传的部门，负责宣传与提高公众水意识。其中包括接待来访者、组织各种各样的宣传教育活动，尤其是对青少年的教育。

欧美各国都设有十分完善的监督和协调机构，并明确监督机构与执行机构的职责。同时，政府和流域机构也主动接受公众的监督。莱茵河流域各国民众自发组织若干分委员会，许多民间人士自愿无偿参与其中，对莱茵河的水环境进行监管，督促流域管理机构执行保护水环境的决议。

11.4 我国流域综合管理模式的设计

根据我国流域管理的发展历程和现状，借鉴欧美国家流域综合管理的经验，设计我国流域管理的模式。

11.4.1 流域管理的机制

流域管理实质上是流域水生态环境的管理。包含降雨径流河川水系的水文循环过程和人类社会用水循环过程相耦合的统一流域水循环系统的管理；也包括水域、岸边的生态系统以及社会经济、人文与流域生态系统和谐关系的培育。

流域的水量与水质，流域的水资源与水环境是大陆水循环同一个事物的两个方面，同为流域水生态的基本要素。单独偏重一个方面的调度，损害另一方面的自然规律，流域水环境就要失衡和崩溃。进而使流域生态系统遭到毁坏，人类社会也将不可持续。所以，流域水资源、水环境和流域水生态的综合管理是流域管理的基本机制。生态用水优先、经济可持续发展、区域和世代公平是流域管理的基本原则。

坚持流域水资源合理节制地开发利用，促进流域内城乡水资源流、物质流和能源流的健康循环，保护水域水质和流域水环境，维系健康的水环境是流域综合管理的基本任务。从而让人们享有安全可靠的饮水，可游览的清洁江川湖海，可安居的不受水浸的城镇。同时，也可留给后代可持续发展的空间。

11.4.2 流域综合管理机构

1. 流域综合管理机构组成

（1）国家河川、湖泊、近海水域管理局

在国务院组织和领导下，选择涉水各行政部门领导干部和各种专业专家如：水利学家、水资源学家、水环境专家、农业和林业专家、国土资源专家等组成国家河川、湖泊、近海水域管理局。将水资源与水环境，水量与水质，城镇工业点污染和广泛农业污染的防治，统筹在社会用水健康循环、社会用水与自然水循环协同的理念下，制定国家流域管理基本方针政策，并经全国人大或国务院批准，在各流域认真实施。国家流域管理局局长由国务院总理提名全国人大任命。

（2）流域综合管理委员会

流域委员会主任由国务院任命，属国家部委级机构，是流域涉水事务管理的主体，统筹制定流域内水利、环保、城建、农林牧渔业的具体涉水政策。

流域委员会委员由国家流域管理局的代表，地方政府代表，涉水企业、事业单位代表，民众代表组成。在流域委员会下设专家咨询委员会，汇集各方面的专家共同决策，为委员会提供咨询意见。

（3）地方水域管理机构

流域内各省市设独立的地区水域管理机构。地区水管理机构在流域机构和省市政府领导下，协同环保厅、水利厅、建设厅、农林厅等部门，共同开展水资源利用与水域保护工作。

图11-11是我国流域综合管理模式的构想图。

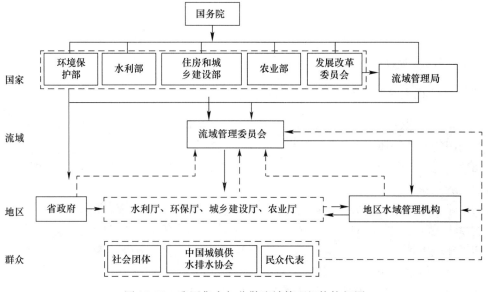

图11-11　我国集中与分散流域管理机构构想图

2. 流域综合管理机构的职责

（1）国家河川、湖泊、近海水域管理局

国家水域管理局代表国务院制定我国河川、湖泊流域和近海海域水环境、水生态保护，水资源开发的基本法律、方针和政策；提名各流域综合管理委员会主任人选，递交国务院批准，并派人员参与各流域综合管理委员会理事会工作；监督各流域综合管理委员会的工作；国务院交办的其他水事管理工作。

（2）流域综合管理委员会

流域综合管理委员会负责制定流域管理的法律、法规、条例、指南，建立流域法规体系。制定过程中要充分吸收民众团体和各方涉水单位的意见，经各学科专家组成的咨询委员会的讨论和通过后颁布执行。并在执行过程逐渐完善，定期进行修订。

流域综合管理委员会从流域长远的根本利益出发，制定流域水健康循环近期和中长期规划。并经有群众代表参加的咨询委员会充分商讨后，报国家河川、湖泊、近海水域管理局批准后实施。流域综合管理委员会负责将流域规划分别落实到流域内各地方，各涉水部门认真执行，并定期检查和监督。流域规划在执行过程中发现不适之处，经咨询委员会调研和商讨后及时进行修订。

流域综合管理委员会最大可能地满足流域、社会、经济的可持续发展用水的需求。合理进行有限水资源的调配，节制工业和农业用水，提高用水效率。鼓励支持各城镇建设再生水供水系统，在水资源利用上维持区域和世代的公平。

保护农田生态系统的平衡，支持污水处理厂污泥、城镇有机垃圾、农村肥源和畜禽粪便回归农田作肥料，逐年减少化肥用量。维持农田土壤肥力和农业的可持续发展。

流域综合管理委员会以水资源优化配置，提高用水效率为宗旨，以维持水环境健康、水资源可持续利用为目的，负责解决各地方之间，各用水部门之间的用水、排污的冲突与矛盾。坚持总量控制和取水、排污许可证制度。

（3）地方水域管理机构

在流域综合管理委员会和地方同级政府的领导下，会同水利、环保、城乡建设、农业、林业等厅局执行流域水健康循环规划所承担的任务，保护地方水域的水体功能，解决地方涉水单位间的水事纠纷和矛盾。提高用水效率，发展地方经济。

11.4.3　健全我国流域管理的法律、法规体系

（1）完善《水法》、《水污染防治法》的内容，将其融为一体，成为保护水资源水环境可持续利用的基本法律。

（2）确定流域管理机构的法律地位，使其可按国家方针和法律独立工作，明确与地方机构的主从关系。

（3）建立《流域管理法》及配套细则。修订完善现有与流域管理相关的法律法规，避免各法律法规间有关内容的冲突，从立法上保障流域综合管理的贯彻实施。这些法律、法规包括《环境保护法》、《渔业法》、《河道管理条例》、《自然保护区条例》等，在此基础上探索出台《流域管理法》及其细则。

（4）加强流域计量、监测与监控体系，尽快普及流域水环境和水资源信息共享平台。

构建流域水文水量—水质—水生态以及污染源治理的管理现代化的信息平台，以方便政府、流域水域管理部门和社会公众获得足够的信息，保持通畅的信息渠道，促进水环境和水资源管理效率的提高并便利群众参与和监督。

（5）鼓励民众参与和监督。

保护民居的清洁饮用水，给予民众健康的水环境，提高人民的生活质量和身心健康是社会稳定和谐的基础。在流域、水域的开发与保护事业上，要给予民众充分的知情权、参与和监督的权利，流域委员会成员不但要有民众代表，在讨论重大事项时应允许民众公听，认真听取社会团体和有关水协会的意见。

参考文献

[1] 张杰，熊必永. 水健康循环理论与工程应用 [M]. 北京：中国建筑工程出版社，2004 年.

[2] 李冬. 水健康循环导论 [M]. 北京：中国建筑工程出版社，2009 年.

[3] 张杰，李冬. 城市水系统工程技术 [M]. 北京：中国建筑工程出版社，2009 年.

[4] 董辅祥，董欣东. 城市与工业节约用水理论 [M]. 北京：中国建筑工业出版社，2000.

[5] 国家环境保护总局. 2003 年中国环境状况公报 [N]. 2004.

[6] 国土资源部. 中国地质环境公报（2004 年度）[N]. 2005.

[7] 姜文来. 中国 21 世纪水资源安全对策研究 [J]. 水科学进展，2001，12（1）：68-71.

[8] 金儒霖. 污泥处置 [M]. 北京：中国建筑工业出版社，1988.

[9] 李汝燊. 自然地理统计资料 [M]. 北京：商务印书馆. 1984.

[10] 联合国环境规划署. 全球环境展望 3 [R]. 北京：中国环境科学出版社，2002.

[11] 刘昌明，何希吾. 中国 21 世纪水问题方略 [M]. 北京：科学出版社，1996.

[12] 刘更另. 水·水资源·农业节水 [J]. 中国工程科学，2000，2（7）：39-42.

[13] 刘玉林，周艳丽. 黄河流域水污染危害调查及结果分析 [J]. 水资源保护，2001，（4）：42-44.

[14] 伦斯，泽曼，莱廷格. 分散式污水处理和再利用 [M]. 北京：化学工业出版社，2004.

[15] 骆建华. 荷兰、德国的环境保护法制建设 [J]. 世界环境，2002，(1)：15-18.

[16] 钱正英，张光斗. 中国可持续发展水资源战略研究 [M]. 北京：中国水利水电出版社，2001.

[17] 上海气象志编纂委员会. 上海气象志 [G]. 上海：上海社会科学院出版社，1997.

[18] 深圳市水务局. 深圳市水资源公报 1999 [N]. 2000.

[19] 沈德中. 污染环境的生物修复 [M]. 北京：中国石化出版社，2003.

[20] 水利电力部水文局. 中国水资源评价 [M]. 北京：水利电力出版社，1987.

[21] 同济大学城市规划教研室. 中国城市建筑史 [M]. 北京：中国建筑工业出版社，1982.

[22] 王红瑞，肖扬，吴丽娜. 水环境生态价值的定量分析——以北京市为例 [J]. 北京师范大学学报（自然科学版），2002，38（6）：836-840.

[23] 王金南. 环境经济学 [M]. 北京：清华大学出版社，1993.

[24] 王琳，王宝贞. 分散式污水处理与回用 [M]. 北京：化学工业出版社，2003.

[25] 吴德滨. 试论节水概念与农业节水问题 [J]. 东北水利水电，2001，19（5）：33-34.

[26] 吴舜泽，夏青，刘鸿亮. 中国流域水污染分析 [J]. 环境科学与技术，2000（2）：1-6.

[27] 阿尔·戈尔. 濒临失衡的地球——生态与人类精神 [M]. 陈嘉映译. 北京：中央编译出版社，1997.

[28] 岸根卓郎. 环境论——人类最终的选择 [M]. 何鉴译. 南京：南京大学出版社，1999.

[29] 北京市地方志编纂委员会. 北京志·地质矿产·水利·气象卷·气象志 [G]. 北京：北京出版社，1999.

[30] 北京市地方志编纂委员会. 北京志·市政卷·供水志、供热志、燃气志 [G]. 北京：北京出版社，2002.

[31] 北京市统计局. 北京统计年鉴 2004 [G]. 北京：中国统计出版社，2004.

[32] 毕思文. 地球系统科学导论 [M]. 北京：科学出版社，2003.

[33] 陈大珂. 生态经济学引论 [M]. 哈尔滨：东北林业大学出版社，1995.

[34] 陈立民，吴人坚，戴星冀. 环境学原理 [M]. 北京：科学出版社，2003.

[35]　陈西庆. 跨国界流域、跨流域调水与我国南水北调的基本问题 [J]. 长江流域资源与环境，2000，9 (1)：92-97.

[36]　大连市环保局. 2002 年大连市环境状况公报 [N]. 2003.

[37]　戴镇生，张杰. 城市污水回用事业的展望 [J]. 给水排水技术动态，1992，(2)：25-27.

[38]　董保澍. 国内外城市生活垃圾处理概况及我国垃圾处理发展趋势 [J]. 冶金环境保护，2001，(3)：8-10.

[39]　国家环境保护总局. 2003 年中国环境状况公报 [N]. 2004.

[40]　国土资源部. 中国地质环境公报（2004 年度）[N]. 2005.

[41]　熊必永，张杰，李捷. 深圳特区城市中水道系统规划研究 [J]. 给水排水，2004，30 (2)：16-20.

[42]　杨立信. 国外调水工程 [M]. 北京：中国水利水电出版社，2003.

[43]　张杰，熊必永，李捷，等. 污水深度处理与水资源可持续利用 [J]. 给水排水，2003，29 (6)：29-32.

[44]　张杰，曹开朗. 城市污水深度处理与水资源可持续利用 [J]. 中国给水排水，2001，17 (3)：20-21.

[45]　张杰，熊必永，陈立学，等. 中国における健全な水環境および水循環への歩み [J]. Journal of Japan Sewage Works Association，2005，48 (2)：41-50.

[46]　张杰，熊必永. 创建城市水系统健康循环促进水资源可持续利用 [J]. 沈阳建筑工程学院学报（自然科学版），2004，20 (3)：43-45.

[47]　张杰，熊必永. 水环境恢复方略与水资源可持续利用 [J]. 中国水利 A，2003，(6)：13-15.

[48]　张杰，张富国. 提高城市污水再生水水质的研究 [J]. 中国给水排水，1997，13 (3)：19-21.

[49]　张杰，熊必永. 城市水系统健康循环的实施策略 [J]. 北京工业大学学报，2004，30 (02)：63-67.

[50]　张杰. 城市水资源、水环境与城市污水再生回用 [J]. 给水排水，1998，24 (8)：1-3.

[51]　李圭白，张杰. 水质工程学（第二版下册）[M]. 北京：中国建筑工业出版社，2013.

[52]　张杰. 我国水环境恢复与水环境学科 [J]. 北京工业大学学报，2002，28 (2)：178-183.

[53]　中国科学院学部长江三角洲经济与社会可持续发展咨询组. 长江三角洲经济与社会可持续发展若干问题咨询综合报告 [R]. 地球科学进展，1999，14 (1)：4-10.

[54]　张晶心. 城市污水再生与农业再用 [J]. 重庆环境科学，1994，16 (2)：35-37.

[55]　张汝翼，杨旭临. 黄河断流的历史回顾与简析 [J]. 人民黄河，1998，20 (10)：38-40.

[56]　张忠祥，钱易. 城市可持续发展与水污染防治对策 [M]. 北京：中国建筑工业出版社，1998.

[57]　中嶋规行. 雨水浸透施設の平常時水環境への効果について [J]. 水循環，2003，47：8-11.

[58]　中国建设部. 2003 年城市建设统计公报 [N]. 2004.

[59]　中国科学院学部长江三角洲经济与社会可持续发展咨询组. 长江三角洲经济与社会可持续发展若干问题咨询综合报告 [R]. 地球科学进展，1999，14 (1)：4-10.

[60]　中华人民共和国国家统计局. 中国统计年鉴 2003 [G]. 北京：中国统计出版社，2003.

[61]　中华人民共和国水利部. 2002 年中国水资源公报 [N]. 2003.

[62]　薛栋森. 美国污水污泥的研究和利用概况 [J]. 国外农业环境保护，1991，(1)：31-33.

[63]　杨立信. 国外调水工程 [M]. 北京：中国水利水电出版社，2003.

[64]　叶锦昭，卢如秀. 世界水资源概论 [M]. 北京：科学出版社，1993.

[65]　伊·普里戈金，伊·斯唐热. 从混沌到有序：人与自然的新对话 [M]. 曾庆宏，沈小峰译. 上海：上海译文出版社，2005.

[66]　张崇华. 中水道技术 [M]. 北京：中国环境科学出版社，1990.

[67]　王国荣，李正兆，张文中. 海绵城市理论及其在城市规划中的实践构想 [J]. 山西建筑，2014，

36：5-7.

[68]　张书函. 基于城市雨洪资源综合利用的"海绵城市"建设 [J]. 建设科技，2015，1：26-28.

[69]　张瑞光. 惠州市东江饮用水源保护河段的内河港口总体规划布局原则 [J]. 珠江水运，2015，1：80-81.

[70]　吴小伟，刘平. 扬州市饮用水水源保护及应急调度方案 [J]. 治淮，2015，1：37-38.

[71]　赵加祥. 加强水库水源保护的有效对策 [J]. 江西建材，2015，2：107.

[72]　仇保兴. 海绵城市（LID）的内涵、途径与展望 [J]. 建设科技，2015，1：11-18.

[73]　王文亮，李俊奇，王二松，等. 海绵城市建设要点简析 [J]. 建设科技，2015，1：19-21.

[74]　车伍，张鹍，赵杨. 我国排水防涝及海绵城市建设中若干问题分析 [J]. 建设科技，2015，01：22-25.

[75]　孙少轩. 加强目前水源保护促进饮水安全探析 [J]. 四川水泥，2015，2：260.

[76]　蒋建军. 对安康在汉江水源保护中的地位与发展思路创新的一点认识 [J]. 陕西水利，2015，01：7-10.

[77]　麻清雅. 汉滨区农村饮水水源保护存在问题与对策 [J]. 地下水，2015，1：95-96.

[78]　臧成. 我国城市饮用水水源保护法律的不足及完善 [J]. 环境研究与监测，2015，1：73-76.

[79]　王晨野，邢巧，岳平，等. 海南省饮用水水源保护环境绩效评估体系构建研究 [J]. 中国农村水利水电，2015，4：132-137.

[80]　郭书英. 加强水源保护保障流域供水安全 [J]. 海河水利，2015，2：13-14.

[81]　李琳，冯长春，王利伟. 生态敏感区村庄布局规划方法——以潍坊峡山水源保护地为例 [J]. 规划师，2015，4：117-122.

[82]　兰雯. 浅议柳州市农村供水工程水源保护 [J]. 广西水利水电，2015，2：90-92.

[83]　张维. 从水源保护到安全供水全程监管 [N]. 法制日报，2015-01-14（006）.

[84]　李想. 水污染防治法执法检查5月启动 [N]. 法制日报，2015-04-29（003）.

[85]　许爽. 湖南农村饮用水源保护与改善研究 [D]. 湖南：湖南农业大学，2013.

[86]　周天墨. 黑龙江省畜禽粪尿氮产污特征及适宜施用量估算 [D]. 北京：首都师范大学，2014.

[87]　刘锦原. 呼和浩特市城区饮用水地下水源保护与管理研究 [D]. 内蒙古：内蒙古大学，2013.

[88]　张戈跃. 美国社区饮用水源保护经验借鉴 [J]. 人民论坛，2013，35：252-253.

[89]　宋丹辉. 黑龙江望奎县秸秆能发电农民忙收钱——望奎县发展循环经济构建生态工业体系环保又增收 [J]. 当代农机，2013，12：13.

[90]　胡艳霞，周连第，魏长山，等. 北京水源保护地土壤重金属空间变异及污染特征 [J]. 土壤通报，2013，6：1483-1490.

[91]　杨林章，冯彦房，施卫明，等. 我国农业面源污染治理技术研究进展 [J]. 中国生态农业学报，2013，1：96-101.

[92]　冯淑怡，罗小娟，张丽军，等. 养殖企业畜禽粪尿处理方式选择、影响因素与适用政策工具分析——以太湖流域上游为例 [J]. 华中农业大学学报（社会科学版），2013，1：12-18.

[93]　董春兰，吴琼. 饮用水水源保护问题研究 [J]. 科技创新与应用，2013，6：117.

[94]　王奇，张志伟，王林. 京冀生态水源保护林建设成效与发展对策 [J]. 河北林业科技，2013，03：26-29.

[95]　庄丽贤. 新丰江水库水源保护与防治措施分析 [J]. 资源节约与环保，2013，7：151.

[96]　陆王烨. 公路环境影响评价在饮用水源保护中的应用探讨 [J]. 西部交通科技，2013，7：124-128.

[97]　文琛，谢林伸，方少曼. 深圳市饮用水保护实践与思考 [J]. 资源节约与环保，2013，8：76-77.

[98] 龚昌栋，项炳义. 珊溪水利枢纽水源保护行政执法体制探索 [J]. 中国水利，2013，19：21-23.

[99] 胡艳霞，周连第，魏长山，等. 水源保护地土壤养分空间变异特征及其影响因素分析 [J]. 土壤通报，2013，5：1184-1191.

[100] 胡吉敏. 沿海地区水资源承载力评价研究 [D]. 辽宁：大连理工大学，2008.

[101] 袁伟. 面向可持续发展的黑河流域水资源合理配置及其评价研究 [D]. 浙江：浙江大学，2009.

[102] 王勇. 流域政府间横向协调机制研究 [D]. 南京：南京大学，2008.

[103] 周早弘. 农业面源污染实证分析与政策选择 [D]. 南京：南京林业大学，2009.

[104] 杨志敏. 基于压力—状态—响应模型的三峡库区重庆段农业面源污染研究 [D]. 重庆：西南大学，2009.

[105] 王林秀. 清洁生产驱动因素及调控机制研究 [D]. 江苏：中国矿业大学，2009.

[106] 章茹. 流域综合管理之面源污染控制措施（BMPs）研究 [D]. 江西：南昌大学，2008.

[107] 丁恩俊. 三峡库区农业面源污染控制的土地利用优化途径研究 [D]. 重庆：西南大学，2010.

[108] 王俊安. 厌氧好氧除磷厌氧氨氧化脱氮城市污水再生全流程研究 [D]. 北京：北京工业大学，2010.

[109] 郭靖. 气候变化对流域水循环和水资源影响的研究 [D]. 湖北：武汉大学，2010.

[110] 刘芳. 流域水资源治理模式的比较制度分析 [D]. 浙江：浙江大学，2010.

[111] 董雯. 人类活动和气候变化对水文水资源的影响研究 [D]. 新疆：新疆大学，2010.

[112] 赵宝峰. 干旱区水资源特征及其合理开发模式研究 [D]. 陕西：长安大学，2010.

[113] 陈曦. 城市饮用水源保护与管理机制研究 [D]. 北京：中国地质大学，2010.

[114] 史长莹. 流域水资源可持续利用评价方法及其应用研究 [D]. 陕西：西安理工大学，2009.

[115] 余云军. 胶州湾流域与海岸带综合管理研究 [D]. 山东：中国海洋大学，2010.

[116] 何英. 干旱区典型流域水资源优化配置研究 [D]. 新疆：新疆农业大学，2010.

[117] 仕玉治. 气候变化及人类活动对流域水资源的影响及实例研究 [D]. 辽宁：大连理工大学，2011.

[118] 徐清泉. 深圳市污水再生回用的研究 [D]. 重庆：重庆大学，2004.

[119] 熊雁晖. 海河流域水资源承载能力及水生态系统服务功能的研究 [D]. 北京：清华大学，2004.

[120] 孙常磊. 西安城市雨水利用分区及不同下垫面雨水径流水质研究 [D]. 陕西：西安理工大学，2005.

[121] 石芝玲. 清洁生产理论与实践研究 [D]. 河北：河北工业大学，2005.

[122] 孙丽. 基于流域综合管理的区域经济发展模式研究 [D]. 江苏：河海大学，2006.

[123] 范红霞. 中国流域水资源管理体制研究 [D]. 湖北：武汉大学，2005.

[124] 沈连继. 饮用水源保护法律问题研究 [D]. 吉林：吉林大学，2005.

[125] 游春丽. 城市雨水利用可行性研究 [D]. 陕西：西安建筑科技大学，2006.

[126] 李莹. 饮用水地表水源保护及实例研究 [D]. 吉林：吉林大学，2006.

[127] 秦丽云. 淮河流域水资源可持续开发利用与环境经济的研究 [D]. 江苏：河海大学，2001.

[128] 王永胜. 关中抽渭灌区农田非点源污染及水源保护研究 [D]. 陕西：西安建筑科技大学，2001.

[129] 王增发. 中小流域水资源可持续开发利用规划的理论与模型研究——无定河流域水资源可持续开发利用规划实例 [D]. 陕西：西安理工大学，2001.

[130] 王宏江. 跨流域调水系统水资源综合管理研究 [D]. 江苏：河海大学，2003.

[131] 张丽. 基于生态的流域水资源承载能力研究 [D]. 江苏：河海大学，2004.

[132] 李梅. 城市污水再生回用系统分析及模拟预测 [D]. 陕西：西安建筑科技大学，2003.

[133] 仇付国. 城市污水再生利用健康风险评价理论与方法研究 [D]. 陕西：西安建筑科技大学，2004.

[134] 雷玉桃. 流域水资源管理制度研究 [D]. 湖北：华中农业大学，2004.

[135] 蒋以元. O₃-BAF 城市污水再生利用安全保障技术研究 [D]. 重庆：重庆大学，2004.

[136] 喻泽斌. 漓江流域水资源可持续利用研究 [D]. 重庆：重庆大学，2004.

[137] 马斌. 基于信息技术的渭河流域水资源管理研究 [D]. 陕西：西安理工大学，2005.

[138] 王友贞. 区域水资源承载力评价研究 [D]. 江苏：河海大学，2005.

[139] 武淑霞. 我国农村畜禽养殖业氮磷排放变化特征及其对农业面源污染的影响 [D]. 北京：中国农业科学院，2005.

[140] 秦永胜. 北京密云水库集水区水源保护林土壤侵蚀控制机理与模拟研究 [D]. 北京：北京林业大学，2001.

[141] 吕志轩. 农业清洁生产的经济学分析 [D]. 山东：山东农业大学，2005.

[142] 冯孝杰. 三峡库区农业面源污染环境经济分析 [D]. 重庆：西南大学，2005.

[143] 陈茂山. 海河流域水环境变迁与水资源承载力的历史研究 [D]. 北京：中国水利水电科学研究院，2005.

[144] 孙富行. 水资源承载力分析与应用 [D]. 江苏：河海大学，2006.

[145] 徐志嫱. 西北典型缺水城市污水再生利用系统优化与情景分析 [D]. 陕西：西安建筑科技大学，2005.

[146] 李艳红. 新疆艾比湖流域水资源承载力研究 [D]. 上海：华东师范大学，2006.

[147] 佟金萍. 基于 CAS 的流域水资源配置机制研究 [D]. 江苏：河海大学，2006.

[148] 罗清. 黄河流域水资源承载能力研究 [D]. 北京：中国水利水电科学研究院，2006.

[149] 耿福明. 区域水资源承载力分析及配置研究 [D]. 江苏：河海大学，2007.

[150] 夏忠. 考虑冲突、补偿和风险的水资源合理配置研究 [D]. 陕西：西安理工大学，2007.

[151] 杨进怀. 基于 3S 技术的流域农业水资源配置优化研究 [D]. 北京：北京林业大学，2007.

[152] 陆海曙. 基于博弈论的流域水资源利用冲突及初始水权分配研究 [D]. 江苏：河海大学，2007.

[153] 胡庆和. 流域水资源冲突集成管理研究 [D]. 江苏：河海大学，2007.

[154] 曲环. 农业面源污染控制的补偿理论与途径研究 [D]. 北京：中国农业科学院，2007.

[155] 粟晓玲. 石羊河流域面向生态的水资源合理配置理论与模型研究 [D]. 陕西：西北农林科技大学，2007.

[156] 李海鹏. 中国农业面源污染的经济分析与政策研究 [D]. 湖北：华中农业大学，2007.

[157] 白林. 四川养猪业清洁生产系统 LCA 及猪粪资源化利用关键技术研究 [D]. 四川：四川农业大学，2007.

[158] 李文生. 流域水资源承载力及水循环评价研究 [D]. 辽宁：大连理工大学，2008.

[159] 李海涛. 绿洲水资源利用情景模拟与绿洲生态安全 [D]. 北京：北京大学，2008.

[160] 乔西现. 江河流域水资源统一管理的理论与实践 [D]. 陕西：西安理工大学，2008.

[161] 陈志松，王慧敏，仇蕾，等. 流域水资源配置中的演化博弈分析 [J]. 中国管理科学，2008，6：176-183.

[162] 格日勒. 我国饮用水源保护的现状及立法建议 [J]. 资源与产业，2008，1：80-82.

[163] 李仰斌，张国华，谢崇宝. 我国饮用水源保护与监测相关法规和技术标准编制现状 [J]. 中国农村水利水电，2008，1：45-47.

[164] 王毅. 改革流域管理体制促进流域综合管理 [J]. 中国科学院院刊，2008，2：134-139.

[165] 刘东，王方浩，马林，等. 中国猪粪尿 NH₃ 排放因子的估算 [J]. 农业工程学报，2008，4：218-224.

[166] 陈宜瑜. 流域综合管理是我国河流管理改革和发展的必然趋势 [J]. 科技导报，2008，17：3.

[167] 马超德. 中国流域综合管理的战略思考 [J]. 科技导报，2008，18：100.

[168] 蓝楠. 国外饮用水源保护法律制度对我国的启示 [J]. 环保科技，2008，3：1-5.

[169] 秦明周，尚红霞，陈云增. 美国田纳西河流域资源综合管理研究 [J]. 人民黄河，2008，9：5-6.

[170] 王毅，王学军，于秀波，等. 推进流域综合管理的相关政策建议 [J]. 环境保护，2008，19：22-24.

[171] 余元君. 洞庭湖流域水资源综合管理构想 [J]. 湖南水利水电，2008，5：36-38.

[172] 马放，邱珊. 完善饮用水水源保护预警应急机制 [J]. 环境保护，2007，2：30-33.

[173] 陈鸿汉，刘明柱. 地下水饮用水源保护的分析及建议 [J]. 环境保护，2007，2：58-60.

[174] 蓝楠. 日本饮用水源保护法律调控的经验及启示 [J]. 环境保护，2007，2：72-74.

[175] 张凯，王润元，韩海涛，等. 黑河流域气候变化的水文水资源效应 [J]. 资源科学，2007，01：77-83.

[176] 王彦梅. 国内外城市雨水利用研究 [J]. 安徽农业科学，2007，8：2384-2385.

[177] 张永勇，夏军，王中根. 区域水资源承载力理论与方法探讨 [J]. 地理科学进展，2007，2：126-132.

[178] 王峰. 循环经济：构建绿色煤炭工业体系的必然选择 [J]. 经济研究导刊，2007，4：140-142.

[179] 袁瑛. 流域综合管理的国际经验 [J]. 商务周刊，2007，9：32-34.

[180] 熊必永，张杰. 节制用水：概念、内涵与措施 [J]. 中国科技信息，2007，13：22-23.

[181] 吴玉萍. 水环境与水资源流域综合管理体制研究 [J]. 河北法学，2007，7：119-123.

[182] 蓝楠. 中日饮用水源保护管理体制及法律制度对比分析 [J]. 武汉交通职业学院学报，2007，2：41-45.

[183] 张杰，李冬. 节制用水永续发展 [J]. 建设科技，2007，Z2：28-30.

[184] 刘东，马林，王方浩，等. 中国猪粪尿N产生量及其分布的研究 [J]. 农业环境科学学报，2007，04：1591-1595.

[185] 周筝. 国内外清洁生产进展现状综述 [J]. 能源与环境，2007，4：20-22.

[186] 蓝楠. 国外饮用水源保护管理体制对我国的启示 [J]. 中国环保产业，2007，9：58-62.

[187] 张书函，陈建刚，丁跃元. 城市雨水利用的基本形式与效益分析方法 [J]. 水利学报，2007，S1：399-403.

[188] 叶建春，贾更华，朱威. 加强太湖流域综合管理维护河湖健康生态 [J]. 人民长江，2007，11：1-3.

[189] 王克林，谢永宏. 洞庭湖流域综合管理现状与战略研究 [J]. 农业现代化研究，2007，6：673-676.

[190] 栾玉泉，谢宝川. 洱海流域环境保护和综合管理 [J]. 大理学院学报，2007，12：38-40.

[191] 董蕾，车伍，李海燕，等. 我国部分城市的雨水利用规划现状及存在问题 [J]. 中国给水排水，2007，22：1-5.

[192] 杨爱玲，朱颜明. 城市地表饮用水源保护研究进展 [J]. 地理科学，2000，1：72-77.

[193] 许珂. 环境友好型社会下我国饮用水源保护法律问题研究 [D]. 重庆：重庆大学，2007.

[194] 朱静静. 清洁生产在电镀行业中的应用 [D]. 浙江：浙江大学，2008.

[195] 常德政. 河流型饮用水水源保护研究 [D]. 甘肃：兰州大学，2008.

[196] 马传苹. 污水再生利用的健康风险分析 [D]. 天津：天津大学，2007.

[197] 张翔鹏. 中国流域综合管理法律制度研究 [D]. 北京：中国地质大学（北京），2009.

[198] 侯蓓丽. 论我国饮用水水源保护管理体制立法及其完善 [D]. 北京：中国政法大学，2009.

[199] 贾希征. 淄博市萌山水库水源保护与利用研究 [D]. 北京：中国农业科学院，2009.

[200] 赵路. 黄淮海地区畜禽粪尿氮素资源利用及其环境效应研究 [D]. 河北：河北农业大学，2009.

[201] 何明月. 北京密云水库集水区水源保护林近自然分析与经营模式 [D]. 北京：北京林业大学，

2009.

[202]　张戈跃. 我国农村饮用水源保护法律制度研究 [D]. 北京：中国政法大学, 2010.

[203]　王丽丽. 模糊数学法结合层次分析法用于清洁生产潜力评估研究 [D]. 重庆：重庆大学, 2010.

[204]　龚建周, 夏北成, 郜风江. 广州市饮用水源保护地土地利用格局与水安全 [J]. 资源科学, 2009, 1：101-109.

[205]　王毅. 探索中国推进流域综合管理的发展路线图 [J]. 人民长江, 2009, 8：8-10.

[206]　马超德. 实施流域综合管理维护中国河流健康 [J]. 人民长江, 2009, 8：5-7.

[207]　L. S. 安德森, 杨国炜. 中国流域综合管理可行框架的近期进展 [J]. 人民长江, 2009, 8：63-65.

[208]　刘宗平, 马正耀, 李育鸿, 等. 基于需求考虑的流域尺度水资源评价与综合管理规划系统——石羊河流域 WEAP 模型应用研究 [J]. 水利水电技术, 2009, 4：5-9.

[209]　宋蕾. 流域综合管理中生态补偿制度的法律分析 [J]. 环境科学与技术, 2009, 9：182-186.

[210]　庞靖鹏, 张旺, 王海锋. 对流域综合管理和水资源综合管理概念的探讨 [J]. 中国水利, 2009, 15：21-23.

[211]　王思思. 国外城市雨水利用的进展 [J]. 城市问题, 2009, 10：79-84.

[212]　何安琪, 何苗, 施汉昌. 城市污水再生回用于景观水体水质安全保障技术 [J]. 环境工程, 2006, 1：22-23.

[213]　崔键, 马友华, 赵艳萍, 等. 农业面源污染的特性及防治对策 [J]. 中国农学通报, 2006, 1：335-340.

[214]　刘隽, 纪洪盛. 汉江流域水环境综合管理 [J]. 环境科学与技术, 2006, 3：64-65.

[215]　全新峰, 张克峰, 李秀芝. 国内外城市雨水利用现状及趋势 [J]. 能源与环境, 2006, 1：19-21.

[216]　李永贵, 刘大根, 刘振国, 等. 密云水库周边水土保持与水源保护探讨 [J]. 中国水土保持科学, 2006, 2：13-17.

[217]　许进. 循环经济的核心：创建生态工业体系 [J]. 广东经济, 2006, 1：51-54.

[218]　胡振鹏. 鄱阳湖流域综合管理的探索 [J]. 气象与减灾研究, 2006, 2：1-7.

[219]　何劲. 关于企业清洁生产研究的文献综述 [J]. 科技进步与对策, 2006, 6：178-180.

[220]　马林, 王方浩, 马文奇, 等. 中国东北地区中长期畜禽粪尿资源与污染潜势估算 [J]. 农业工程学报, 2006, 8：170-174.

[221]　贾仰文, 王浩, 仇亚琴, 等. 基于流域水循环模型的广义水资源评价（Ⅰ）——评价方法 [J]. 水利学报, 2006, 9：1051-1055.

[222]　封志明, 刘登伟. 京津冀地区水资源供需平衡及其水资源承载力 [J]. 自然资源学报, 2006, 5：689-699.

[223]　蓝楠. 中外饮用水源保护法律制度比较 [J]. 国土资源, 2006, 11：62-64.

[224]　何浩然, 张林秀, 李强. 农民施肥行为及农业面源污染研究 [J]. 农业技术经济, 2006, 6：2-10.

[225]　车越, 吴阿娜, 杨凯. 纽约对城市饮用水源保护的实践及其借鉴 [J]. 中国给水排水, 2006, 20：5-8.

[226]　夏军, 张永勇, 王中根, 等. 城市化地区水资源承载力研究 [J]. 水利学报, 2006, 12：1482-1488.

[227]　柴世伟, 裴晓梅, 张亚雷, 等. 农业面源污染及其控制技术研究 [J]. 水土保持学报, 2006, 6：192-195.

[228]　张天柱. 从清洁生产到循环经济 [J]. 中国人口. 资源与环境, 2006, 6：169-174.

[229]　张育红. 中国推行清洁生产的现状与对策研究 [J]. 污染防治技术, 2006, 3：75-77.

[230]　潘芳. 城市污水再生利用现状及发展对策 [J]. 污染防治技术, 2006, 6：31-33.

［231］ 张显云. 农村饮用水源保护法律问题研究 ［D］. 重庆：重庆大学，2009.

［232］ 贾冬梅. 造纸企业清洁生产实践研究 ［D］. 辽宁：大连理工大学，2009.

［233］ 黄剑威. 河流岸线资源管理及其对流域综合管理（IRBM）的作用 ［D］. 广东：华南理工大学，2010.

［234］ 段宁. 清洁生产、生态工业和循环经济 ［J］. 环境科学研究，2001，6：1-4.

［235］ 惠泱河，蒋晓辉，黄强，等. 水资源承载力评价指标体系研究 ［J］. 水土保持通报，2001，1：30-34.

［236］ 秦永胜，余新晓，陈丽华，等. 北京密云水库流域水源保护林区径流空间尺度效应的研究 ［J］. 生态学报，2001，6：913-918.

［237］ 何大伟，陈静生，颜廷真. 我国大河流域水资源与水环境综合管理模式探讨：机构、法律、制度 ［J］. 科技导报，2001，1：44-47.

［238］ 侯国祥，翁立达，张勇传，等. 数字流域技术与流域水环境综合管理 ［J］. 水电能源科学，2001，3：26-29.

［239］ 刘佳骏，董锁成，李泽红. 中国水资源承载力综合评价研究 ［J］. 自然资源学报，2011，2：258-269.

［240］ 王小刚，郭纯青，田西昭，等. 广西南流江流域水环境现状及综合管理 ［J］. 安徽农业科学，2011，5：2894-2895.

［241］ 王云琦，齐实，孙阁，等. 气候与土地利用变化对流域水资源的影响——以美国北卡罗来纳州 Trent 流域为例 ［J］. 水科学进展，2011，1：51-58.

［242］ 普书贞，吴文良，陈淑峰，等. 中国流域水资源生态补偿的法律问题与对策 ［J］. 中国人口. 资源与环境，2011，2：66-72.

［243］ 徐永田. 水源保护中生态补偿方式研究 ［J］. 中国水利，2011，8：28-30.

［244］ 姜伟立，吴海锁，蒋永伟，等. 江苏省流域水环境综合管理监控预警体系构建 ［J］. 环境监控与预警，2011，3：1-4.

［245］ 葛继红，周曙东. 农业面源污染的经济影响因素分析——基于 1978～2009 年的江苏省数据 ［J］. 中国农村经济，2011，5：72-81.

［246］ 饶静，许翔宇，纪晓婷. 我国农业面源污染现状、发生机制和对策研究 ［J］. 农业经济问题，2011，8：81-87.

［247］ 董淑秋，韩志刚. 基于"生态海绵城市"构建的雨水利用规划研究 ［J］. 城市发展研究，2011，12：37-41.

［248］ 杨锐，王丽蓉. 雨水花园：雨水利用的景观策略 ［J］. 城市问题，2011，12：51-55.

［249］ 段春青，刘昌明，陈晓楠，等. 区域水资源承载力概念及研究方法的探讨 ［J］. 地理学报，2010，1：82-90.

［250］ 闫丽珍，石敏俊，王磊. 太湖流域农业面源污染及控制研究进展 ［J］. 中国人口. 资源与环境，2010，1：99-107.

［251］ 姜群鸥，邓祥征，战金艳，等. 锡林河流域综合管理信息系统研发与应用 ［J］. 生态学杂志，2010，1：157-164.

［252］ 夏智宏，周月华，许红梅. 基于 SWAT 模型的汉江流域水资源对气候变化的响应 ［J］. 长江流域资源与环境，2010，2：158-163.

［253］ 胡洪营，吴乾元，黄晶晶，等. 国家"水专项"研究课题——城市污水再生利用面临的重要科学问题与技术需求 ［J］. 建设科技，2010，3：33-35.

［254］ 苗慧英，李京善，赵莉花，等. 浅谈海河流域水资源与水环境综合管理规划的特点 ［J］. 南水北调与水利科技，2010，1：110-112.

[255] 钟玉秀，刘洪先，姚宛艳. 海河流域水资源与水环境综合管理的政策思考 [J]. 中国水利，2010，3：15-18.

[256] 赵永宏，邓祥征，战金艳，等. 我国农业面源污染的现状与控制技术研究 [J]. 安徽农业科学，2010，5：2548-2552.

[257] 韩龙，秦华鹏，鲁南，等. 基于数字流域的水质综合管理决策支持系统——以深圳石岩水库流域为例 [J]. 环境科学与技术，2010，5：196-201.

[258] 梁流涛，冯淑怡，曲福田. 农业面源污染形成机制：理论与实证 [J]. 中国人口. 资源与环境，2010，4：74-80.

[259] 李秀芬，朱金兆，顾晓君，等. 农业面源污染现状与防治进展 [J]. 中国人口. 资源与环境，2010，4：81-84.

[260] 陈洁敏，赵九洲，柳根水，等. 北美五大湖流域综合管理的经验与启示 [J]. 湿地科学，2010，2：189-192.

[261] 杜鹏，傅涛. 流域综合管理研究述评 [J]. 水资源保护，2010，03：68-72.

[262] 陈鹏，张春晖，白凯. 水源保护地旅游业发展中利益相关者的合作博弈机制 [J]. 统计与信息论坛，2010，9：69-74.

[263] 张锦娟，叶碎高，徐晓红. 基于水源保护的生态清洁小流域建设措施体系研究 [J]. 水土保持通报，2010，5：237-240.

[264] 王显政. 发展循环经济促进节能减排努力构建清洁高效的新型煤炭工业体系 [J]. 中国煤炭工业，2010，8：4-6.

[265] 孙晓峰，李键，李晓鹏. 中国清洁生产现状及发展趋势探析 [J]. 环境科学与管理，2010，11：185-188.

[266] 龙腾锐，姜文超，何强. 水资源承载力内涵的新认识 [J]. 水利学报，2004，1：38-45.

[267] 魏东斌，胡洪营. 污水再生回用的水质安全指标体系 [J]. 中国给水排水，2004，1：36-39.

[268] 王浩，王建华，秦大庸. 流域水资源合理配置的研究进展与发展方向 [J]. 水科学进展，2004，01：123-128.

[269] 包晓斌. 中国流域环境综合管理 [J]. 中国农村经济，2004，1：50-55.

[270] 李恒鹏，陈雯，刘晓玫. 流域综合管理方法与技术 [J]. 湖泊科学，2004，1：85-90.

[271] 周军，王佳伟，应启锋，等. 城市污水再生利用现状分析 [J]. 给水排水，2004，2：12-17.

[272] 王洪波，李梅. 济南市节制用水与污水回用 [J]. 节能与环保，2004，6：29-30.

[273] 张维理，武淑霞，冀宏杰，等. 中国农业面源污染形势估计及控制对策 I. 21 世纪初期中国农业面源污染的形势估计 [J]. 中国农业科学，2004，7：1008-1017.

[274] 张维理，冀宏杰，KolbeH.，等. 中国农业面源污染形势估计及控制对策 II. 欧美国家农业面源污染状况及控制 [J]. 中国农业科学，2004，7：1018-1025.

[275] 张维理，徐爱国，冀宏杰，等. 中国农业面源污染形势估计及控制对策 III. 中国农业面源污染控制中存在问题分析 [J]. 中国农业科学，2004，7：1026-1033.

[276] 杨玉川，张征，李培，等. 流域水资源与水环境综合管理发展现状及存在问题 [J]. 中国环境管理丛书，2004，1：28-30.

[277] 秦永胜，刘松，余新晓，等. 华北土石山区水源保护林小流域土壤侵蚀过程的模拟研究 [J]. 土壤学报，2004，6：864-869.

[278] 陈亚宁，徐宗学. 全球气候变化对新疆塔里木河流域水资源的可能性影响 [J]. 中国科学（D辑：地球科学），2004，11：1047-1053.

[279] 刘建昌，张珞平，陈伟琪，等. 基于农业非点源污染控制的流域综合管理对策 [J]. 生态经济，2004，12：45-49.

[280] 张杰，李碧清. 城市节制用水的理论与方法 [J]. 城市环境与城市生态，2003，4：1-3.

[281] 仇付国，王晓昌. 污水再生利用的健康风险评价方法 [J]. 环境污染与防治，2003，1：49-51.

[282] 杨再鹏，陈殿英，刘建新，等. 清洁生产技术和清洁生产 [J]. 化工环保，2003，6：356-361.

[283] 张付超. 有机酸配比及添加水平对陕北白绒山羊生产性能和粪尿及甲烷排放的影响 [D]. 陕西：西北农林科技大学，2014.

[284] 杨胜娜. 秦皇岛市节制用水规划及其实施策略研究 [D]. 河北：河北农业大学，2014.

[285] 王浩，秦大庸，王建华. 流域水资源规划的系统观与方法论 [J]. 水利学报，2002，8：1-6.

[286] 全为民，严力蛟. 农业面源污染对水体富营养化的影响及其防治措施 [J]. 生态学报，2002，3：291-299.

[287] 夏军，朱一中. 水资源安全的度量：水资源承载力的研究与挑战 [J]. 自然资源学报，2002，3：262-269.

[288] 丁跃元. 德国的雨水利用技术 [J]. 北京水利，2002，6：38-40.

[289] 李俊奇，车武. 德国城市雨水利用技术考察分析 [J]. 城市环境与城市生态，2002，1：47-49.

[290] 车武，李俊奇，章北平，等. 生态住宅小区雨水利用与水景观系统案例分析 [J]. 城市环境与城市生态，2002，5：34-36.

[291] 张欧阳，张红武. 数字流域及其在流域综合管理中的应用 [J]. 地理科学进展，2002，1：66-72.

[292] 朱一中，夏军，谈戈. 关于水资源承载力理论与方法的研究 [J]. 地理科学进展，2002，2：180-188.

[293] 叶雯，刘美南. 我国城市污水再生利用的现状与对策 [J]. 中国给水排水，2002，12：31-33.

[294] 王浩，贾仰文，王建华，等. 人类活动影响下的黄河流域水资源演化规律初探 [J]. 自然资源学报，2005，2：157-162.

[295] 李立伟. 优化产业链条构建生态工业体系——孝义市发展循环经济的调查与思考 [J]. 再生资源研究，2005，02：13-14.

[296] 杨再鹏，孙杰，徐怡珊. 清洁生产与循环经济 [J]. 化工环保，2005，2：160-164.

[297] 杨桂山，于秀波. 国外流域综合管理的实践经验 [J]. 中国水利，2005，10：59-61.

[298] 周大杰，董文娟，孙丽英，等. 流域水资源管理中的生态补偿问题研究 [J]. 北京师范大学学报（社会科学版），2005，4：131-135.

[299] 程波，张泽，陈凌，等. 太湖水体富营养化与流域农业面源污染的控制 [J]. 农业环境科学学报，2005，S1：118-124.

[300] 萧木华. 长江流域综合管理模式研究 [J]. 人民长江，2005，10：20-22.

[301] 王友贞，施国庆，王德胜. 区域水资源承载力评价指标体系的研究 [J]. 自然资源学报，2005，4：597-604.

[302] 柳长顺，陈献，刘昌明，等. 国外流域水资源配置模型研究进展 [J]. 河海大学学报（自然科学版），2005，5：522-524.

[303] 高长明. 加快发展循环经济构建节约型水泥工业体系——兼析我国水泥工业的"三高"问题 [J]. 中国建材，2005，12：33-35.

[304] 王慧敏，佟金萍，马小平，等. 基于 CAS 范式的流域水资源配置与管理及建模仿真 [J]. 系统工程理论与实践，2005，12：118-124.

[305] 衷平，沈珍瑶，杨志峰，等. 石羊河流域水资源短缺风险敏感因子的确定 [J]. 干旱区资源与环境，2005，2：81-86.

[306] 陈西庆，陈进. 长江流域的水资源配置与水资源综合管理 [J]. 长江流域资源与环境，2005，2：163-167.

[307] 梁岩峰. 发展循环经济构筑新型工业体系 [J]. 四川党的建设（城市版），2005，3：15.

[308] 王婷婷，曹韬. 流域综合管理的现状及目标模式探讨 [J]. 广东水利水电，2005，2：1-2.

[309] 兆良，孙波，杨林章，等. 我国农业面源污染的控制政策和措施 [J]. 科技导报，2005，4：47-51.

[310] 陈荣. 城市污水再生利用系统的构建理论与方法 [D]. 陕西：西安建筑科技大学，2011.

[311] 郭承录. 石羊河流域综合管理策略研究 [D]. 甘肃：甘肃农业大学，2009.

[312] 葛继红. 江苏省农业面源污染及治理的经济学研究 [D]. 江苏：南京农业大学，2011.

[313] 张志宗. 清洁生产效益综合评价方法研究 [D]. 上海：东华大学，2011.

[314] 邓小云. 农业面源污染防治法律制度研究 [D]. 山东：中国海洋大学，2012.

[315] 刘世强. 水资源二级产权设置与流域生态补偿研究 [D]. 江西：江西财经大学，2012.

[316] 董李勤. 气候变化对嫩江流域湿地水文水资源的影响及适应对策 [D]. 北京：中国科学院研究生院（东北地理与农业生态研究所），2013.

[317] 贺红武，莫文妍. 清洁生产的一般方法和国内外典型绿色工艺 [J]. 中国农药，2007，1：37-40.

[318] 两种重要的污水再生技术——膜生物反应器（MBR）与连续膜过滤（CMF）技术介绍 [J]. 深圳土木与建筑，2006，1：59.

[319] 曾兆华，万继伟. 清洁生产与可持续发展 [J]. 泰州科技，2007，5：24-27.

[320] 郭有安，余守龙. ArcGis3D及空间分析技术在龙川江流域水资源分析评价中应用 [J]. 水资源研究，2006，3：13-14.

[321] 王伟，叶闽，张建新. 城市生态小区雨水利用研究 [J]. 给水排水动态，2006，1：13-15.

[322] 日本雨水利用技术 [J]. 给水排水动态，2006，1：18.

[323] 德国的雨水利用技术 [J]. 给水排水动态，2006，1：18-19.

[324] 李硕. 基于雨水利用的城市道路绿地景观设计研究 [D]. 黑龙江：东北林业大学，2012.

[325] 王中华. 城市污水再生回用优化研究 [D]. 安徽：合肥工业大学，2012.

[326] 赵芳. 绿色建筑与小区低影响开发雨水利用技术研究 [D]. 重庆：重庆大学，2012.

[327] 王丽娜. 城市污水再生用于地下水回灌及健康风险评价 [D]. 黑龙江：哈尔滨工业大学，2006.

[328] 钱世通. 废纸造纸企业清洁生产及废水循环回用研究 [D]. 重庆：重庆大学，2006.

[329] 朱龙基. 电镀清洁生产研究 [D]. 山东：山东大学，2007.

[330] 王大乐. 城市园林绿地中雨水利用的景观化探讨 [D]. 北京：北京林业大学，2007.

[331] 赵串串. 分布式水文模型在渭河流域水资源综合管理中的应用研究 [D]. 陕西：西安建筑科技大学，2007.

[332] 黄亚伟. 西安市城市雨水利用可行性与技术方案研究 [D]. 陕西：西安建筑科技大学，2006.

[333] 牛秋雅. 砷污染治理及砷资源回收利用的清洁生产新技术研究 [D]. 湖南：湖南大学，2001.

[334] 王海政. 水资源大系统多目标风险型群决策研究 [D]. 河南：郑州大学，2002.

[335] 刘小英. 城市污水再生回用费用模型与成本分析 [D]. 陕西：西安建筑科技大学，2003.

[336] 叶茂. 城市污水再生利用的病原微生物风险分析 [D]. 陕西：西安建筑科技大学，2004.

[337] 巴奇. 化工行业清洁生产管理研究 [D]. 吉林：吉林大学，2004.

[338] 张晶. 城市雨水利用与城市水环境改善的研究 [D]. 辽宁：大连理工大学，2004.

[339] 田亚峥. 运用生命周期评价方法实现清洁生产 [D]. 重庆：重庆大学，2003.

[340] 孙彩霞. 清洁生产审核评价方法研究与应用 [D]. 浙江：浙江大学，2004.

[341] 李建华. 畜禽养殖业的清洁生产与污染防治对策研究 [D]. 浙江：浙江大学，2004.

[342] 侯良. 望奎"加粗"循环经济链构建生态工业体系 [N]. 绥化日报，2013-11-22（002）.

[343] 王金莲. 探索城区雨水循环利用新途径 [N]. 黄河报，2014-04-17（003）.

[344] 程严. 德国的雨水循环经济 [N]. 人民政协报，2014-07-24（009）.

[345] 汪瑛. 建设循环型工业体系做发展循环经济排头兵 [N]. 商洛日报，2014-11-18（006）.

259

[346] 马顺龙. 凉州区着力构建循环经济工业体系 [N]. 甘肃日报, 2005-08-18 (001).

[347] 卢吉平, 吴梦寒. 打造完备的循环型工业体系 [N]. 甘肃日报, 2010-01-29 (003).

[348] 黄宏平. 治理城市"内涝"京沪探路雨水循环利用 [N]. 中国高新技术产业导报, 2012-08-20 (001).

[349] 钟啸. 南粤探路小区雨水循环 [N]. 南方日报, 2012-07-06 (A17).

[350] 薛倩. 温室雨水循环处理案例解析 [N]. 中国花卉报, 2012-11-17 (003).

[351] 周万. 新区着力构建循环发展工业体系 [N]. 河北日报, 2012-11-29 (011).

[352] 章迪思. 上海温室科技落户西沙群岛 [N]. 解放日报, 2007-08-21 (006).

[353] 吴丹, 王亚华. 中国七大流域水资源综合管理绩效动态评价 [J]. 长江流域资源与环境, 2014, 1: 32-38.

[354] 苏义敬, 王思思, 车伍, 等. 基于"海绵城市"理念的下沉式绿地优化设计 [J]. 南方建筑, 2014, 3: 39-43.

[355] 张旺, 庞靖鹏. 海绵城市建设应作为新时期城市治水的重要内容 [J]. 水利发展研究, 2014, 9: 5-7.

[356] 徐克强. 扎扎实实推进循环经济发展 [N]. 经济日报, 2010-10-12 (012).

[357] 岳艳美. 培育新兴产业构建有地区特色的工业体系 [N]. 西部法制报, 2008-02-16 (006).

[358] 王欣. 苏州发展循环经济开花结果 [N]. 中国环境报, 2008-04-29 (004).

[359] 常俊杰, 李彬. 基于循环经济的古交生态工业体系研究 [J]. 煤炭经济管理新论, 2004, 257-261.

[360] 赵红. 以循环经济带动节约型工业体系发展的对策建议 [A]. 中共沈阳市委员会、沈阳市人民政府. 科技创新与产业发展 (B卷)——第七届沈阳科学学术年会暨浑南高新技术产业发展论坛文集 [C]. 中共沈阳市委员会、沈阳市人民政府, 2010: 4.

[361] 常俊杰, 李彬. 基于循环经济的古交生态工业体系研究 [A]. 中国煤炭学会. 第五届中国煤炭经济管理论坛暨 2004 年中国煤炭学会经济管理专业委员会年会论文集 [C]. 中国煤炭学会, 2004: 5.

[362] 常俊杰, 李彬. 基于循环经济的古交生态工业体系研究 [J]. 煤炭经济管理新论, 2004, 00: 257-261.

[363] 刘选武. 用循环经济理念建设建材工业体系 [N]. 安徽日报, 2005-08-18 (A02).

[364] 黄海. 泰达唱响生态工业 [N]. 天津日报, 2004-03-19.

[365] 张胜武, 石培基, 王祖静. 干旱区内陆河流域城镇化与水资源环境系统耦合分析——以石羊河流域为例 [J]. 经济地理, 2012, 8: 142-148.

[366] 宋永会, 沈海滨. 莱茵河流域综合管理成功经验的启示 [J]. 世界环境, 2012, 4: 25-27.

[367] 袁文洁. 水质水量关系分析与综合管理 [D]. 山西: 山西大学, 2012.

[368] 马中, 陈红枫. 运用经济手段推进我国流域综合管理 [J]. 绿叶, 2007, 7: 24-25.

[369] Selvaratnam, T., et al. Feasibility of algal systems for sustainable wastewater treatment [J]. Renewable Energy, 2015, 82: 71-76.

[370] Visa, M., L. Isac and A. Duta. New fly ash TiO_2 composite for the sustainable treatment of wastewater with complex pollutants load [J]. Applied Surface Science, 2015, 339: 62-68.

[371] Wu, Y., et al. Microalgal species for sustainable biomass/lipid production using wastewater as resource: A review [J]. Renewable and Sustainable Energy Reviews, 2014, 33: 675-688.

[372] Rehan, R., et al, Financially sustainable management strategies for urban wastewater collection infrastructure-development of a system dynamics model [J]. Tunnelling and Underground Space Technology, 2014, 39: 116-129.

[373] Cuppens, A. , I. Smets and G. Wyseure. Identifying sustainable rehabilitation strategies for urban wastewater systems: Aretrospective and interdisciplinary approach. Case study of Coronel Oviedo, Paraguay [J]. Journal of Environmental Management, 2013, 114: 423-432.

[374] Setiawati, E. , et al. Infrastructure Development Strategy for Sustainable Wastewater System by using SEM Method (Case Study Setiabudi and Tebet Districts, South Jakarta) [J]. Procedia Environmental Sciences, 2013, 17: 685-692.

[375] Chen, Q. , et al. Aerated visible-light responsive photocatalytic fuel cell for wastewater treatment with producing sustainable electricity in neutral solution [J]. Chemical Engineering Journal, 2014, 252: 89-94.

[376] Rashidi, H. , et al. Application of wastewater treatment in sustainable design of green built environments: A review [J]. Renewable and Sustainable Energy Reviews, 2015, 49: 845-856.

[377] Malik, O. A. , et al. A global indicator of wastewater treatment to inform the Sustainable Development Goals (SDGs) [J]. Environmental Science & Policy, 2015, 48: 172-185.

[378] Qin, X. , C. Sun and W. Zou. Quantitative models for assessing the human-ocean system's sustainable development in coastal cities: The perspective of metabolic-recycling in the Bohai Sea Ring Area, China [J]. Ocean & Coastal Management, 2015, 107: 46-58.

[379] Puchongkawarin, C. , et al. Optimization-based methodology for the development of wastewater facilities for energy and nutrient recovery [J]. Chemosphere, 2015, 140: 150-158.

[380] Ravago, M. V. A. M. Balisacan and U. Chakravorty, Chapter 1-The Principles and Practice of Sustainable Economic Development: Overview and Synthesis, in Sustainable Economic Development, A. M. Balisacan, U. Chakravorty and M. V. Ravago, A. M. Balisacan, U. Chakravorty and M. V. Ravago Editors. 2015, Academic Press: San Diego. 3-10.

[381] Bercu, A. The Sustainable Local Development in Romania-Key Issues for Heritage Sector [J]. Procedia-Social and Behavioral Sciences, 2015, 188: 144-150.

[382] Yu, R. , et al. Dynamic control of disinfection for wastewater reuse applying ORP/pHmonitoring and artificial neural networks [J]. Resources, Conservation and Recycling, 2008, 52 (8-9): 1015-1021.

[383] Cheng, S. , et al. The Characteristics of Taiwan Domestic Wastewater Sludge and the Feasibility of Reusing for Growing Edible Crops [J]. AASRI Procedia, 2012, 3: 307-312.

[384] Li, N. , X. Lu and S. Zhang. A novel reuse method for waste printed circuit boards as catalyst for wastewater bearing pyridine degradation [J]. Chemical Engineering Journal, 2014, 257: 253-261.

[385] Ferro, G. , et al. Urban wastewater disinfection for agricultural reuse: effect of solar driven AOPs in the inactivation of a multidrug resistant E. coli strain [J]. Applied Catalysis B: Environmental, 2015, 178: 65-73.

[386] Jin, X. , et al. Coking wastewater treatment for industrial reuse purpose: Combining biological processes with ultrafiltration, nanofiltration and reverse osmosis [J]. Journal of Environmental Sciences, 2013, 25 (8): 1565-1574.

[387] Cristóv O, R. O. , et al. Fish canning industry wastewater treatment for water reuse-a case study [J]. Journal of Cleaner Production, 2015, 87: 603-612.

[388] Arévalo, J. , et al. Wastewater reuse after treatment by tertiary ultrafiltration and a membrane bioreactor (MBR): a comparative study [J]. Desalination, 2009, 243 (1-3): 32-41.

[389] Tang, F. , et al. Effects of chemical agent injections on genotoxicity of wastewater in a microfiltra-

tion-reverse osmosis membrane process for wastewater reuse [J]. Journal of Hazardous Materials, 2013, 260: 231-237.

[390] Bhattacharya, P. S. Ghosh and A. Mukhopadhyay, Efficiency of combined ceramic microfiltration and biosorbent based treatment of high organic loading composite wastewater: An approach for agricultural reuse [J]. Journal of Environmental Chemical Engineering, 2013, 1 (1-2): 38-49.

[391] de Gois, E. H. B. C. A. S. Rios and R. N. Costanzi, Evaluation of water conservation and reuse: a case study of a shopping mall in southern Brazil [J]. Journal of Cleaner Production, 2015, 96: 263-271.

[392] Al-Jasser, A. O. Saudi wastewater reuse standards for agricultural irrigation: Riyadh treatment plants effluent compliance [J]. Journal of King Saud University-Engineering Sciences, 2011, 23 (1): 1-8.

[393] Morari, F. and L. Giardini. Municipal wastewater treatment with vertical flow constructed wetlands for irrigation reuse [J]. Ecological Engineering, 2009, 35 (5): 643-653.

[394] Prazeres, A. R. , et al. Pretreated cheese whey wastewater management by agricultural reuse: Chemical characterization and response of tomato plants Lycopersicon esculentum Mill. under salinity conditions [J]. Science of The Total Environment, 2013, 463-464: 943-951.

[395] Kihila, J. K. M. Mtei and K. N. Njau, Wastewater treatment for reuse in urban agriculture: the case of Moshi Municipality, Tanzania [J]. Physics and Chemistry of the Earth, Parts A/B/C, 2014, 72-75: 104-110.

[396] Matos, C. , et al. Wastewater and grey water reuse on irrigation in centralized and decentralized systems-An integrated approach on water quality, energy consumption and CO_2 emissions [J]. Science of The Total Environment, 2014, 493: 463-471.

[397] Guo, T. and J. D. Englehardt, Principles for scaling of distributed direct potable water reuse systems: A modeling study [J]. Water Research, 2015, 75: 146-163.

[398] Meneses, M. J. C. Pasqualino and F. Castells, Environmental assessment of urban wastewater-reuse: Treatment alternatives and applications [J]. Chemosphere, 2010, 81 (2): 266-272.

[399] Barbosa, B. , et al. Wastewater reuse for fiber crops cultivation as a strategy to mitigate desertification [J]. Industrial Crops and Products, 2015, 68: 17-23.

[400] Bdour, A. N. M. R. Hamdi and Z. Tarawneh, Perspectives on sustainable wastewater treatment technologies and reuse options in the urban areas of the Mediterranean region [J]. Desalination, 2009, 237 (14-3): 162-174.

[401] K Ck-Schulmeyer, M. , et al. Wastewater reuse in Mediterranean semi-arid areas: The impact of discharges of tertiary treated sewage on the load of polar micro pollutants in the Llobregat river (NE Spain) [J]. Chemosphere, 2011, 82 (5): 670-678.

[402] Ayaz, S. , et al. Effluent quality and reuse potential of domestic wastewater treated in a pilot-scale hybrid constructed wetland system [J]. Journal of Environmental Management, 2015, 156: 115-120.

[403] Shin, C. and J. Bae. A stability study of an advanced co-treatment system for dye wastewater reuse [J]. Journal of Industrial and Engineering Chemistry, 2012, 18 (2): 775-779.

[404] Liu, A. , et al. Characterizing heavy metal build-up on urban road surfaces: Implication for stormwater reuse [J]. Science of The Total Environment, 2015, 515-516: 20-29.

[405] Tram VO, P. , et al. A mini-review on the impacts of climate change on wastewater reclamation and reuse [J]. Science of The Total Environment, 2014, 494-495: 9-17.

[406] Agrafioti, E. and E. Diamadopoulos. A strategic plan for reuse of treated municipal wastewater for crop irrigation on the Island of Crete [J]. Agricultural Water Management, 2012, 105: 57-64.

[407] Nair, A. T. and M. M. Ahammed. The reuse of water treatment sludge as a coagulant for post-treatment of UASB reactor treating urban wastewater [J]. Journal of Cleaner Production, 2015, 96: 272-281.

[408] Paul, J. D. and M. J. Blunt. Wastewater filtration and reuse: An alternative water source for London [J]. Science of The Total Environment, 2012, 437: 173-184.

[409] Molinos-Senante, M., F. Hernández-Sancho and R. Sala-Garrido. Cost-benefit analysis of water-reuse projects for environmental purposes: A case study for Spanish wastewater treatment plants [J]. Journal of Environmental Management, 2011, 92 (12): 3091-3097.

[410] Kurt, E., et al. Pilot-scale evaluation of nanofiltration and reverse osmosis for process reuse of segregated textile dye wash wastewater [J]. Desalination, 2012, 302: 24-32.

[411] Xin, G., et al. A continuous nanofiltration + evaporation process for high strength rubber wastewater treatment and water reuse [J]. Separation and Purification Technology, 2013, 119: 19-27.

[412] Guo, M., H. Hu and W. Liu. Preliminary investigation on safety of post-UV disinfection of wastewater: bio-stability in laboratory-scale simulated reuse water pipelines [J]. Desalination, 2009, 239 (1-3): 22-28.

[413] Wester, J., et al., Psychological and social factors associated with wastewater reuse emotional discomfort [J]. Journal of Environmental Psychology, 2015, 42: 16-23.

[414] Lu, X., et al. Reuse of printing and dyeing wastewater in processes assessed by pilot-scale test using combined biological process and sub-filter technology [J]. Journal of Cleaner Production, 2009, 17 (2): 111-114.

[415] Chang, D. and Z. Ma. Wastewater reclamation and reuse in Beijing: Influence factors and policy implications [J]. Desalination, 2012, 297: 72-78.

[416] Bayat, M., et al. Petrochemical wastewater treatment and reuse by MBR: A pilot study forethylene oxide/ethylene glycol and olefin units [J]. Journal of Industrial and Engineering Chemistry, 2015, 25: 265-271.

[417] Ma, D., et al. Evaluation of a submerged membrane bioreactor (SMBR) coupled with chlorine disinfection for municipal wastewater treatment and reuse [J]. Desalination, 2013, 313: 134-139.

[418] Bunani, S., et al. Application of reverse osmosis for reuse of secondary treated urban wastewater in agricultural irrigation [J]. Desalination, 2015, 364: 68-74.

[419] Garcia, X. and D. Pargament. Reusing wastewater to cope with water scarcity: Economic, social and environmental considerations for decision-making. Resources, Conservation and Recycling, 2015, 101: 154-166.

[420] CHEN, Z., et al. Pollutants removal and simulation model of combined membrane process for wastewater treatment and reuse in submarine cabin for long voyage [J]. Journal of Environmental Sciences, 2009, 21 (11): 1503-1512.

[421] Choi, J. and J. Chung. Evaluation of potential for reuse of industrial wastewater using metal-immobilized catalysts and reverse osmosis [J]. Chemosphere, 2015, 125: 139-146.

[422] Christou, A., et al. Impact assessment of the reuse of two discrete treated wastewaters for the ir-

rigation of tomato crop on the soil geochemical properties, fruit safety and crop productivity [J]. Agriculture, Ecosystems & Environment, 2014, 192: 105-114.

[423] Mella, B., A. C. Glanert, M. Gutterres. Removal of chromium from tanning wastewater and its reuse [J]. Process Safety and Environmental Protection, 2015, 95: 195-201.

[424] ZHANG, Y., et al. Treatment of Reused Comprehensive Wastewater in Iron and Steel Industry With Electrosorption Technology [J]. Journal of Iron and Steel Research, International, 2011, 18 (6): 37-42.

[425] Arévalo, J., et al. Wastewater reuse after treatment by MBR. Microfiltration or ultrafiltration? [J] Desalination, 2012, 299: 22-27.

[426] Yang, L., et al. Reuse of acid coagulant-recovered drinking waterworks sludge residual to remove phosphorus from wastewater [J]. Applied Surface Science, 2014, 305: 337-346.

[427] Piadeh, F., M. R. Alavi Moghaddam, eat al. Present situation of wastewater treatment in the Iranian industrial estates: Recycle and reuse as a solution for achieving goals of eco-industrial parks [J]. Resources, Conservation and Recycling, 2014, 92: 172-178.

[428] Purnell, S., et al. Bacteriophage removal in a full-scale membrane bioreactor (MBR) -Implications for wastewater reuse. Water Research, 2015, 73: 109-117.

[429] Ochando Pulido, J. M. and A. Martínez Férez. Impacts of operating conditions on nanofiltration of secondary-treated two-phase olive mill wastewater [J]. Journal of Environmental Management, 2015, 161: 219-227.

[430] Raffin, M., E. Germain, et at. Influence of backwashing, flux and temperature on microfiltration for wastewater reuse [J]. Separation and Purification Technology, 2012, 96: 147-153.

[431] Ben Brahim-Neji, H., A. Ruiz-Villaverde, et al. Decision aid supports for evaluating agricultural water reuse practices in Tunisia: The Cebala perimeter [J]. Agricultural Water Management, 2014, 143: 113-121.

[432] Huang, X., et al. Evaluation of methods for reverse osmosis membrane integrity monitoring for wastewater reuse. Journal of Water Process Engineering, 2015, 7: 161-168.

[433] Buscio, V., et al. Reuse of textile wastewater after homogenization-decantation treatment coupled to PVDF ultrafiltration membranes [J]. Chemical Engineering Journal, 2015, 265: 122-128.

[434] Kaposztasova, D., et al. Rainwater Harvesting, Risk Assessment and Utilization in Kosice-city, Slovakia [J]. Procedia Engineering, 2014, 89: 1500-1506.

[435] Sanches Fernandes, L. F. D. P. S. Terêncio, et al. Rainwater harvesting systems for low demanding applications [J]. Science of The Total Environment, 2015, 529: 91-100.

[436] Hajani, E., A. Rahman. Rainwater utilization from roof catchments in arid regions: A case study for Australia [J]. Journal of Arid Environments, 2014, 111: 35-41.

[437] Wang, Q., et al. Optimum ridge-furrow ratio and suitable ridge-mulching material for Alfalfa production in rainwater harvesting in semi-arid regions of China [J]. Field Crops Research, 2015, 180: 186-196.

[438] Akter, A., S. Ahmed. Potentiality of rainwater harvesting for an urban community in Bangladesh [J]. Journal of Hydrology, 2015, 528: 84-93.

[439] Wu, Y., et al. Effects of ridge and furrow rainwater harvesting system combined with irrigation on improving water use efficiency of maize (Zea mays L.) in semi-humid area of China [J]. Agricultural Water Management, 2015, 158: 1-9.

[440] Zhang, Q., et al. Quality and seasonal variation of rainwater harvested from concrete, asphalt,

ceramic tile and green roofs in Chongqing, China [J]. Journal of Environmental Management, 2014, 132: 178-187.

[441] Bocanegra-Martínez, A. , et al. Optimal design of rainwater collecting systems for domestic use into a residential development [J]. Resources, Conservation and Recycling, 2014, 84: 44-56.

[442] Zhao, Z. , H. Xu. Study on the Supplying System of Cooling Water of Air Conditioner based on the Urban Street Rainwater [J]. Energy Procedia, 2012, 16, Part A: 8-13.

[443] Sample, D. J. , J. Liu. Optimizing rainwater harvesting systems for the dual purposes of water supply and runoff capture [J]. Journal of Cleaner Production, 2014, 75: 174-194.

[444] Xiao-feng, L. , et al. Research on Utilization of Urban Rainwater Resources [J]. Energy Procedia, 2011, 5: 2410-2415.

[445] Mahmoud, W. H. , et al. Rainfall conditions and rainwater harvesting potential in the urban area of Khartoum. Resources [J]. Conservation and Recycling, 2014, 91: 89-99.

[446] Thomas, R. B. , et al. Rainwater harvesting in the United States: a survey of common system practices [J]. Journal of Cleaner Production, 2014, 75: 166-173.

[447] Qi, W. , et al. The optimum ridge-furrow ratio and suitable ridge-covering material in rainwater harvesting for oats production in semiarid regions of China [J]. Field Crops Research, 2015, 172: 106-118.

[448] Zhang, M. , et al. Rainwater utilization and storm pollution control based on urban runoff characterization [J]. Journal of Environmental Sciences, 2010, 22 (1): 40-46.

[449] Hashim, H. , et al. Simulation based programming for optimization of large-scale rainwater harvesting system: Malaysia case study [J]. Resources, Conservation and Recycling, 2013, 80: 1-9.

[450] Karpouzoglou, T. , J. Barron. A global and regional perspective of rainwater harvesting in sub-Saharan Africa's rainfed farming systems [J]. Physics and Chemistry of the Earth, Parts A/B/C, 2014, 72-75: 43-53.

[451] Campisano, A. , et al. Potential for Peak Flow Reduction by Rainwater Harvesting Tanks [J]. Procedia Engineering, 2014, 89: 1507-1514.

[452] Ward, S. , F. A. Memon, et al. Performance of a large building rainwater harvestingsystem [J]. Water Research, 2012, 46 (16): 5127-5134.

[453] Herrmann, T. , U. Schmida. Rainwater utilisation in Germany: efficiency, dimensioning, hydraulic and environmental aspects [J]. Urban Water, 2000, 1 (4): 307-316.

[454] JIANG, Z. , X. LI, et al. Water and Energy Conservation of Rainwater Harvesting System in the Loess Plateau of China [J]. Journal of Integrative Agriculture, 2013, 12 (8): 1389-1395.

[455] Vargas-Parra, M. V. , G. Villalba, et al. Applying exergy analysis to rainwater harvesting systems to assess resource efficiency [J]. Resources, Conservation and Recycling, 2013, 72: 50-59.

[456] Sazakli, E. , A. Alexopoulos, et al. Rainwater harvesting, quality assessment and utilization in Kefalonia Island, Greece [J]. Water Research, 2007, 41 (9): 2039-2047.

[457] Zeleňáková, M. , et al. Rainwater Management in Compliance with Sustainable Design of Buildings [J]. Procedia Engineering, 2014, 89: 1515-1521.

[458] Nolde, E.. Possibilities of rainwater utilisation in densely populated areas including precipitation runoffs from traffic surfaces [J]. Desalination, 2007, 215 (1-3): 1-11.

[459] Behzadian, K. , Z. Kapelan. Advantages of integrated and sustainability based assessment for metabolism based strategic planning of urban water systems [J]. Science of The Total Environment, 2015, 527-528: 220-231.

[460] Yang, Z. F., et al. Environmental flow requirements for integrated water resources allocation in the Yellow River Basin, China [J]. Communications in Nonlinear Science and Numerical Simulation, 2009, 14 (5): 2469-2481.

[461] Gaiser, T., et al., Development of a regional model for integrated management of water resources at the basin scale. Physics and Chemistry of the Earth, Parts A/B/C, 2008, 33 (1-2): 175-182.

[462] Liu, Y., et al. Linking science with environmental decision making: Experiences from an integrated modeling approach to supporting sustainable water resources management [J]. Environmental Modelling & Software, 2008, 23 (7): 846-858.

[463] Li, X., et al. Application of Water Evaluation and Planning (WEAP) model for water resources management strategy estimation in coastal Binhai New Area, China [J]. Ocean & Coastal Management, 2015, 106: 97-109.

[464] Soeprobowati, T. R.. Integrated Lake Basin Management for Save Indonesian Lake Movement [J]. Procedia Environmental Sciences, 2015, 23: 368-374.

[465] Eda, L. E. H., W. Chen. Integrated Water Resources Management in Peru [J]. Procedia Environmental Sciences, 2010, 2: 340-348.

[466] Díaz-Delgado, C., et al. The establishment of integrated water resources management based on emergy accounting [J]. Ecological Engineering, 2014, 63: 72-87.

[467] Davies, E. G. R., S. P. Simonovic. Global water resources modeling with an integrated model of the social-economic-environmental system [J]. Advances in Water Resources, 2011, 34 (6): 684-700.

[468] Seehamat, L., et al. Needs Assessment for School Curriculum Development about Water Resources Management: A Case Study of Nam Phong Basin [J]. Procedia-Social and Behavioral Sciences, 2014, 116: 1763-1765.

[469] Ngana, J. O., et al. Strategic development plan for integrated water resources management in Lake Manyara sub-basin, North-Eastern Tanzania [J]. Physics and Chemistry of the Earth, Parts A/B/C, 2004, 29 (15-18): 1219-1224.

[470] Wang, K., E. G. R. Davies. A water resources simulation gaming model for the Invitational Drought Tournament [J]. Journal of Environmental Management, 2015, 160: 167-183.

[471] Zeng, Y., et al. Development of a web-based decision support system for supporting integrated water resources management in Daegu city, South Korea [J]. Expert Systems with Applications, 2012, 39 (11): 10091-10102.

[472] Hassanzadeh, E., et al. Managing water in complex systems: An integrated water resources model for Saskatchewan, Canada [J]. Environmental Modelling & Software, 2014, 58: 12-26.

[473] Momblanch, A., et al. Adapting water accounting for integrated water resource management. The Júcar Water Resource System (Spain) [J]. Journal of Hydrology, 2014, 519, Part D: 3369-3385.

[474] Gallego-Ayala, J., D. Juízo. Performance evaluation of River Basin Organizations to implement integrated water resources management using composite indexes [J]. Physics and Chemistry of the Earth, Parts A/B/C, 2012, 50-52: 205-216.

[475] Safavi, H. R., M. H. Golmohammadi, et al. Expert knowledge based modeling for integrated water resources planning and management in the Zayandehrud River Basin [J]. Journal of Hydrology, 2015, 528: 773-789.

[476] Rupérez-Moreno, C., et al. The economic value of conjoint local management in water resources:

Results from a contingent valuation in the Boquerón aquifer (Albacete, SE Spain) [J]. Science of The Total Environment, 2015, 532: 255-264.

[477] Liu, S. , et al. Bringing ecosystem services into integrated water resources management [J]. Journal of Environmental Management, 2013, 129: 92-102.

[478] Bach, P. M. , et al. Revisiting land use classification and spatial aggregation for modelling integrated urban water systems [J]. Landscape and Urban Planning, 2015, 143: 43-55.

[479] Karaouli, F. , et al. Improvement potential of the integrated water resources management in the mining basin of Gafsa [J]. Desalination, 2009, 246 (1-3): 478-484.

[480] Bindra, S. P. , et al. Sustainable Integrated Water Resources Management for Energy Production and Food Security in Libya [J]. Procedia Technology, 2014, 12: 747-752.

[481] Sallam, O. M. Water footprints as an indicator for the equitable utilization of shared water resources: (Case study: Egypt and Ethiopia shared water resources in Nile Basin) [J]. Journal of African Earth Sciences, 2014, 100: 645-655.

[482] Lenton, R. . 1. 01-Integrated Water Resources Management, in Treatise on Water Science, P. Wilderer, P. Wilderer Editors. 2011, Elsevier: Oxford. 9-21.

[483] Wang, S. , G. H. Huang. An integrated approach for water resources decision making under interactive and compound uncertainties [J]. Omega, 2014, 44: 32-40.

[484] Pedro-Monzonís, M. , et al. Key issues for determining the exploitable water resources in a Mediterranean river basin [J]. Science of The Total Environment, 2015, 503-504: 319-328.

[485] Santos, R. M. B. , et al. Water resources planning for a river basin with recurrent wildfires [J]. Science of The Total Environment, 2015, 526: 1-13.

[486] Gandolfi, C. , et al. Integrated modelling for agricultural policies and water resources planning coordination [J]. Biosystems Engineering, 2014, 128: 100-112.

[487] Mazzega, P. , et al. Critical multi-level governance issues of integrated modelling: An example of low-water management in the Adour-Garonne basin (France) [J]. Journal of Hydrology, 2014, 519, Part C: 2515-2526.

[488] Usman, M. , R. Liedl, et al. Spatio-temporal estimation of consumptive water use forassessment of irrigation system performance and management of water resources in irrigated Indus Basin [J], Pakistan [J]. Journal of Hydrology, 2015, 525: 26-41.

[489] Zwane, N. , et al. Managing the impact of gold panning activities within the context of integrated water resources management planning in the Lower Manyame Sub-Catchment, Zambezi Basin, Zimbabwe [J]. Physics and Chemistry of the Earth, Parts A/B/C, 2006, 31 (15-16): 848-856.

[490] Hu, X. , et al. Integrated water resources management and water users' associations in the arid region of northwest China: A case study of farmers' perceptions [J]. Journal of Environmental Management, 2014, 145: 162-169.

[491] Huang, S. , et al. Integrated index for drought assessment based on variable fuzzy set theory: A case study in the Yellow River basin, China [J]. Journal of Hydrology, 2015, 527: 608-618.

[492] Gain, A. K. , C. Giupponi. A dynamic assessment of water scarcity risk in the Lower Brahmaputra River Basin: An integrated approach [J]. Ecological Indicators, 2015, 48: 120-131.

[493] Weng, S. Q. , G. H. Huang, et al. An integrated scenario-based multi-criteria decision support system for water resources management and planning-A case study in the Haihe River Basin [J]. Expert Systems with Applications, 2010, 37 (12): 8242-8254.

[494] Barthel, R. , et al. Integrated assessment of groundwater resources in the Ouémé basin, Benin,

West Africa [J]. Physics and Chemistry of the Earth, Parts A/B/C, 2009, 34 (4-5): 236-250.

[495] Gupta, J., P. van der Zaag. Interbasin water transfers and integrated water resources management: Where engineering, science and politics interlock [J]. Physics and Chemistry of the Earth, Parts A/B/C, 2008, 33 (1-2): 28-40.

[496] Gallego-Ayala, J., D. Juízo. Strategic implementation of integrated water resources management in Mozambique: An A' WOT analysis [J]. Physics and Chemistry of the Earth, Parts A/B/C, 2011, 36 (14-15): 1103-1111.

[497] Guo, Y., Y. Shen. Quantifying water and energy budgets and the impacts of climatic and human factors in the Haihe River Basin, China: 2. Trends and implications to water resources [J]. Journal of Hydrology, 2015, 527: 251-261.

[498] 野池达也. 在防止地球温暖化中生物质能源的作用 [J]. 用水和废水, 2006, 48 (12).

[499] 须藤隆一. 技术革新应对气候温暖化 [J], 用水和废水, 2006, 48.

[500] 喻捷. 地球的悲哀 [N]. 南方周末, 2009-12-24.

[501] A. Savic Dragan, A. Marino Miguel, H. G. Savenije Hubert, et al. Sustainable Water Management Solutions for Large Cities [M]. Wallingford: IAHS Press 2005, 293.

[502] A. M. Duda, M. T. El-Ashry. Addressing the global water and environment crisis through integrated approaches to the management of land, water and ecological resources [J]. Water International, 2000, 25 (1): 115-126.

[503] Aziz MA, Koe LCC. Potential utilization of sewage sludge [J]. Wat. Sci. &Tech. 1990, 22 (12): 277-285.

[504] Brown RR. Impediments to integrated urban storm water management: The need for institutional reform [J]. Environmental Management, 2005, 36 (3): 455-468.

[505] Bruce Durham, Stephanie Rinck-Pfeiffer, Dawn Guendert. Integrated Water Resource Management-through reuse and aquifer recharge [J]. Desalination, 2003, 152 (1-3): 333-338.

[506] C. S. Sokile, J. J. Kashaigili, R. M. J. Kadigi. Towards an integrated water resource management in Tanzania: the role of appropriate institutional framework in Rufiji Basin [J]. Physics and Chemistry of the Earth, Parts A/B/C. 2003, 28 (20-27): 1015-1023.

[507] Daniel P. Loucks, John S. Gladwell. 水资源系统的可持续性标准 [M]. 王建龙译. 北京: 清华大学出版社, 2002.

[508] E. Friedler. The Jeezraelvalley Project for Wastewater Reclamation and Reuse, Israel [J]. Wat. Sci. &Tech. 1999, 40 (4-5): 347-354.